21世纪高等学校计算机基础实用规划教材

多媒体技术与应用实训教程

陈怡 张连发 张猛 主编

清华大学出版社

北京

内容简介

本书是为文科学生编写的多媒体技术与应用实训教程，作为计算机大公共课程后续计算机小公共课程。

全书分为9章，主要内容包括：多媒体技术系统结构，多媒体作品设计美学基础，文本素材及其处理技术，图形、图像素材及其处理技术，动画素材及其处理技术，数字音频及其处理技术，视频素材及其处理技术，多媒体应用系统创作工具，Novoasoft创作工具。本书以培养学生对多媒体技术应用能力为主线，从多媒体应用需求出发，强调理论教学与实验实训密切结合，尤其突出实践体系与技术应用能力的实训环节的教学。

本书适合作为高等院校本科生教材，也适合作为中小学教师及各类培训中心的培训教材。

图书在版编目(CIP)数据

多媒体技术与应用实训教程/陈怡，张连发，张猛主编. —北京：清华大学出版社，2009.2
(21世纪高等学校计算机基础实用规划教材)
ISBN 978-7-302-18620-5

Ⅰ. 多… Ⅱ. ①陈… ②张… ③张… Ⅲ. 多媒体技术－高等学校－教材 Ⅳ. TP37

中国版本图书馆CIP数据核字(2008)第147035号

责任编辑：魏江江 薛 阳
责任校对：时翠兰
责任印制：王秀菊
出版发行：清华大学出版社
地　　址：北京清华大学学研大厦A座
http://www.tup.com.cn
邮　　编：100084
社 总 机：010-62770175
邮　　购：010-62786544
投稿与读者服务：010-62776969，c-service@tup.tsinghua.edu.cn
质 量 反 馈：010-62772015，zhiliang@tup.tsinghua.edu.cn
印 装 者：北京市清华园胶印厂
经　　销：全国新华书店
开　　本：185×260 **印　张**：17.5 **字　数**：429千字
版　　次：2009年2月第1版 **印　次**：2009年2月第1次印刷
印　　数：1～3000
定　　价：26.00元

本书如存在文字不清、漏印、缺页、倒页、脱页等印装质量问题，请与清华大学出版社出版部联系调换。联系电话：(010)62770177转3103 产品编号：029814-01

序

能够满足社会与专业本身需求的计算机知识与应用能力已成为合格的大学毕业生必须具备的素质。

包括文科类在内的各专业与信息技术的相互结合、交叉、渗透，是现代科学发展趋势的重要方面，是不可忽视的新学科的一个生长点。加强大文科（包括哲、经、法、教、文、史、管）专业的计算机教育、开设具有文科专业特色的计算机课程是培养跨学科、综合型的文科通才的重要环节，是培养具有创新精神和实践能力专门人才的重要举措。

为了更好地指导大文科各类专业的计算机教学工作，教育部高等教育司组织制订了《高等学校文科类专业大学计算机教学基本要求》（下面简称《基本要求》）。

《基本要求》把大文科各门类的本科计算机教学，按专业门类分为文史哲法教类、经济管理类与艺术类等三个系列，按教学层次分为计算机大公共课程、计算机小公共课程和计算机背景专业课程三个层次。

第一层次的教学内容是文科某系列各专业学生都要应知应会的。第二层次是在第一层次的基础上，为满足同一系列某些专业共同需要（而不是某个专业所特有的）而开设的计算机课程。第三层次是以计算机软、硬件为依托而开设的为某一专业所特有的专业课程。

第一层次的教学内容由计算机基础知识（软、硬件平台，如微机操作系统）、常用办公软件、多媒体知识、计算机网络应用基础（如 Internet 基本应用、信息检索与利用基础）等 16 个模块组构。这些内容可为文科学生在与专业结合的信息技术应用方向上进一步学习打下基础，是对大文科学生信息素质培养的基本保证，起着基础性与先导性的作用。

第二层次的教学内容，或者是在深度上超过第一层次的某一相应模块，或者是拓展到第一层次中没有涉及的领域。这是满足大文科不同专业对计算机应用需要的课程。这部分教学在更大程度上决定了学生在其专业中应用计算机解决问题的能力与水平。

由华中师范大学杨青、郑世珏老师等组编的《多媒体技术与应用教程》一书，就是根据《基本要求》中相关课程的要求编写的。目的是使学生了解多媒体基础知识，学习图像视频素材的采集与处理等关键技术，掌握利用多媒体工具软件以制作和应用多媒体作品的能力。该书突出多媒体技能和应用技巧，强调掌握以多媒体技术为主导的现代教育技术基本知识和技能，凝练了作者多年的教学经验和教学方法，适合作为大文科和师范类院校用于计算机大公共课程后续的计算机必修课、限选课或选修课的教材。在此予以推荐。

卢湘鸿

2008年8月23日于北京

卢湘鸿　北京语言大学信息科学学院计算机科学与技术系教授、教育部普通高等学校本科教学工作水平评估专家组成员、教育部高等学校文科计算机基础教学指导委员会秘书长、全国高等院校计算机基础教育研究会文科专业委员会主任。

编 委 会

出版说明

随着我国改革开放的进一步深化，高等教育也得到了快速发展，各地高校紧密结合地方经济建设发展需要，科学运用市场调节机制，加大了使用信息科学等现代科学技术提升、改造传统学科专业的投入力度，通过教育改革合理调整和配置了教育资源，优化了传统学科专业，积极为地方经济建设输送人才，为我国经济社会的快速、健康和可持续发展以及高等教育自身的改革发展做出了巨大贡献。但是，高等教育质量还需要进一步提高，以适应经济社会发展的需要，不少高校的专业设置和结构不尽合理，教师队伍整体素质亟待提高，人才培养模式、教学内容和方法需要进一步转变，学生的实践能力和创新精神亟待加强。

教育部一直十分重视高等教育质量工作。2007 年 1 月，教育部下发了《关于实施高等学校本科教学质量与教学改革工程的意见》，计划实施“高等学校本科教学质量与教学改革工程(简称‘质量工程’)”，通过专业结构调整、课程教材建设、实践教学改革、教学团队建设等多项内容，进一步深化高等学校教学改革，提高人才培养的能力和水平，更好地满足经济社会发展对高素质人才的需要。在贯彻和落实教育部“质量工程”的过程中，各地高校发挥师资力量强、办学经验丰富、教学资源充裕等优势，对其特色专业及特色课程(群)加以规划、整理和总结，更新教学内容、改革课程体系，建设了一大批内容新、体系新、方法新、手段新的特色课程。在此基础上，经教育部相关教学指导委员会专家的指导和建议，清华大学出版社在多个领域精选各高校的特色课程，分别规划出版系列教材，以配合“质量工程”的实施，满足各高校教学质量和教学改革的需要。

本系列教材立足于计算机公共课程领域，以公共基础课为主、专业基础课为辅，横向满足高校多层次教学的需要。在规划过程中体现了如下一些基本原则和特点。

(1) 面向多层次、多学科专业，强调计算机在各专业中的应用。教材内容坚持基本理论适度，反映各层次对基本理论和原理的需求，同时加强实践和应用环节。

(2) 反映教学需要，促进教学发展。教材要适应多样化的教学需要，正确把握教学内容和课程体系的改革方向，在选择教材内容和编写体系时注意体现素质教育、创新能力与实践能力的培养，为学生知识、能力、素质协调发展创造条件。

(3) 实施精品战略，突出重点，保证质量。本规划教材把重点放在公共基础课和专业基础课的教材建设上；特别注意选择并安排一部分原来基础比较好的优秀教材或讲义修订再版，逐步形成精品教材；提倡并鼓励编写体现教学质量和教学改革成果的教材。

(4) 主张一纲多本，合理配套。基础课和专业基础课教材配套，同一门课程有针对不同层次、面向不同专业的多本具有各自内容特点的教材。处理好教材统一性与多样化，基本教材与辅助教材、教学参考书，文字教材与软件教材的关系，实现教材系列资源配套。

(5) 依靠专家,择优选用。在制定教材规划时要依靠各课程专家在调查研究本课程教材建设现状的基础上提出规划选题。在落实主编人选时,要引入竞争机制,通过申报、评审确定主题。书稿完成后,认真实行审稿程序,确保出书质量。

繁荣教材出版事业,提高教材质量的关键是教师。建立一支高水平教材编写梯队才能保证教材的编写质量和建设力度,希望有志于教材建设的教师能够加入到我们的编写队伍中来。

21世纪高等学校计算机基础实用规划教材
联系人:魏江江 weijj@tup.tsinghua.edu.cn

前言

多媒体技术把计算机技术的交互性和可视化的真实感结合起来，其应用已渗透到社会的各个领域。多媒体技术的应用，使教育的思想性、科学性、艺术性充分结合，为各学科教学提供了更为丰富的视听环境，提高了形象视觉和听觉的传递信息比率，缩短了教学时间、扩大了教学规模。多媒体技术能够提供逼真的、生动的学习和交际环境，不仅要向学生传授知识、培养他们的学习习惯，而且要发展学生的交际能力、语言能力和应对能力，以全面提高学生素质。多媒体技术以图文声像并茂的方式为学生提供知识的启发式教学方法，具有高趣味性与启发性，一改以往呆板的填鸭式教学方式，使得教学变得更加形象、生动、直观，使得学生更愿意接受，也利于接受。“多媒体技术与应用实训教程”作为非计算机专业特别是文科类大学生适应社会的需求开设的一门实践性必修课程，是计算机大公共课程后续计算机小公共课程，本课程是为培养能够满足信息化社会对跨学科、综合性“通才”的重要环节，是大学各专业长期不可或缺的一类课程。正是当今多媒体计算机、网络为代表的现代信息技术的飞速发展和社会对培养跨学科综合性人才的迫切需求的大环境激发了我们编写本书的目的和动机。

“多媒体技术与应用实训教程”作为计算机大公共课程后续计算机小公共课程，是一门系统性、实践性较强的课程。教学目标是使学生既具有坚实的理论基础，又能运用理论解决实际问题。核心思想是在保持扎实的理论基础的同时，增加实训任务。

本教材的特点如下。

(1) 围绕培养文科学生的实践技能这条主线来设计教材的结构、内容和形式。

(2) 在注重系统性、科学性的基础上重点突出了实用性和操作性，使学生在完成实验内容的同时掌握多媒体技术的基本概念和实践技术。

(3) 每章实例的选择考虑了文科学生的特点，在实例中使学生参与到问题的解决中来，从而调动了学生学习的积极性和主动性。

(4) 在写法上力求叙述详细、讲解透彻，便于理解。

(5) 每章开始部分和结尾部分精心编排了教学重点和课后练习，供学生总结提高使用，达到举一反三、灵活运用的目的。

本教材在内容安排上共分为 9 章。第 1 章学习多媒体系统结构。第 2 章完成多媒体作品的美学设计实践。第 3 章掌握文本素材的采集与处理。第 4 章学习平面图形图像的处理技术。第 5 章详细讲解动画的创建和设计。第 6 章学习数字音频的处理技术。第 7 章主要完成视频素材的采集及处理技术。第 8 章重点学习多媒体应用系统创作工具 Authorware 7.0。第 9 章重点学习 Novoasoft 创作工具。

本课程是《多媒体技术与应用》的配套实验教材，建议本教材上机实验 20 学时，学生课后练习至少20学时。第1章多媒体技术系统结构1学时、课外上机1学时；第2章多媒体作品设计美学基础1学时、课外上机2学时；第3章文本素材及其处理技术1学时、课外上机2学时；第4章图形、图像素材及其处理技术3学时、课外上机3学时；第5章动画素材及其处理技术3学时、课外上机2学时；第6章数字音频及其处理技术2学时、课外上机2学时；第7章视频素材及其处理技术4学时、课外上机2学时；第8章多媒体应用系统创作工具4学时、课外上机4学时；第9章Novoasoft创作工具1学时、课外上机2学时。

本教材第1章由张猛编写，第2章由张连发编写，第3章由杨青编写，第4章由陈怡编写，第5章由谭支军编写，第6章由张勇编写，第7章由刘华咏编写，第8章由阮芸星、张猛、蔡霞编写，第9章由杨青编写。全书由陈怡、郑世珏、杨青统稿。

本书在编写过程中，得到了兄弟院校同仁的热情帮助和支持，得到了华中师范大学计算机科学系老师的关心和帮助，在此表示最诚挚的谢意。

目前，我国的多媒体技术日新月异，由于编者水平有限，书中难免存在错误之处，恳请读者批评指正。

编　者

2008年12月于武昌桂子山

目　录

第1章 多媒体技术系统结构

本章实验要点

- 了解多媒体个人计算机 MPC 的基本配置及其技术指标。
- 了解多媒体硬件接口标准。
- 了解各种多媒体信息的采集、输出存储设备。

实验一 认识和配置多媒体硬件系统

一、实验目的

认识构成多媒体计算机的各种基本硬件设备，了解各种设备的性能和基本原理。

二、预备知识

主板又叫主机板(mainboard)、系统板(systemboard)和母板(motherboard)；它安装在机箱内，是计算机最基本也是最重要的部件之一。主板一般为矩形电路板，上面安装了组成计算机的主要电路系统，一般有 BIOS 芯片、I/O 控制芯片、键盘和面板控制开关接口、指示灯插接件、扩充插槽、主板及插卡的直流电源供电接插件等元件。主板的另一特点是采用了开放式结构。主板上大都有 6～8 个扩展插槽，供计算机外围设备的控制卡(适配器)插接。通过更换这些插卡，可以对计算机的相应子系统进行局部升级，使厂家和用户在配置机型方面有更大的灵活性。总之，主板在整个计算机系统中扮演着举足轻重的角色。可以说，主板的类型和档次决定了整个计算机系统的类型和档次，主板的性能影响着整个计算机系统的性能。

中央处理器(Central Processing Unit，CPU)是计算机中的核心配件，只有火柴盒那么大，几十张纸那么厚，但它却是一台计算机的运算核心和控制核心。计算机中所有操作都由 CPU 负责读取指令，对指令译码并执行指令。CPU 的结构如下：CPU 包括运算逻辑部件、寄存器部件和控制部件。中央处理器从存储器或高速缓冲存储器中取出指令，放入指令寄存器，并对指令译码。它把指令分解成一系列的微操作，然后发出各种控制命令，执行微操作系列，从而完成一条指令的执行。指令是计算机规定执行操作的类型和操作数的基本命令。指令由一个字节或者多个字节组成，其中包括操作码字段、一个或多个有关操作数地址的字段以及一些表征机器状态的状态字和特征码。有的指令中也直接包含操作数本身。

(1) 运算逻辑部件。可以执行定点或浮点的算术运算操作、移位操作以及逻辑操作，也可执行地址的运算和转换。

(2) 寄存器部件。包括通用寄存器、专用寄存器和控制寄存器。通用寄存器又可分定点数和浮点数两类，它们用来保存指令中的寄存器操作数和操作结果。通用寄存器是中央处理器的重要组成部分，大多数指令都要访问到通用寄存器。通用寄存器的宽度决定计算机内部的数据通路宽度，其端口数目往往可影响内部操作的并行性。专用寄存器是为了执行一些特殊操作所需用的寄存器。控制寄存器通常用来指示机器执行的状态，或者保持某些指针，有处理状态寄存器、地址转换目录的基地址寄存器、特权状态寄存器、条件码寄存器、处理异常事故寄存器以及检错寄存器等。有的时候，中央处理器中还有一些缓存，用来暂时存放一些数据指令，缓存越大，说明中央处理器的运算速度越快，目前市场上的中、高端中央处理器都有2MB左右的二级缓存。

(3) 控制部件。主要负责对指令译码，并且发出为完成每条指令所要执行的各个操作的控制信号。其结构有两种：一种是以微存储为核心的微程序控制方式；一种是以逻辑硬布线结构为主的控制方式。微存储中保持微码，每一个微码对应于一个最基本的微操作，又称微指令；各条指令由不同序列的微码组成，这种微码序列构成微程序。中央处理器在对指令译码以后，即发出一定时序的控制信号，按给定序列的顺序以微周期为节拍执行由这些微码确定的若干个微操作，即可完成某条指令的执行。简单指令由3～5个微操作组成，复杂指令则要由几十个微操作甚至几百个微操作组成。逻辑硬布线控制器则完全由随机逻辑组成。指令译码后，控制器通过不同的逻辑门的组合，发出不同序列的控制时序信号，直接去执行一条指令中的各个操作。

大型、小型和微型计算机的中央处理器的规模和实现方式很不相同，工作速度也变化较大。中央处理器可以由几块电路块甚至由整个机架组成。如果中央处理器的电路集成在一片或少数几片大规模集成电路芯片上，则称为微处理器。中央处理器的工作速度与工作主频和体系结构都有关系。中央处理器的速度一般都在几个MIPS(每秒执行100万条指令)以上。有的已经达到几百MIPS。速度最快的中央处理器的电路已采用砷化镓工艺。在提高速度方面，流水线结构是几乎所有现代中央处理器设计中都已采用的重要措施。未来，中央处理器工作频率的提高已逐渐受到物理上的限制，而内部执行性(指利用中央处理器内部的硬件资源)的进一步改进是提高中央处理器工作速度而维持软件兼容的一个重要方向。由于CPU工作温度较高，因此需要配备散热片和排风扇对其进行降温。

三、实验内容

打开机箱，观察机箱内部结构。一台计算机可以分为主机、显示器和其他外设几部分(见图1-1)，而显示器和其他外设一般不能打开(只有专业维修人员才能打开)，所以这个实验只需要让学生打开主机箱盖。不同的计算机可能其机箱盖会略有不同，一般有立式机箱和卧式机箱，而目前的立式机箱多数都是不用螺丝刀就可以拆开的(见图1-2、图1-3)。

图1-1　多媒体计算机的外观

1. 主板、扩展槽

观察和了解的内容：

- 主板的安装形式。
- 主板扩展槽的个数。

图 1-2　机箱内部结构图

图 1-3　主板的结构图

• 识别扩展槽中的板卡类型(如显示适配器、声音适配器、网络适配器等)。
• 主板电源的电压种类。
• 主板上 CPU 的位置和型号。
• 主板上内存储器的位置。

2. 脉冲电源

电源,一直在计算机配件中不起眼,但随着处理器、显卡等新产品的不断升级,功耗也在逐步攀升。现在计算机中除了显示器之外,其他所有的配件都需要电源提供动力。所以一款品质优秀的电源(如能够提供稳定的电压、纹波小、动态响应迅速和良好的转换效率)对于系统是极为重要的。如果你的计算机频繁死机、重启,甚至经常出现一些莫名其妙的故障,那么就要注意一下电源了。电源外观图见图 1-4。

图 1-4　电源的外观图

要判断一款电源是否能够满足你的计算机配置,简单的方法就是打开电源外壳来检查。不过,在大多数情况下这是无法做到的,打开外壳就意味着失去了质保。在准备配置电源的时候,能够直观接触到的,只有电源外壳以及从散热孔中略窥端倪。按照大多数人的经验判断,电源要"够分量",这个词有两层意思,一层意思是指电源的变压器、风扇够重,另一层意思是指电源内部的元件用料充足。虽然 100 元跟 300 元的电源在售价上有一定的价差,但元件的质量差异不是造成价差的主要原因,而是金属外壳和散热片。因为要承受更高的电流,电源的元件就会产生更多热量,这就需要足够多的散热片来带走热量,具有合理的散热系统对一款电源而言是必需的。

电源箱是计算机的能量来源,普通的 220V 市电经过电源箱的转换,变成计算机使用的低压直流电,有 5V、12V、24V 等电压规格。电源箱通常具有电源保护功能,当发生意外短路、电源内部故障、输出功率过大时,电源箱自动断电,达到保护计算机设备的目的。采用立式机箱的计算机,电源箱通常安装在机箱的顶部,机箱内部上升的热量经过电源箱的排风扇排出箱外。

观察和了解的内容:
• 辨别电源箱的电源引线有多少组、每组的电压值是多少。
• 电源箱的每组电源分别接到什么设备上。

- 电源箱上的排风扇功率是多少。
- 电源箱的总输出功率是多少。

3. CPU

CPU 和风扇外观图见图 1-5 和图 1-6，观察和了解的内容：

- 排风扇、散热器与 CPU 的连接方式。
- 计算机在工作时，排风扇产生的噪声。
- 机箱中什么部件的工作温度最高。

图 1-5 风扇外观图

图 1-6 装卸 CPU

4. 内存储器

内存储器简称内存（见图 1-7），是 CPU 能直接访问的存储器，它包括主存储器（简称主存）和高速缓冲存储器（简称 cache）。内存是计算机中信息交流的中心：用户通过输入设备输入的程序和数据最初送入内存；控制器执行的指令和运算器处理的数据取自内存；运算的中间结果和最终结果保存在内存中；输出设备输出的信息来自内存；内存中的信息如要长期保存，就应送到外存储器中。总之，内存要与计算机的各个部件打交道，进行数据传送。因此，内存的存取速度直接影响计算机的运算速度。当今绝大多数计算机的内存是以半导体存储器为主，根据基本功能分为随机存取存储器（Random Access Memory，RAM）和只读存储器（Read Only Memory，ROM）两种。

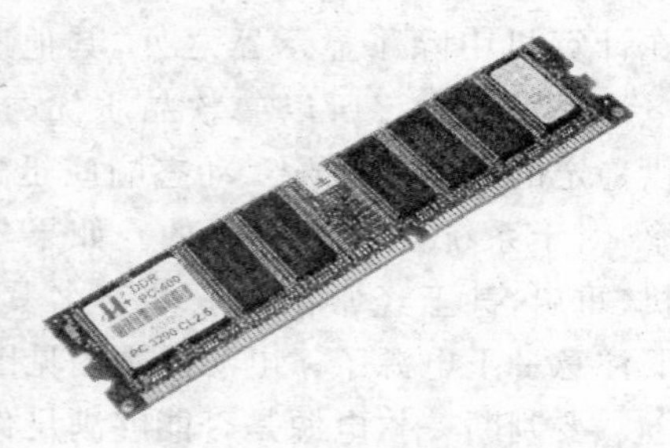

图 1-7 内存条外观图

每一个内存条的标准容量不等，有 64MB、128MB、256MB、512MB 等规格。

观察和了解的内容：

- 观察主板的内存插槽上插有几个内存条。
- 识别内存条的单条容量。
- 了解内存条的工作速度。
- 掌握内存条的更换方法。

提示：在计算机工作状态下，不要用手触摸内存条和其他部件，否则可能导致内存条和某些重要部件损坏。

5. 外存储器

(1) 软盘存储器

软盘存储器简称软盘（floppy disk），是一种磁介质形式的存储器（见图 1-8）。软盘用柔性材料制成圆形底片，在表面涂有磁性材料，被封装在护套内，保护套保护磁面上的磁层不被损伤，也防止盘片旋转时产生静电引起数据丢失。

软盘盘片被逻辑地划分成若干个同心圆，每个同心圆称为一个磁道，磁道又等分成若干段，每段称为一个扇区。软盘的存储容量可由下面的公式求出：软盘总容量＝磁面数×磁道数×扇区数×每扇区字节数。目前在计算机上使用的软盘主要是容量1.44MB的3.5英寸软盘，它有两个面，每面80磁道，每磁道18扇区，每扇区可存放512个字节的数据（2×80×18×512B＝1.44MB）。

软盘不固定装在计算机内，计算机上装有软盘驱动器（见图1-9），驱动器带有旋转软盘的机构和读写磁盘的磁头与电子线路。当要读写某一软盘时，先要把这片软盘插在软盘驱动器内。读写软盘时，磁头直接接触盘面。一旦盘面被划出线痕，则此位置上的数据可能无法读写。软盘的护套上有一个活动滑块的方形寸孔，这个小孔称为写保护孔。如果移动滑块露出小孔，软盘驱动器对这片软盘只能读出上面的数据，而不能写入数据。

图1-8　典型的1.40MB软盘

图1-9　软盘驱动器

软盘具有携带方便、价格便宜等优点。但怕被重物压，怕强磁场，怕高温，怕潮湿，存储容量小，容易损坏。

(2) 硬盘存储器

硬盘存储器简称硬盘（hard disk），是计算机的主要外部存储器（见图1-10）。硬盘由若干个硬盘片组成，硬盘片由表面涂有磁性材料的铝合金构成。硬盘按盘的直径大小可分为3.5英寸、2.5英寸及1.8英寸等数种。目前大多数计算机上使用的硬盘是3.5英寸的。硬盘的容量比软盘要大得多，存取信息的速度也快得多。

图1-10　硬盘存储器

硬盘的存储格式与软盘类似，也划分成面、磁道和扇区，但有以下几点不同：

第一，一个硬盘由若干个磁性圆盘组成，每个圆盘有两个面，各个面依次称为0面、1面。每个面各有一个读写磁头。不同规格的硬盘面数不一定相同，各面上磁道号相同的磁道合称为一个柱面。

第二，每个面上的磁道数和每个磁道上的扇区也随硬盘规格的不同而不同。

第三，读写硬盘时，由于磁性圆盘高速旋转产生的托力使磁头悬浮在盘面上而不接触盘面。

衡量硬盘的常用指标有容量、转速、硬盘自带 cache 的容量和数据传输速率等。硬盘的存储容量可由下面的公式求出：硬盘总容量＝柱面数×磁道数×扇区数×每扇区字节数。目前硬盘容量从几十到几百 GB 不等。硬盘的转速有 5400 转/分钟、7200 转/分钟等几种。高速硬盘有 8MB 自带 cache 等。硬盘的数据传输率主要受硬盘控制卡和输入输出接口、硬盘自带 cache 的容量以及数据传送模式等参数的影响。

(3) 磁带存储器

磁带存储器也称为顺序存取存储器(Sequential Access Memory，SAM)，磁带上的文件是依次存放的。磁带存储器存储容量很大，但查找速度慢，在计算机上一般用作后备存储装置，以便在硬盘发生故障时，恢复系统和数据。计算机系统使用的磁带机有 3 种类型：盘式磁带机(过去大量用于大型机或小型机)、数据流磁带机(目前主要用于微机或小型机)、螺旋扫描磁带机(原来主要用于录像机，现在也开始用于计算机)。

(4) 光盘存储器

光盘(optical disk)存储器的存储介质不同于磁盘，主要利用激光原理存储和读取信息(见图 1-11)。光盘片用塑料制成，塑料中间夹入了一层薄而平整的铝膜，通过铝膜上极细微的凹坑记录信息。由于光盘的容量大、存取速度快、不易受干扰等特点，光盘的应用越来越广泛。光盘根据其制造材料和记录信息的方式的不同一般分为 3 类：只读光盘、一次性写入光盘和可擦写光盘。

图 1-11 光盘存储器

只读光盘也称 CD-ROM(Compact Disk-Read Only Memory)，是生产厂家在制造时根据用户要求将信息写入到盘上，用户不能抹掉，也不能写入，只能通过光盘驱动器读出盘中信息。计算机上用的 CD-ROM 有一个数据传输速率指标，称为倍速。1 倍速的数据传输速率是 150Kbps，24 倍速 CD-ROM 的数据传输速率是 24×150Kbps＝3.6MBps。CD-ROM 的标准容量是 650MB。

一次性写入型光盘也称 CD-R(Compact Disk-Recordable)，可以由用户写入信息，但只能写一次，不能抹除和改写(像 PROM 芯片一样)。这种光盘的信息可多次读出，读出信息时使用只读光盘用的驱动器即可。一次写入型光盘的存储容量一般也为 650MB。

可擦写光盘也称 CD-RW，它可由用户自己写入信息，也可对已记录的信息进行抹除和改写，就像使用磁盘一样反复使用。可擦写光盘需插入特制的光盘驱动器进行读写操作，它的存储容量一般在几百 MB 至几个 GB 之间。

DVD-ROM(Digital Versatile Disk-ROM)是 CD-ROM 的后继产品，DVD-ROM 盘片的尺寸与 CD-ROM 盘片完全一致。但不同的是 DVD 盘光道之间的间距由原来的 1.6μm 缩小至 0.74μm，而记录信息的最小凹凸坑长度由原来的 0.83μm 缩小到 0.4μm。这直接导致了单面单层的 DVD 盘的存储容量可提高至 4.7GB，是 CD-ROM 的 7 倍，而且 DVD 驱动器具有向下的兼容性，即也可以读取 CD-ROM 的光盘。DVD-ROM 的 1 倍速率是 1.3MBps。

以上介绍的外存的存储介质都必须通过机电装置才能进行信息的存取操作，这些机电装置称为驱动器。例如软盘驱动器(简称软驱)、硬盘驱动器、磁带驱动器和光盘驱动器(简称光驱)等(见图 1-12)。

(5) USB闪速存储器

闪速存储器(flash memory)是一种新型的EEPROM可移动存储设备。闪速存储器的历史并不长,从首次问世到现在只有10余年时间。在这10余年中,发展出了各种各样的闪存,有计算机上常用的U盘,有数码相机、MP3上用的CF(Compact Flash)卡、SM(SmartMedia)卡、MMC(MultiMediaCard)卡等,其携带和使用方便,容量和价格适中,存储数据可靠性强,因此普及很快,深受广大计算机使用者的青睐。

常见的闪速存储器是U盘,也称为"优盘"(见图1-13),它可像在软、硬盘上一样地读写,其优越性如下:无需驱动器和额外电源,只需从其采用的标准USB接口总线取电,可热插拔,真正即插即用;通用性高,容量大(为8MB～2GB),读写速度快(为软盘的15倍多);抗震防潮、耐高低温、带写保护开关、防病毒、安全可靠;体积小(没有火柴盒大)、轻巧精致、美观时尚、易于携带。

图1-12　光盘驱动器

图1-13　金邦稳定王优盘2.0

外存储器是存放"海量"程序和数据的地方,由于其并不直接受控于控制器,其中存放的程序和数据必须调入内存储器才能被执行和加工处理,因此从对其控制操作的机制角度来说,外存储器往往被归类于输入输出设备。

观察和了解的内容:

- 观察硬盘存储器在机箱内的安装位置。
- 观察硬盘的内部结构。了解盘片的结构、磁头架的动作模式、磁头的工作原理。
- 拆开一个软盘,观察其内部结构。
- 识别软驱在机箱中的安装位置。
- 识别光盘的读写类型、尺寸和最大容量。
- 探讨计算机处于关机状态时,如何从光盘驱动器中取出光盘。

6. 声音适配器

(1) 声音适配器简介

声音适配器又称为声卡(sound card)或音频卡(见图1-14)。声卡是多媒体技术中最基本的组成部分,是实现声波/数字信号相互转换的一种硬件。声卡的基本功能是把来自话筒、磁带、光盘的原始声音信号加以转换,输出到耳机、扬声器、扩音机、录音机等声响设

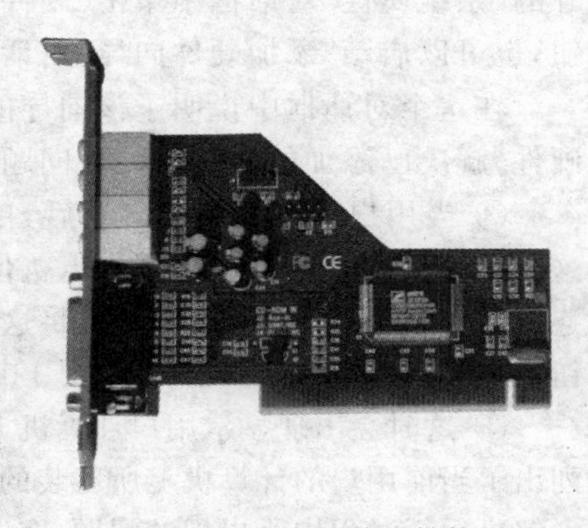
图1-14　声卡的外形结构

备，或通过音乐设备数字接口(MIDI)使乐器发出美妙的声音。

声卡是计算机进行声音处理的适配器。它有3个基本功能：一是音乐合成发音功能，二是混音器(Mixer)功能和数字声音效果处理器(DSP)功能，三是模拟声音信号的输入和输出功能。声卡处理的声音信息在计算机中以文件的形式存储。声卡工作应有相应的软件支持，包括驱动程序、混频程序(mixer)和CD播放程序等。

声卡是多媒体计算机中用来处理声音的接口卡。声卡可以把来自话筒，收、录音机，激光唱机等设备的语音、音乐等声音变成数字信号交给计算机处理，并以文件形式存盘，还可以把数字信号还原成为真实的声音输出。声卡尾部的接口从机箱后侧伸出，上面有连接麦克风、音箱、游戏杆和MIDI设备的接口。

(2) 声卡的安装

在中文版Windows XP系统中安装新硬件是非常方便的，它自带了很多通过兼容测试的硬件驱动程序，对于即插即用的声卡，只要用户将声卡插入计算机的主板上，系统会检测到新硬件并自动加载其驱动程序。

具体的操作步骤如下。

① 在关机的情况下，用户先将要安装的声卡插入计算机主板上的插槽内，然后打开计算机电源，启动Windows XP系统。

② 在Windows XP系统启动登录后，在桌面的任务栏上会出现一个小图标，并有相应的文本框提示，先是“发现新硬件”，然后是“正在搜索新硬件的驱动程序”。

③ 当驱动程序安装完毕后，会提示用户“新硬件已安装上并可使用了”。如果用户是连接好声卡后才安装Windows XP操作系统，那么在安装系统的过程中，系统也会检测到新硬件，然后自动安装。安装的过程是相当短暂的，用户不需要做任何工作就可以完成声卡的安装，所以说，中文版Windows XP的即插即用功能是非常强大的。

如果用户用的是以前购买的非即插即用声卡，一般会附带驱动程序光盘，用户可以通过手动从磁盘进行安装其驱动程序。

① 在未开机的情况下，将声卡插入计算机内主板上的插槽内，然后打开计算机电源，启动Windows XP系统。

② 单击“开始”按钮，在“开始”菜单中选择“控制面板”命令，在打开的“控制面板”窗口中选择“添加新硬件”选项。

用户也可以在桌面上右击“我的电脑”图标，从弹出的快捷菜单中选择“属性”命令，在打开的“系统属性”对话框中单击“硬件”标签，然后单击“硬件”选项卡中的“添加硬件向导”按钮，也可以启动“添加硬件向导”对话框，如图1-15所示。

在这个对话框中说明了该向导的作用，即可以用来安装驱动程序支持添加到计算机的硬件，解决已添加的计算机硬件问题。

③ 当用户确定使用该向导后，单击“下一步”按钮，打开“添加硬件向导”之二对话框。这时系统会搜索最近连接到计算机但尚未安装的硬件，当搜索完毕后，将出现“硬件是否已连接?”对话框，询问用户是否已将这个硬件跟计算机连接，单击“是，硬件已连接好”单选按钮，单击“下一步”按钮继续，如图1-16所示。

④ 这时会出现显示用户计算机上所安装硬件情况的对话框，在“已安装的硬件”列表框中列出了当前用户的计算机上所安装的硬件，用户可以选择一个已安装的硬件，来查看其属性或者解决运行过程中所出现的问题，在这里要选择“添加新的硬件设备”选项，如图1-17所示。

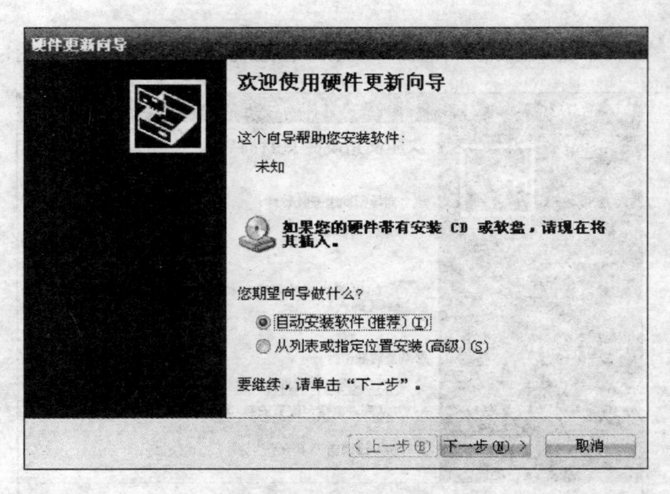

图 1-15　声卡安装向导

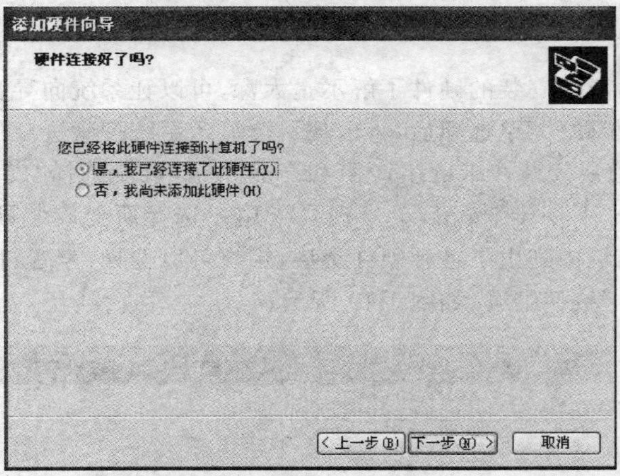

添加硬件向导

硬件连接好了吗？

您已经将此硬件连接到计算机了吗？

是，我已经连接了此硬件(Y)

否，我尚未添加此硬件(N)

< 上一步(B)　下一步(N) >　取消

图 1-16　询问硬件是否与计算机连接

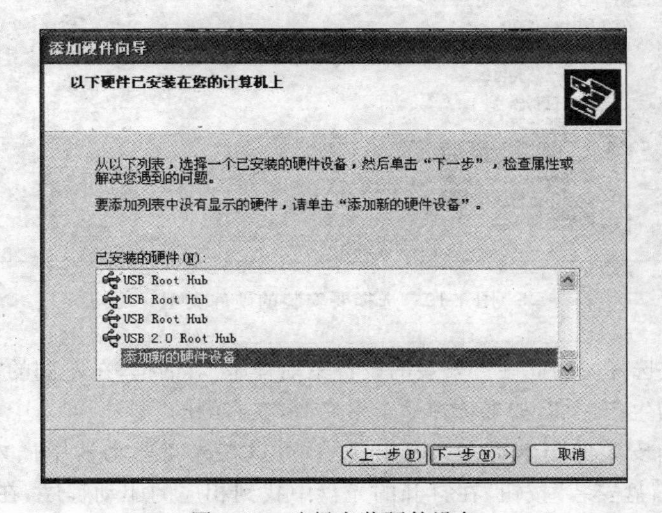

图 1-17　选择安装硬件设备

⑤ 在接下来的对话框中让用户选择安装声卡的方式,如图 1-18 所示。

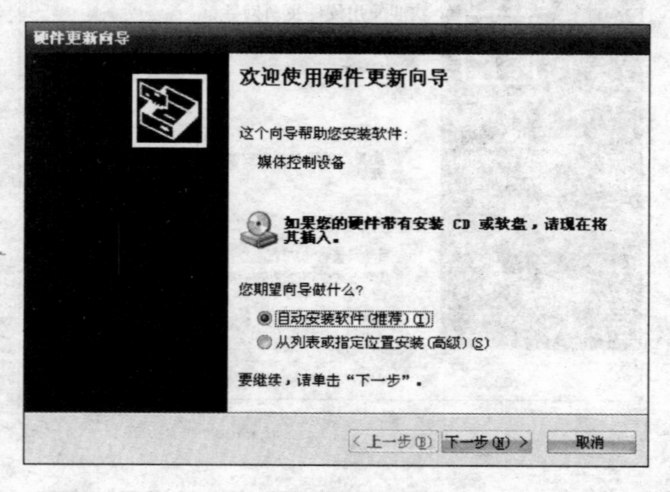

图 1-18　选择安装方式

如果用户对自己所要安装的硬件了解不是太深,可以让系统向导自动搜索并安装硬件,选择"搜索并自动安装硬件"单选项后,将出现一个显示系统搜索进度的对话框。

⑥ 如果用户知道所安装声卡的生产商和产品型号,可以选择"安装我手动从列表选择的硬件"单选项,单击"下一步"按钮,会出现要求用户选择所要安装硬件类型的对话框,在"常见硬件类型"列表框中列出了各种硬件类型,用户可以选择"声音、视频和游戏控制器"选项,然后单击"下一步"按钮继续,如图 1-19 所示。

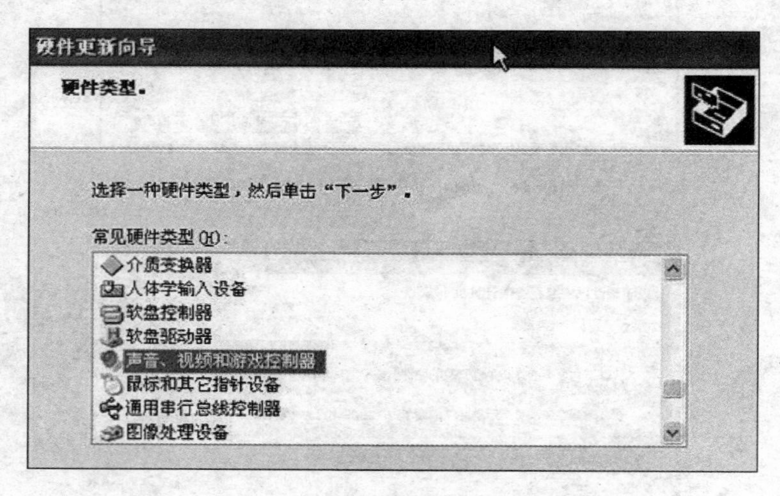

图 1-19　选择要安装的硬件类型

⑦ 这时打开"选择要为此硬件安装的设备驱动程序"对话框,在左侧的"厂商"列表中显示了世界各大声卡的生产厂商,如果选择一个生产商,在右侧的"型号"列表中会显示相应的产品型号。如果用户所安装的声卡不在列表中显示,可以在光盘驱动器中插入厂商所附带的光盘,然后单击"从磁盘安装"按钮,在打开的光盘中找到相应的驱动程序,在整个安装步骤中,这一步是最关键的,如果其驱动程序文件出错,就不可能成功地添加声卡,如图 1-20 所示。

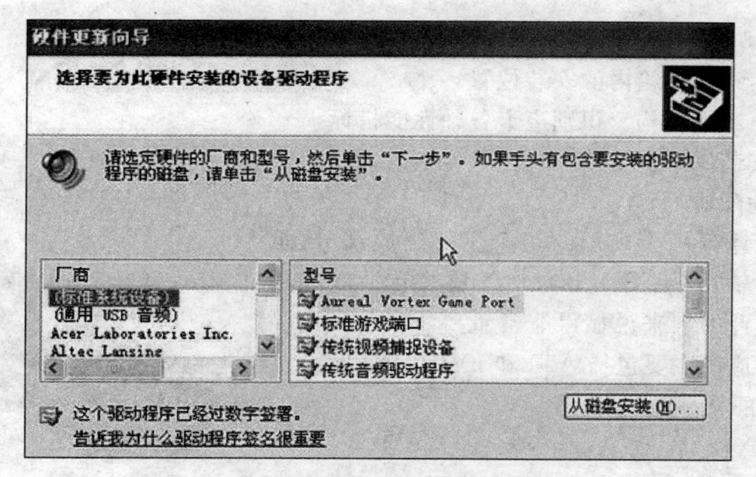

图 1-20　选择要安装的驱动程序

⑧ 当用户找到正确的驱动程序文件后，可单击“下一步”按钮，这时会出现“向导准备安装您的硬件”对话框，提示用户系统将开始安装新硬件，如果用户想修改以前的设置，可以单击“上一步”按钮逐步返回到相应的步骤进行修改，如果用户确认开始安装单击“下一步”按钮即可，如图 1-21 所示。

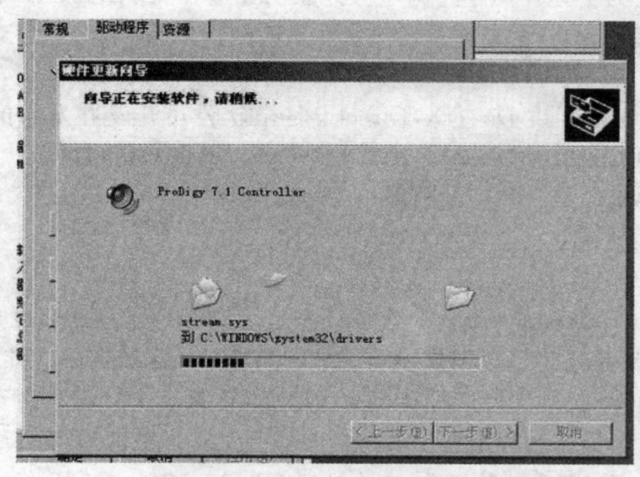

图 1-21　安装声卡对话框

⑨ 这时在屏幕上会出现文件复制的对话框，表明驱动程序文件加载的进度，在接下来的对话框中将提示用户成功地添加了该硬件设备，单击“完成”关闭添加新硬件向导。

到这里已经完成了非即插即用声卡安装的全过程，在任务栏上会出现喇叭形状的小图标，用户可以在“设备管理器”窗口中查看该硬件设备的相关资料。在桌面上右击“我的电脑”图标，在弹出的快捷菜单中选择“属性”命令，在打开的“系统属性”对话框中单击“硬件”标签，在“硬件”选项卡中单击“设备管理器”按钮，就会打开“设备管理器”窗口，在“声音、视频和游戏控制器”选项下会出现刚安装的声卡设备，如果要查看该设备的属性，可选择并右击该选项，在弹出的快捷菜单中选择“属性”命令，在打开的“属性”对话框中会显示此设备的详细信息。

观察和了解的内容：

- 观察声卡在机箱内的安装位置。
- 观察声卡的结构。识别声卡各种性能指标。
- 实际安装一个声卡。

7. 显示适配器

显卡作为计算机主机里的一个重要组成部分，承担显示图形的输出(见图 1-22)，对于喜欢玩游戏和从事专业图形设计的人来说显得非常重要。目前民用显卡图形芯片供应商主要包括 ATI 和 nVIDIA 两家。

图 1-22　显卡的外形结构

(1) 显卡的软件配置

① DirectX

DirectX 并不是一个单纯的图形 API，它是由微软公司开发的用途广泛的 API，它包含有 Direct Graphics (Direct 3D＋Direct Draw)、Direct Input、Direct Play、Direct Sound、Direct Show、Direct Setup、Direct Media Objects 等多个组件，它提供了一整套的多媒体接口方案。只是其在 3D 图形方面的优秀表现，让它的其他方面显得暗淡无色。DirectX 开发之初是为了弥补 Windows 3.1 系统对图形、声音处理能力的不足，而今已发展成为对整个多媒体系统的各个方面都有决定性影响的接口。

② Direct3D

要讲 Direct3D 不能不讲 DirectX，DirectX 是微软公司开发并发布的多媒体开发软件包，其中有一部分叫做 DirectDraw，是图形绘演 API，提供对图形的强大的访问处理能力，而在 DirectDraw 中集成了一些三维图形相关的功能，叫做 Direct3D。大概因为是微软公司开发的产品，有的人就说它将成为 3D 图形的标准。

③ OpenGL

OpenGL 是 Open Graphics Lib 的缩写，是一套三维图形处理库，也是该领域的工业标准。计算机三维图形是指将用数据描述的三维空间通过计算转换成二维图像并显示或打印出来的技术。OpenGL 就是支持这种转换的程序库，它源于 SGI 公司为其图形工作站开发的 IRIS GL，在跨平台移植过程中发展成为 OpenGL。SGI 在 1992 年 7 月发布 1.0 版，后成为工业标准，由成立于 1992 年的独立财团 OpenGL Architecture Review Board (ARB)控制。SGI 等 ARB 成员以投票方式产生标准，并制成规范文档(Specification)公布，各软硬件厂商据此开发自己系统上的实现。只有通过了 ARB 规范全部测试的实现才能称为 OpenGL。1995 年 12 月 ARB 批准了 1.1 版本，最新版规范是 1999.5 通过的 1.2.1。

(2) 显卡的主要参数

① 显示芯片(型号、版本级别、开发代号、制造工艺、核心频率)。

② 显存(类型、位宽、容量、封装类型、速度、频率)。

③ 技术(像素渲染管线、顶点着色引擎数、3D API、RAMDAC 频率及支持 MAX 分辨率)。

④ PCB 板(PCB 层数、显卡接口、输出接口、散热装置)。

(3) 安装显卡

在安装显卡前也需注意，显卡都由许多精密的集成电路及其他元器件构成，这些集成电路很容易受到静电影响而损失，所以在安装前做好以下准备。

- 请将计算机的电源关闭，并且拔除电源插头。
- 拿取显示卡时请尽量避免金属接线部分，且最好能够戴上防静电手套。
- 当将主板中的 ATX 电源插座上的插头拔除时，请确认电源的开关是关闭状况。

安装显卡主要可分为硬件安装和驱动安装两部分。硬件安装就是将显卡正确地安装到主板上的显卡插槽中，其需要掌握的要点是要注意 AGP 插槽的类型。其次，在安装显卡时一定要关掉电源，并注意要将显卡安装到位，如图 1-23 所示。

图 1-23　安装显卡

安装即插即用显卡的步骤如下。

① 从机箱后壳上移除对应 AGP 插槽上的扩充挡板及螺丝。

② 将显卡很小心地对准 AGP 插槽并且很确实地插入 AGP 插槽中。注意：务必确认将卡上的金手指的金属触点很确实地与 AGP 插槽接触在一起。

③ 用解刀将螺丝锁上使显卡确实地固定在机箱壳上。

④ 将显示器上的 15-pin 接脚 VGA 线插头插在显卡的 VGA 输出插头上。

⑤ 最后一步，确认无误后，重新开启电源，即完成显卡的硬件安装。

安装非即插即用显卡的方法留给读者尝试。

观察和了解的内容：

- 观察显卡在机箱内的安装位置。
- 观察显卡的结构。识别显卡各种性能指标。
- 实际安装一个显卡。

四、练习

请指出图 1-24 中所示的 CPU、脉冲电源、内存条等内部设备安装的位置。

图 1-24　主板图

实验二　多媒体设备的安装与配置

一、实验目的

(1) 认识多媒体个人计算机的若干扩展设备，了解其基本性能。

(2) 熟悉和掌握基本硬件设备和若干扩展设备的使用方法。

二、预备知识

扫描仪是将照片、书籍上的文字或图片获取下来，以图片文件的形式保存在计算机中的一种外部设备。一般通过 RS-232 或 USB 接口与主机相连。

手写绘图输入设备对计算机来说是一种输入设备，最常见的是手写板(也叫手写仪)，其作用和键盘类似。手写板是一个总称，实际上它是由手写板和手写笔配套组成，是一种输入工具，只局限于输入文字或者绘画，也带有一些鼠标的功能。

手柄采用的就是家用游戏机式的手柄设计，左侧为方向键、右侧有 4～6 个功能键，根据需要还可能在别的部位加入更多的功能键，实现不同的功能。采用手柄比较适于进行模拟器类游戏，特别是一些滚屏类游戏。手柄按用途可分为格斗手柄、赛车手柄、飞行手柄和其他手柄；按接口类型可分为 MIDI 手柄、USB 手柄和 LPT 手柄。

触摸屏按照安装方式来划分，可以分为外挂式、内置式、整体式和投影仪式；按照技术原理来划分，可以将触摸屏划分为矢量压力传感技术触摸屏、电阻技术触摸屏、电容技术触摸屏、红外线技术触摸屏、表面声波技术触摸屏，其中矢量压力传感技术触摸屏已退出历史舞台；按照工作原理和传输信息介质来划分，触摸屏可分为电阻式、电容式、红外线式以及表面声波式。另外，触摸屏也可分为接触式和非接触式两种，前者是玻璃板式的透明屏，用手指等物体接触其表面，其优点是分辨率高，但价格也很高，且实质性的接触导致屏幕寿命大为降低；后者是使用红外光学技术，用户手指阻断交叉的红外光束得到位置信息，这种方法费用低，非实质性的接触使寿命可达几十万小时，虽然分辨率不高，但也足以适合用户手指触摸使用。

三、实验内容

1. 扫描仪

(1) 扫描仪的分类

常见的扫描仪有以下几种。

① 平面扫描仪

平面扫描仪又称台式扫描仪，如图 1-25 所示，它是使用光电耦合器件 CCD(Charged-Coupled Device)及模/数转换器件(ADC)等构成，CCD 是一长条状有感光元器件，在扫描过程中用来将图像反射过来的光波转化为数字信号，平面扫描仪使用的 CCD 大都是具有日光灯线性陈列的彩色图像感光器。该种扫描仪具有体积小、价格低廉的优点，目前已得到了广泛应用。

图 1-25　平面扫描仪

② 滚筒式扫描仪

滚筒式扫描仪一般使用光电倍增管 PMT(Photo Multiplier Tulbe)，因此它的密度范围较大，而且能够分辨出图像更细微的层次变化，它的价格比其他扫描仪贵很多，是专业印刷排版领域中应用最广泛的产品。

③ 手持式扫描仪

手持式扫描仪使用的是 CIS 技术，它的扫描宽度较小，只有 105mm，光学分辨率只有 200dpi，需手持推动完成扫描。由于扫描幅面太窄，目前使用较少。

④ 3D 扫描仪

3D 扫描仪在结构和原理上与传统的扫描仪有很大的差异，产生的文件也不是一般的图像文件，而是一系列描述物体三维结构的坐标数据，当将这些数据输入 3D MAX 中时可将物体的 3D 模型完整地还原出来。

⑤ 其他扫描仪

另外还有许多专业扫描仪，用量较少，如工程图纸扫描仪，它主要解决工程图纸的输入、保存等问题；馈纸式扫描仪，它多与笔记本计算机配套使用；底片扫描仪，也称胶片扫描仪，现在有些平面扫描仪也具有扫描底片的功能；笔式扫描仪、超市条码扫描仪、实物扫描仪等。

(2) 扫描仪的安装与调试

下面以 Artixscan 扫描仪为例说明其安装调试步骤。Artixscan 扫描仪是 MICROTEK 公司开发的用于印前设计的专业扫描仪，该系列扫描仪的驱动程序采用 ScanWizardPro，特点是支持 KCMS 色彩管理系统，能够直接做 CMYK 分色扫描。对不同的接口，扫描仪的联机步骤有所不同。

SCSI 接口方式的连机步骤如下。

① 将扫描仪的镜头锁解开。

② 安装随机附带的 SCSI 卡，请参考其他 SCSI 卡的安装介绍资料。

③ 计算机开机，采用管理员身份登录，安装扫描仪的驱动程序，具体参见下面的软件安装部分。安装完毕后计算机关机。

④ 将计算机与扫描仪用 SCSI 线连接，并锁紧两端的接头。

⑤ 打开扫描仪的电源，等扫描仪面板指示灯处于 READY 状态后，再打开计算机的电源。

⑥ 正常情况下，计算机进入操作系统，进行用户登录后，会发现扫描仪，并能认出扫描仪。

⑦ 进行扫描仪软件参数的设置部分的工作。

1394 接口方式的连机步骤如下。

① 将扫描仪的镜头锁解开。

② 安装随机附带的 1394 接口卡，请参考 1394 接口卡的安装介绍文章。

③ 将 1394 连线接到 1394 接口卡上，扫描仪一头不接。

④ 计算机开机，采用管理员身份登录，安装扫描仪的驱动程序，具体参见下面的软件安装部分。安装完毕后计算机重新启动，再次登录。

⑤ 打开扫描仪的电源，等扫描仪面板指示灯处于 READY 状态后，再将 1394 线连到扫

描仪上。

⑥ 计算机会发现扫描仪，并逐步认出扫描仪。注意在 WINXP 上有一个设备签名的步骤。

⑦ 进行扫描仪软件参数的设置部分的工作。

USB 接口方式的连机步骤如下。

① 将扫描仪的镜头锁解开。

② 将 USB 线连到计算机上，扫描仪一头不接。

③ 计算机开机，采用管理员身份登录，安装扫描仪的驱动程序，具体参见下面的软件安装部分。安装完毕后计算机重新启动，再次登录。

④ 打开扫描仪的电源，等扫描仪面板指示灯处于 READY 状态后，再将 USB 线连到扫描仪上。

⑤ 计算机会发现扫描仪，并逐步认出扫描仪。注意在 WINXP 上有一个设备签名的步骤。

⑥ 进行扫描仪软件参数的设置部分的工作。

请读者自行完成扫描仪的软件安装。

2. 手写板

目前手写板主要分为电阻压力式板、电磁式感应板和近年发展的电容式触控板 3 大类。手写板又细分为有压感手写板和无压感手写板两种类型，有压感的手写板可以感应到手写笔在手写板上的力度，从而产生粗细不同的笔画，这一技术成果被广泛地应用在美术绘画和银行签名等专业领域，成为不可缺少的工具之一，其中以日本的 Wacom 数位板最为突出。以目前的技术而言，市面上的手写板压感技术基本上为 512 级，所谓的 512 级压感，就是利用手写板的笔尖从接触手写板到下压 100 克力，在约 5mm 之间的微细电磁变化中区分出 512 个级数，然后将这些信息反馈给计算机，从而形成粗细不同的笔触效果，而专业的手写板更能达到 1024 级压感，能完成各种专业绘画的基本要求。手写板实物图见图 1-26。

实际操作的内容：

- 观察手写板的结构。识别它的各种性能指标。
- 实际安装一个手写板及其驱动程序。

3. 手柄

手柄实物图如图 1-27 所示。

图 1-26　手写板实物图

图 1-27　手柄实物图

实际操作的内容：

- 观察手柄的结构。识别它的各种性能指标。
- 实际安装一个手柄及其驱动程序。

4. 触摸屏

随着计算机技术的普及，在 20 世纪 90 年代初，出现了一种新的人机交互作用技术——触摸屏技术。触摸屏是一种计算机输入设备。具有直观，操作简单、方便、自然，坚固耐用，反应速度快，节省空间，易于交流等许多优点。利用这种技术使用者只要用手指轻轻地碰计算机显示屏上的图符或文字就能实现对主机的操作，这样摆脱了键盘和鼠标操作，极大改善了人机交互方式。因此，触摸屏已成为当前最简便的人机交流的输入设备。它赋予多媒体以崭新的面貌，是极富吸引力的全新的多媒体交互设备。目前，触摸屏已经广泛应用在各行各业，特别是在信息查询领域，得到了极大的应用。触摸屏实物图如图 1-28 所示。

图 1-28　触摸屏实物

实际操作的内容：

- 观察触摸屏的结构。识别它的各种性能指标。
- 实际安装一个触摸屏及其驱动程序。

5. 打印机

在用户使用计算机的过程中，有时需要将一些文件以书面的形式输出，如果用户安装了打印机就可以打印各种文档和图片等内容，这将为用户的工作和学习提供极大的方便。

在中文版 Windows XP 中，用户不但可以在本地计算机上安装打印机，如果用户是连入网络中的，也可以安装网络打印机，使用网络中的共享打印机来完成打印作业。

(1) 安装本地打印机

在安装本地打印机之前首先要进行打印机的连接，用户可在关机的情况下，把打印机的信号线与计算机的 LPT1 端口相连，并且接通电源，连接好之后，就可以开机启动系统，准备安装其驱动程序了。

由于中文版 Windows XP 自带了一些硬件的驱动程序，在启动计算机的过程中，系统会自动搜索新硬件并加载其驱动程序，在任务栏上会提示其安装的过程，如“查找新硬件”、“发现新硬件”、“已经安装好并可以使用了”等文本框。如果用户所连接的打印机的驱动程序没有在系统的硬件列表中显示，就需要用户使用打印机厂商所附带的光盘进行手动安装，用户可以参照以下步骤进行安装。

单击“开始”按钮，在“开始”菜单中选择“控制面板”命令，在打开的“控制面板”窗口中双击“打印机和传真”图标，这时打开“打印机和传真”窗口。

在窗口链接区域的“打印机任务”选项下单击“添加打印机”图标，即可启动“添加打印机向导”。在这个对话框中提示用户应注意的事项，如果用户是通过 USB 端口或者其他热插拔端口来连接打印机，就没有必要使用这个向导，只要将打印机的电缆插入计算机或将打印机面向计算机的红外线端口，然后打开打印机，中文版 Windows XP 系统会自动安装打印机，如图 1-29 所示。

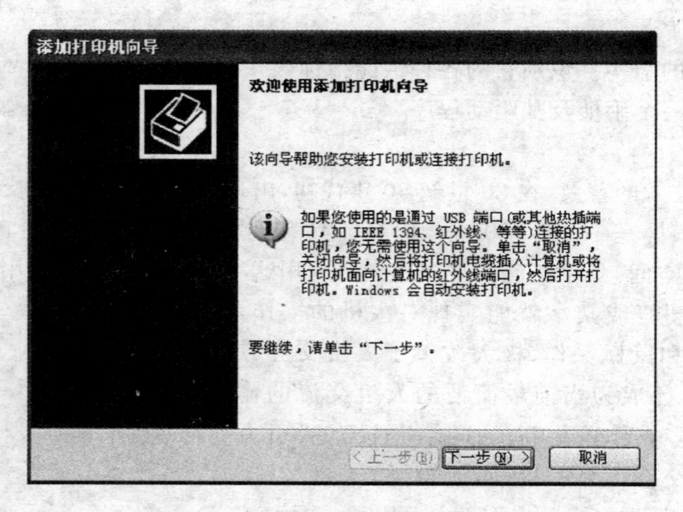

图 1-29　添加打印机向导

单击"下一步"按钮，打开"本地或网络打印机"对话框，用户可以选择安装本地或者是网络打印机，在这里选择"连接到这台计算机的本地打印机"单选项，如图 1-30 所示。

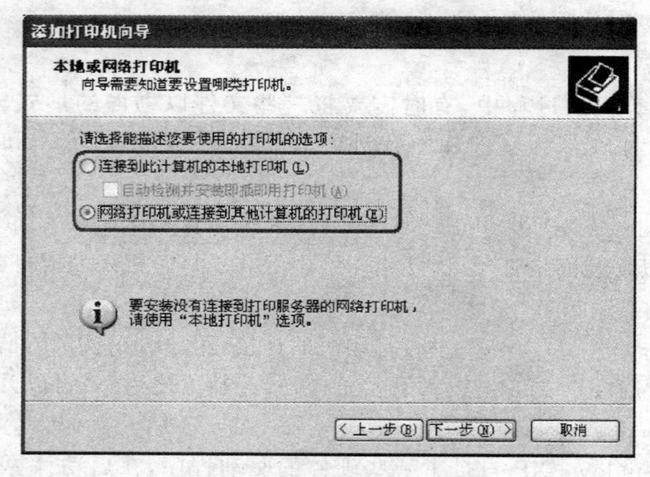

图 1-30　"本地或网络打印机"对话框

当选择"自动检测并安装我的即插即用打印机"复选框时，在随后会出现"新打印机检测"对话框，添加打印机向导自动检测并安装新的即插即用的打印机，当搜索结束后，会提示用户检测的结果，如果用户要手动安装，单击"下一步"按钮继续，如图 1-31 所示。

这时向导打开"选择打印机端口"对话框，要求用户选择所安装的打印机使用的端口，在"使用以下端口"下拉列表框中提供了多种端口，系统推荐的打印机端口是 LPT1，大多数的计算机也是使用 LPT1 端口与本地计算机通信，如果用户使用的端口不在列表中，可以选择"创建新端口"单选项来创建新的通信端口，如图 1-32 所示。

当用户选定端口后，单击"下一步"按钮，打开"安装打印机软件"对话框，在左侧的"厂商"列表中显示了世界各国打印机的知名生产厂商，当选择某制造商时，在右侧的"打印机"列表中会显示该生产厂相应的产品型号，如图 1-33 所示。

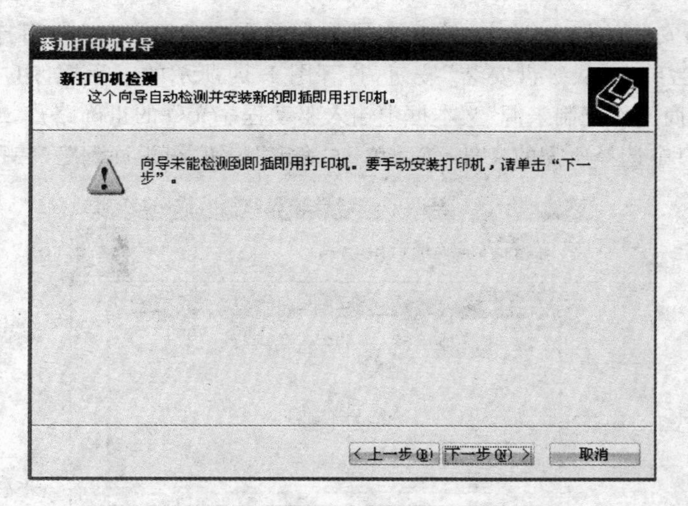

图 1-31 “新打印机检测”对话框

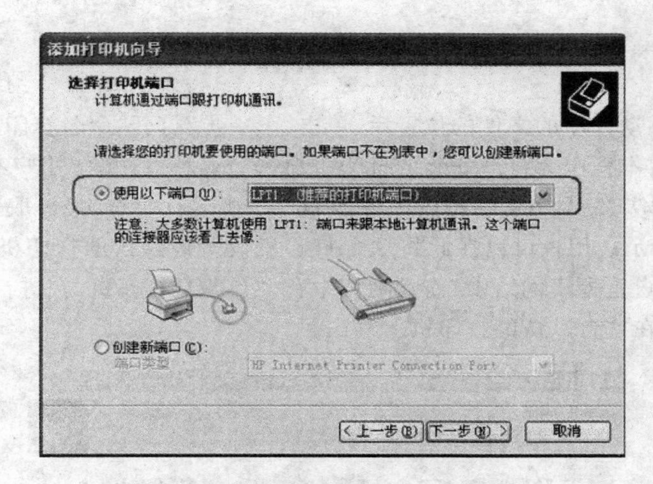

图 1-32 “选择打印机端口”对话框

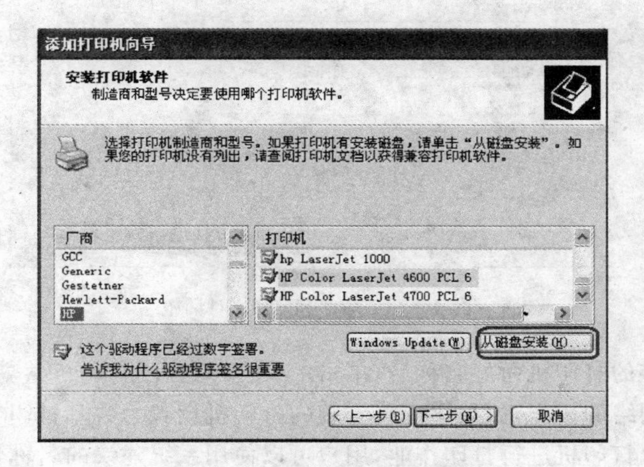

图 1-33 “安装打印机软件”对话框

如果用户所安装的打印机制造商和型号未在列表中显示，可以使用打印机所附带的安装光盘进行安装，单击“从磁盘安装”按钮，打开图 1-34 所示的对话框，用户要插入厂商的安装盘，然后在“厂商文件复制来源”文本框中输入驱动程序文件的正确路径，或者单击“浏览”按钮，在打开的窗口中选择所需的文件，然后单击“确定”按钮，可返回到“安装打印机”对话框。

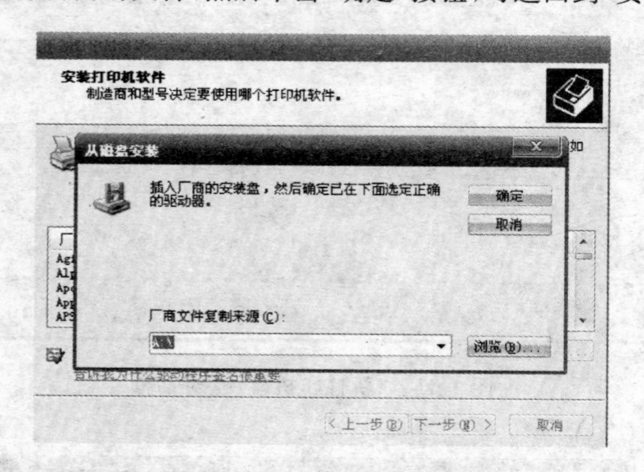

图 1-34　“从磁盘安装”对话框

当用户确定驱动程序的文件的位置后，单击“下一步”打开“命名打印机”对话框，用户可以在“打印机名”文本框中为自己安装的打印机命一个名称，并提醒用户有些程序不支持超过 31 个英文字符或 15 个中文字符的服务器和打印机名称组合，最好取个短一点的打印机名称，如图 1-35 所示。用户可以在此将这台打印机设置为默认的打印机，当设置为默认打印机之后，如果用户是处于网络中，而且网络中有多台共享打印机，在进行打印作业时，如果未指定打印机，将在这台默认的打印机上输出。

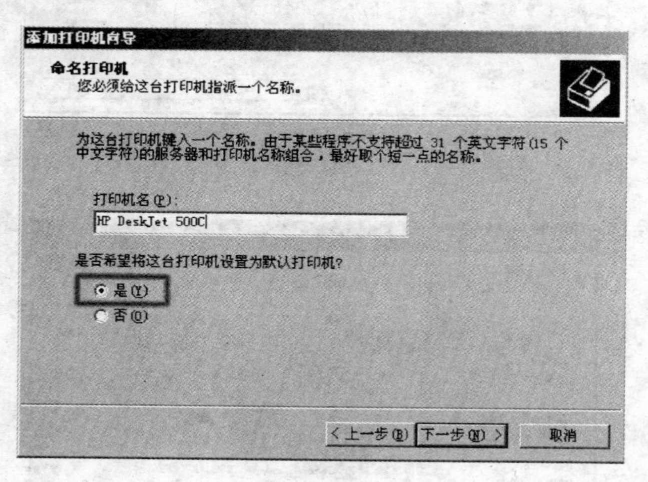

图 1-35　“命名打印机”对话框

用户为所安装的打印机命好名称后，单击“下一步”打开“打印机共享”对话框，该项设置主要适用于联入网络的用户，如果用户将安装的打印机设置为共享打印机，网络中的其他用户就可以使用这台打印机进行打印作业，用户可以使用系统建议的名称，也可以在“共享名”文本框中重新输入一个其他网络用户易于识别的共享名，如图 1-36 所示。

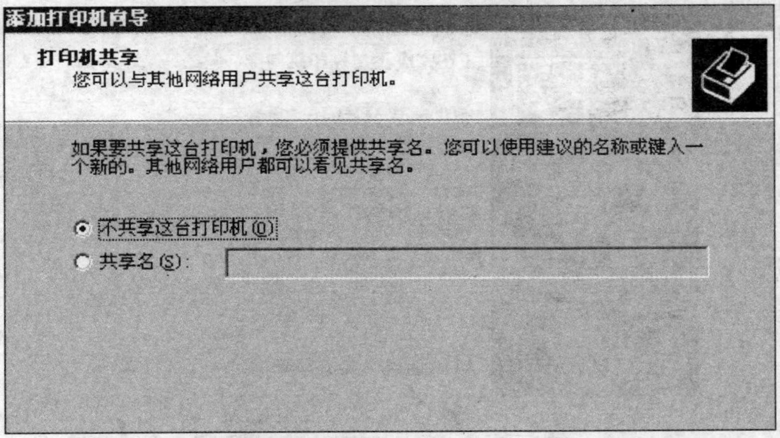

图 1-36 “打印机共享”对话框

如果用户个人使用这台打印机，可以选择“不共享这台打印机”单选项，单击“下一步”按钮继续该向导，这时会打开“位置和注解”对话框，用户可以为这台打印机加入描述性的内容，比如它的位置、功能以及其他注释，这个信息对用户以后的使用很有帮助，如图 1-37 所示。

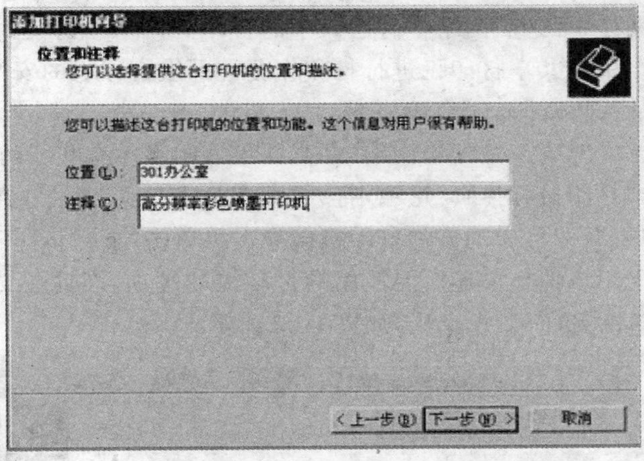

图 1-37 “位置和注解”对话框

在接下来会打开“打印测试页”对话框，如果用户要确认打印机是否连接正确，并且是否顺利安装了其驱动程序，在“要打印测试页吗?”选项下单击“是”单选按钮，这时打印机就可以开始进行测试页的打印工作。

这时已基本完成添加打印机的工作，单击“下一步”按钮，出现“正在完成添加打印机向导”对话框，在此显示了所添加的打印机的名称、共享名、端口以及位置等信息，如果用户需要改动的话，可以单击“上一步”返回到上面的步骤进行修改，当用户确定所做的设置无误时，可单击“完成”按钮关闭“添加打印机向导”，如图 1-38 所示。

在完成添加打印机向导后，屏幕上会出现“正在复制文件”对话框，它显示了复制驱动程序文件的进度，当文件复制完成后，全部的添加工作就完成了，在“打印机和传真”窗口中会

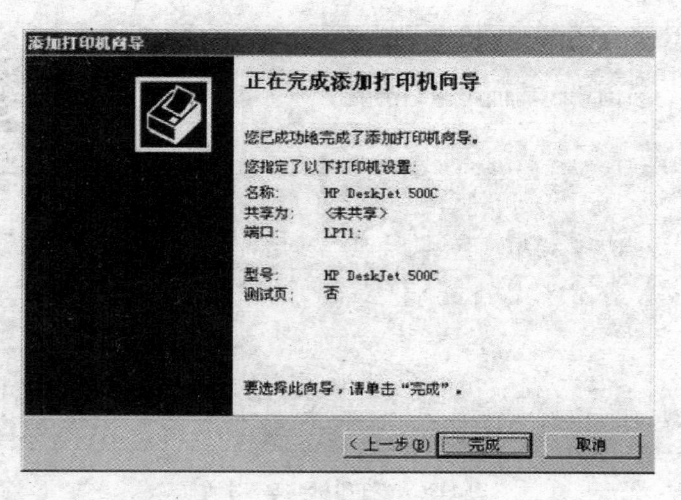

图 1-38 "正在完成添加打印机向导"对话框

出现刚添加的打印机的图标，如果用户设置为默认打印机，在图标旁边会有一个带"√"标志的黑色小圆，如果设置为共享打印机，则会有一个手形的标志。

(2) 安装网络打印机

在中文版 Windows XP 中，用户不仅可以添加本地打印机，在本地打印机上打印输出；而且用户要是处于网络中的，而网络中有已共享的打印机，那么用户也可以添加网络打印机驱动程序来使用网络中的共享打印机进行打印作业。网络打印机的安装与本地打印机的安装过程是大同小异的，具体的操作步骤如下。

用户在安装前首先要确认是处于网络中的，并且该网络中有共享的打印机。然后在"控制面板"窗口中单击"打印机和传真"选项，打开"打印机和传真"窗口，在其"打印机任务"选项下选择"添加打印机"，即可启动添加打印机向导。再单击"下一步"打开"本地或网络打印机"对话框，向导要求用户选择描述所要使用的打印机的选项，在此要选择"网络打印机，或连接到另一台计算机的打印机"单选项，如图 1-39 所示。

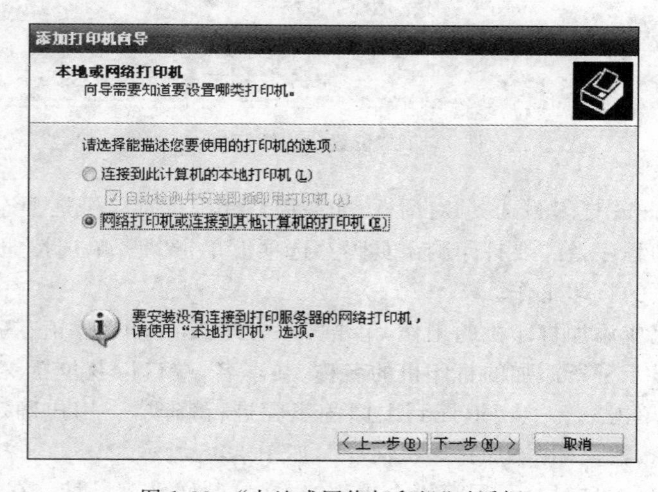

图 1-39 "本地或网络打印机"对话框

在“指定打印机”对话框中，用户需要指定将使用的网络共享打印机，如果用户知道所使用的共享打印机在网络中的具体位置，可以选择“连接到这台打印机”单选项，然后在“名称”文本框中输入该打印机在网络中的位置及打印机的名称，如图 1-40 所示。如果用户要使用 Internet、家庭或办公网络中的打印机，可以选择“连接到 Internet、家庭或办公网络上的打印机”单选项，用户可以参照“例如”中的格式，在 URL 文本框中输入网络地址及打印机名称等内容。

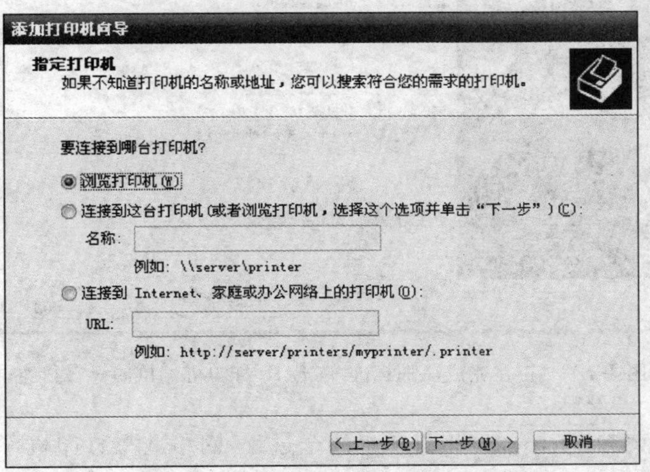

图 1-40 “指定打印机”对话框

如果用户不清楚网络中共享打印机的位置等相关信息，可以选择“浏览打印机”单选项，让系统搜索网络中可用的共享打印机，单击“下一步”按钮继续。这时会打开“浏览打印机”对话框，在“共享打印机”列表中将显示目前可用的打印机，当选择一台共享打印机后，在“打印机”文本框中将出现所选择的打印机名称，如图 1-41 所示。

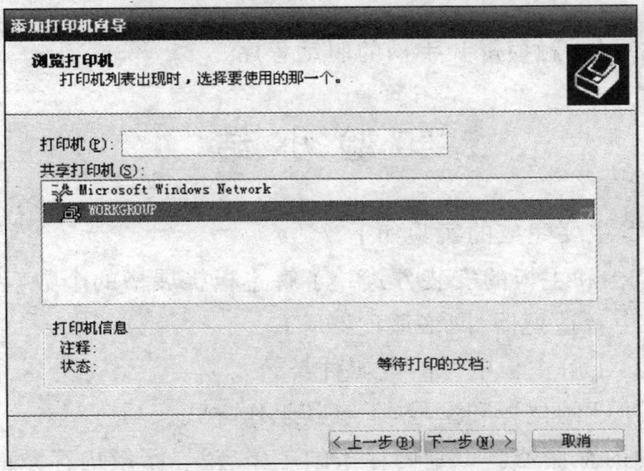

图 1-41 “浏览打印机”对话框

当用户选定所要使用的共享打印机后，单击“下一步”按钮所出现的对话框中要求用户进行默认打印机的设置，提示用户在使用打印机过程中，如果不指定打印机，系统会把打印文档送到默认打印机，用户可以根据自己的需要进行选择。在“正在完成添加标准 TCP/IP 打印机端口向导”对话框中，显示了所添加的打印机的详细信息，比如名称、位置以及注释等，单击“完成”按钮关闭“添加打印机向导”，如图 1-42 所示。

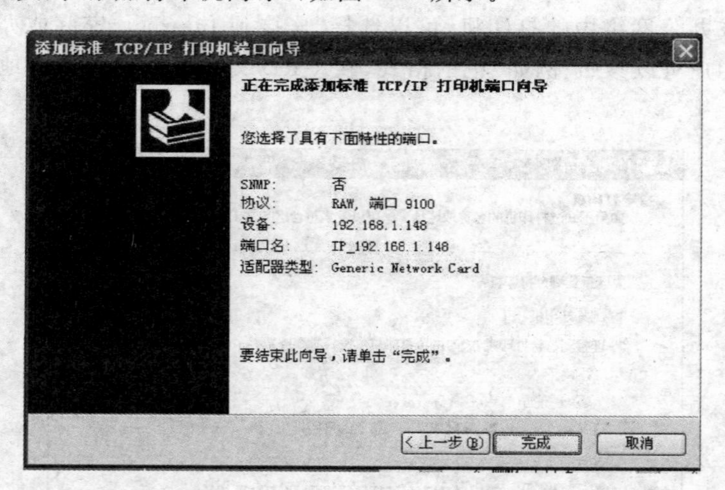

图 1-42 “正在完成添加标准 TCP/IP 打印机端口向导”对话框

这时，用户已经完成了添加网络打印机的全过程，网络共享打印机可启动打印测试页，在“打印机和传真”窗口中会出现新添加的网络打印机，在其图标下会有电缆的标志，用户以后就可以使用网络共享打印机进行打印作业了。

实际操作的内容：

- 拆开一个打印机，观察里面的结构，并识别它的各种性能指标。
- 实际安装一个本地和网络打印机。

四、练习

分别安装一款手写板、触摸屏和手柄的驱动程序。

实验小结

1. 拆开主机箱后，主要完成的实验如下。

① 熟悉主板的结构和主板的安装方式。了解主板扩展槽的个数，识别扩展槽中的板卡类型(如显示适配器、声音适配器、网络适配器等)。

② 观察主板电源，了解主板电源的电压种类。

③ 识别主板上 CPU 的位置和型号，了解其工作方式。

④ 了解主板上的内存储器。识别内存条的单条容量，了解内存条的工作速度以及如何更换内存条。

⑤ 了解硬盘存储器。观察其在机箱内的安装位置，观察硬盘的内部结构。了解盘片的结构、磁头架的动作模式、磁头的工作原理。

⑥ 了解软盘存储器。拆开一个软盘，观察其内部结构，识别软驱在机箱中的安装位置。

⑦ 了解光盘驱动器。识别光盘的读写类型、尺寸和最大容量，探讨计算机处于关机状态时，如何从光盘驱动器中取出光盘。

⑧ 在主板上安装声卡和显卡与相应的驱动程序。

2. 熟悉扫描仪的结构和安装、使用及调节方法。

3. 熟悉打印机的结构和本地与网络打印机的安装、使用及调节方法。

4. 了解手写板、手柄、触摸屏的基本内容。

自我创作题

1. 安装一款非即插即用显卡的驱动程序。

2. 将如图 1-43 所示的图片扫描成 BMP 和 JPEG 格式。

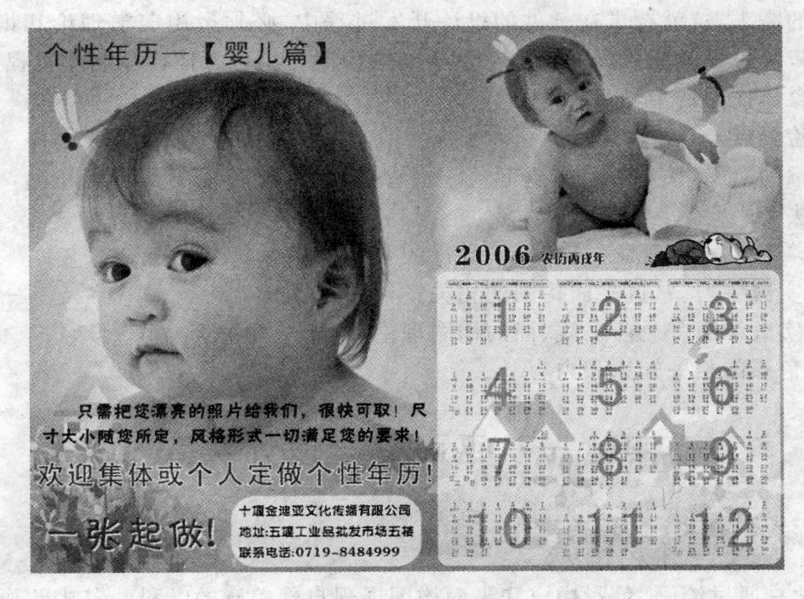

图 1-43　待扫描的图片

3. 用联机打印的方式打印上题扫描出来的图片。

第2章 多媒体作品设计美学基础

多媒体作品的一个设计原则就是它的艺术性，也就是要求多媒体作品要讲求美观，符合人们的审美观念和阅读习惯。这就是多媒体作品开发过程中所要解决的美学问题。美学本身就是一门独立的学科，一直以来都是美术设计的基础课程。而多媒体作品也必须满足人们美学方面的需求，这就要求在软件的设计开发过程中，必须运用美学理论知识，设计出符合人们视觉审美习惯的软件界面。本章从美学的角度介绍多媒体作品制作过程中的美学基础知识和多媒体作品的美学设计法则。

本章实验要点

通过本章的实验，使学习者建立起美学概念，设计出符合审美要求的作品，掌握一定的美学设计方法。主要掌握以下几点。

- 建立美学的基本观念，了解美学设计的要领和基本方法。
- 通过实践练习，掌握平面构图的相关知识和内容。
- 通过实践练习，掌握点、线、面的构图理论和方法。
- 掌握色彩的相关知识和内容。

实验一　平面美学设计实践

一、预备知识

(1) 美学是通过绘画、色彩构成和平面构图展现自然美感的学科。其中绘画、色彩构成和平面构成则称为美学设计的三要素，而自然美感则是美学运用的最终目的。

(2) 美学的作用。在制作多媒体作品时使用美学的知识和方法，能达到以下一些作用：

① 视觉效果丰富、更具吸引力；

② 内容表达形象化。

(3) 平面构成是美学的逻辑规则，主要研究若干对象之间的位置关系。

(4) 对比和调和。对比和调和是在画面的各要素间强调异性和共性，以达到变化和统一的形式法则。对比是取得变化的手段，通过强调差异性，突出个性，以达到生动的艺术效果。调和是取得统一的手段，通过强调共性，加强要素间的联系，使对象获得和谐统一的艺术效果。对比与调和是线、形、体、色、质、方向、虚实、繁简对比与调和。

二、实验内容

利用 Word 和 Photoshop 设计一个环保公益广告作品，本广告的主题是利用图片和文字来表现保护自然环境，珍惜水资源的理念。学习者也可以自己选择满足要求的其他主题，例如减少空气污染，保护大气生态环境等。

本实验使用 A4 幅面，适合大多数场合，也适合一般的彩色打印机打印输出。设计步骤如下。

(1) 使用 Photoshop 软件，将素材库中的图片 2-01.jpg(如图 2-1(a)所示)进行简单处理，去除多余的部分，利用截图工具截取包括鳄鱼的部分画面，并使用图片尺寸命令将图片的大小缩小到适当的尺寸，处理的结果如图 2-1(b)所示。

(a) 处理前　　(b) 处理后

图 2-1　干涸的河床和鳄鱼

(2) 再将素材库中的图片 2-02.jpg(如图 2-2 所示)进行简单处理，选择色彩范围选择工具，选中背景区域，再将背景区域删除，这样背景就变成了透明。

将处理后的图片保存为 GIF 格式或 PNG 格式的图片，这样可以将透明的背景保留下来，如图 2-3 所示。

图 2-2　饥饿的秃鹫(处理前)

图 2-3　去除背景颜色的秃鹫

(3) 打开 Word 软件，制作广告版面。

① 选择"文件"→"页面设置"菜单，显示如图 2-4 所示的"页面设置"对话框。将"页边距"中的上、下、左、右边距均设置为 1.5cm，方向设置为纵向。

② 打开"纸型"选项卡，如图 2-5 所示。

将纸张大小设置为 A4，宽度和高度分别为 21cm 和 29.7cm。设置完成后，单击"确定"按钮。

(4) 将前面处理好的图片添加到文档中并做简单处理，处理步骤如下。

① 插入图片。选择"插入"→"图片"→"来自文件"菜单，找到之前处理好的鳄鱼图片，将图片插入到文档中。使用同样的方法将处理后的秃鹫图片插入到文档中。

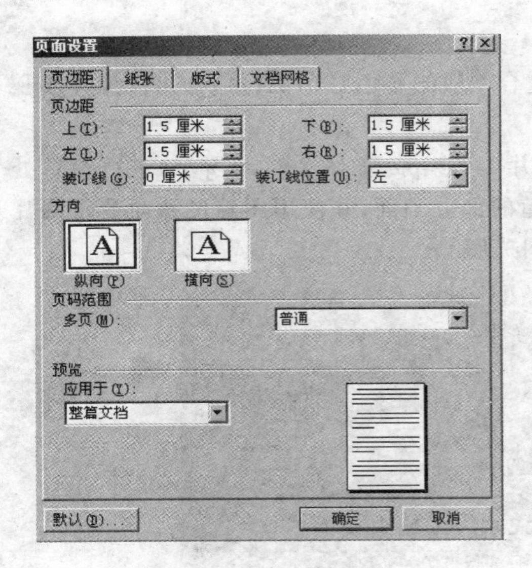

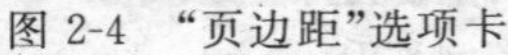

图 2-4 “页边距”选项卡

图 2-5 “纸型”选项卡

② 由于需要将两张图片进行前后叠加，所以需要将两张图片的位置状态进行修改。图片默认是“嵌入型”状态，图片不能随意移动位置，更不能实现叠加效果。

选中图片，出现“图片”工具栏。在该工具栏中，单击“文字环绕”按钮，在弹出的菜单中选择“浮于文字上方”选项。操作如图 2-6 所示。

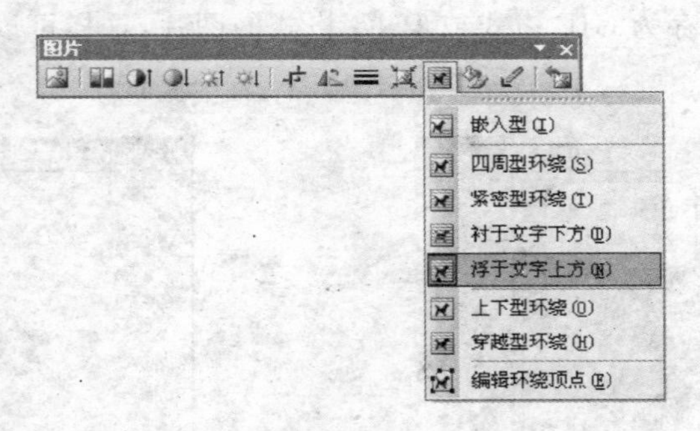

图 2-6 利用图片工具栏设置文字环绕方式

将秃鹫图片的位置移动到鳄鱼图片的左下角位置，这样就可以产生秃鹫等待鳄鱼成为它的美食的场景。

(5) 添加文本框，用于插入文字，步骤如下。

① 选择“插入”→“文本框”→“横排”菜单，插入一个文本框。

② 在文本框中输入文字“保护环境，珍惜水源”。

根据幅面大小，调整文本框中文字的字体、字号和颜色。选择字体时，必须选择外形方正的字体，这样显得更加庄重严肃。

③ 设置文本框的格式。选中文本框单击鼠标右键，选择“设置文本框格式”，弹出如图 2-7 所示的对话框。

在“颜色与线条”选项卡中，将填充颜色设置为“无填充颜色”，将线条颜色设置为“无线条颜色”，这样文本框就是透明的文本框。

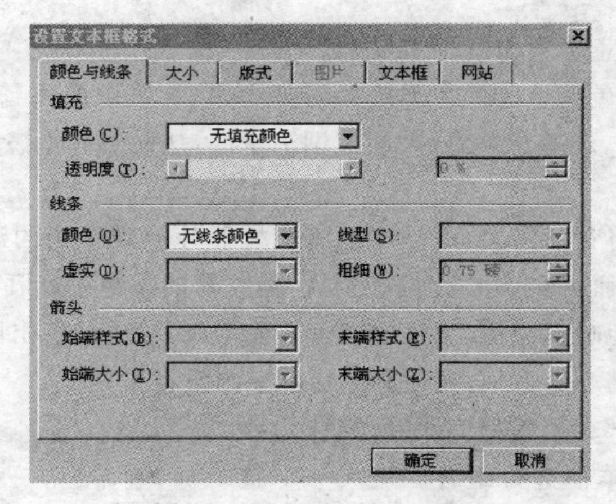

图 2-7 “颜色与线条”选项卡

在“版式”选项卡中，将“环绕方式”设置为“浮于文字上方”，如图 2-8 所示。

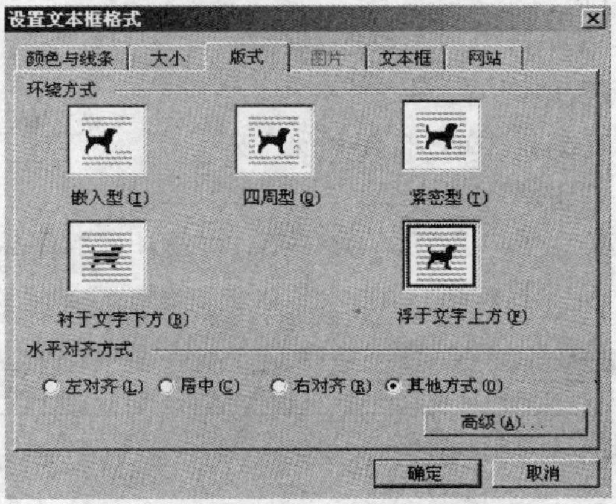

图 2-8 “版式”选项卡

设置完成后，再将文本框移动到合适的位置，本例放置到图片的下方。设计完成后的效果如图 2-9 所示。

图 2-9 设计的效果图

(6) 本例设计的注意事项如下。

① 要突出主题，鳄鱼无力地趴在干涸的河床中，一只饥饿的秃鹫正紧盯着奄奄一息的鳄鱼。地下水过度采集，环境污染，导致河流湖泊干涸，从而引起生态环境恶化，致使许多物种濒临灭绝。

② 秃鹫照片必须将背景除去，这样才能将秃鹫照片放到干涸的河床图片的上方，形成一个整体。而且调整好照片的大小比例和位置，使秃鹫的眼神正好盯着鳄鱼。

③ 色彩上也要避免喧宾夺主，文字的颜色要使用浅色，更加突出图片所反映的主题。

④ 设计前要进行精心的策划，要使画面更能突出设计主题。

⑤ 将设计的各个部分调整好大小和位置后，要将各个部分如图片、文本框进行组合固定成一个整体。组合的方法如下：按住键盘的 Shift 键不放，用鼠标左键依次选中图片和文本框，然后在任何一张图片上方单击鼠标右键，在弹出的菜单中选择“组合”→“组合”，如图 2-10 所示。这样选中的对象被组合在一起，可以整体移动位置，整体调整大小。

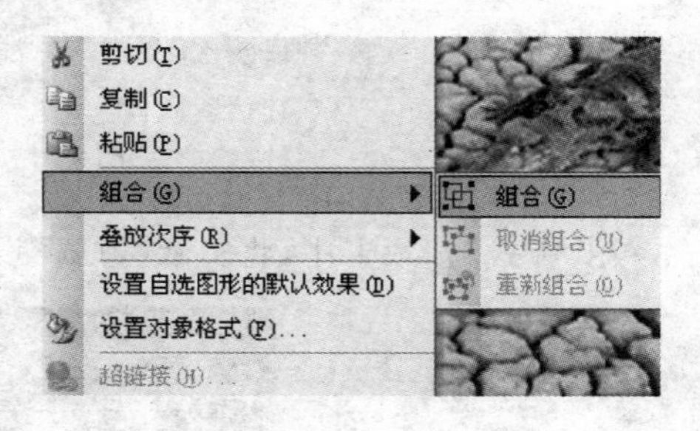

图 2-10 组合选中的对象

初步设计完成，使用工具栏中的“打印预览”按钮，观察整体效果，做进一步的调整。

整个设计完成后，选择“文件”→“另存为”菜单，将设计好的作品以给定的名称保存到指定的文件夹中，如图 2-11 所示。

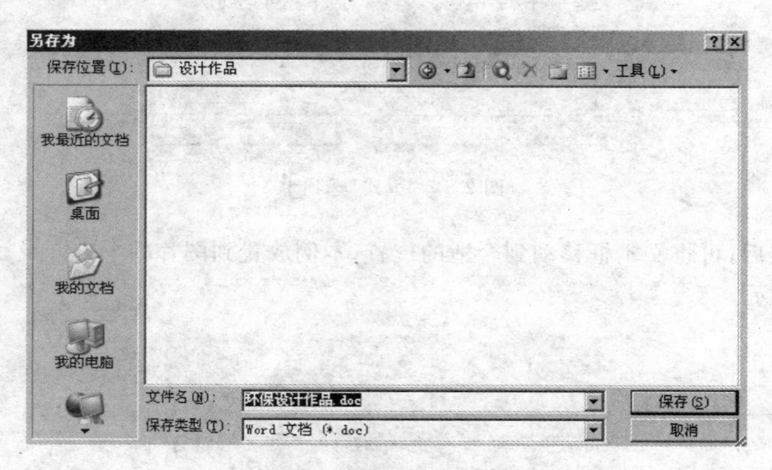

图 2-11 保存设计好的作品

三、练习

以“抗震救灾，爱的奉献”为主题，设计一个平面宣传海报作品。要求展示出全体华人及国际友人的慷慨援助的爱心，能够激励更多的人奉献出自己的爱心，帮助灾区人民重建家园。

实验二　多媒体美学设计实践

一、实验目的

(1) 了解美学的基本概念。

(2) 掌握美学的设计构成的应用。

(3) 掌握图片与文字的搭配要点。

(4) 熟练应用色彩的搭配技巧。

(5) 了解基本色的象征意义。

(6) 掌握 Powerpoint 软件的使用。

二、预备知识

(1) 比例是指对象各部分之间,各部分与整体之间的大小关系,以及各部分与细节部分之间的比较关系。尺度是指对象的整体或局部与人的生理或人所习见的某种特定标准之间的大小关系。物体与人相适应的程度,是在长期的实践经验积累的基础上形成的。有尺度感的事物,具有使用合理,与人的生理感觉和谐,与使用环境协调的特点。

(2) 以美学为基础的平面构图必须遵循一定的构图法则,以便准确地表达设计意图和思想,达到最佳的设计效果。在二维平面中,图像、文字、线条占有各自的位置,或层叠、或排列、或交叉,用于表现不同的属性和视觉效果。

(3) 色彩是美学的重要组成部分,它不仅是一门学科,而且还是人们生活中必不可少的元素。从许多方面来说,在计算机上使用颜色并没有什么不同,只不过它有一套特定的记录和处理色彩的技术。因此,要理解图像处理软件中所出现的各种有关色彩的术语,首先要具备基本的色彩理论知识。

(4) 色彩的功能是指色彩对眼睛及心理的作用,具体来说,包括眼睛对它们的明度、色相、纯度,对比刺激的作用以及在心理上留下的影响、象征意义及感情影响。色彩透明度、色相、彩度、冷暖而千变万化,而色彩间的对比调和效果更加千变万化。

(5) 色彩的搭配是多媒体作品设计开发中一个非常重要的工作。色彩搭配得好,多媒体作品才能达到最佳的视觉效果。色彩搭配要根据表达的意思和目的,将尽可能少的颜色搭配起来,才能符合人们的审美习惯。

三、实验内容

利用 Powerpoint 设计一个展现校园娱乐生活为主题的 PPT 作品。该多媒体作品需要利用美学理论来表现作品的主题。PPT 作品是图形、文字,更是影音动画的结合体。要求该作品让观众感兴趣,看清楚,听明白,能记住主题内容。

本例要求设计 3 个页面来表现校园娱乐生活的主题。第 1 页为封面,用于显示标题和作者信息,如班级、姓名、性别等;第 2 页展现具体主题内容;第 3 页为结束语,用于展现结论性的内容。同时还要满足以下要求。

(1) 在第 1 页中添加背景音乐,使背景音乐在幻灯片开始时就开始播放,在整个幻灯片的播放过程中连续播放该音乐。

(2) 要求背景颜色和图片搭配鲜明活泼。

(3) 突出主题。

(4) 演示页的翻页由鼠标单击控制。

设计步骤如下。

(1) 新建 Powerpoint 演示文稿。

① 启动 Powerpoint,选择“空演示文稿”,如图 2-12 所示。

② 选择幻灯片版式为“空白演示文稿”,如图 2-13 所示。

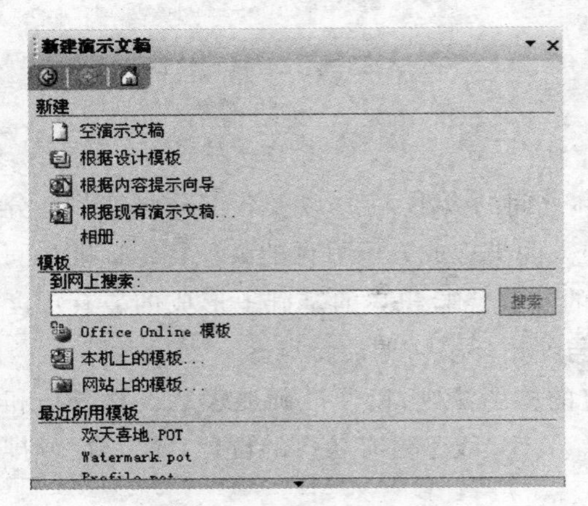

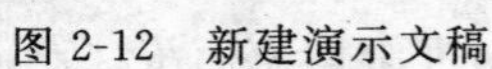
图 2-12　新建演示文稿

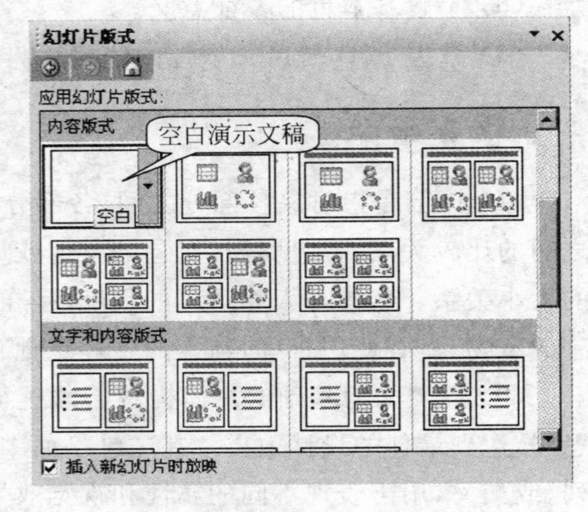

图 2-13　选择新幻灯片版式

③ 选择“插入”→“新幻灯片”菜单,插入两张新幻灯片,使幻灯片总数为 3 张。并分别命名为“封页”,“主题内容”和“结束语”,如图 2-14 所示。

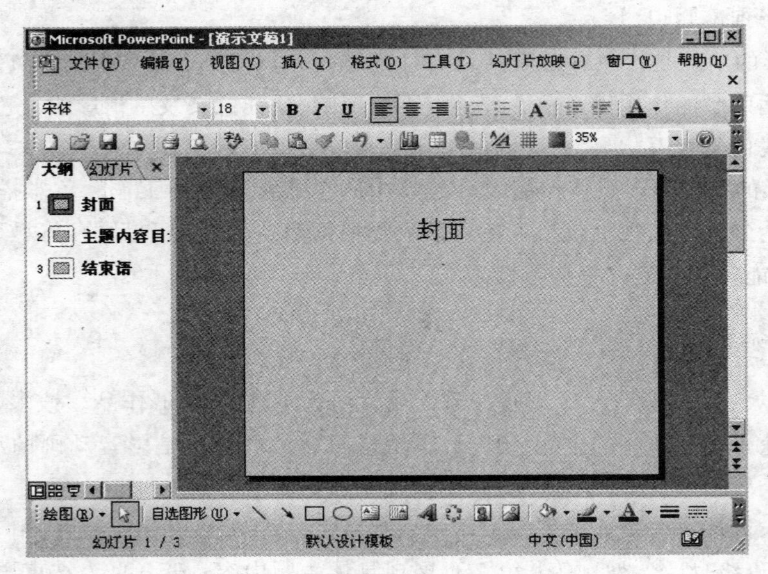

图 2-14　幻灯片及其标题

(2) 设计封面页。

① 选择封面页,设置背景颜色。背景使用图片,将素材库中的图片"封页.jpg"作为封页的背景。操作步骤如下:用鼠标右键单击演示画面,选择"背景"选项。弹出"背景"对话框,如图 2-15 所示。

选择"填充效果"后弹出"填充效果"对话框,打开"图片"选项卡。单击"选择图片"按钮,选择素材库中的"封页.jpg"图片,然后单击"确定"按钮,如图 2-16 所示。

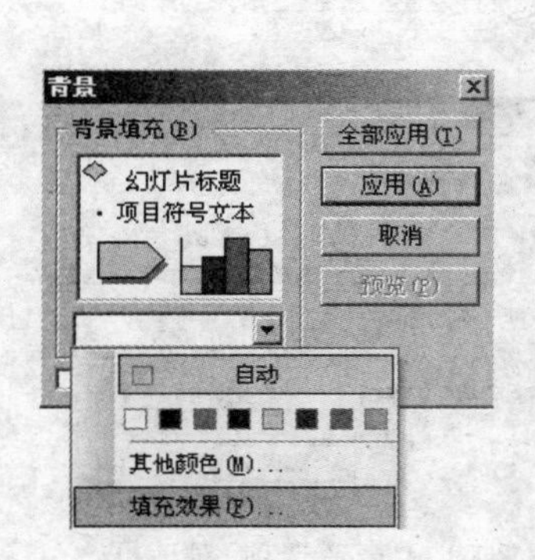

图 2-15 在"背景"对话框中选择"填充效果"

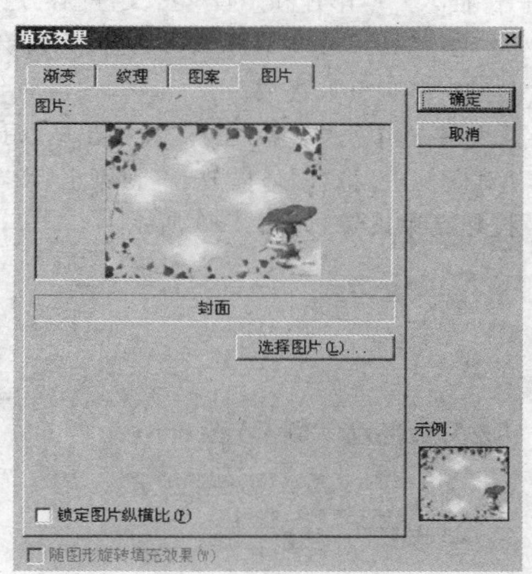

图 2-16 在"图片"选项卡中选择图片

回到"背景"对话框后,单击"应用"按钮,只将该背景应用到当前页面中。不影响其他页面的背景。

② 添加文字和设置字体格式。将标题设置为"校园娱乐生活",同时添加一个文本框,用于输入设计者的信息。操作过程如下:选择"插入"→"文本框"→"水平"菜单,插入一个文本框,输入设计者的信息,分别是"专业"、"学号"、"姓名"和"性别"等。

设置标题文本框的字体格式的步骤如下:选中标题文本框,单击鼠标右键,选择"字体"选项。弹出如图 2-17 所示的"字体"对话框。

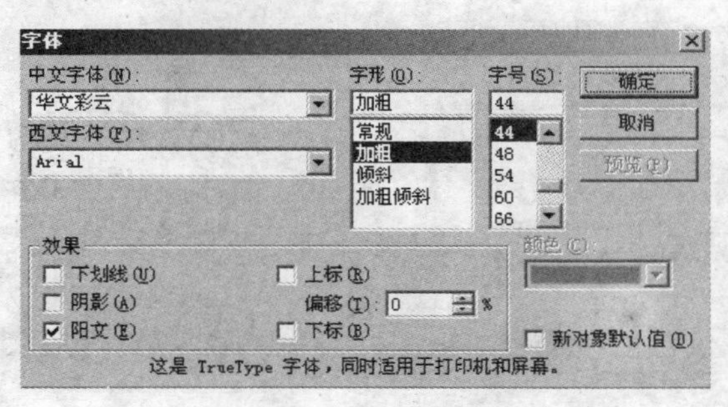

图 2-17 "字体"对话框

中文字体选择"华文彩云",字形选择"加粗",字号选择"44",效果选择"阳文"。单击"确定"按钮结束设置。

用同样的方法设置作者信息的文本框的字体格式。中文字体选择“华文行楷”，字形选择“加粗”，字号选择“24”，颜色选择“蓝色”。

移动文本框，将文本框的位置移动到合适的位置，并调整好文本框的大小。

③ 为幻灯片添加背景音乐。使该背景音乐在幻灯片开始时就开始播放，在整个幻灯片的播放过程中连续播放该音乐。设置步骤如下。

打开“插入”→“影片和声音”→“文件中的声音”菜单，插入准备好的声音文件，本例使用素材库中的“南湖秋月.mp3”音乐文件，这时系统会弹出对话框，如图 2-18 所示，询问“您希望在幻灯片放映时如何开始播放声音?”，单击“自动”按钮，则幻灯片上有一个“喇叭”图标出现。

用鼠标右键单击“喇叭”图标，在弹出的快捷菜单中选择“编辑声音对象”。在弹出的“声音选项”对话框中，将“循环播放，直到停止”和“幻灯片放映时隐藏声音图标”全部选中，单击“确定”按钮结束设置，如图 2-19 所示。

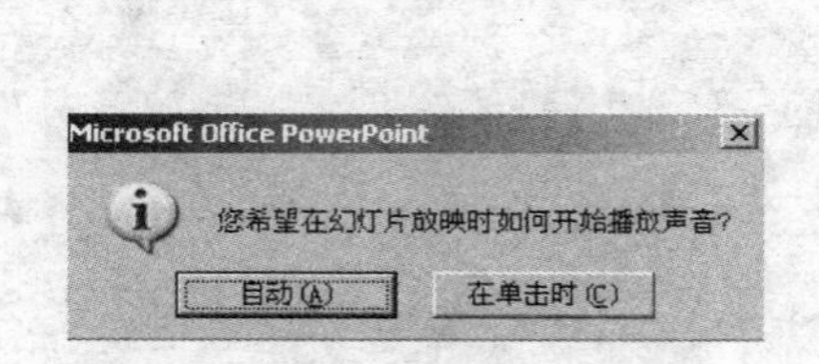

图 2-18 “如何开始播放声音”对话框

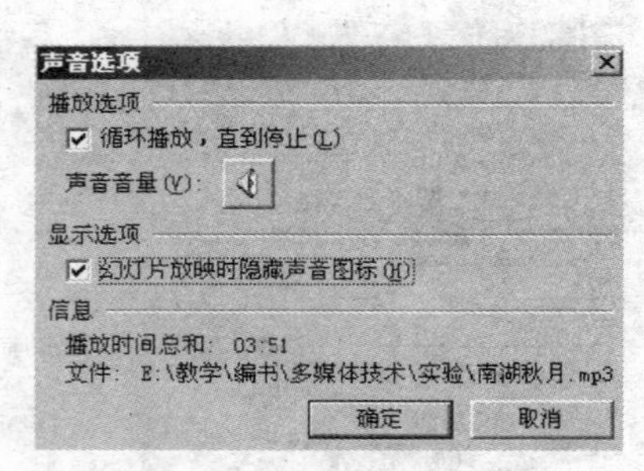

图 2-19 “声音选项”对话框

用鼠标右键单击“喇叭”图标，在弹出的快捷菜单中选择“自定义动画”。弹出如图 2-20 所示的“自定义动画”对话框。

在对话框中，单击音乐文件，在弹出的快捷菜单中选择“效果选项”，弹出如图 2-21 所示的“播放声音”对话框。

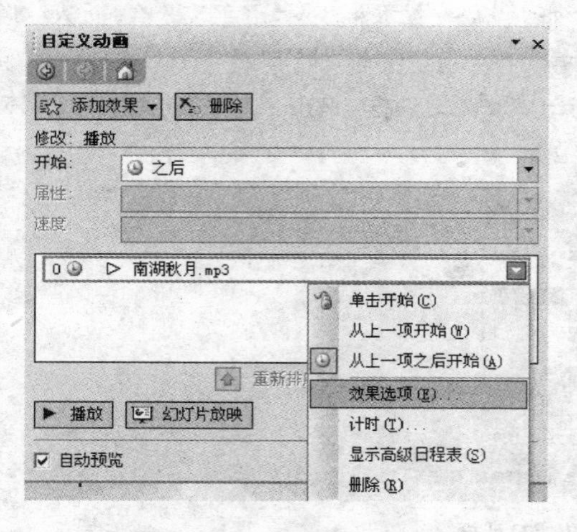

图 2-20 “自定义动画”对话框

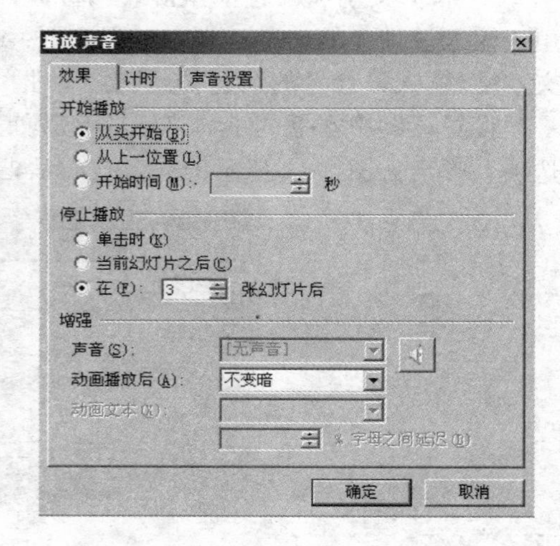

图 2-21 “播放声音”对话框

在“效果”选项卡中，“开始播放”选项选择“从头开始”，“停止播放”选项选择第 3 项，根据需要，将背景音乐“在 X 张幻灯片后”中的“X”改为 3，就是幻灯片的总张数。单击“确定”

按钮结束设置。这个封面的设计效果如图 2-22 所示。

图 2-22 封面设计效果图

(3) 主题内容页的设计。

① 主题页的背景同封面页的设计一样，选择图片，选择素材库中的“主题.jpg”图片文件作为该页的背景，如图 2-23 所示。

图 2-23 主题页的背景

② 选择“插入”→“文本框”→“水平”菜单插入一个文本框，把文字“校园娱乐生活”内容简介输入到演示页面的中间。文字的字体为宋体，字号为 20，效果为阴影。文本框的背景颜色为无背景颜色，线条颜色为无线条颜色。

③ 利用绘图工具中的自选图形中的标注，添加一个矩形标注，作为外形框架，填充颜色选择无填充颜色，线条颜色选择白色，线条样式选择 6 磅实线。绘图工具如图 2-24 所示。

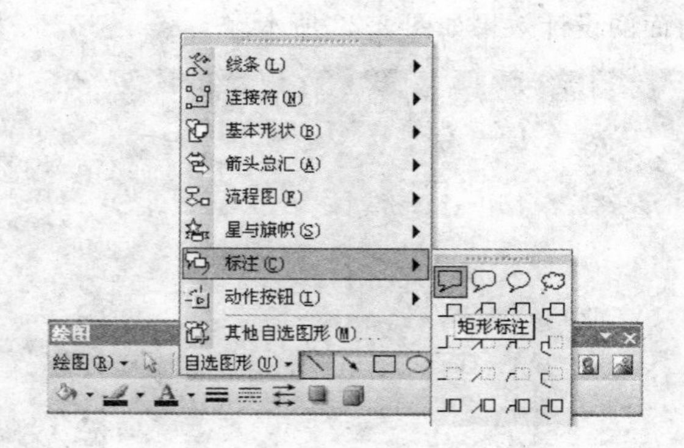

图 2-24　绘图工具

④ 添加一个显示标题的文本框，在文本框中输入文字"校园娱乐生活"，字体为宋体，字号为 18，字体颜色为白色，文本框的背景为渐变色。

⑤ 再添加 7 个显示主题的文本框，输入文字分别为"日常学习"、"课余兼职"、"电脑知识"、"旅遍天下"、"绘画"、"摄影"、"音乐"，字号为 18，字体颜色为黄色，文本框的背景为渐变色。该渐变色与第一个文本框的渐变色不能使用同一种渐变色。

⑥ 再将素材库中的 7 张精美的小图标分别放到上面的 7 个文本框附近。位置不需要调整成整齐一律，可随意一些，这样画面显得生动活泼有趣。

设计后的整体效果如图 2-25 所示。

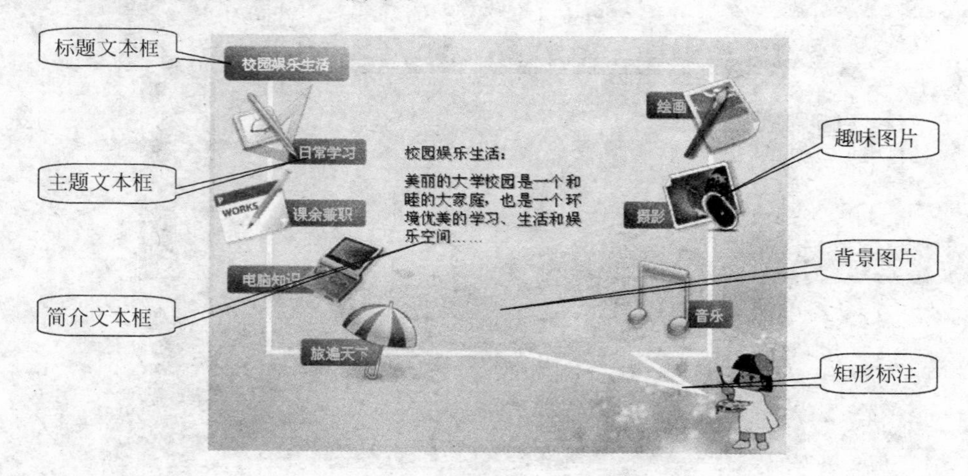

图 2-25　主题页设计效果图

⑦ 设计主题页时，注意事项如下。

- 页面上的图形和图片有层次关系，处于上面的对象会覆盖下面的对象。其中矩形标注处在最底层，其余对象都浮在上面。而 7 张小图片处在最顶层，这样可以浮在相应的文本框上面，使文本框和图片成为一个整体，这样效果更好些。
- 标题文本框的背景颜色和主题文本框的背景颜色不能相同，主题文本框的背景颜色更加鲜明活泼，从而突出各个主题。
- 各个主题文本框的位置可随意调整，使整个画面错落有序。

(4) 结束语页面的设计，设计步骤如下。

① 结束语页要求突出热烈活跃的气氛，所以版面色调要鲜艳。背景使用图片，添加背景图片的方法与前面两页一样。将素材库中的图片“结束语.jpg”添加到背景中。设置后的效果如图 2-26 所示。

图 2-26　结束页的背景

同时，添加一些小图片素材，使画面更加华丽、温馨。

② 使用“图形”工具栏上的添加“艺术字”按钮，添加一个艺术字，如图 2-27 所示。选择一种样式，单击“确定”按钮。

图 2-27　“艺术字库”对话框

在随后的编辑“艺术字”文字对话框中，选择字体、字号、加粗，并输入文字内容。然后单击“确定”按钮，如图 2-28 所示。

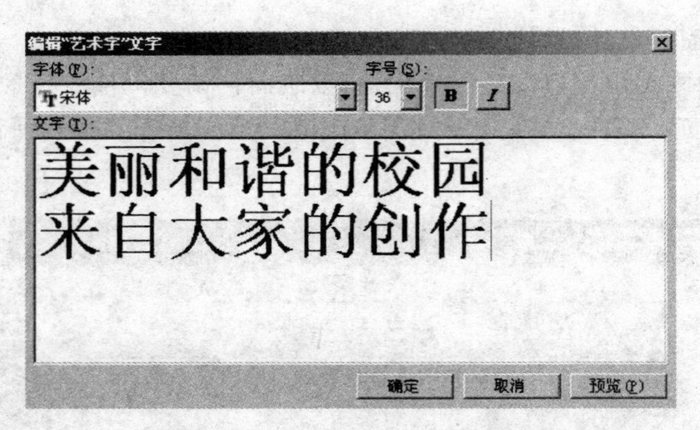

图 2-28　编辑“艺术字”文字的对话框

对添加后的艺术字进行编辑调整。单击输入后的艺术字,在艺术字工具栏中选择“艺术字形状”按钮,在弹出的菜单中选择一种形状,单击“确定”按钮,如图 2-29 所示。

图 2-29　编辑艺术字形状

调整画面中每个对象的位置和大小,使画面更加协调、美观。设计后的效果如图 2-30 所示。

图 2-30　结束语页的设计效果图

至此,整个幻灯片已经设计完成了,选择播放幻灯片,查看播放的效果,进行进一步的修改和调整。

四、练习

将该实验中的实验内容进行补充,将各个主题的具体内容补充进去,展现校园娱乐生活的各项内容,要求风格一致,内容健康。

实 验 小 结

1. 本章主要完成的实验

(1) 利用美学的审美要求，设计和制作两个作品。分别使用 Word 软件和 Powerpoint 软件制作完成，使设计者能充分利用美学原理和 Word、Powerpoint 软件的强大功能设计出符合美学要求的作品。

(2) 对 Word、Powerpoint 软件的功能要全面掌握，特别是图片编辑、版面调整、文本框的设置等的操作技巧。

2. 实验报告

(1) 根据设计主题的要求，写出作品的设计方案和设计思路。

(2) 写出设计过程中遇到的难题和解决办法。

(3) 写出自己的设计感受和不足之处。

自我创作题

1. 使用 Word 软件，以下面的主题设计平面广告。

(1) 减少空气污染，创造清洁地球。

(2) 保护稀有物种，避免生物灭绝。

(3) 从我做起，共建和谐家园。

(4) 节约能源，促进经济可持续发展。

2. 使用 Powerpoint 软件，以下面的主题设计幻灯片。

(1) 校园休闲娱乐。

(2) 校园社团组织。

(3) 校园公益事业。

(4) 动物世界。

(5) 情人节的安排。

3. 将实验中的第 2 个实验进行补充，将各个主题的具体内容补充进去。

第3章 文本素材及其处理技术

文本素材是由字符、数字和汉字组成的文本。文本素材中汉字采用GB码统一编码和存储，英文字母和符号使用ASCII码编码和存储。文件的格式由所使用的文字处理软件决定，如有TXT、DOC、PDF等。随着计算机在办公自动化中的应用，尤其是对文本编辑要求的飞速发展，市场上不断涌现出了许许多多的字处理软件和各种汉字输入技术。本章主要介绍文本采集方法中的语音输入法，Word格式与PDF格式之间的转换以及艺术字的处理方法。

本章实验要点

- 掌握语音输入法的使用方法。
- 将Word转换为PDF文件。
- 将PDF文件转换为Word文件。
- 艺术字的处理方法。

实验一 语音输入法

一、实验目的与要求

Office作为一种常用的办公软件，其中的语音输入法是一种计算机识别语音的技术。Word 2003支持语音输入法。熟悉和掌握该语音输入法的一些基本操作，进行语音识别训练，并输入一篇指定的Word文档。

(1) 掌握安装语音输入。

(2) 掌握语音识别的训练。

(3) 掌握语音输入的使用方法。

二、预备知识

(1) 语音识别技术是指由计算机识别语音的技术，也就是用人的语言去指挥和控制机器，让机器"听懂"人的语言，并根据其指令去完成各种各样的任务。人说话发出的语音实际上是一种机械振动波，具有一定的能量。人们利用诸如微音器那样的电声传感器，就可以把人的语音声波转换成电信号，再将这种电信号送到电子计算机，电信号经过计算机软件的一系列处理和识别，就可以成为能使机器"听懂"的一串串指令，从而让机器来完成人交给它们的各种任务。

(2) 目前常用的有Office的语音输入法，Word 2003支持语音输入法。

三、实验内容

1. 安装语音输入功能

用户在安装 Microsoft Office 的时候请选择完全安装，则语音输入会与其他功能一起安装到计算机上，如图 3-1 所示。

图 3-1　语音输入栏

2. 训练语音识别

(1) 使用"控制面板"→"声音、语音和音频设备"→"语音"命令，打开"语音属性"对话框，如图 3-2 所示。

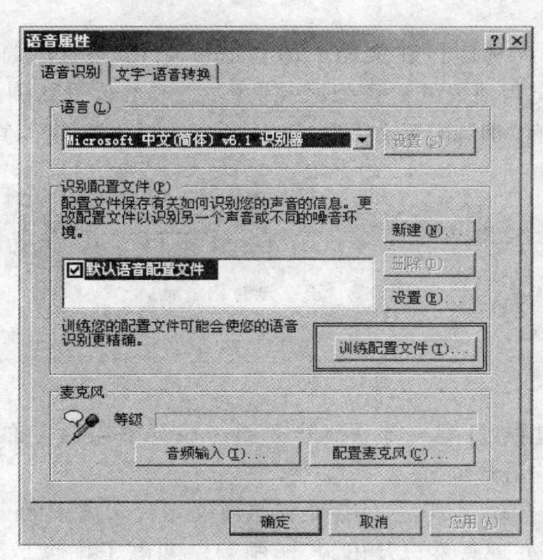

图 3-2　语音属性

(2) 单击"训练配置文件"开始进行语音训练，按照提示，依次单击"下一步"，直到如图 3-3 所示的训练对话框。此时，用户对着麦克风念出对话框中的句子，正确识别的词语将被选中，如果某个词语一直无法被计算机识别，单击"跳过单词"暂时跳过。

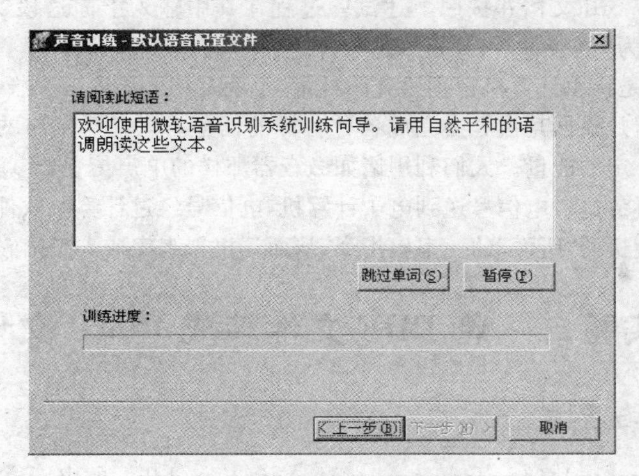

图 3-3　语音识别训练

(3) 训练完毕后,单击“完成”按钮,结束本次训练。

3. 使用语音输入

打开“微软拼音输入法”,依次选中工具栏上的“麦克风”和“听写模式”按钮,打开语音输入,进入听写模式,如图 3-4 所示。如果没有“听写模式”图标,请在“麦克风”上单击右键,然后选择“任务栏中的其他图标”即可。

图 3-4　语音输入状态栏

打开 Word 文档,将光标定位在文档中的合适位置上,对着话筒说出要输入的内容,如图 3-5 所示。如果用户觉得前面的语音练习效果不太好,可以重新测试:进入“控制面板”,单击“语音”标签,单击其中的“训练配置文件”按钮,可重新进行语音练习,直到识别效果满意为止。

图 3-5　正在进行语音输入

四、练习

1. 按照上述试验过程,新建一篇 Word 文档并在其中输入下面这段文字,输入完成后把该 Word 文档命名为“语音训练一”并保存。

随着计算机在办公自动化中的应用,尤其是对文本编辑要求的飞速发展,市场上不断地涌现出了许许多多的字处理软件以及出版、印刷程序和电子排版系统。用户可以方便地使用软件进行文字编辑。还有很多软件很好地将多媒体素材和文本编辑软件结合起来。这些软件所编辑的文本文件大都可以被输入到多媒体的节目当中。但一般多媒体的文本大多直接在制作图形的软件或在多媒体的编辑软件当中一起制作,除了非常特殊的文本效果(如文本变形、旋转、动画)外,多媒体的文本几乎不在纯文本的系统中单独制作。

2. 新建一篇 Word 文档并按照上述试验过程在其中输入下面这段文字,输入完成后把该 Word 文档命名为“语音训练二”并保存。

语音识别技术是指由计算机识别语音的技术,也就是用人的语言去指挥和控制机器,让机器“听懂”人的语言,并根据其指令去完成各种各样的任务。人说话发出的语音实际上是一种机械振动波,具有一定的能量。人们利用诸如微音器那样的电声传感器,就可以把人的语音声波转换成电信号,再将这种电信号送到电子计算机,电信号经过计算机软件的一系列处理和识别,就可以成为能使机器“听懂”的一串串指令,从而让机器来完成人交给它们的各种任务。

实验二　将 PDF 文件转成 Word 文件

一、实验目的与要求

PDF 全称 Portable Document Format,是 Adobe 公司开发的电子文件格式。这种文件格式与操作系统平台无关,这一特点使它成为在 Internet 上进行电子文档发行和数字化信息传播的理想文档格式。越来越多的电子图书、产品说明、公司文告、网络资料、电子邮件开始使用PDF格式文件。PDF格式文件目前已成为数字化信息事实上的一个工业标准。Word是Microsoft公司最常用的办公产品。两种文件格式的转换成为获取信息的常用手段。在了解两种文件格式特点的基础上熟悉和掌握PDF文件格式到Word文件格式的转换。

二、预备知识

(1) Adobe公司设计PDF文件格式的目的是为了支持跨平台上的多媒体集成的信息的出版和发布，尤其是提供对网络信息发布的支持，为了达到此目的，PDF具有许多其他电子文档格式无法相比的优点。PDF文件格式可以将文字、字型、格式、颜色及独立于设备和分辨率的图形图像等封装在一个文件中。该格式文件还可以包含超文本链接、声音和动态影像等电子信息，支持特长文件，集成度和安全可靠性都较高。

(2) Word是Microsoft公司的产品Office套件中的一个文字处理程序，用户可以使用它建立各种各样的文档。使用Word可以很容易地处理下划线、粗体或斜体文档，并检查文档的拼写错误。Word适用于所有类型的字处理，比如写备忘录、商业信函、论文、书籍和长篇报告，一般性的使用是很简单的，另外根据用户写作的文档类型，可以使用它的许多高级功能。

(3) PDF文件转成Word文件需要事先安装Office的组件Microsoft Office Document Imaging。

三、实验内容

(1) 安装Office 2003中的Microsoft Office Document Imaging组件。

① 使用Office 2003安装光盘中的“添加或删除功能，更改已安装的功能或删除指定的功能”更新安装该组件，如图3-6所示。

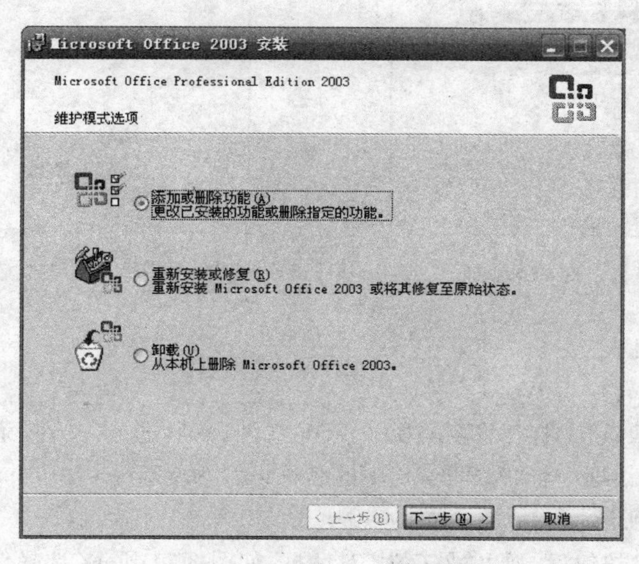

图3-6　Office 2003的安装界面

选择“选择应用程序的高级自定义”，如图 3-7 所示，然后单击“下一步”按钮。

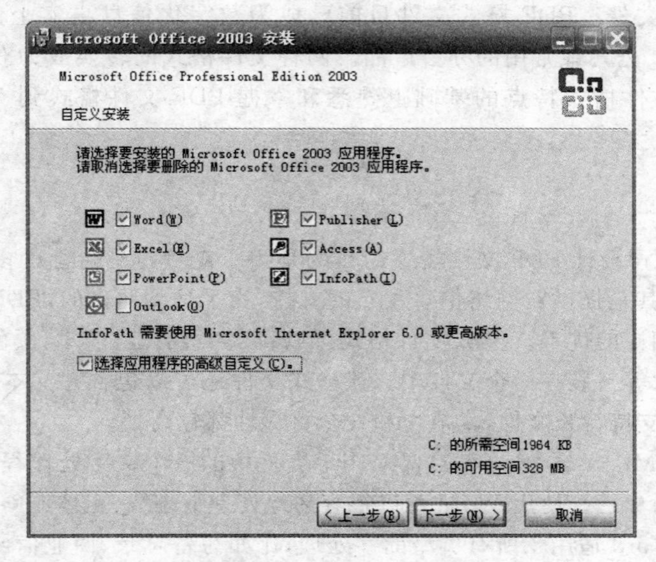

图 3-7　选择安装内容

② 如图 3-8 所示打开 Office 工具→Microsoft Office Document Imaging，按提示选择安装“扫描、OCR 和索引服务筛选器”和 Microsoft Office Document Image Writer。

单击“更新”按钮后，系统提示需要重新启动计算机，使修改生效，如图 3-9 所示。

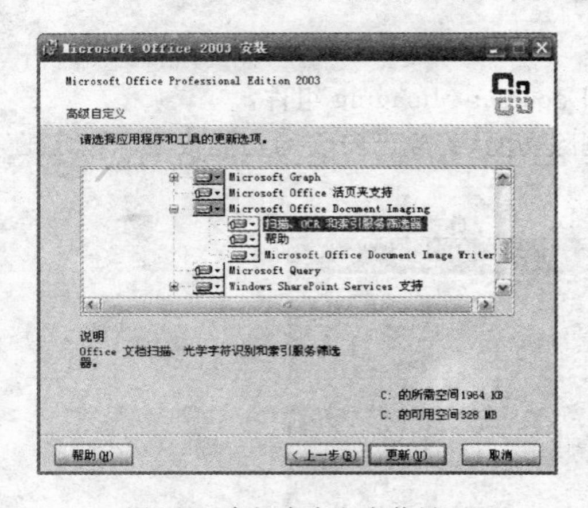

图 3-8　高级自定义安装界面

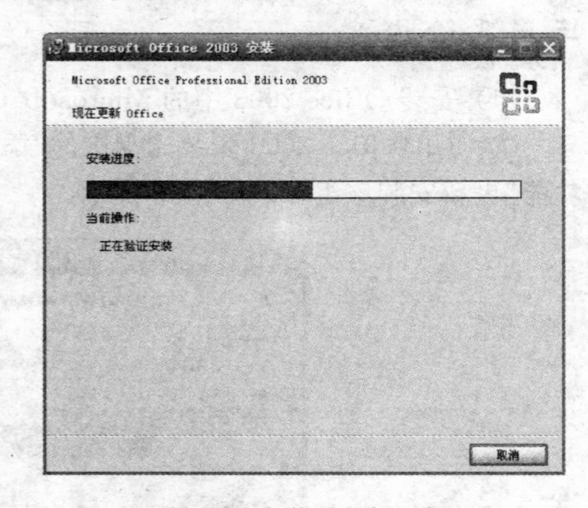

图 3-9　安装后的提示框

③ 重启计算机。

(2) PDF 文件转换为 Word 文件。

① 用 Adobe Reader 打开将要转换的 PDF 文件，然后选择“文件”菜单的“打印”命令，在弹出的“打印”对话框中将“打印机”栏中的名称设置为 Microsoft Office Document Image Writer，如图 3-10 所示。

② 单击“确认”按钮后，弹出“另存为”对话框，如图 3-11 所示，选择保存路径、输入文件名、单击“保存”按钮后，该 PDF 文件输出为 MDI 格式的虚拟打印文件。

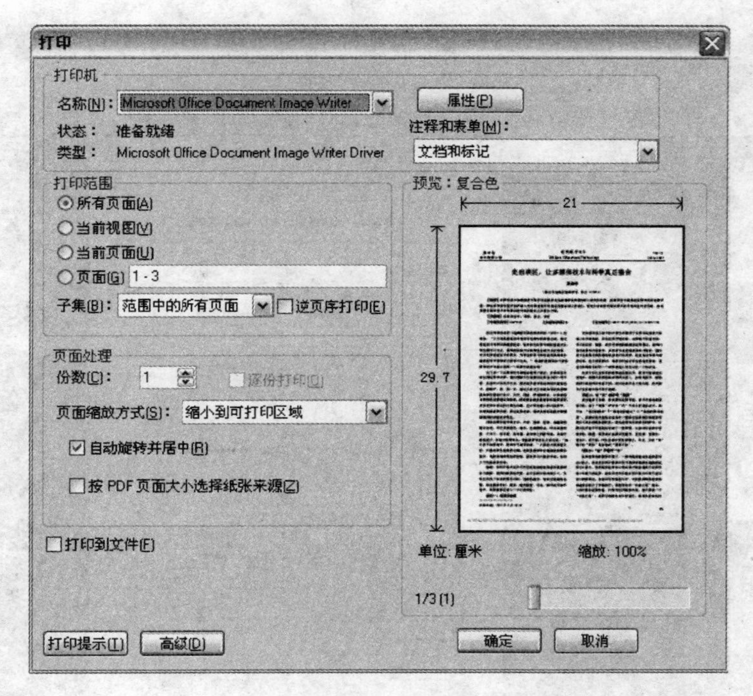

图 3-10 “打印”对话框

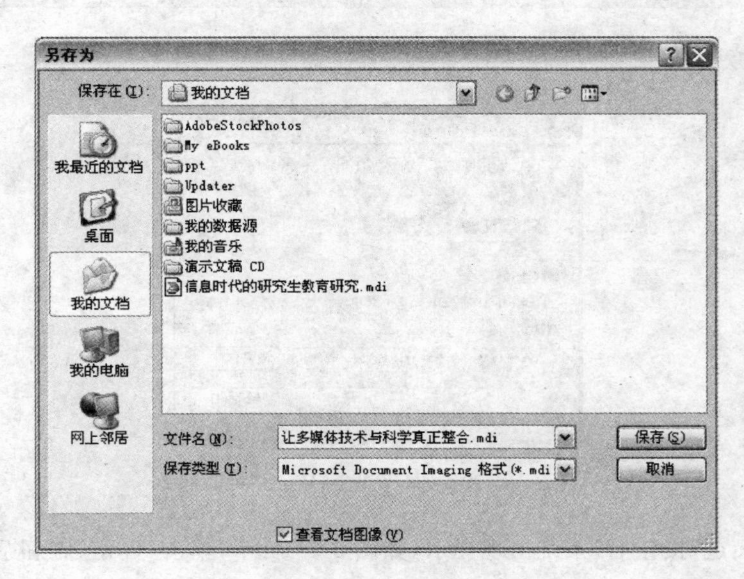

图 3-11 “另存为”对话框

这时 Microsoft Office Document Imaging 将打开刚才保存的 MDI 文件，如图 3-12 所示。

③ 选择“工具”菜单中的“将文本发送到 Word”命令。在弹出的“将文本发送到 Word”对话框中选中“所有页面”和“在输出时保持图片版式不变 ”选项，如图 3-13 所示。

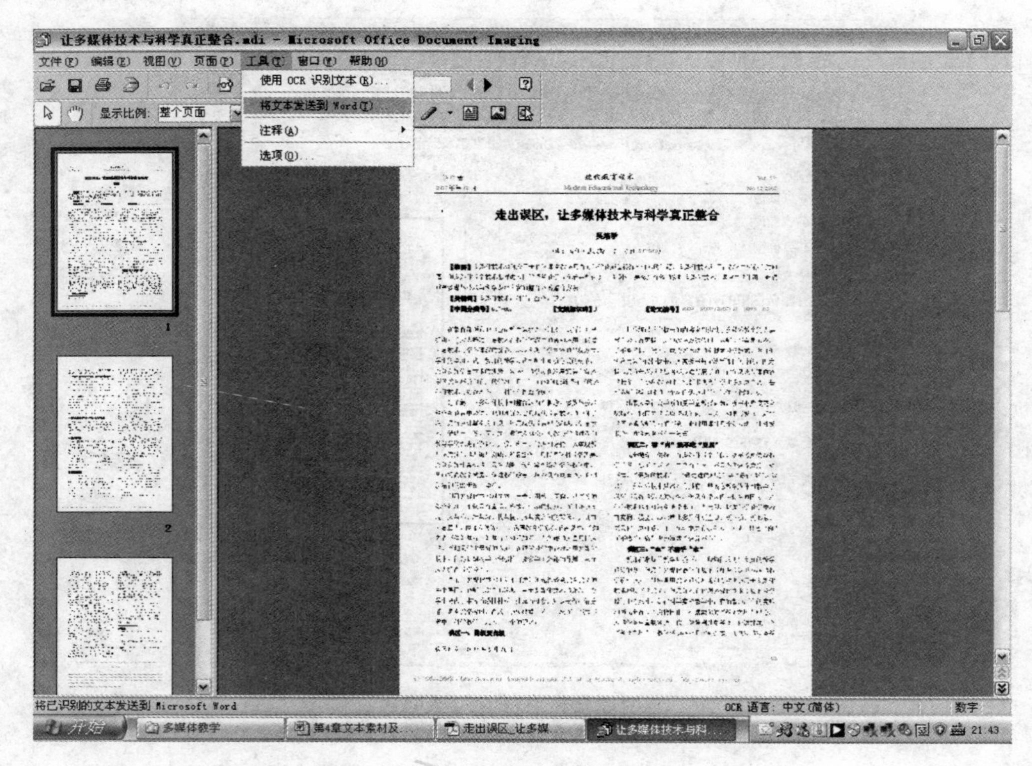

图 3-12 MDI 文件

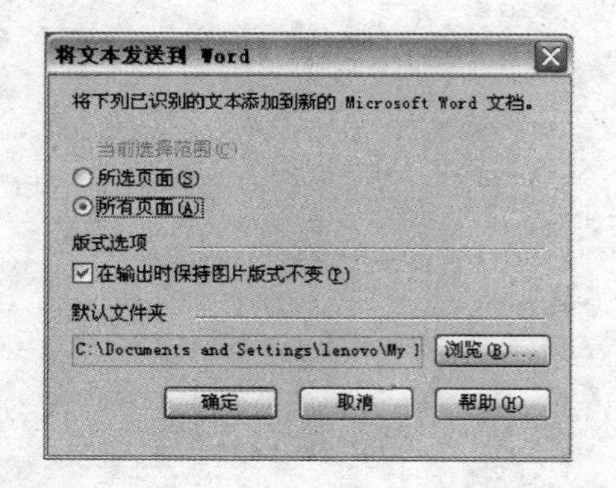

图 3-13 “将文本发送到 Word”对话框

④ 单击“确定”按钮后，系统出现提示，如图 3-14 所示，单击“确定”按钮后完成 PDF 文件到 Word 文件的转换。

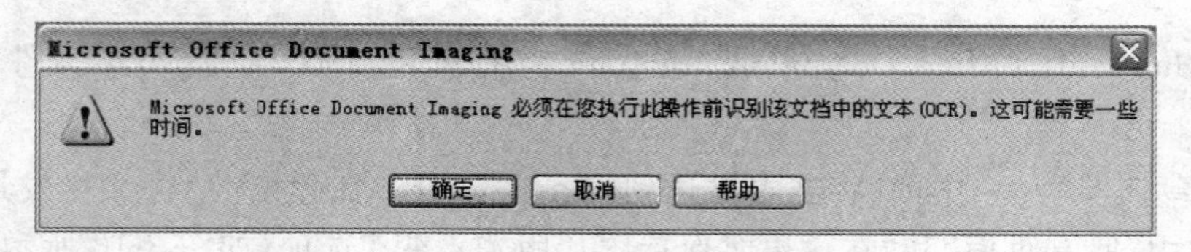

图 3-14 系统提示对话框

识别完成后，系统会自动调出 Word，这时就可以看到刚才还不能编辑的文字出现在Word 编辑窗口中。

四、练习

选择一篇 PDF 文档，按照上述试验步骤转换成 Word 文档。

实验三　将 Word 文件转成 PDF 文件

一、实验目的与要求

Word 是 Microsoft 公司最常用的办公产品，功能强大，可进行图文表混排。PDF 文件广泛应用于电子图书、产品说明、公司文告、网络资料、电子邮件等。目前已成为数字化信息事实上的一个工业标准。两种文件格式的转换成为获取信息的常用手段。在了解两种文件格式特点的基础上熟悉和掌握 Word 文件格式到 PDF 文件格式的转换。

二、预备知识

(1) Word 是 Microsoft 公司的产品 Office 套件中的一个文字处理程序，用户可以使用它建立各种各样的文档。使用 Word 可以很容易地处理下划线、粗体或斜体文档，并检查文档的拼写错误。Word 适用于所有类型的字处理，比如写备忘录、商业信函、论文、书籍和长篇报告，一般性的使用是很简单的，另外根据用户写作的文档类型，可以使用它的许多高级功能。

(2) Adobe 公司设计 PDF 文件格式的目的是为了支持跨平台上的多媒体集成的信息的出版和发布，尤其是提供对网络信息发布的支持。为了达到此目的，PDF 具有许多其他电子文档格式无法相比的优点。PDF 文件格式可以将文字、字型、格式、颜色及独立于设备和分辨率的图形图像等封装在一个文件中。该格式文件还可以包含超文本链接、声音和动态影像等电子信息，支持特长文件，集成度和安全可靠性都较高。

三、实验内容

(1) 打开 Word 文件如图 3-15 所示，选择“文件”菜单中的“打印”命令，弹出“打印”对话框。

(2) 在如图 3-16 所示的“打印”对话框中的“打印机”的“名称”下拉框中选择 Adobe PDF，然后单击“确定”按钮，弹出 Save PDF File As 对话框。

(3) 在如图 3-17 所示的对话框的“保存在”框中选择文件路径，在“文件名”中输入文件名，然后单击“保存”按钮，文件格式开始转换，并可看到转换进度条，如图 3-18 所示。

(4) 转换完成后的文件被 Adobe Reader 打开，如图 3-19 所示。

四、练习

选择一篇 Word 文档，按照上述试验步骤转换成 PDF 文档。

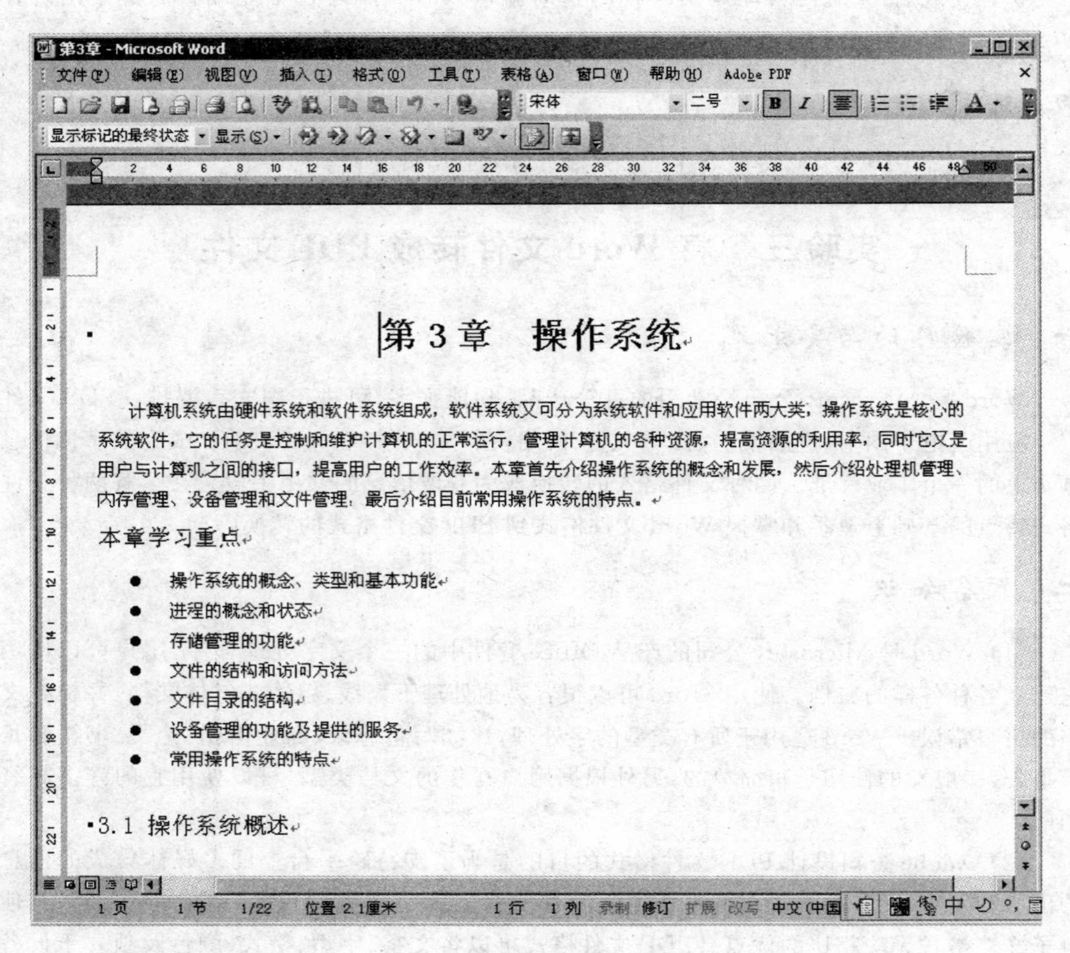

图 3-15　Word 文件样式

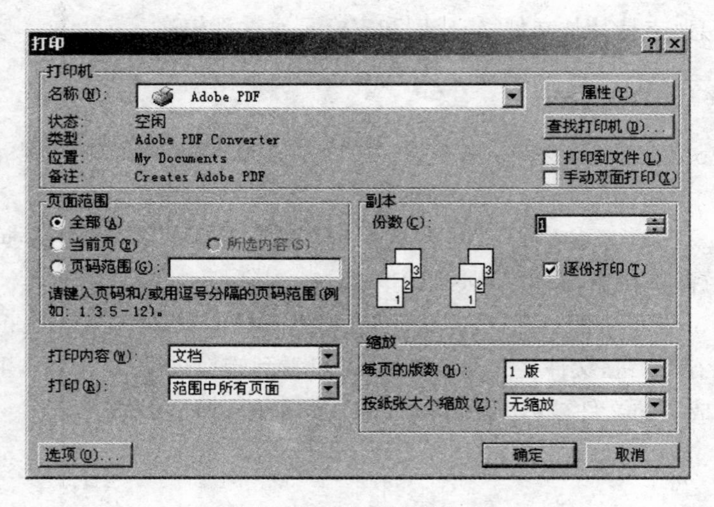

图 3-16　“打印”对话框

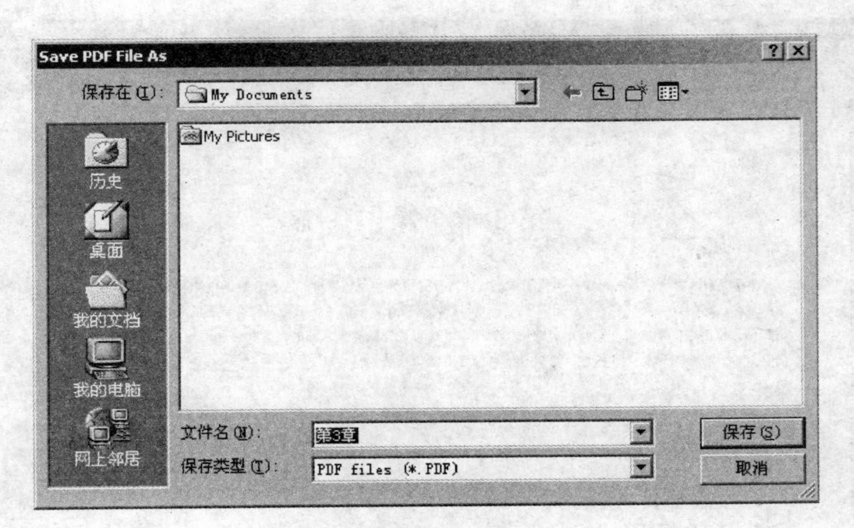

图 3-17 存为 PDF 文件

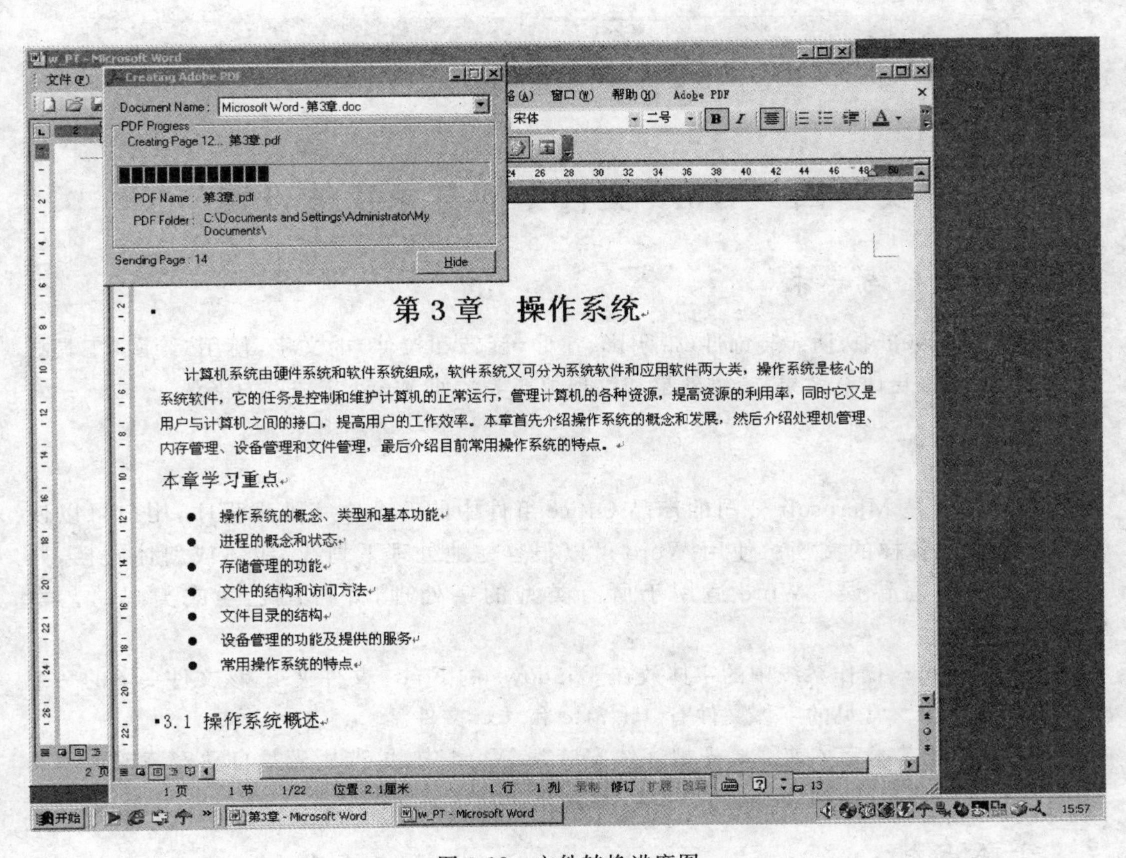

图 3-18 文件转换进度图

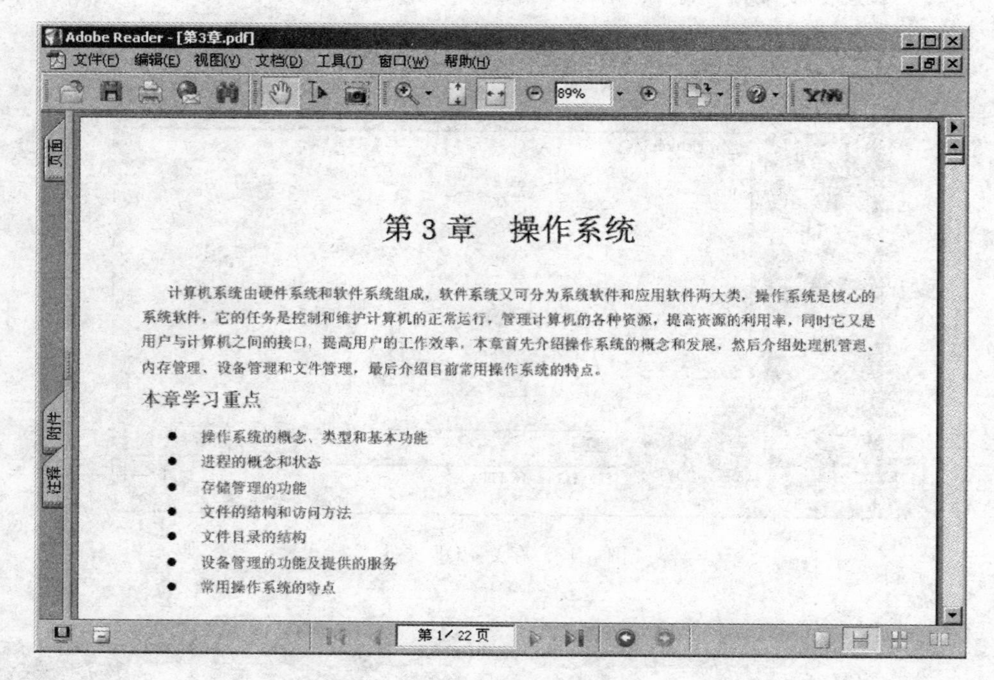

图 3-19　转换后的 PDF 文件

实验四　Word 文件中的艺术字体设置

一、实验目的与要求

在 Word 2003 中，插入装饰性（带阴影、扭曲、旋转和拉伸）的文字，使用“绘图”工具栏上的其他按钮来更改其效果（三维效果和纹理填充等），使 Word 文件更为美观。

二、预备知识

（1）Word 是 Microsoft 公司的产品 Office 组件中的一个文字处理程序，用户可以使用它建立各种各样的文档。使用 Word 可以很容易地处理下划线、粗体或斜体文档，并检查文档的拼写错误。Word 适用于所有类型的字处理，并可用它生成美观的艺术字体。

（2）Windows 操作系统中的字体放在 Windows 的 Fonts 文件夹下，该文件夹下的一个文件是一种字体。常见的字体文件有.ttf、.ttc 和.fon 文件。

（3）在使用艺术字体前需要先把字体安装到 Word 中，可选用光盘自动安装或手动安装，还可以直接将字体文件复制到 Windows 下的 Fonts 文件夹中。

三、实验内容

（1）打开绘图工具栏，单击“绘图”工具栏上的“插入艺术字”按钮或“插入”菜单下的“图片”中的“艺术字”命令，打开“艺术字库”，如图 3-20 所示。

图 3-20　艺术字库

（2）选择其中一种艺术字样式后单击“确定”按钮，弹出“编辑“艺术字”文字”对话框，如图 3-21 所示，在“文字”框中输入要设置为艺术字格式的文字并可设置艺术字的字体、字号、黑体、斜体等属性，单击“确定”按钮，艺术字图形对象将以“浮于文字上方”的文字环绕方式插入文件中，如图 3-22 所示。

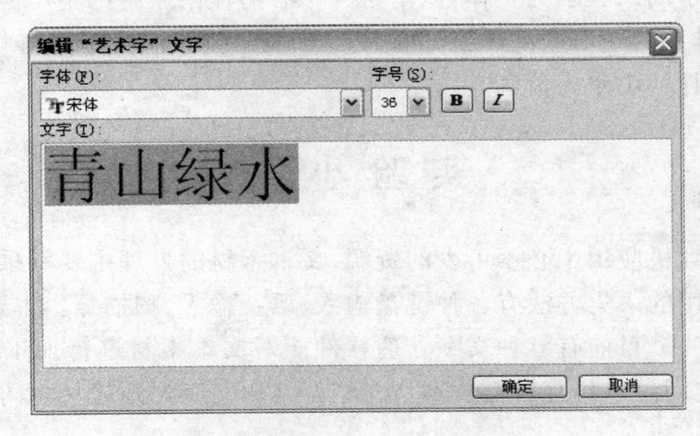

图 3-21　编辑“艺术字”文字

（3）单击已生成的艺术字，则系统弹出“艺术字”工具栏，如图 3-23 所示，使用艺术字工具可对艺术字进行进一步的加工，可增加或改变艺术字的效果。

图 3-22　艺术字效果

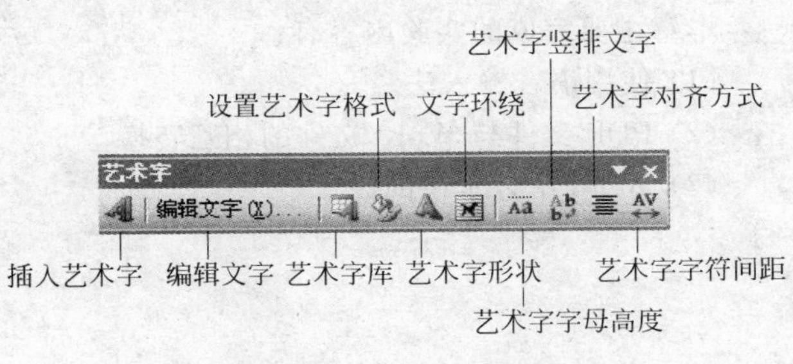

图 3-23　艺术字工具栏

四、练习

对给定的下列文字进行如下处理。

(1) 把第一段文字设置成黄色,带阴影的艺术字体。

(2) 把第二段文字设置成绿色,旋转艺术字体。

(3) 加大第一段艺术字字符之间的间距。

(4) 缩小第二段艺术字字符之间的间距。

(5) 把第三段文字设置成艺术字体并对第一句增加字母高度,对最后一句降低字母高度,中间一句高度不变。

广西壮族自治区首府南宁是一座历史悠久的边陲城市,这里在古代属于百越之地,唐贞观年间太宗将这里命名为"邕州",因而南宁的简称就是"邕"。

南宁是座美丽的城市,全市绿化覆盖率近40%,被形容为"半城绿树半城楼"。这里世代聚居着壮、汉、苗、瑶、侗、仫佬族,有着多姿多彩的民族文化风情。南宁一年到头总有着接连不断的传统民俗活动,民歌的悠扬旋律和抛绣球、板鞋舞、抢花炮、踩风车等民间活动使你会跟着情不自禁地快乐起来。

绿都南宁的旅游资源十分丰富。这里山、河、湖、溪与绿树鲜花交相辉映,南亚热带自然风光与现代园林城市的风貌融为一体,以南宁为中心的桂南旅游区是广西三大旅游区之一。清冽恒温的灵水、神秘的花山壁画、雄伟的德天瀑布、宁静的杨美古镇与壮族人娓娓动听的山歌构成了南宁古朴的山水人情画卷。

实验小结

文本素材是计算机应用中必不可少的资源,文本素材的处理主要有采集、加工处理及其输出。文本素材常用的采集方法有各种键盘输入、语音输入、扫描等。本章介绍了较新的语音输入法的使用方法。目前有各种文字处理软件能对文本素材进行加工,但这些软件都有特定的格式,它们之间可以相互转换。本章介绍了常用文字处理软件之间格式的转换方法。

自我创作题

在 Word 中写一篇自我介绍,标题使用艺术字,并将该文章转化为 PDF 格式。

本章主要完成的实验内容有:

(1) 使用语音输入法。

(2) PDF 文件与 Word 文件的相互转换。

(3) Word 中艺术字的设置。

第4章 图形、图像素材及其处理技术

Photoshop CS3 是 Adobe 公司推出的 Photoshop 的最新版本，它界面友好、功能强大、操作简便，已被广泛应用于包装设计、VI 设计、广告设计、插画创作和照片处理等各个领域，深受广大电脑平面设计爱好者的喜爱。

本章实验配合教学进度，从开发环境的熟悉开始，一步步介绍 Photoshop 中各个图像处理工具的使用方法。通过本章实验，使初学者能尽快地熟悉和掌握 Photoshop 的综合应用技巧和构图设计方法，具有一定的平面设计技能。

本章实验要点

- 掌握图形图像的基本概念。
- 设置 Photoshop CS3 的工作环境。
- 掌握 Photoshop CS3 的图像处理技术。
- 掌握 Photoshop CS3 特效处理技巧。

实验一 Photoshop CS3 的基本操作

一、实验目的与要求

Photoshop CS3 作为一种图像处理软件，绘图和图像处理是它的看家本领。在掌握这些技能之前，必须掌握好 Photoshop CS3 的一些基本操作，如新建、打开图像文件，辅助工具的使用，图像显示操作和图像简单编辑等。

(1) 掌握最常用的图像文件操作方法。

(2) 掌握显示图像的基本操作。

(3) 掌握辅助工具的应用。

(4) 掌握图像与画布尺寸的调整。

(5) 掌握设置前景色与背景色的基本方法。

二、预备知识

(1) Photoshop CS3 中，最常用的 4 种文件操作分别是新建文件、打开文件、保存文件和关闭文件。Photoshop CS3 的工作界面主要由标题栏、菜单栏、工具箱、工具属性栏、浮动面板、状态栏和工作区组成。

(2) 在 Photoshop CS3 中，对图像进行编辑或处理时，若能够选择合适的图像显示模式，快速地在工作区移动显示图形窗口，或者放大与缩小所需操作的工作区域，将会对操作有很大帮助。显示图像的6种操作分别是全屏图像显示、缩小图像显示、放大图像显示、观察图像显示、图像窗口显示和100%图像显示。

(3) Photoshop CS3提供了许多辅助工具供用户在处理、绘制图像时,对图像进行精确定位,它们分别是标尺、测量工具、网格和参考线。

(4) 使用Photoshop CS3进行图像处理的过程中,经常需要调整图像的尺寸,以适应显示或打印输出的需要。

(5) 使用Photoshop CS3编辑或处理图像时,不管是进行颜色填充还是使用绘图工具在图像上绘画、使用文字工具在图形窗口输入文字或删除图像,其颜色效果全部取决于当前工具箱中的前景色的和背景色。设置前景色和背景色的基本方法有:使用工具箱中的颜色工具、使用“拾色器”对话框、使用“颜色”面板、使用“色板”面板等。

三、实验内容

1. 文件操作

(1) 新建文件

① 单击“文件”→“新建”命令,或按Ctrl+N组合键,弹出“新建”对话框。

② 在“新建”对话框中设置好各选项参数后,单击“确定”按钮,或按Enter键,即可新建一个文件。

③ 单击工具箱中画笔工具 ,使它呈按下状态。此时,可以在新文件中绘制任意图形。

(2) 打开文件

① 单击“文件”→“打开”命令,或按Ctrl+O组合键,弹出“打开”对话框。

② 在“查找范围”下拉列表中查找文件存放的位置,即所在驱动器或文件夹。

③ 在“文件类型”下拉列表中选择需要打开的图像文件格式。若选择“所有格式”选项,则文件列表框内将显示当前文件夹下所有类型的文件;若选择一种文件格式,则文件列表框内仅显示该格式类型的图像文件,而其他格式的文件被隐藏。

④ 在文件和文件列表中选择需要打开的图像文件。

⑤ 单击“打开”按钮,或按Enter键,即可打开所选择的图像文件。

(3) 保存文件

① 单击“文件”→“存储”命令,或按Ctrl+S组合键,将弹出“存储为”对话框。

② 单击“保存在”选项右侧的下拉按钮,在弹出的下拉列表中选择存放文件的路径(即文件夹、硬盘驱动器、软盘或网络驱动器),选定后的项目将显示在文件或文件夹列表框中。

③ 在“文件名”右侧的文本框中输入新文件的名称。

④ 单击“格式”右侧的下拉按钮,在弹出的下拉列表中选择需要保存的图像的格式,默认为PSD格式,即Photoshop的文件格式。

⑤ 在“存储选项”选项区中设置好各项参数。

⑥ 完成以上设置后,单击“保存”按钮,或按Enter键,即可完成对新图像文件的保存操作。

(4) 将文件保存为其他格式

① 单击“文件”→“存储为”命令,或按Ctrl+Shift+S组合键,都会弹出“存储为”对

话框。

② 在“存储为”对话框中设置好文件所要存放的位置、文件名，并在“格式”下拉列表中选择一种需要保存的图像格式，如JPEG、RAW格式等。当选择了一种图像格式后，“存储为”对话框下方的“存储选项”区中的选项会发生相应的变化，以供进行相应的设置。

③ 设置完成后，单击“保存”按钮，或按Enter键，即可将文件保存为所设置的格式。

(5) 关闭文件

① 单击“文件”→“关闭”命令。或按Alt+F4组合键，或单击图像窗口标题栏右侧红色按钮。

② 若图像没有保存，系统会弹出一个提示框。在该提示框中，单击“是”按钮，系统就会对该图像进行保存；单击“否”按钮，则关闭的图像不会被保存，并保持上一次存储的状态；若单击“取消”按钮，则关闭图像操作，并维持当前的状态。

2. 图像显示

(1) 全屏显示图像

① 连续3次按F键，观测屏幕模式的变换。依次为标准屏幕模式、带有菜单栏的全屏模式和全屏模式。

② 连续按Tab键，观测屏幕在隐藏工具箱与浮动面板之间的变换。

(2) 缩小图像显示

方法一

① 选取工具箱中的缩放工具，移动光标至图像窗口。

② 当鼠标指针呈形状时，按住Alt键，则鼠标指针将呈形状。

③ 单击鼠标左键，图像将缩小一级。

方法二

单击“视图”→“缩小”命令，图像将缩小一级。

方法三

按Ctrl+-组合键，每按一次该组合键，图像将缩小一级。

方法四

① 选取工具箱中的缩放工具，单击工具属性栏中的缩小按钮。

② 移动光标至图像窗口，鼠标指针呈形状。每单击一次鼠标，图像将缩小一级。

方法五

① 单击“窗口”→“导航器”命令，弹出“导航器”面板。

② 单击该面板右下角的缩小按钮，可逐次地缩小图像。

(3) 放大图像显示

方法一

① 选取工具箱中的缩放工具，移动光标至图像窗口。

② 当鼠标指针呈形状时，单击鼠标左键，图像将放大一级。

方法二

单击“视图”→“放大”命令，图像将放大一级。

方法三

按Ctrl++组合键，每按一次该组合键，图像将放大一级。

方法四

① 选取工具箱中的缩放工具，移动光标至图像窗口。

② 单击鼠标左键并拖曳，框选出需要进行放大的区域，释放鼠标后，该区域就会放大显示并填充图像窗口。

方法五

① 单击“窗口”→“导航器”命令，弹出“导航器”面板。

② 单击该面板右下角放大按钮，可逐次地放大图像。

(4) 观察放大图像

① 选取工具箱中的抓手工具，移动光标至图像窗口。

② 在需要观察的图像部分单击鼠标左键并拖曳，即可观察放大图像的每一部分。

(5) 图像窗口的显示

① 单击“窗口”→“排列”命令。

② 在弹出的子菜单中选择“层叠”、“水平平铺”、“垂直平铺”等命令，即可对多个图像进行相应的排列操作。

3. 辅助工具的应用

(1) 标尺的应用

① 单击“视图”→“标尺”，或按 Ctrl+R 组合键，在图像窗口中将显示标尺。

② 移动鼠标指针至标尺上，单击鼠标右键，弹出快捷菜单，如图 4-1 所示，可以更改所需要的标尺单位。

图 4-1 标尺弹出的快捷菜单

(2) 测量距离工具的应用

① 选取工具箱中的度量工具，移动光标至测量点处。

② 在需要测量的起始点处单击鼠标左键并拖曳至另一测量点处。

③ 释放鼠标后，"信息"面板和工具属性栏中将会显示测量的长度，如图 4-2 所示。

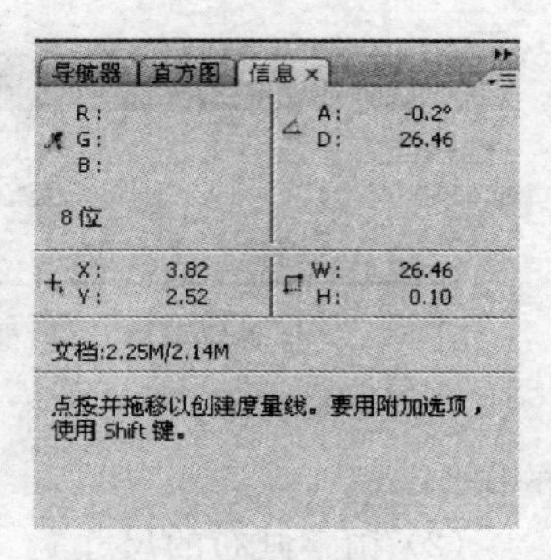

图 4-2 测量距离"信息"面板

(3) 测量角度工具的应用

① 选取工具箱中的度量工具，移动光标至测量点处。

② 在窗口中单击鼠标左键并拖曳，确定第一条测量线段。

③ 按住 Alt 键，单击鼠标左键并拖曳至需要测量的角度位置。

④ 释放鼠标后，即可完成图像角度的测量操作，此时"信息"面板会显示测量的角度。

(4) 网格的应用

① 单击"视图"→"显示"→"网格"命令，在图像窗口中显示网格。

② 单击"视图"→"对齐到"→"网格"命令，可自动对齐网格线的位置进行定位选取。

(5) 参考线的应用

① 单击"视图"→"标尺"命令，在图像窗口中显示标尺。

② 选取工具箱中的选择工具，移动光标至垂直标尺内或水平标尺内。

③ 单击鼠标左键并拖曳，释放鼠标后，即可创建一条垂直参考线或水平参考线，如图 4-3 所示。

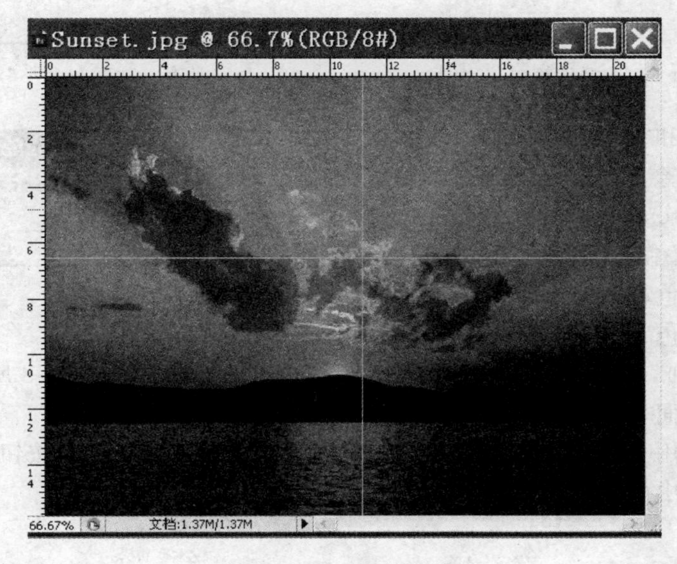

图 4-3 创建的参考线

4. 图像与画布尺寸的调整

(1) 调整图像的尺寸

① 单击"文件"→"打开"命令，或按 Ctrl+O 组合键，打开一幅图像。

② 单击"图像"→"图像大小"命令，或在打开的图像的标题栏处单击鼠标右键。在弹出的快捷菜单中选择"图像大小"选项，弹出"图像大小"对话框。

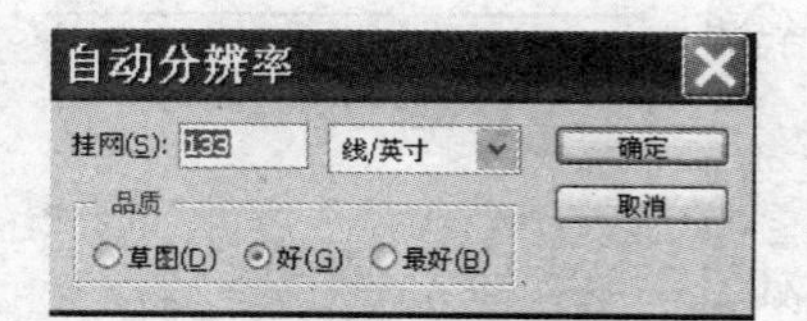

图 4-4 “自动分辨率”对话框

③ 单击“图像大小”对话框右侧的“自动”按钮，弹出“自动分辨率”对话框，如图 4-4 所示。系统将自动调整图像的分辨率和品质效果。

④ 在“图像大小”对话框中，可以对参数值的计算单位进行改变，如图 4-5 所示。

⑤ 在“图像大小”对话框中设置好相应的参数后，单击“确定”按钮，即可完成图像尺寸的操作。

(2) 调整画布的尺寸

① 单击“文件”→“画布大小”命令弹出“画布大小”对话框。

② 直接在“宽度”和“高度”数值框中输入数值，即可改变图像画布的尺寸，如图 4-6 所示。

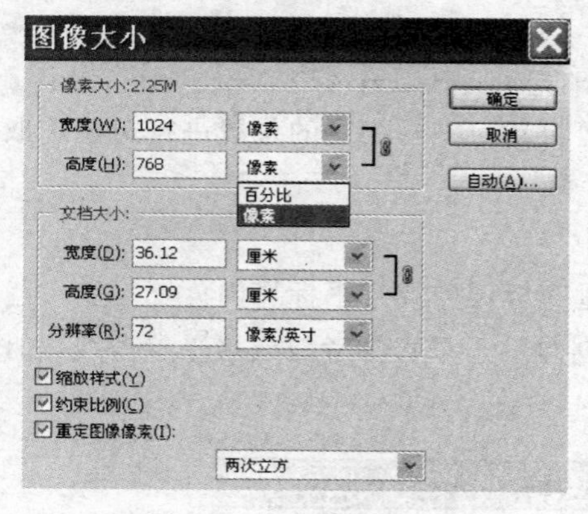

图 4-5 选择计算单位

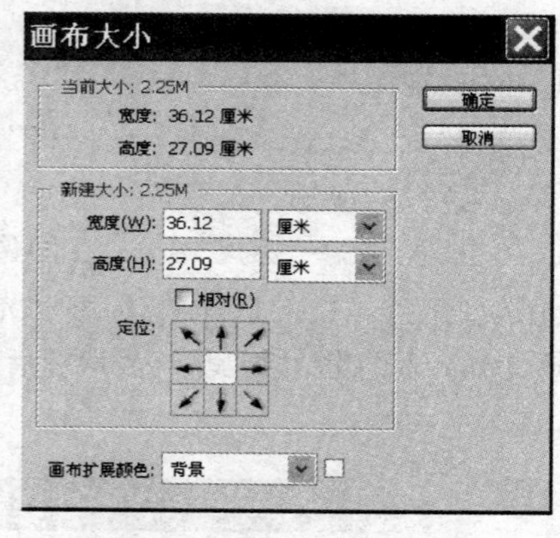

图 4-6 “画布大小”对话框

③ 若“宽度”和“高度”输入的数值大于原图像文件的尺寸，则图像将会出现空白区域；如输入的数值小于原图像尺寸，Photoshop CS3 将弹出图 4-7 所示的提示框。单击“继续”按钮，即可剪切图像。

图 4-7 提示框

5. 设置前景色和背景色

(1) 利用“颜色”面板设置颜色

① 单击“窗口”→“颜色”命令，或按 F6 键，弹出“颜色”面板，如图 4-8 所示。

② 在“颜色”面板中，设置 HSB 的数值，即可完成颜色的设置。

③ 若需要使用其他颜色模式，可单击“颜色”面板右侧的向下三角按钮，弹出面板菜单，如图 4-9 所示，从中可以选择不同颜色模式的滑块。

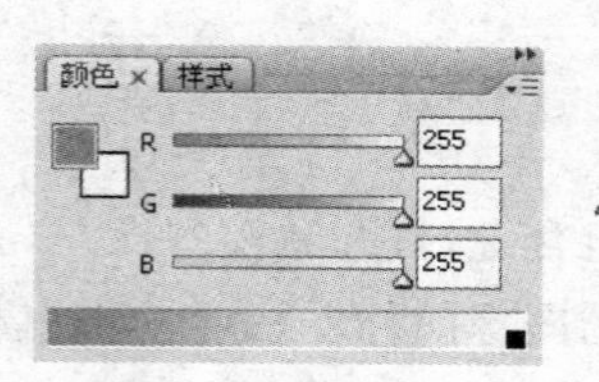

图 4-8 “颜色”面板

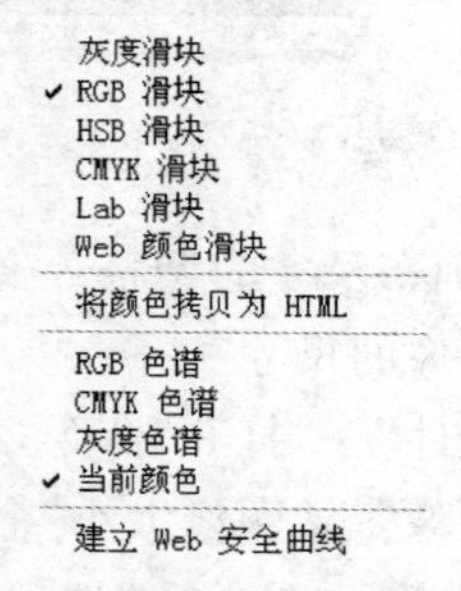

图 4-9 颜色面板菜单

(2) 使用“色板”面板设置颜色

① 单击“窗口”→“色板”命令，弹出“色板”面板。

② 移动鼠标指针至面板色板中，单击鼠标左键，即可选取该处的色块。

(3) 使用吸管工具选取颜色

① 使用工具箱中的吸管工具，移动光标至图像窗口。

② 在图像上单击鼠标左键，吸取该处的颜色。

四、练习

(1) 练习建立图像与关闭图像的不同方法。

(2) 打开一幅图像，修改前景色。

(3) 打开一幅图像，调整其画布尺寸。

实验二　选区的创建与编辑

一、实验目的与要求

在 Photoshop CS3 中，选区是一个非常重要的概念。因为对图像进行编辑时，如要调整图像的色调与色彩，运用工具对图像进行编辑等，大部分操作只对当前选区内的图像区域有效，所以，掌握好各种选区的创建方法就显得尤为重要。

(1) 掌握创建简单规则选区的方法。

(2) 掌握创建复杂不规则选区的方法。

(3) 掌握编辑选区的常用操作。

二、预备知识

(1) Photoshop 中创建简单、规则选区的方法有 3 种：运用矩形选框工具创建矩形选区、运用椭圆选框工具创建椭圆选区，以及运用单行选框工具或单列选框工具创建单行或单列选区。

(2) 在编辑和处理图像时，经常需要用到一些不规则选区。Photoshop 提供了多种创建复杂选区的方法，如运用魔棒工具选取颜色相近的图像。

(3) 创建选区后，为了达到满意的效果，仅仅使用以上工具是很难处理更复杂的图像的，这时就需要对创建的选区进行相应的编辑，如移动选区的位置、对选区进行变换操作等，以满足工作的需要。

三、实验内容

1. 简单选区的创建及羽化功能

(1) 选区创建的方法

① 单击工具箱中的选框工具后，移动鼠标到图像窗口。

② 按下鼠标左键在图像窗口中拖曳，即可对图像区域进行选择。

(2) 简单选区实例：给人物添加美丽的腮红

① 打开一幅人物面部图像如图 4-10 所示，人物显得有点苍白。

② 单击工具箱中的"设置前景色"图标，如图 4-11 所示。

③ 在弹出的"拾色器"对话框中设置 CMKY 的参考值分别为 0、43、0、0，单击"确定"按钮。

④ 单击"图层"面板底部的"创建新图层"按钮，如图 4-12 所示，新建"图层 1"图层。选取工具箱中的椭圆工具，移动光标至图像窗口，单击鼠标左键并拖曳，创建一个椭圆选区，如图 4-13 所示。

图 4-10　待修饰的图像

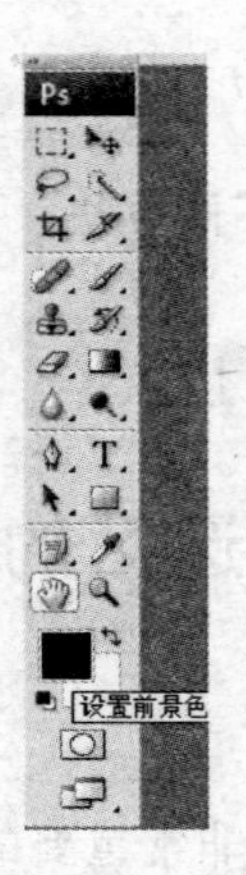

图 4-11　设置前景色图标

图 4-12　创建新图层

⑤ 单击"选择"→"修改"→Feather，弹出"羽化选区"对话框，设置"羽化半径"值为 30 像素，单击"确定"按钮。

⑥ 按 Alt+Delete 组合键，填充前景色。

⑦ 单击"选择"→"取消选择"命令取消选区，效果如图 4-14 所示。美丽的腮红就设置好了。

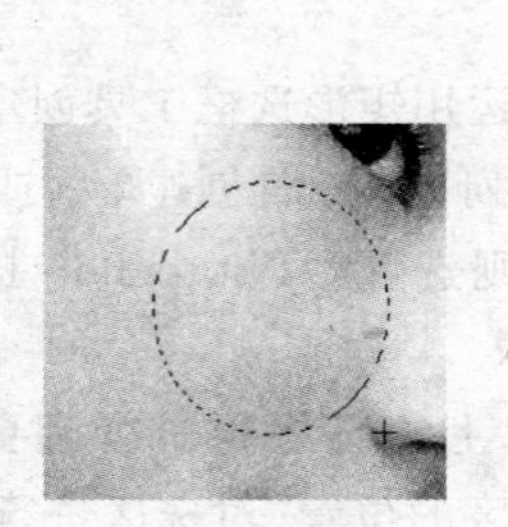

图 4-13　创建的选区

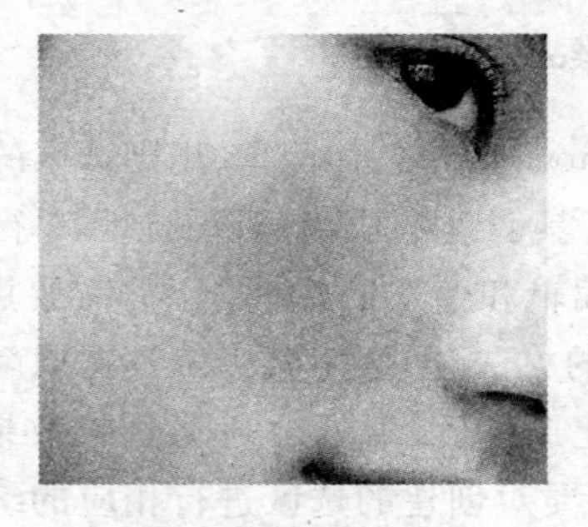

图 4-14　修饰后的图像效果

2. 创建复杂不规则选区

(1) 用魔棒创建复杂选区

① 选择工具箱中的魔棒选取工具，移动鼠标到图像窗口。

② 在图像窗口中单击，即自动把图像中包含单击处颜色的部分作为一个新的选区。

(2) 用魔棒创建复杂选区实例：蝶恋花

① 选择一幅风景图和两幅蝴蝶图像作为素材，如图 4-15 所示。

② 确定 B 图像为当前工作图像，选取工具箱中的魔棒工具，如图 4-16 所示。在工具属性栏中设置"容差"值为 40。

图 4-15　图像素材

图 4-16　魔棒工具设置

③ 移动光标至图像窗口，在窗口中的白色背景处单击鼠标左键，创建一个选区。

④ 单击工具属性栏中的"添加到选区"按钮，如图 4-17 所示。在图像的其他白色背景区域单击鼠标，把所有的白色背景选中。

容差: 40　消除锯齿　连续

图 4-17　添加到选区

⑤ 单击"选择"→"反向"命令，将选区反选。再单击"编辑"→"复制"命令，复制选区内的图像。

⑥ 确认图 4-15(a)为当前工作图像，单击"编辑"→"粘贴"命令，并调整图像的大小及位置。

对图 4-15(c)的操作与上面的步骤类似。可以得到最后的图像效果如图 4-18 所示。

(3) 运用"通道"面板创建选区

① 单击"窗口"→"通道"，弹出"通道"面板。

② 按住 Ctrl 键的同时，单击"红通道"，可将红色通道载入选区。

(4) 运用"通道"面板创建选区实例：春天来了

① 打开一幅图像素材，画面上的嫩芽并不是十分翠绿，如图 4-19 所示。

图 4-18　蝶恋花效果

图 4-19　原始图像

② 单击“窗口”→“通道”。按住 Ctrl 键的同时，单击“红通道”，将其载入选区。

③ 单击“图像”→“调整”→“色相/饱和度”。设置色相 94，饱和度 7，明度 4，设置参数如图 4-20 所示。

④ 单击“确定”按钮后，再依次单击“选择”→“取消选择”命令。效果如图 4-21 所示。

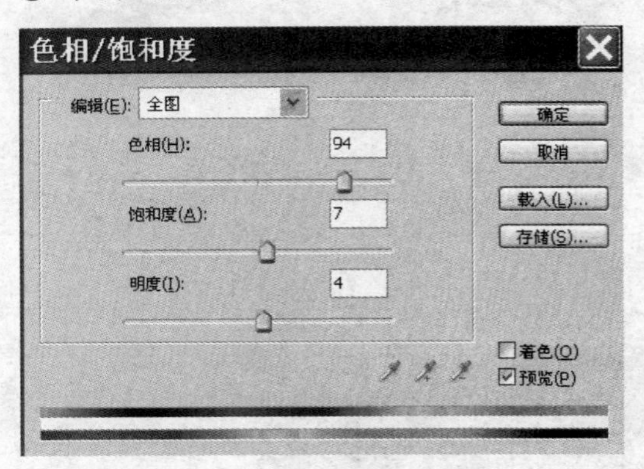

图 4-20 设置图像色相/饱和度

图 4-21 “春天来了”效果

3. 编辑选区

(1) 移动选区

① 将鼠标指针移至创建的选区内，使鼠标指针呈箭头形状。

② 单击鼠标左键并拖曳，即可移动选区的位置。

(2) 取消选区

① 方法一：单击“选择”→“取消选择”。

② 方法二：按 Ctrl+D 组合键。

③ 方法三：在图像窗口任意位置处单击鼠标右键，弹出快捷菜单，选择“取消选区”选项。

(3) 变换选区

① 单击“选择”→“变换选区”。

② 在图像窗口中单击鼠标右键，弹出快捷菜单，如图 4-22 所示。

③ 单击快捷菜单即可改变选区形状。

自由变换
缩放
旋转
斜切
扭曲
透视
变形
旋转 180 度
旋转 90 度(顺时针)
旋转 90 度(逆时针)
水平翻转
垂直翻转

图 4-22 弹出的快捷菜单

(4) 扩展选区

① 单击“选择”→“修改”→“扩展”命令，弹出“扩展选区”对话框，如图 4-23 所示。

② 在“扩展量”选项右侧的文本框中输入数值，单击“确定”按钮，即可按设置的参数对选区进行扩展，如图 4-24 所示。

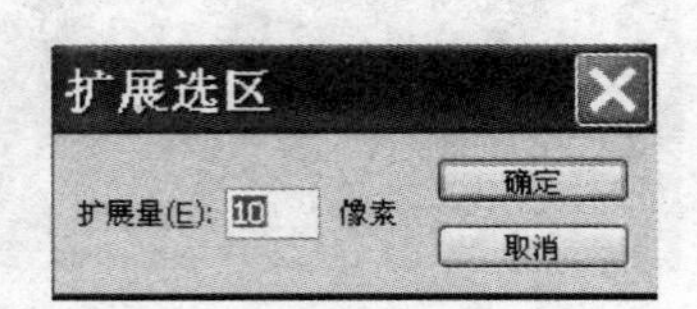

图 4-23 “扩展选区”对话框

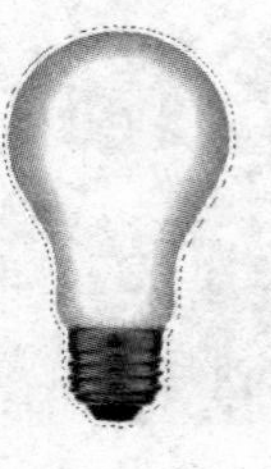

图 4-24 原选区与扩展后的选区

(5) 收缩选区

① 单击“选择”→“修改”→“收缩”命令，弹出“收缩选区”对话框，如图 4-25 所示。

② 在“收缩量”选项右侧的文本框中输入数值，单击“确定”按钮，即可按设置的参数对选区进行收缩，如图 4-26 所示。

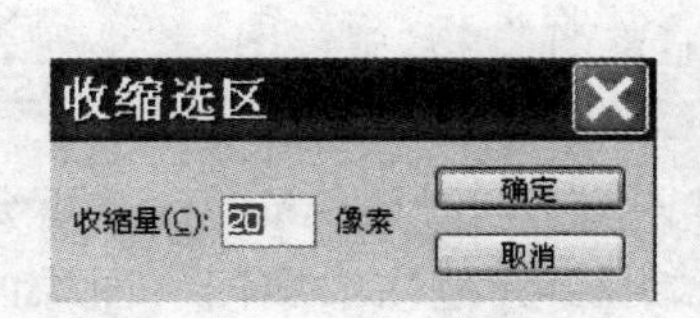

图 4-25 “收缩选区”对话框

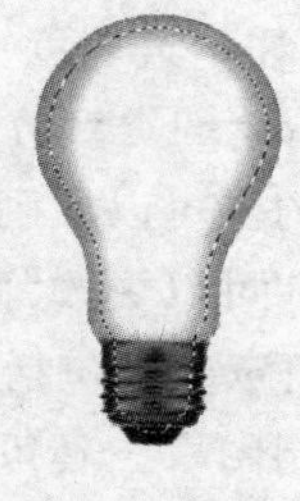

图 4-26 原选区与收缩后的选区

(6) 平滑选区

① 单击“选择”→“修改”→“平滑”命令，弹出“平滑选区”对话框，如图 4-27 所示。

② 在“取样半径”选项右侧的文本框中输入数值，单击“确定”按钮，即可按设置的参数对选区进行平滑，如图 4-28 所示。

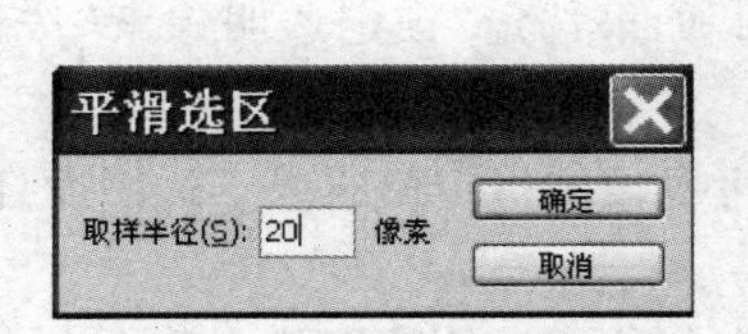

图 4-27 “平滑选区”对话框

图 4-28 原选区与平滑后的选区

四、练习

1. 任意打开一幅图像，对图像内某一部分做变形扭曲操作。
2. 打开一幅图像，把图像中的红色部分全部选中。
3. 利用魔棒工具去除图像中的背景。

实验三 图像的修饰与处理

一、实验目的与要求

Photoshop CS3 作为一种图像处理软件，绘图和修饰功能是它的强项。它提供了丰富多彩的绘制工具和修饰工具，每种工具都有它的独到之处，只有正确、合理地选择与运用，才能创建出完美的图像。

(1) 画笔的设置。

(2) 运用图章工具复制图像和图案。

(3) 运用修饰工具修饰图像。

(4) 运用橡皮擦工具擦除图像。

(5) 其他图像修饰工具。

二、预备知识

(1) Photoshop CS3 提供了很多的绘画、修饰工具,在运用这些工具时,都要设置它的一些属性,如不透明度、模式、流量等参数。

(2) 画笔的类型分为两大类,即硬边画笔和软边画笔,并且它们都是以“描边缩览图”的形式显示的。可以在画板菜单中选择“纯文本”或“小缩览图”、“大缩览图”、“小列表”或“大列表”选项,可以更改“画笔”面板中的画笔显示方式。

(3) 图章工具包括仿制图章工具和图案图章工具,它们是 Photoshop CS3 重要的修饰工具。仿制图章工具可以从图像中取样,然后将取样应用到其他图像或同一图像的不同部分上,达到复制图像的效果。

(4) 一般情况下,无论是使用胶卷的相机还是数码相机,对人物进行拍摄时,都会出现红眼现象,这是因为在光线较暗的环境中拍摄时,闪光灯会使人眼瞳孔瞬时放大,视网膜上的血管将反射到底片上,从而产生红眼现象。此时,可以通过 Photoshop CS3 提供的红眼工具,轻松地将该红眼移除。

(5) 使用橡皮擦工具可以使用背景色或透明区域替换图像中的颜色。对于单层图像,用橡皮擦工具在图像中拖过时,可以露出背景色;对于多层图像,如果未选择“锁定透明像素”按钮,擦除上面的图层可以露出下面的图层内容;如果选定“锁定透明像素”按钮,擦除该图层会更改为背景色。

橡皮擦的工具类型有画笔、铅笔和块 3 种类型,可以按照指定模式或不透明度选项进行涂抹。

使用魔术橡皮擦工具和背景橡皮擦工具可以更方便快捷地擦除图像中的内容。使用魔术橡皮擦工具可以擦除当前图层中的所有相似像素。使用背景橡皮擦工具在图层中拖动,可以将图层中与取样背景色相似的像素擦除,使其成为透明区域。

(6) Photoshop CS3 工具箱还提供了涂抹、调焦和亮化工具。

涂抹工具可以模拟在未干的绘画上拖移手指的动作。该工具挑选出开始位置的颜色然后沿拖移的方向扩张融合。

调焦工具包括模糊工具和锐化工具。模糊工具可以软化图像中的硬边或区域,减少细节使边界变得柔和;锐化工具正好相反,可以锐化软边来增加图像的清晰度。

亮化工具包括减淡工具、加深工具和海绵工具。减淡工具和加深工具是用来加亮或变暗图像区域的。海绵工具可以精细地改变某一区域的色彩饱和度。在“灰度”模式中,海绵工具通过将灰色阶远离或移到中灰来增加或降低对比度。

三、实验内容

1. 设定画笔

(1) 画笔的设定方法

① 单击工具箱中的“画笔”工具,如图 4-29 所示。

② 在“画笔”面板中,单击所需要的画笔,即可选择该画笔。

③ 若画笔不能满足要求,可以自己创建画笔。

(2) 创建画笔

① 单击画笔工具属性栏中的“画笔”选项右侧的下拉按钮，弹出“画笔”面板，如图 4-30 所示。

图 4-29　选择画笔工具

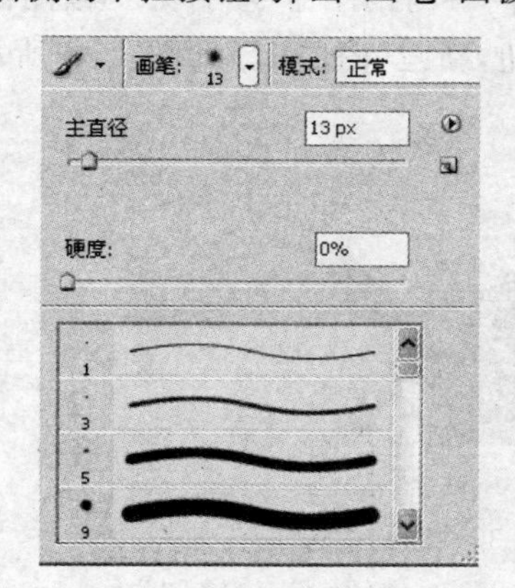

图 4-30　选择画笔

② 在“画笔”面板中，拖动“主直径”选项下方的滑块，以更改画笔大小，如图 4-31 所示。

③ 在“画笔”面板中，拖动“硬度”选项下方的滑块，以更改笔的柔软度，如图 4-32 所示。

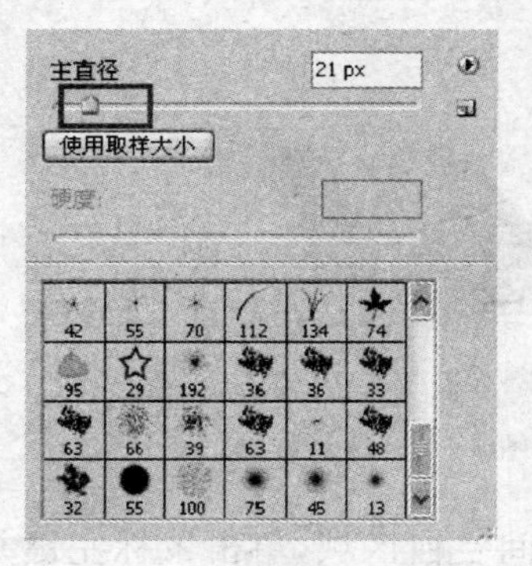

图 4-31　更改画笔大小

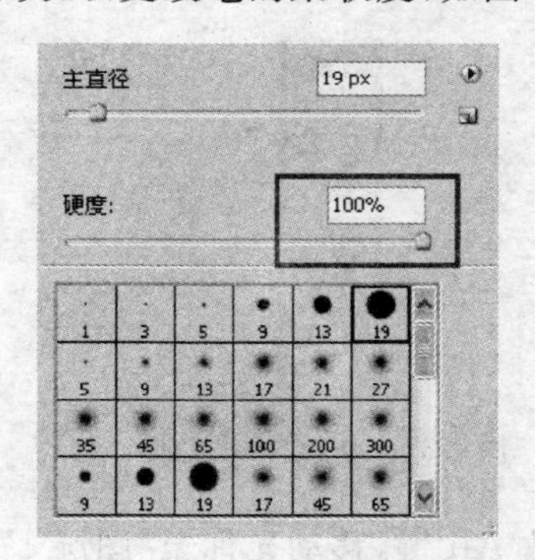

图 4-32　画笔硬度设置

④ 单击“画笔”面板右侧的三角按钮，在弹出的面板菜单中选择“新建画笔预设”选项，弹出“画笔名称”对话框，如图 4-33 所示。

⑤ 在“画笔名称”对话框中，设置好新画笔的名称，单击“确定”按钮，创建的新画笔将被放在画笔列表的最下方，如图 4-34 所示。

图 4-33　画笔名称对话框

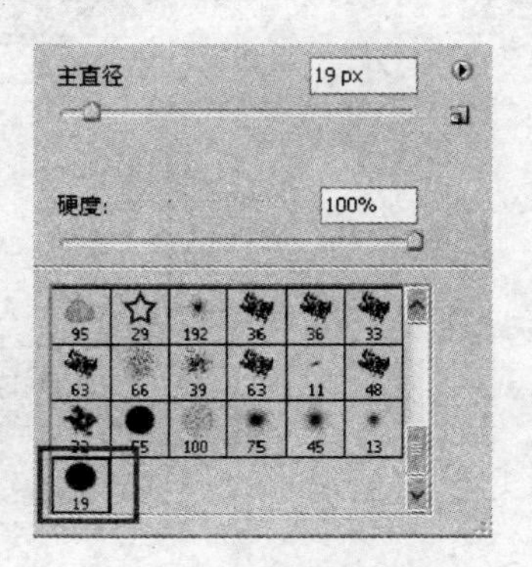

图 4-34　创建的新画笔

2. 运用图章工具复制图像和图案实例：两条小鱼

① 单击“文件”→“打开”命令，打开一幅图像，如图 4-35 所示。单击“图层”面板底部的“创建新图层”按钮，新建“图层 1”，如图 4-36 所示。

图 4-35　原始图像

图 4-36　创建新图层

② 选取工具箱中的仿制图章工具，如图 4-37 所示。在属性栏中，设置各选项参数。

③ 移动光标至图像所在图层，在窗口的鱼身处按住 Alt 键的同时单击鼠标左键，进行取样，此时鼠标指针呈 ⊕ 形状，如图 4-38 所示。

图 4-37　仿制图章工具

图 4-38　进行取样

④ 释放 Alt 键，移动光标至“图层 1”窗口的中间空白区域，单击鼠标左键并涂抹，即可将取样的图像复制到涂抹的位置上，如图 4-39 所示。继续涂抹到如图 4-40 所示。

图 4-39　复制图像

图 4-40　复制的图像

⑤ 单击"编辑"→"变换"→"水平翻转",将"背景层"中的图像水平翻转,效果如图 4-41 所示。

图 4-41　图像效果

3. 运用修饰工具修饰图像

(1) 实例:"还"我美丽

① 打开一幅图像,如图 4-42 所示。

② 选取修复画笔工具,如图 4-43 所示。移动光标至图像窗口,按住 Alt 键的同时,在人物脸部的合适位置处单击鼠标左键,进行取样。取样方法与图章取样方式一致,如图 4-44 所示。

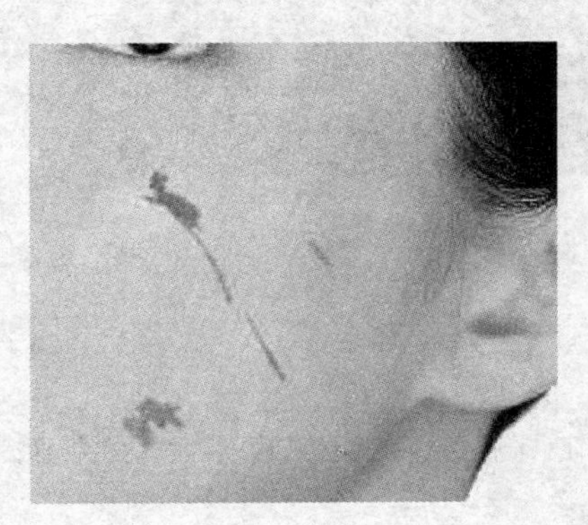

图 4-42　打开的图像

图 4-43　选取修饰工具

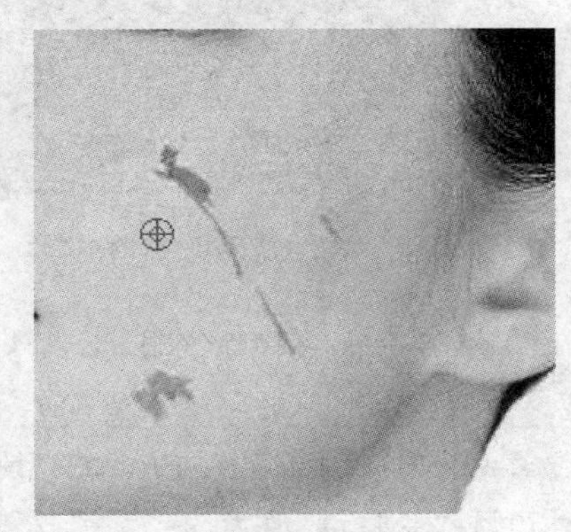

图 4-44　进行取样

③ 释放 Alt 键,然后在人物脸部单击鼠标左键并拖曳,即可去掉污渍。修复后的效果如图 4-45 所示。

(2) 实例:去除部分图像

① 单击"文件"→"打开"命令,打开一幅图像,如图 4-46 所示。

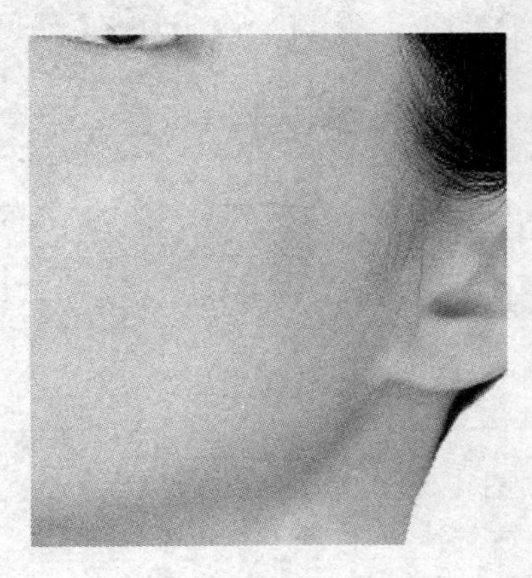

图 4-45　修复后的图像

图 4-46　打开的图像

② 选取工具箱中的污点修复画笔，如图 4-47 所示。设置工具属性栏中各选项参数如图 4-48 所示。

③ 移动光标至图像窗口，单击鼠标左键并拖曳，如图 4-49 所示。

④ 释放鼠标，效果如图 4-50 所示。花朵已经不见了。

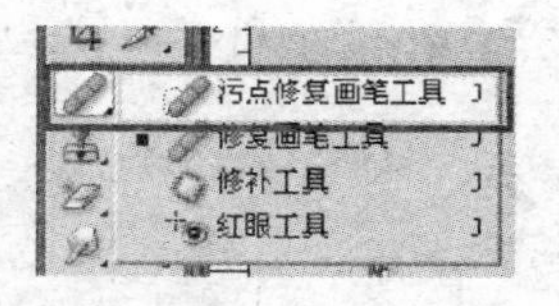

图 4-47　选择“污点修复画笔工具”

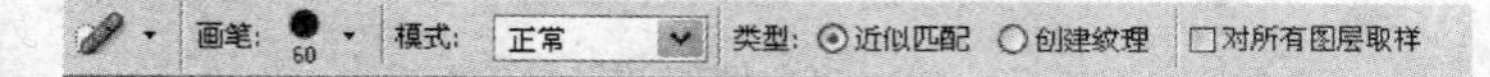

图 4-48　设置污点修复画笔选项

图 4-49　涂抹的图像

图 4-50　修复后的图像

(3) 实例：移除红眼

① 单击“文件”→“打开”命令，打开一幅有红眼的相片，如图 4-51 所示。

② 选取工具箱中的红眼工具，如图 4-52 所示。设置工具属性栏中的“瞳孔大小”值为 50%、“变暗量”值为 50%。

③ 移动光标至图像窗口，在人物眼睛处单击鼠标左键，如图 4-53 所示。

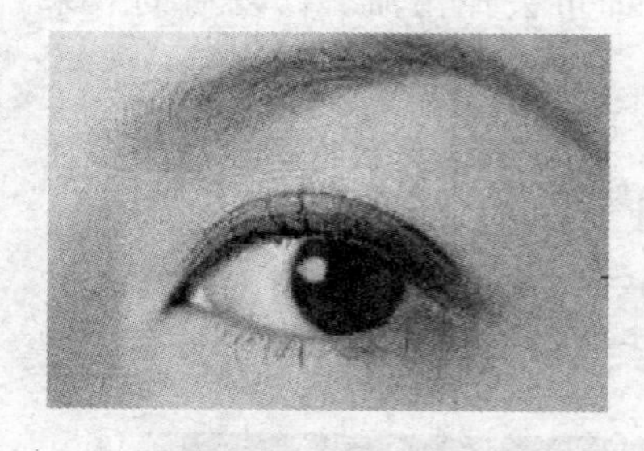

图 4-51　有红眼的图像

图 4-52　选取红眼修复工具

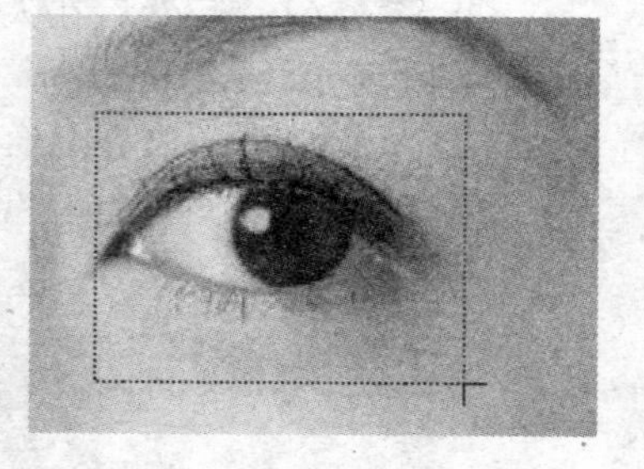

图 4-53　移除红眼

④ 释放鼠标，即可修正红眼。其效果如图 4-54 所示。

4. 运用橡皮擦工具擦除图像

下面是一个利用橡皮擦擦除背景的实例。

① 单击“文件”→“打开”命令，打开原始图片，如图 4-55 所示。

② 选取工具箱中的魔术橡皮擦工具，如图 4-56 所示。

③ 移动光标至图像窗口，在图像背景处单击鼠标左键。

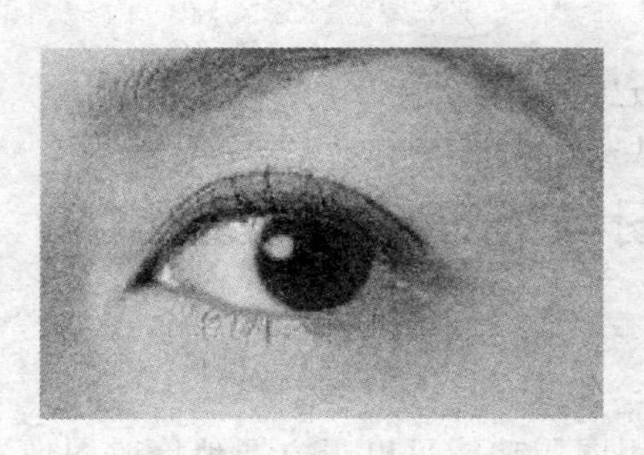

图 4-54 修正红眼效果

图 4-55 原始图像

④ 释放鼠标，其效果如图 4-57 所示。

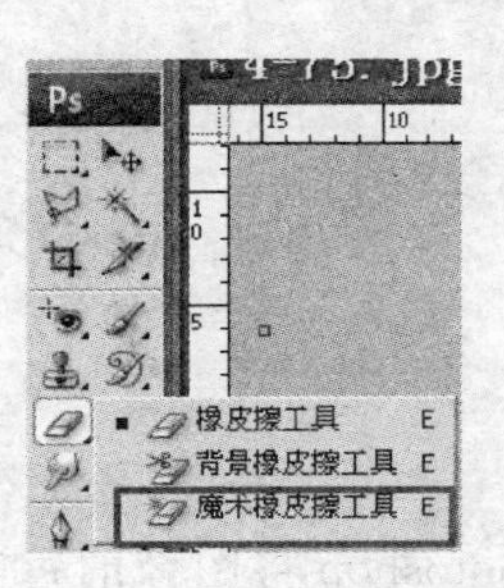

图 4-56 选择魔术橡皮擦

图 4-57 使用魔术橡皮擦擦除背景后的效果

5. 其他修饰工具

下面是一个提亮相片的实例。

① 单击“文件”→“打开”命令，打开原始相片，如图 4-58 所示。

② 在图 4-59 所示的工具箱中选取减淡工具，移动鼠标至图像窗口，单击鼠标左键并拖曳，即可减淡图像。最终效果如图 4-60 所示。

图 4-58 原始图像

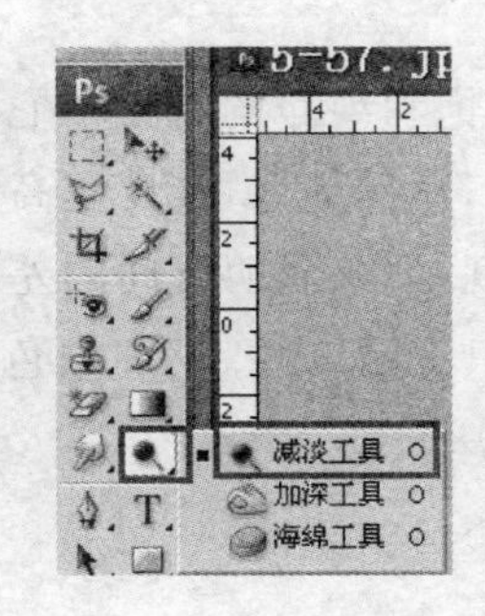

图 4-59 选择减淡工具

图 4-60 图像最终效果

四、练习

(1) 打开一幅图像，用魔术橡皮擦擦除背景。

(2) 打开画笔工具，选择使用不同的画笔，进行不同的选项设置，查看每种画笔及每种不同选项的设置效果。

(3) 修改一幅红眼效果的相片。

(4) 采用修饰工具,在一幅纯风景图上加上自己的身影。

实验四　Photoshop CS3 图像处理的高级操作

一、实验目的

图层是 Photoshop CS3 的精髓功能之一。使用图层功能可以很方便地修改图像,简化图像编辑操作。色彩校正是图像修饰和设计的一项十分重要的内容。Photoshop CS3 提供了较为完美的色彩和色调调整的功能,使用这些功能可以校正图像色彩的色相、饱和度和明度。

(1) 掌握图层的功能。

(2) 掌握图层样式的设定。

(3) 掌握色彩与色调的调整方法。

二、预备知识

(1) Photoshop 的图层处理功能是它的一大特色。Photoshop 将图像的每一部分置于不同的图层中,这些图层放在一起组成一个完整的作品。整个作品中的所有对象,在"图层"面板中都可一目了然,可以任意对某一图层进行编辑操作,而不会影响到其他图层。

(2) 颜色可以产生对比效果,使图像显得更加绚丽,同时还能激发人的感情和想象。正确地运用色彩能使黯淡的图像明亮绚丽,使毫无生气的图像充满活力。

每种颜色固有的颜色叫做色相,这是一种颜色区别于另一种颜色的最明显的特征。颜色的名称就是根据其色相来决定的。

所谓饱和度,是指色彩的鲜艳、饱和纯净的程度。它取决于一种颜色的波长单一程度。它表示颜色中含有纯色成分的比例,比例越大,纯度越高;反之颜色的纯度则越低。

所谓明度,是指色彩的明暗程度,即色彩明度间的差别和深浅的区分。明度具有相对的独立性。在无彩色中,黑、白、灰都只有明度差,其中白色明度最高,黑色明度最低。在光谱中,黄色明度最高,紫色明度最低。

三、实验内容

1. 图层的操作

(1) 实例:制作屏幕壁纸

① 单击"文件"→"打开"命令,打开两幅图像,如图 4-61 所示。

② 确认图 4-61(a)为当前工作图像,选取工具箱中的移动工具,单击鼠标左键将其拖曳至图 4-61(b)中。

③ 释放图标,调整好背景图大小后,效果如图 4-62 所示。

(a)　　　　　　　　(b)

图 4-61　打开的图像

(2) 实例：精细选取树枝图像

① 单击“文件”→“打开”命令，打开一幅图像，如图 4-63 所示。可以观察到这幅图像利用以前的选取工具都很难精确地选取整个树枝。

图 4-62　合成的图像

图 4-63　原始图像

② 单击“图层”→“新建”→“通过复制的图层”命令，得到一个新图层，重命名为“背景副本”，如图 4-64 所示。

③ 按 D 键，将前景色和背景色设置为默认的颜色，然后按 Ctrl+Delete 组合键，填充背景色，如图 4-65 所示。

图 4-64　创建新图层

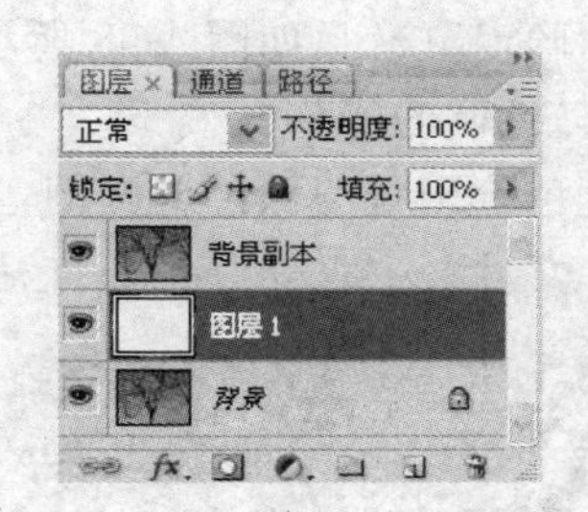

图 4-65　填充图层颜色

④ 选择“背景副本”图层作为当前工作图层，单击鼠标右键，弹出“图层样式”对话框，如图 4-66 所示。

⑤ 在“图层样式”对话框的“混合颜色带”选项区域中，向左拖动“本图层”颜色下方的滑块，如图 4-67 所示。

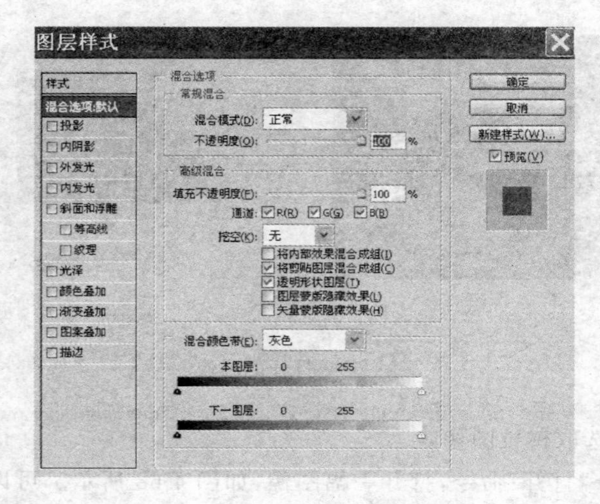

图 4-66　图层样式设置

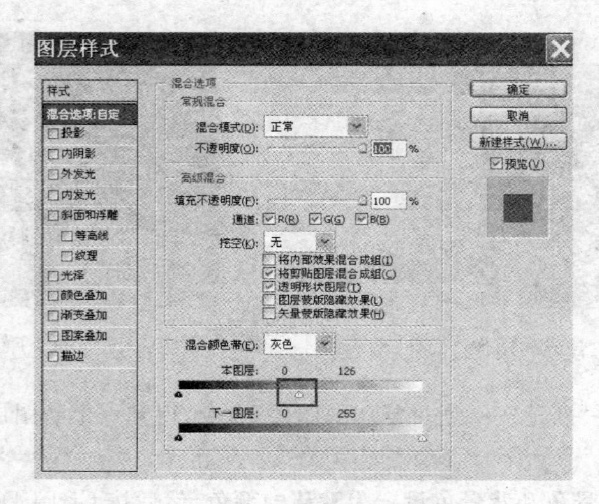

图 4-67　混合颜色带设置

⑥ 单击“确定”按钮，如图 4-68 所示。复杂的图像抠取成功了。

2. 色彩与色调的操作

(1) 通过色阶调整图像色调实例：调整内卧室的光照效果

① 单击“文件”→“打开”命令，打开一幅色彩失真的图片，如图 4-69 所示。

图 4-68　精细抠取的图像

图 4-69　原始图像

② 单击“图像”→“调整”→“自动颜色”命令，系统将自动校正图像的颜色，调整后的颜色效果如图 4-70 所示。

(2) 通过“曲线”调整图像色调实例：调整曝光过度的照片色调

① 单击“文件”→“打开”命令，打开一幅曝光过度的图片，如图 4-71 所示。

图 4-70　修正后的图像效果

图 4-71　原始图像

② 单击“图像”→“调整”→“曲线”命令，弹出“曲线”对话框。单击对话框中的“曲线”按钮，在“曲线”对话框中的调节曲线处单击鼠标左键并拖曳，以改变曲线的形状，如图 4-72 所示。

③ 单击“确定”按钮，调整后的颜色效果如图 4-73 所示。

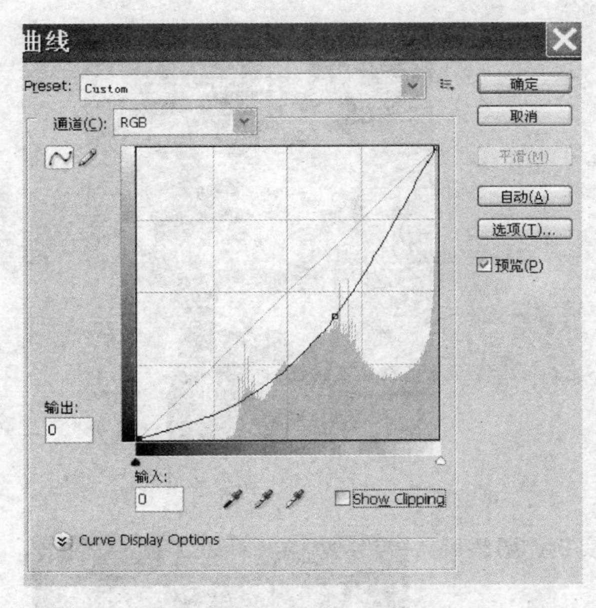

图 4-72　设置曲线对话框

图 4-73　图像效果

(3) 通过色彩平衡调整图像色调实例：调整女孩衣裳颜色

① 单击“文件”→“打开”命令，打开一幅图片，如图 4-74 所示。

② 选取工具箱中的磁性套索工具，如图 4-75 所示。

③ 移动光标至图像窗口，在人物衣裳的边缘处单击鼠标左键，确定起始点，沿衣裳的边缘，创建一个如图 4-76 所示的选区。

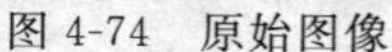

图 4-74　原始图像

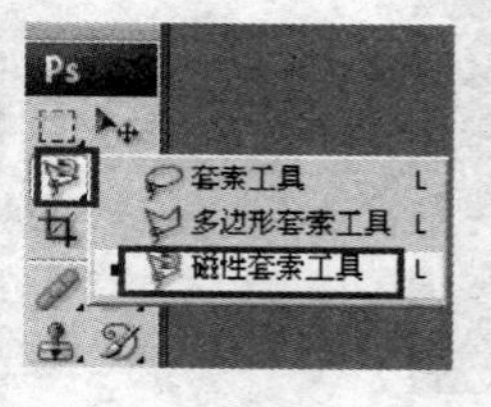

图 4-75　选择套索工具

图 4-76　创建的选区

④ 单击“选择”→“修改”→“羽化”命令，在弹出的“羽化选区”对话框中，设置“羽化半径”值为 5 像素。

⑤ 单击“图像”→“调整”→“色彩平衡”命令，弹出“色彩平衡”对话框。设置的各项参数如图 4-77 所示。

⑥ 单击“选择”→“取消选择”按钮，取消选区，调整后的颜色效果如图 4-78 所示。

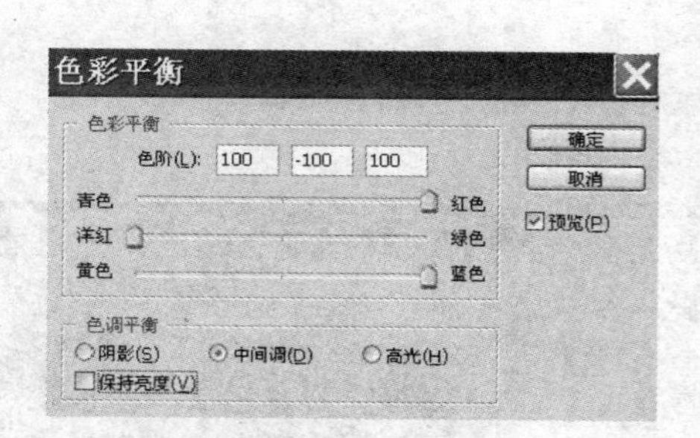

图 4-77　“色彩平衡”对话框

图 4-78　图像效果

(4) 通过亮度/对比度调整图像色调实例：调整卧室的色调

① 单击“文件”→“打开”命令，打开一幅图片，如图 4-79 所示。

② 单击“图像”→“调整”→“亮度/对比度”命令，弹出“亮度/对比度”对话框。设置的各项参数如图 4-80 所示。

③ 单击“确定”按钮，调整后的颜色效果如图 4-81 所示。

图 4-79　原始图像

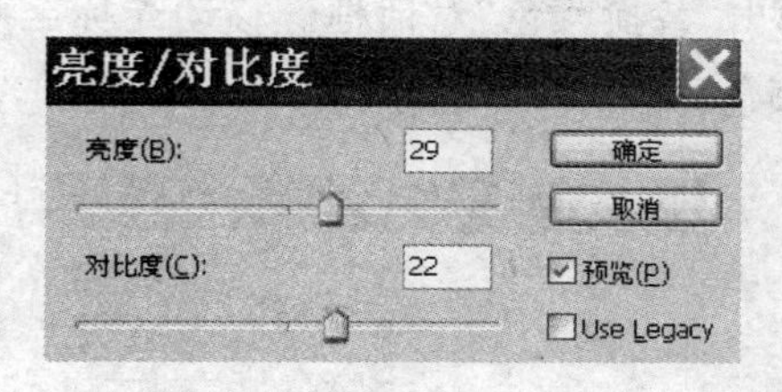

图 4-80　设置的选项

图 4-81　调整后的图像效果

(5) 通过匹配颜色调整图像色调实例：金色的树林

① 单击“文件”→“打开”命令，打开一幅图片，如图 4-82 所示。

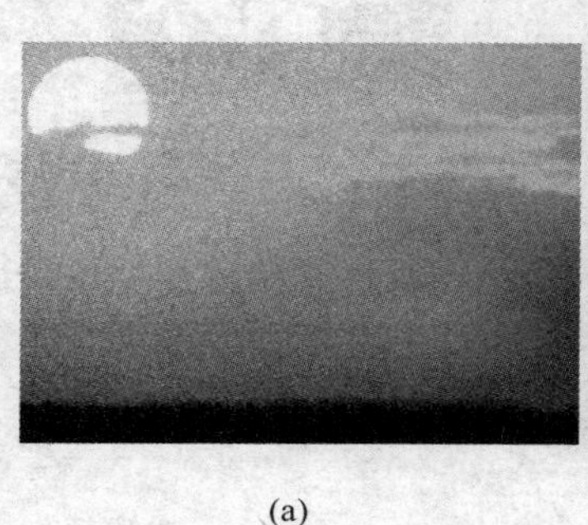

(a)

(b)

图 4-82　原始图像

② 确定图 4-82(b)为当前工作图像，单击“图像”→“调整”→“匹配颜色”命令，弹出“匹配颜色”对话框。设置的各项参数如图 4-83 所示。

③ 单击“确定”按钮，调整后的颜色效果如图 4-84 所示。

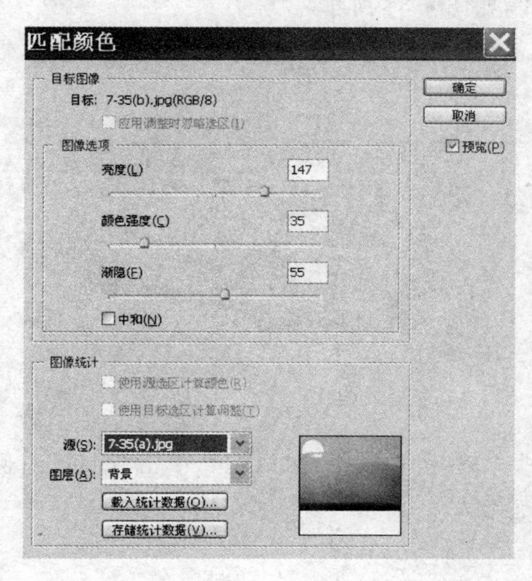

图 4-83　设置选项

图 4-84　图像效果

(6) 通过匹配颜色调整图像色调实例：红叶变绿叶

① 单击“文件”→“打开”命令，打开一幅图片，如图 4-85 所示。

② 单击“图像”→“调整”→“替换颜色”命令，弹出“替换颜色”对话框。移动光标至对话框中的树叶处，单击鼠标左键，吸取鼠标单击处的颜色，如图 4-86 所示。

图 4-85　原始图像

图 4-86　吸取颜色

③ 在“替换”选项区中，设置色相为 76、饱和度为－7、明度值为 0，然后单击“确定”按钮，调整后的颜色效果如图 4-87 所示。

(7) 通过可选颜色调整图像色调实例：给汽车换新装

① 单击“文件”→“打开”命令，打开一幅图片，如图 4-88 所示。

图 4-87　图像效果

图 4-88　原始图像

② 单击“图像”→“调整”→“可选颜色”命令，弹出“可选颜色”对话框。单击“颜色”右侧的下拉按钮，在弹出的下拉选项中选择“黄色”，如图 4-89 所示。

③ 然后设置对话框中的其他选项参数如图 4-90 所示。

④ 单击“确定”按钮，调整后的颜色效果如图 4-91 所示。

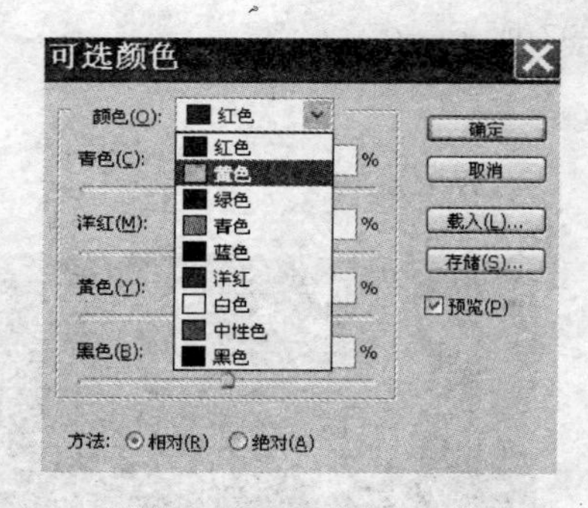

图 4-89　颜色选项

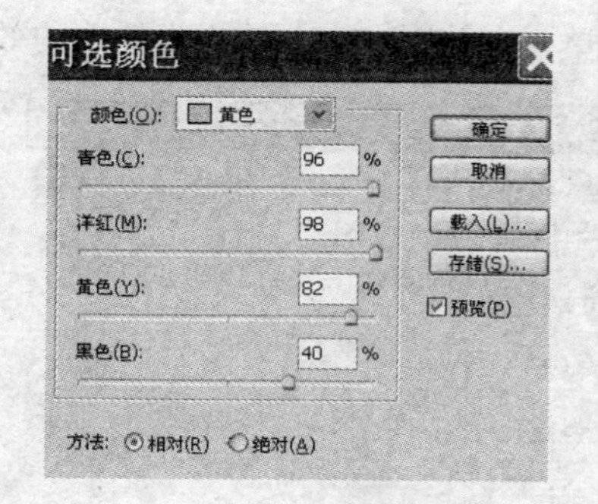

图 4-90　设置其他选项

(8) 通过通道混合器调整图像色调实例：调整照片色调

① 单击“文件”→“打开”命令，打开一幅图片，如图 4-92 所示。

图 4-91　图像效果

图 4-92　原始图像

② 选取工具箱中的“磁性套索”工具，如图 4-93 所示。

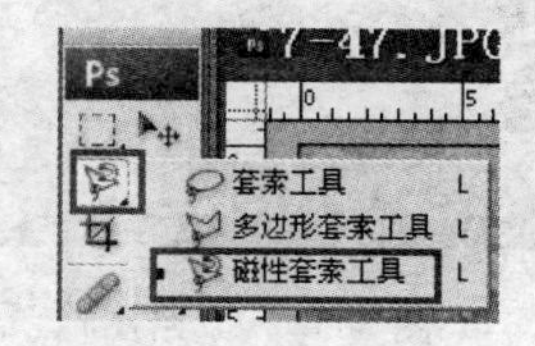

图 4-93　选取套索工具

③ 移动光标至图像窗口，沿树叶的边缘处创建一个如图 4-94 所示的选区。

④ 单击“选择”→“修改”→“羽化”命令，设置“羽化半径”值为 10 像素，单击“确定”按钮。

⑤ 单击“选择”→“反向”按钮，调整后的颜色效果如图 4-95 所示。

图 4-94　创建的选区

图 4-95　反选选区

⑥ 单击“图像”→“调整”→“通道混合器”命令，弹出“通道混合器”对话框，设置各选项参数如图 4-96 所示。

⑦ 单击“确定”按钮，图像调整后的效果如图 4-97 所示。

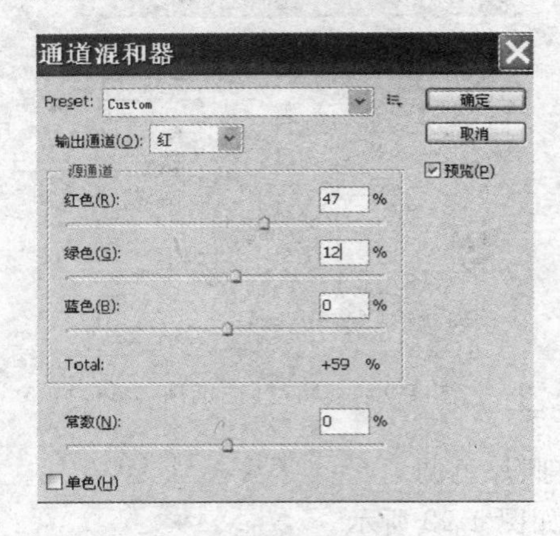

图 4-96 设置通道混合器

图 4-97 图像效果

(9) 通过阴影/高光调整图像色调实例：调整照片亮度

① 单击“文件”→“打开”命令，打开一幅图片，如图 4-98 所示。

② 单击“图像”→“调整”→“阴影/高光”命令，设置各选项参数如图 4-99 所示。

③ 单击“确定”按钮，调整后的颜色效果如图 4-100 所示。

图 4-98 原始图像

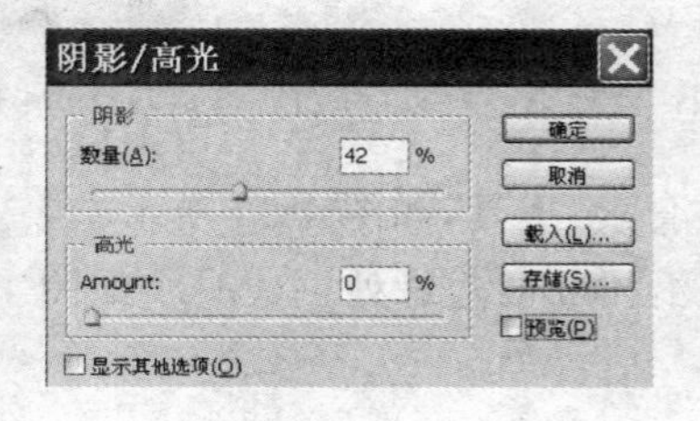

图 4-99 设置阴影/高光

图 4-100 提亮后的照片

四、练习

(1) 选择一幅曝光不足的照片，运用本章内容提亮照片。

(2) 打开一幅风景图像，使图像中的景色更加翠绿。

(3) 打开一幅人物照片，更改人物衣裳颜色。

(4) 打开两幅图像，使两幅图像颜色匹配。

实验五 Photoshop CS3 综合设计

一、实验目的

本章利用 Photoshop CS3 具有的图像调整功能，对图像进行综合调整。

(1) 熟悉图像综合调整的方法。

(2) 掌握图像综合调整的方法。

二、预备知识

掌握基本的图像设计方法。

三、实验内容

1. 图像设计

① 打开一幅图像,如图 4-101 所示。

② 在"图层"面板中,单击其底部的"创建新图层"按钮,新建"图层 1"图层,如图 4-102 所示。

③ 按 D 键,设置前景色和背景色为默认颜色,然后按 Alt+Delete 组合键,填充前景色,效果如图 4-103 所示。

图 4-101 原始图像

图 4-102 新建图层

图 4-103 填充前景色

④ 单击"滤镜"→"杂色"→"添加杂色"命令,弹出"添加杂色"对话框,设置各选项参数如图 4-104 所示。单击"确定"按钮,图像应用滤镜后的效果如图 4-105 所示。

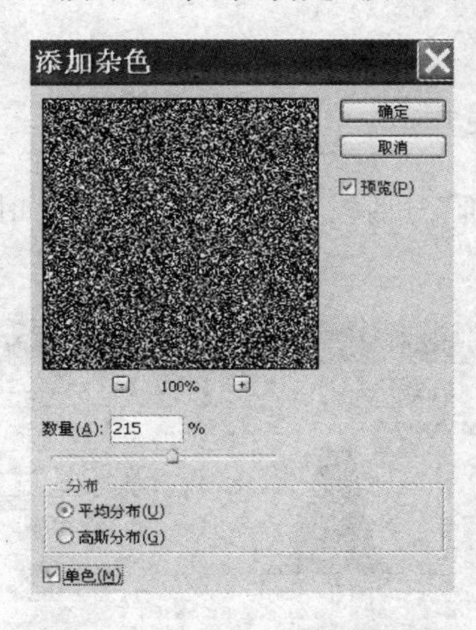

图 4-104 "添加杂色"对话框

图 4-105 添加杂色的效果

⑤ 单击"滤镜"→"模糊"→"动感模糊"命令,弹出"动感模糊"对话框,设置各选项参数如图 4-106 所示。单击"确定"按钮,图像应用滤镜后的效果如图 4-107 所示。

⑥ 在"图层"面板中,右击"图层 1",设置图层的混合模式为"滤色",如图 4-108 所示。调整后的图像效果如图 4-109 所示。

图 4-106 “动感模糊”对话框

图 4-107 动感模糊图像

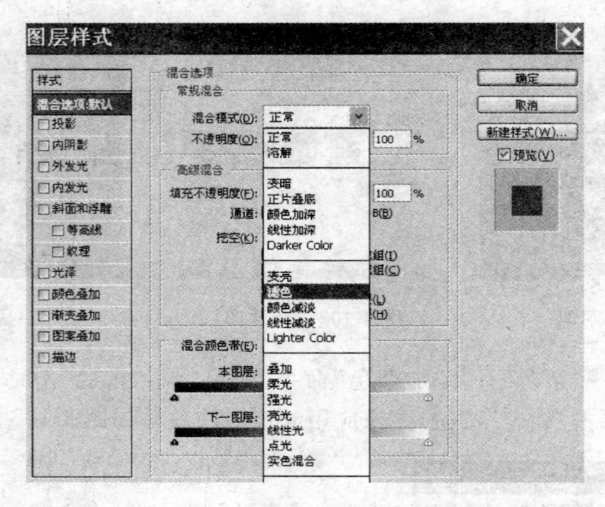

图 4-108 设置“滤色”

⑦ 单击“图像”→“调整”→“色阶”命令，弹出“色阶”对话框，设置各选项参数如图 4-110 所示。单击“确定”按钮，图像效果如图 4-111 所示。

图 4-109 设置动感模糊后的效果

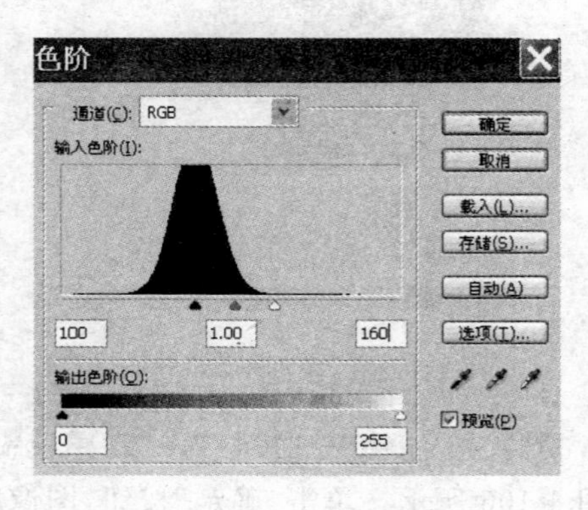

图 4-110 “色阶”对话框

2. 特效字设计

使用 Photoshop 丰富的图层样式，可以创造出无数种文字特效。今天我们制作一种蓝色的结冰文字，最终效果如图 4-112 所示。

图 4-111　图像效果

图 4-112　图像效果

① 打开 Photoshop CS3，设置前景色与背景色为白色和黑色，如图 4-113 所示。新建一文档，大小自定，在“新建”对话框中，选择背景内容为背景色，如图 4-114 所示。输入文字内容，设置字体为较粗的字体，例如这里使用的是“方正舒体”，文字的颜色设置为白色，如图 4-115 所示。

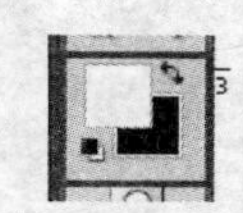

图 4-113　设置背景色与前景色

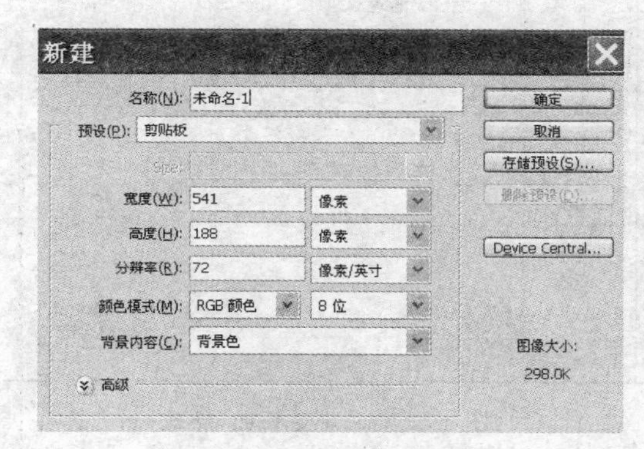

图 4-114　“新建”对话框

图 4-115　文字内容

② 选择“图层”→“图层样式”→“斜面和浮雕”，按图 4-116 所示设置“斜面和浮雕”样式。再按图 4-117 所示设置“渐变叠加”。设置完毕单击“确定”按钮，得到如图 4-118 所示的效果。

③ 选择“图层”→“图层样式”→“创建图层”，则在图层调板中可以看到如图 4-119 所示的结果。选中图层调板中最上面的 3 个图层，即由图层样式得来的图层，按快捷键 Ctrl＋E 合并图层，如图 4-120 所示。

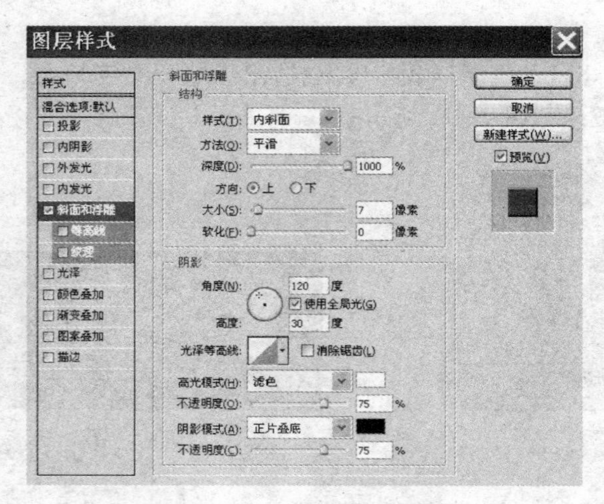

图 4-116 “斜面和浮雕”样式

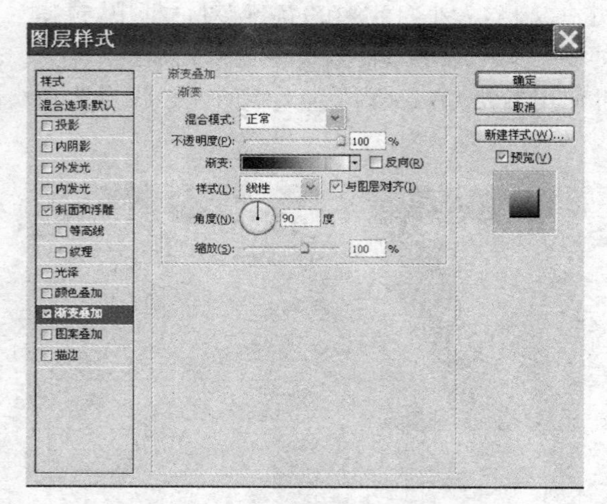

图 4-117 “渐变叠加”样式

图 4-118 图像效果

图 4-119 创建图层

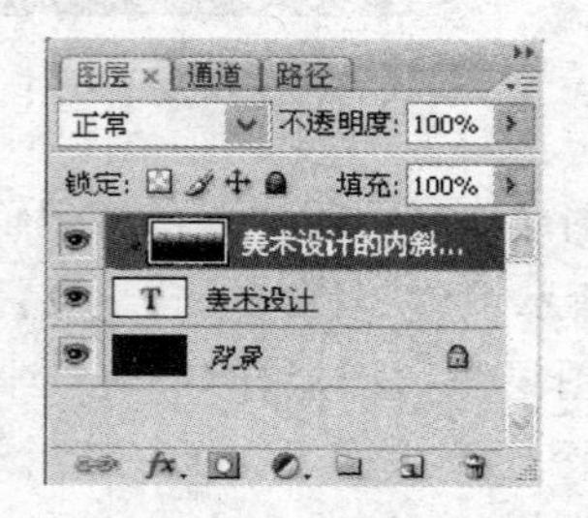

图 4-120 合并图层

④ 选中合并后的图层，选择“滤镜”→“艺术效果”→“塑料包装”，按图 4-121 所示设置各选项。设置完毕单击“确定”按钮。接着按 Ctrl+F 再应用一次塑料包装滤镜，可以得到如图 4-122 所示的效果。

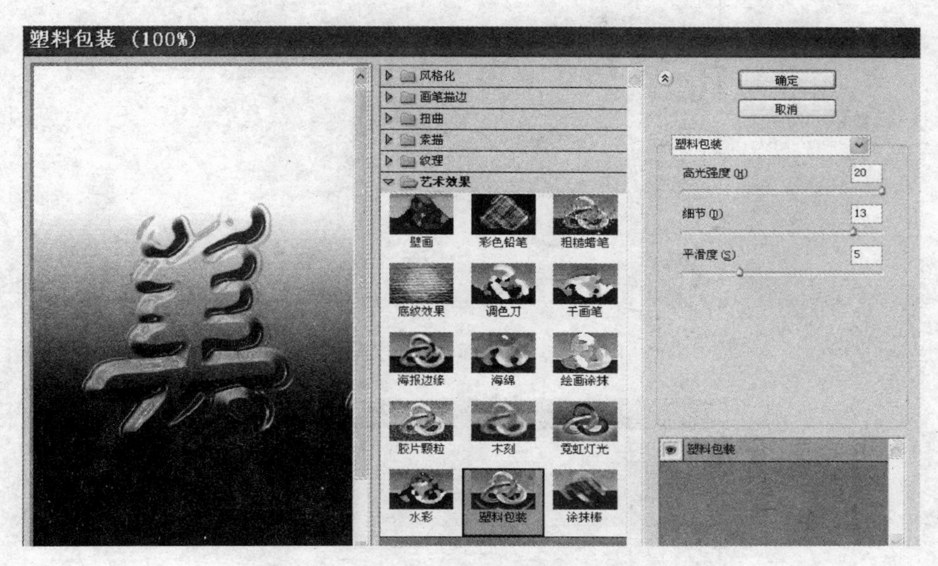

图 4-121　设置“塑料包装”参数

图 4-122　图像效果

⑤ 按 Ctrl+U 打开“色相/饱和度”对话框，按图 4-123 所示进行设置。设置完毕单击“确定”按钮，结果如图 4-124 所示。

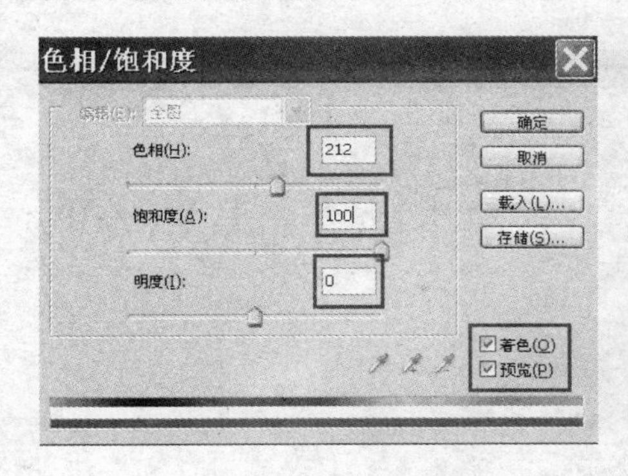

图 4-123　“色相/饱和度”对话框

图 4-124　图像效果

⑥ 单击“图层”→“图层样式”→“斜面和浮雕”，按图 4-125 所示设置“斜面和浮雕”样式。按图 4-126 所示设置“描边”样式。设置完毕单击“确定”按钮。

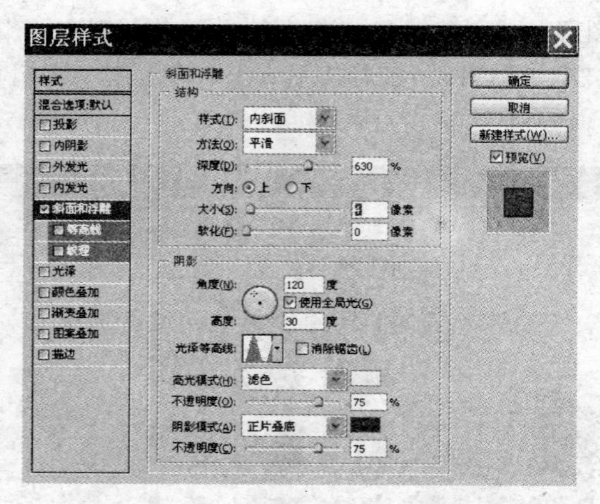

图 4-125 “斜面和浮雕”样式

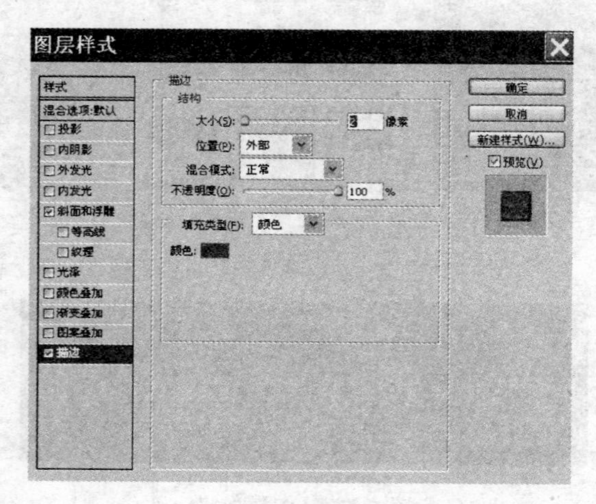

图 4-126 “描边”样式

⑦ 单击“图层”→“复制图层”,复制一个该图层的副本,将副本图层的颜色模式改为“颜色减淡”,并将不透明度改为 50%,如图 4-127 所示。

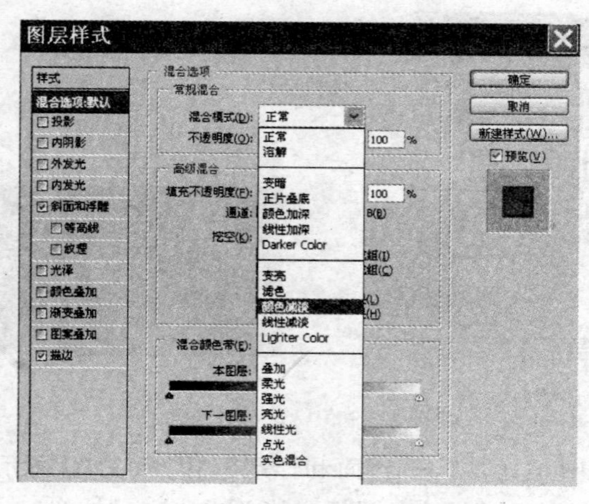

图 4-127 副本“颜色减淡”

⑧ 这样就得到了最终效果,如图 4-128 所示。

图 4-128　图像最终效果

四、练习

(1) 选择一幅晴天的照片,运用本章内容使照片变成雨景。

(2) 打开一幅风景图像,使图像中的景色变成雪景。

(3) 运用本章内容设计一个冰晶的特效字。

(4) 结合教材内容和本章内容,设计一个火焰字。

实验小结

1. 图像文件的基本练习。具体内容包括:新建文件、打开文件、保存文件和关闭文件。在图像文件的操作中,这 4 类操作最为常用,要求熟练掌握。

2. 显示图像的基本操作。显示图像的 6 种操作分别是全屏图像显示、缩小图像显示、放大图像显示、观察图像显示、图像窗口显示和 100%图像显示。在显示图像的操作中,注意不同操作间的灵活切换。

3. 辅助工具的操作。辅助工具的应用方法。通过辅助工具的使用,达到精细绘图的目的,为以后的图像操作提供辅助功能。

4. 图像与画布尺寸的调整。

5. 设置前景色与背景色的基本方法。

6. 创建简单规则选区的操作。学习简单选区的创建方法和羽化功能。重点体会羽化参数的不同和简单选区的大小对图像效果的影响。

7. 创建复杂不规则选区的操作。学习用魔棒工具选择复杂选区,学习运用“通道”面板创建选区。

8. 编辑选区的常用操作。

9. 画笔的设置。更改“画笔”面板中的画笔显示工具。

10. 运用图章工具复制图像和图案。图章工具包括仿制图章工具和图案图章工具。

11. 运用修饰工具修饰图像。修复工具主要包括修复画笔工具、污点修复画笔、消除红眼工具。

其他的修饰工具还包括:

涂抹工具可以模拟在未干的绘画上拖移手指的动作。该工具挑选出开始位置的颜色然后沿拖移的方向扩张融合。调焦工具包括模糊工具和锐化工具。

模糊工具可以软化图像中的硬边或区域,减少细节使边界变得柔和。

锐化工具正好相反，可以锐化颜色来增加图像的清晰度。亮化工具包括减淡工具、加深工具和海绵工具。

12. 运用橡皮擦工具擦除图像。使用橡皮擦工具可以使用背景色或透明区域替换图像中的颜色。橡皮擦的工具类型有画笔、铅笔和块3种类型。可以按照指定模式或不透明度选项进行涂抹。使用魔术橡皮擦工具可以擦除当前图层中的所有相似像素。使用背景橡皮擦工具在图层中拖动，可以将图层中与取样背景色相似的像素擦除，使其成为透明区域。

13. 图层的操作及图层样式的设定。

14. 色彩与色调的调整方法。

15. 掌握图像综合调整方法。通过对 Photoshop CS3 设计工具的综合运用，完成图像的特效。

自我创作题

1. 一幅有折痕的图画如图4-129所示。请用修复工具修复成如图4-130所示。

图4-129　图像修复前

图4-130　图像修复后

2. 用 Photoshop 为水龙头添加逼真的流水特效(图4-131为原图，图4-132为效果图)。

图4-131　原图

图4-132　效果图

第5章 动画素材及其处理技术

本章实验要点

- 掌握用 Cool 3D 创建文字标题动画的方法。
- 掌握 Flash 中引导线动画的制作方法。
- 掌握 Flash 动画中遮罩和滤镜的使用方法。
- 掌握 Flash 动画中 ActionScript 的使用方法。
- 掌握用 3ds max 创建三维片头动画的方法。

本章实验配合教学进度，以具体实例驱动学习者掌握软件的使用方法和技巧。根据不同类型，不同领域的动画制作要求，从实战的角度介绍了 Cool 3D、Flash 和 3ds max 软件的使用方法。通过本章实验，学习者可以掌握 3 个软件的基本使用方法，为今后熟练使用软件创作动画奠定基础。

实验一 使用 Cool 3D 创建文字标题动画

一、实验目的与要求

COOL 3D 作为友立公司(Ulead)推出的一款三维 Web 图形和动画制作工具，界面友好、操作简单、容易上手。使用其制作标题文字动画需要掌握以下几点。

(1) 掌握动画文件的属性设置，包括动画尺寸、帧数目和帧频等。

(2) 掌握关键帧的添加与删除。

(3) 掌握文字的插入及属性设置。

(4) 掌握背景及各种特效的添加方法。

(5) 掌握各种类型工具栏的使用。

(6) 掌握动画文件的导出方法。

二、预备知识

(1) Ulead COOL 3D 3.5 的主界面主要包括菜单栏、工具栏、场景区和百宝箱等，其中工具栏包括标准工具栏、对象工具栏、属性工具栏、位置工具栏、动画工具栏和几何工具栏。所有的面板都可以通过“查看”菜单进行显示和隐藏。

(2) Ulead COOL 3D 3.5 中文件的新建、保存和导出都是通过“文件”菜单完成的，导出动画的时候根据需要可以选择不同的菜单(如要导出 swf 格式的动画文件，只需使用菜单“文件”→“导出到 Micromedia Flash”即可)。

(3) 在 Ulead COOL 3D 3.5 中,百宝箱是用得比较多的面板,各种特效都是通过它进行添加的。添加特效后可以在属性工具栏中进行调整,但在调整前需定位到具体的帧。

(4) 对于 Ulead COOL 3D 中对象的位置、大小和旋转等属性既可以通过鼠标拖动调整,也可以在"位置"工具栏输入相应的 X、Y 和 Z 轴值实现。

(5) 设置对象的各种特效后可以通过动画工具栏的"播放"按钮查看效果,对于需要修改的地方进一步微调,以使效果符合需要。

三、实验内容

1. 新建文件

(1) 打开 Ulead COOL 3D 3.5,单击"文件"→"新建",或按 Ctrl+N 组合键新建一文件。

(2) 单击菜单"图像"→"尺寸",调出"尺寸"面板,在其中自定义窗口大小为宽 400 像素,高 300 像素。

2. 添加背景

在"百宝箱"左侧单击"工作室",并在展开的选项中选择"背景",在"属性工具栏"(如图 5-1 所示)中单击加载背景图像文件按钮,在弹出的对话框中为当前文件选择一幅合适的背景图片。效果如图 5-2 所示。

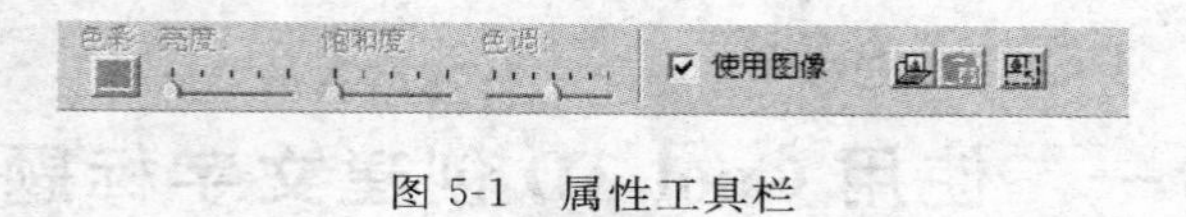

图 5-1 属性工具栏

3. 插入文字

在"对象工具栏"中单击插入文字按钮,调出"Ulead COOL 3D 文字"对话框,在其中输入文字,并设置字体、字号等,如图 5-3 所示。

图 5-2 添加背景后的效果

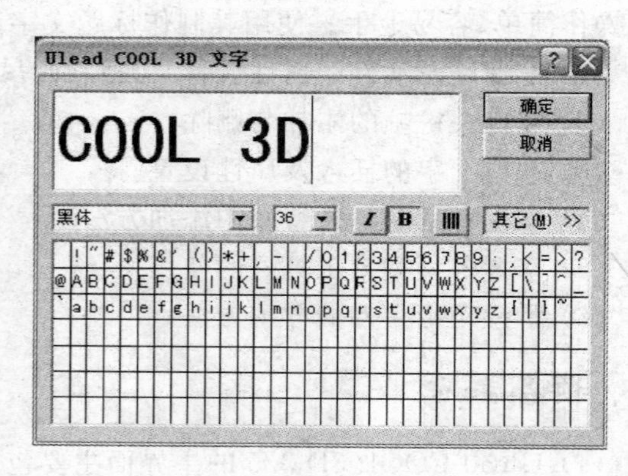

图 5-3 输入文字

4. 添加样式

在"百宝箱"左侧单击"对象样式",并在展开的选项中选择纹理,在右侧的效果缩略图中双击"浮雕"效果,应用到文字上,在"属性工具栏"中设置如图 5-4 所示。

同理,在"光线和色彩"选项中为文字选定合适的颜色效果。

图 5-4　浮雕纹理设置

5. 调整文字

(1) 调整动画文件长度。

在“动画工具栏”中设置动画文件的长度和帧频，帧数目为 60，每秒帧数为 15，如图 5-5 所示。

图 5-5　动画属性设置

(2) 调整文字的位置。

在“动画工具栏”的当前帧中输入 1 并按回车键，将动画文件定位到第 1 帧。单击“标准工具栏”上的移动对象按钮，在“位置工具栏”中调整坐标位置；单击“标准工具栏”上的大小按钮，在“位置工具栏”中调整文字大小，如图 5-6 所示。

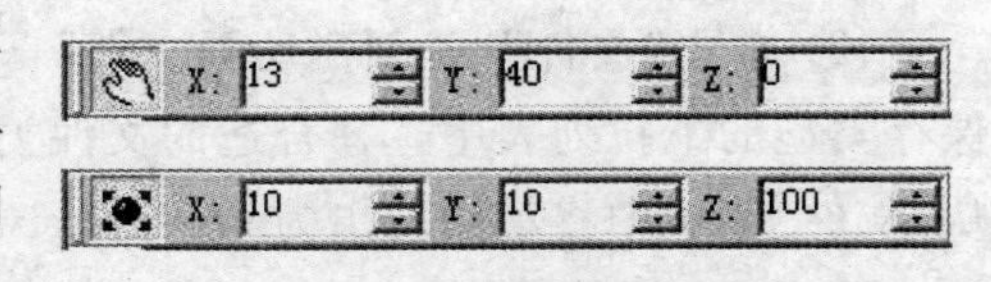

图 5-6　第 1 帧位置及大小设置

(3) 在“动画工具栏”的当前帧中输入 20 并按回车键，将动画文件定位到第 20 帧。此时单击“动画工具栏”上的添加关键帧按钮，并如步骤(2)对位置及大小做调整，具体设置如图 5-7 所示。

同理，在动画文件的 40 帧处添加关键帧，文字的位置及大小设置如图 5-8 所示。

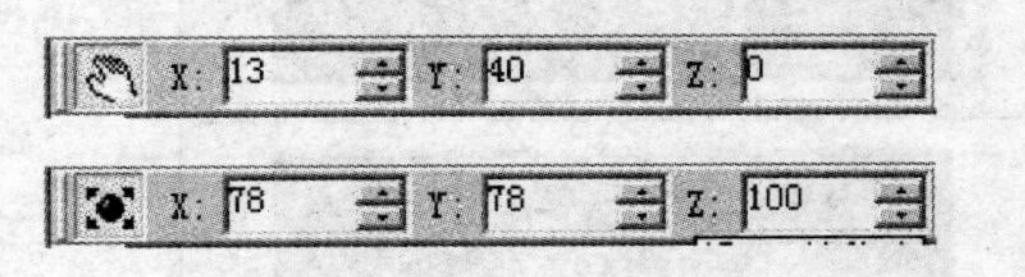

图 5-7　第 20 帧位置及大小设置

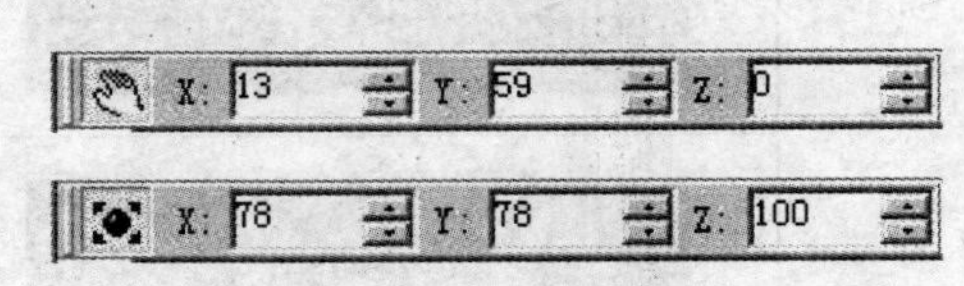

图 5-8　第 40 帧位置及大小设置

这时可以单击“动画工具栏”上的播放按钮观看效果。

6. 添加对象特效

在“百宝箱”左侧单击“对象特效”，在展开的选项中选择“爆炸”，从右侧的效果缩略图中双击合适的爆炸效果，将其应用到文字。并在动画文件的第 1 帧和第 60 帧的“属性工具栏”上分别设置爆炸效果参数，如图 5-9 所示。

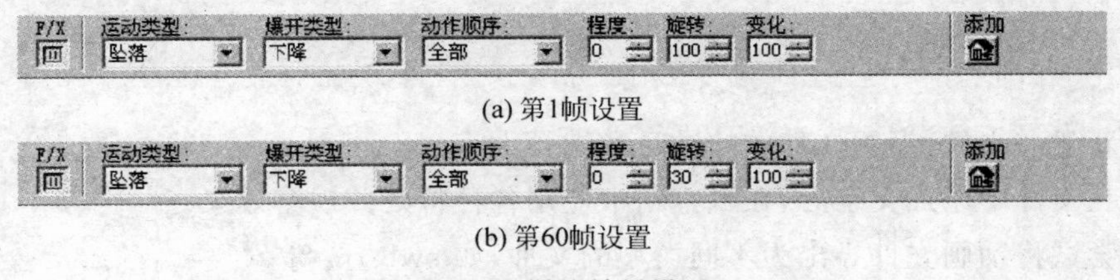

(a) 第1帧设置

(b) 第60帧设置

图 5-9　爆炸效果设置

7. 添加整体特效

在"百宝箱"左侧单击"整体特效",在展开的选项中选择"闪电",从右侧的效果缩略图中双击合适的闪电效果,将其应用到文字。在选定关键帧的同时,根据需要在"属性工具栏"(如图 5-10 所示)上对闪电效果进行相关设置,如编辑路径、中心色彩、阻光度和长度等。

图 5-10　闪电效果属性工具栏

8. 保存并导出动画

(1) 单击"文件"→"保存",在弹出的对话框中输入文件名 cool3d. c3d,保存当前文件。

(2) 单击"文件"→"创建动画文件"→"视频文件",在弹出的对话框中输入文件名,并从保存类型的下拉列表中选择合适的文件类型,单击"保存",将动画文件导出(根据需要可以从"文件"菜单中将动画导出为 rm、avi、swf 等格式)。

最终效果(第 1、20、40 和 60 帧)如图 5-11 所示。

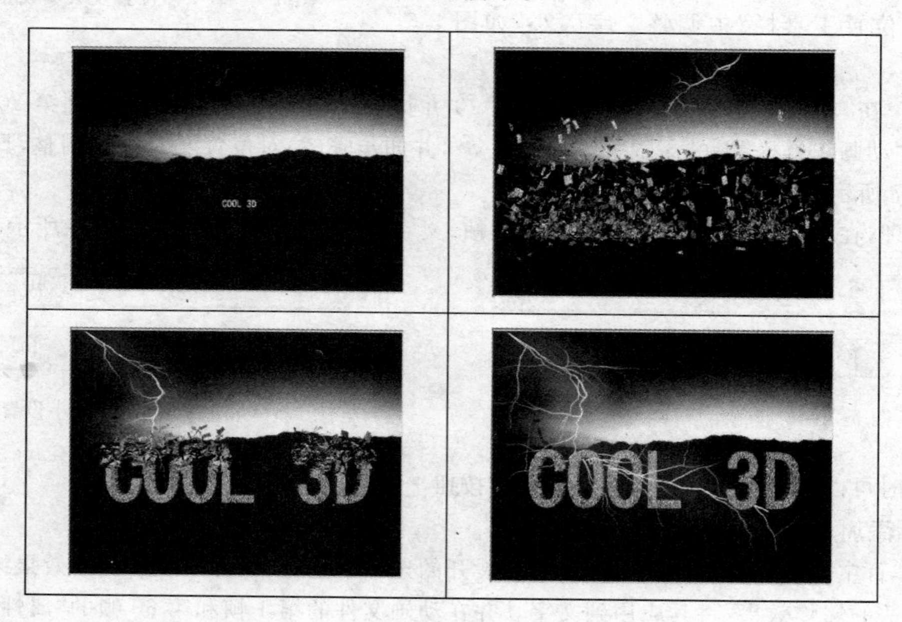

图 5-11　最终效果图

四、练习

(1) 新建一文件,设置文件的帧数目和帧频大小。

(2) 在文件中添加文字后,在百宝箱中应用各种特效并观察效果。

(3) 尝试将动画文件导出为不同类型的文件,如 swf、rm 等。

实验二　Flash之引导线动画

一、实验目的与要求

在Flash中，物体运动动画是制作动画时常用的方法，其中特别是引导线动画，对于初学者尤为重要。

(1) 掌握引导层的添加方法。

(2) 掌握位图图像的基本处理方法。

(3) 掌握关键帧处物体位置的调整方法。

二、预备知识

(1) 在Flash 8中，新建文档时有很多类型，比如Flash文档、Flash幻灯片演示文稿、ActionScript文件等，还可以从模板创建Flash文件。

(2) 在Flash制作开始，一般要先对文档属性进行设置，如尺寸大小、背景颜色和帧频等。

(3) 对于导入的位图图像素材，为了去掉背景，在分离后可以借助套索工具进行修整。

(4) “对齐”面板作为调整元件位置的面板经常被使用到，在调整对象基于舞台的位置时，要先将“相对于舞台”的按钮按下。

三、实验内容

1. 新建文件

(1) 打开Flash 8软件，单击“文件”→“新建”，在弹出的对话框中选择Flash文档，单击“确定”按钮。

(2) 单击“修改”→“文档”命令，或按Ctrl+J组合键弹出“文档属性”对话框，在其中进行如图5-12的设置。

2. 导入背景图片

(1) 单击“文件”→“导入”→“导入到舞台”命令，或者直接按Ctrl+R组合键弹出“导入”对话框，选择准备好的素材图片后，单击“确定”按钮，如图5-13所示。

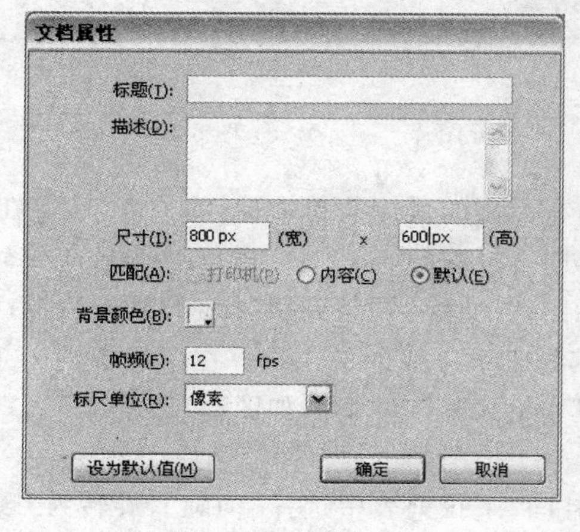

图5-12　文档属性

图5-13　导入背景

(2) 单击“窗口”→“对齐”命令，或者按 Ctrl＋K 快捷键。在弹出的“对齐”对话框中单击相对于舞台按钮后，单击垂直中齐和水平居中分布按钮，让图片居中于窗口，如果引入的背景图片大小与动画大小不一致，可以通过任意变形工具对其进行调整。

3. 制作枫叶运动影片剪辑

(1) 单击“插入”→“新建元件”命令，或按 Ctrl＋F8 组合键，在弹出的“创建新元件”对话框中将元件名改为枫叶，并选择影片剪辑类型，单击“确定”按钮，如图 5-14 所示。

图 5-14　创建新元件

(2) 进入到影片剪辑界面，用同样的方法导入一张枫叶图片，并用任意变形工具对其进行适当缩放，如图 5-15 所示。

(3) 在工具栏中选择工具，在枫叶上单击选择刚导入的枫叶图片。单击“修改”→“分离”命令，或者按 Ctrl＋B 快捷键，将图片分离。

(4) 单击工具栏上的套索工具后，在工具栏下方的选项中单击选择魔术棒工具，并在枫叶背景处单击，再按 Delete 键将背景删除，为了将背景全部删除，此操作可以多做几次，之后选定枫叶图片，按 Ctrl＋G 快捷键，将分离的枫叶重新组合。效果如图 5-16 所示。

(5) 在时间轴上单击添加运动引导层按钮，并在工具栏上选择铅笔工具，在选项中选择平滑后，在场景中画一条任意的曲线，如图 5-17 所示。

图 5-15　枫叶图片

图 5-16　去除背景后的枫叶图片

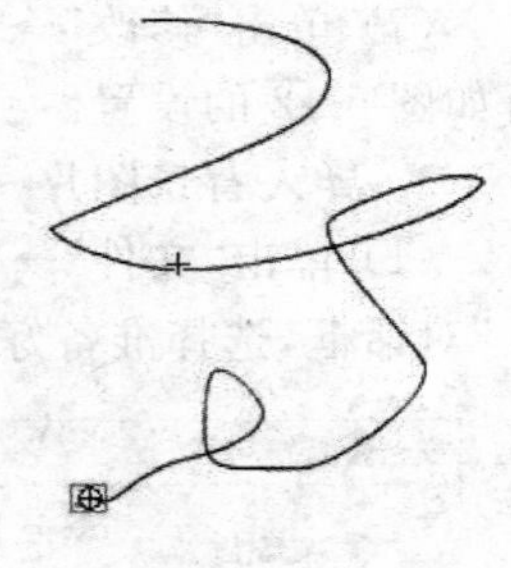

图 5-17　引导线

(6) 在运动引导层的第 100 帧处单击右键，在弹出的快捷菜单中选择“插入帧”。在图层 1 的第 100 帧处单击右键，在弹出的快捷菜单中选择“插入关键帧”。在图层 1 的第 1 帧上单击鼠标，选择这一帧，用选择工具将枫叶图片的位置调整到引导线的最开始端；用同样的方法对第 100 帧上的枫叶进行调整，让其处于引导线的最末端。在图层 1 的第 100 帧处于选中状态时，按 F9 键调出动作面板，在其中输入“stop()；”，如图 5-18 所示。

此时的时间轴状态如图 5-19 所示。

(7) 单击图层 1 的第 1 帧，在属性面板的“补间”下拉列表中选择“动画”，旋转为“顺时针 3 次”(旋转可根据需要自行设置，不一定固定为 3 次)，具体如图 5-20 所示。

图 5-18　动作面板

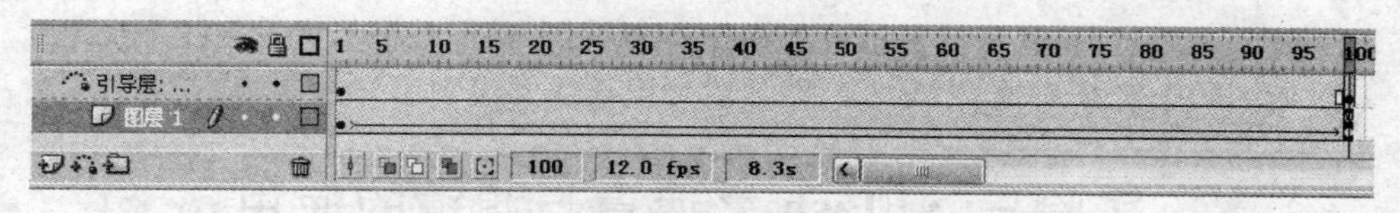

图 5-19　时间轴

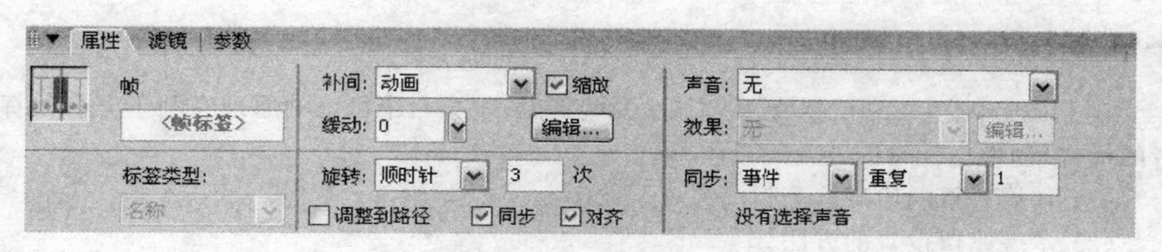

图 5-20　属性面板设置

4. 主场景动画设置

(1) 单击时间轴上的主场景按钮 场景 1 回到主场景，按 F11 快捷键，调出库面板，在库面板中将刚做好的枫叶影片剪辑拖到背景图片上，根据需要利用任意变形工具对其大小、方向进行调整，如图 5-21 所示。

图 5-21　拖动元件到主场景

(2) 用同样的方法，将枫叶影片剪辑拖动若干个到主场景中，并对方向、大小进行调整，制造出数片叶子的坠落效果。为了使枫叶的飘动路径更随机，可以多做几个影片剪辑，只是用铅笔绘制路径的时候不同罢了。

5. 测试输出动画

(1) 单击“文件”→“保存”命令，输入文件名后，保存动画。

(2) 按 Ctrl+Enter 键测试动画，如有不满意的地方，再次回到主场景进行调整。

(3) 单击“文件”→“导出”→“导出影片”命令，在弹出的对话框中输入文件名，单击“保存”按钮，输出动画。

四、按钮练习

(1) 导入一幅位图，先对其进行分离操作，再利用套索工具将其背景去掉。

(2) 插入一个影片剪辑，为导入的图片添加引导线并设置引导线动画。

实验三　Flash 之遮罩与滤镜的使用

一、实验目的与要求

在 Flash 中，遮罩和滤镜常用来制作一些特效，领会两个概念的原理有利于充分发挥二者的优势，创作出神奇的特效效果。

(1) 掌握遮罩的原理。

(2) 掌握遮罩设置的方法。

(3) 掌握添加滤镜的方法。

二、预备知识

(1) Flash 中，插入元件有 3 种，分别是影片剪辑、图形和按钮。

(2) 遮罩效果在设置好后，遮罩层和被遮罩层会自动锁定，在解除锁定后遮罩效果无法预览。

(3) Flash 8 中的滤镜只适用于文本、影片剪辑和按钮。

(4) 混色器面板用来设置自定义的填充效果，根据需要可以对类型、颜色和 Alpha 等进行设置。

三、实验内容

1. 新建文件

(1) 打开 Flash 8 软件，单击“文件”→“新建”，在弹出的对话框中选择 Flash 文档，单击“确定”按钮。

(2) 单击“修改”→“文档”命令，或按 Ctrl+J 组合键弹出“文档属性”对话框，在其中将背景颜色设为黑色，如图 5-22 所示。

2. 制作遮罩动画元件

(1) 单击“插入”→“新建元件”命令，在弹出的“创建新元件”对话框中单击“确定”按钮，进入影片剪辑编辑场景。

(2) 在图层 1 第 1 帧处利用椭圆工具绘制一个圆，线条颜色为无色。单击“窗口”→“对齐”命令，或者按 Ctrl+K 快捷键，在弹出的“对齐”对话框中单击相对于舞台按钮后，单击垂直中齐和水平居中分布按钮，让圆居中于窗口。

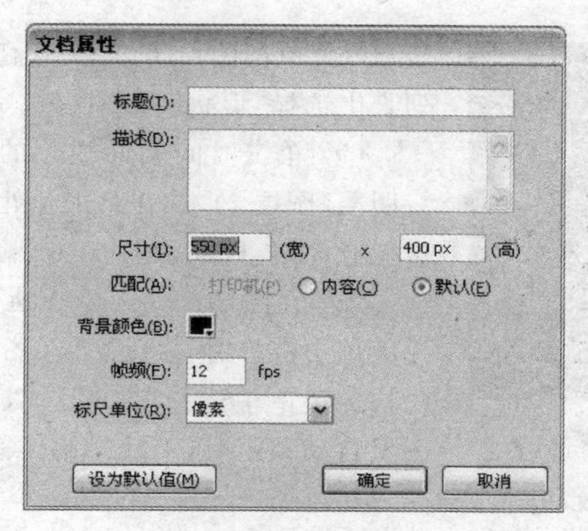

图 5-22　文档属性

(3) 单击“窗口”→“颜色”命令，调出混色器面板，在混色器中选中填充颜色，具体设置如图 5-23 所示。

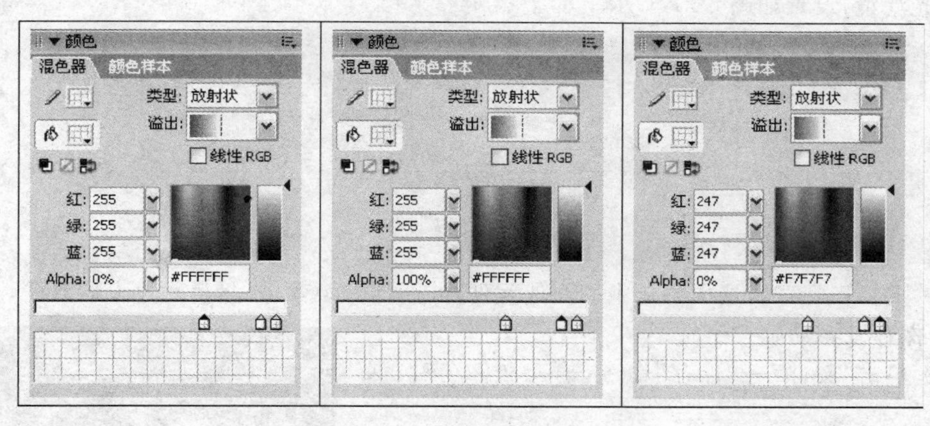

图 5-23　混色器设置

(4) 设置好填充颜色后在绘制的圆上单击鼠标，对圆进行填充，效果如图 5-24 所示。

(5) 在图层 1 的第 100 帧处单击右键，在弹出的快捷菜单中选择“插入关键帧”，之后利用任意变形工具 对第 100 帧的圆进行放大操作。之后通过对齐面板让圆在舞台居中显示，效果如图 5-25 所示。

图 5-24　第 1 帧处圆的效果

图 5-25　第 100 帧处圆的效果

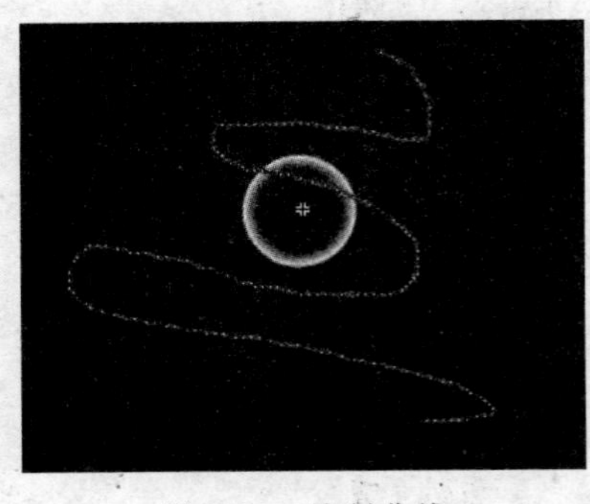

图 5-26　绘制曲线

(6) 单击图层 1 第 1 帧,在属性面板中“补间”下拉列表中选择“形状”,为图层 1 中的圆创建动画效果。

(7) 单击时间轴面板上的插入图层按钮，添加一图层(图层 2),并在第 1 帧处利用刷子工具绘制一条任意曲线,效果如图 5-26 所示。

(8) 在图层 2 的第 100 帧处单击右键,在弹出的快捷菜单中选择“插入帧”。在图层 2 上单击右键,在弹出的快捷菜单中选择“遮罩层”,此时影片剪辑中的两个图层自动锁定,遮罩效果制作完成。

3. 使用滤镜制作特效动画

(1) 单击时间轴上的场景 1 按钮回到主场景,按 F11 键打开库面板,将做好的元件 1 拖动到舞台中(根据需要拖动 4～8 个)。

(2) 单击选中舞台中的元件,在属性面板中打开“滤镜”选项卡,单击添加滤镜按钮，选择发光滤镜,设置如图 5-27 所示。

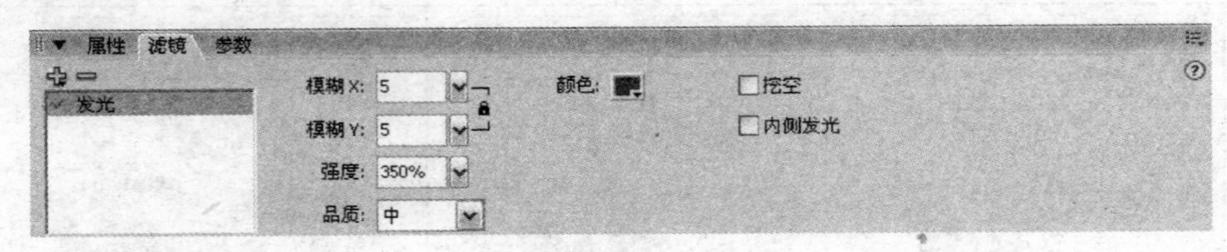

图 5-27　滤镜设置

(3) 重复步骤(2),选中舞台中的其他元件,并添加滤镜效果,只是颜色上做改变。

4. 保存发布动画

(1) 单击“文件”→“保存”命令,输入文件名后,保存动画。

(2) 按 Ctrl+Enter 键测试动画,如有不满意的地方,再次回到主场景进行调整。

(3) 单击“文件”→“导出”→“导出影片”命令,在弹出的对话框中输入文件名,单击“保存”按钮,输出动画。效果如图 5-28 所示。

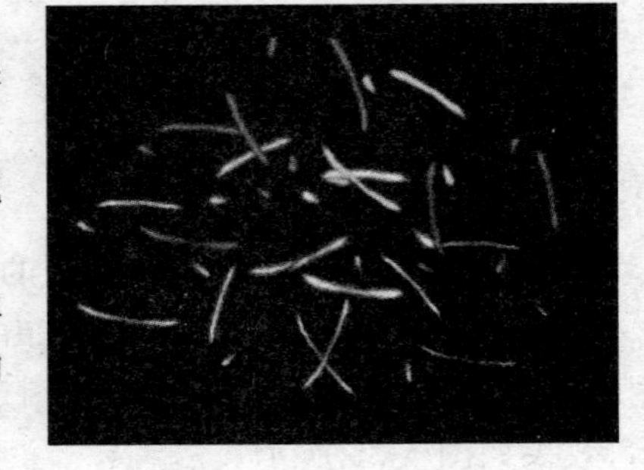

图 5-28　最终效果

四、练习

(1) 在 Flash 中制作一个遮罩动画。

(2) 尝试对 Flash 对象添加各种滤镜,并观察各种滤镜的效果。

实验四　Flash 之 ActionScript 应用

一、实验目的与要求

在 Flash 中,制作强大交互功能的动画离不开 ActionScript 的运用,ActionScript 是 Flash 中高级应用的基础。

(1) 掌握在 Flash 中添加 ActionScript 的方法。

(2) 掌握 ActionScript 基本语法规则。

二、预备知识

(1) 在 Flash 8 中，事件发生时会执行 ActionScript 代码，事件包括鼠标和键盘事件、剪辑事件和帧事件。

(2) 在 Flash 中，可以在按钮、影片剪辑和关键帧上添加 ActionScript 代码。

(3) Flash 在跟外部文件发生交互时，需要事先准备好素材，并注意读取文件的路径。

三、实验内容

1. 素材准备

(1) 新建一个文件夹，命名为"实验"。

(2) 在"实验"文件夹下新建一个文件夹，命名为 dongwu，将事先准备好的大小为 460 像素×340 像素的 JPG 图片存放其中，命名依次为 1.jpg、2.jpg、…、n.jpg。

(3) 在"实验"文件夹下新建一文本文档，命名为 dongwu.txt，文件里输入 num=n，其中 n 为 dongwu 文件中图片的数目。

2. 新建文件

(1) 打开 Flash 8 软件，单击"文件"→"新建"，在弹出的对话框中选择 Flash 文档，单击"确定"按钮。

(2) 单击"修改"→"文档"命令，或按 Ctrl+J 组合键弹出"文档属性"对话框，在其中将背景颜色设为黑色，分辨率设为 640×480。

(3) 保存文件，命名为"动物图片欣赏"，此时"实验"文件夹下的内容如图 5-29 所示。

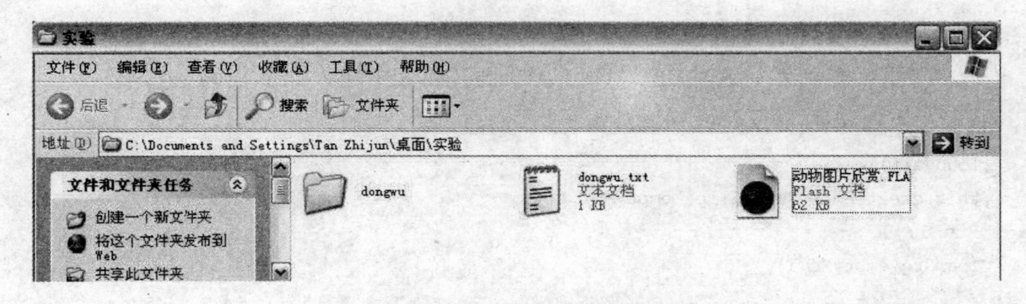

图 5-29 文件夹设置

3. 按钮设置

(1) 单击"窗口"→"公用库"→"按钮"命令，打开"库"面板，选择其中的 circle with arrow 按钮(如图 5-30 所示)，将其拖动到舞台。

(2) 将拖动到舞台的两个按钮做适当调整。选择按钮，在"属性"面板中，输入实例名称 backBtn 和 forwardBtn，如图 5-31 所示。

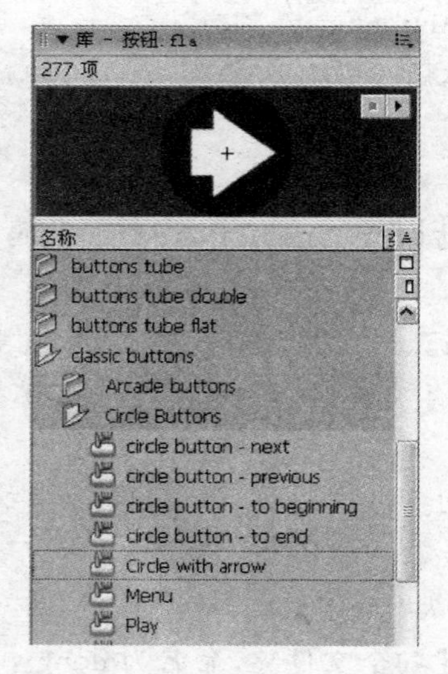

图 5-30　公用“库-按钮”面板

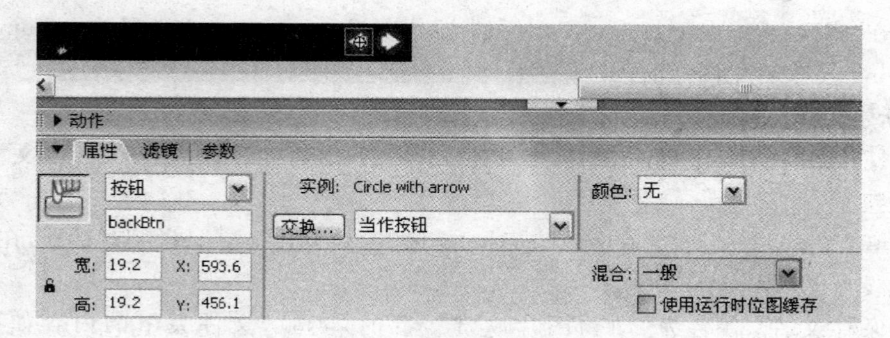

图 5-31　按钮属性面板设置

4. ActionScript 代码设置

新建一图层，选中第 1 帧，按 F9 打开动作面板，在其中输入如下代码：

```
function init() {
  loadVar();
  this.createEmptyMovieClip("emptyMc",1);
  i = 1;
  loadJpg(emptyMc,i);
}
function loadVar() {
  loadVariablesNum("dongwu.txt",0);
  this.onEnterFrame = function() {
    if (num) {
      delete this.onEnterFrame;
    }
  };
}
function loadJpg(mc,i) {
```

```
  mc.loadMovie("dongwu/" + i + ".jpg");
  this.onEnterFrame = function() {
    if (mc._width) {
      delete this.onEnterFrame;
      mc.imgMove();
      setBtn(backBtn,1);
      setBtn(forwardBtn,num);
    }
  };
}
function setBtn(obj,n) {
  if (i == n) {
      obj._alpha = 50;
      obj.enabled = false;
  } else {
      obj._alpha = 100;
      obj.enabled = true;
  }
}
MovieClip.prototype.imgMove = function() {
  var mc = this;
  mc._x = (640 - mc._width)/2;
  mc._y = (480 - mc._height)/2;
  mc._alpha = 0;
  mc.onEnterFrame = function() {
    mc._alpha + = (100 - mc._alpha)/10;
    if (mc._alpha> = 95) {
      delete mc.onEnterFrame;
    }
  };
};
init();
backBtn.onRelease = function() {
  i - = 1;
  loadJpg(emptyMc,i);
};
forwardBtn.onRelease = function() {
  i + = 1;
  loadJpg(emptyMc,i);
};
```

此时时间轴如图 5-32 所示。

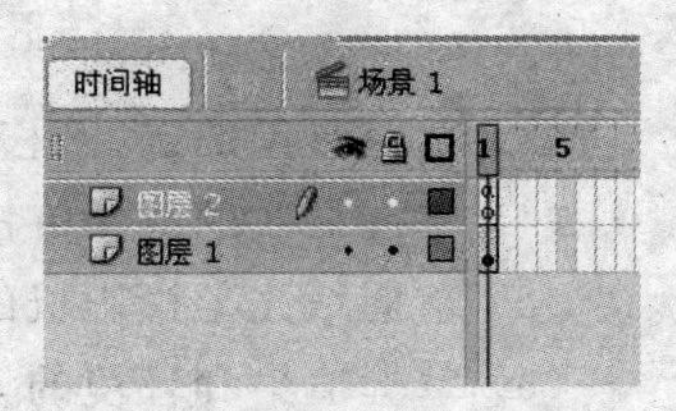

图 5-32　时间轴面板

5. 保存发布动画

(1) 按 Ctrl+Enter 键测试动画，如有不满意的地方，再次进行调整。

(2) 单击“文件”→“导出”→“导出影片”命令，在弹出的对话框中输入文件名，单击“保存”按钮，输出动画。效果如图 5-33 所示。

图 5-33 最终效果

四、练习

参考相关资料，使用 ActionScript 制作一个交互功能强的网站导航动画。

实验五 使用 3ds max 创建三维片头动画

一、实验目的与要求

3ds max 作为专业的三维效果动画制作软件，功能强大，利用其制作动画必须掌握以下方法。

(1) 掌握三维建模的基本方法。

(2) 掌握二维图形的创建和修改方法。

(3) 掌握对象的选择、移动、旋转、复制和对齐等方法。

(4) 掌握材质的编辑方法。

(5) 掌握灯光与摄影机的使用方法。

(6) 掌握渲染和环境的设置方法。

(7) 掌握动画约束的使用方法。

二、预备知识

(1) 3ds max 中常用的复制方法有克隆和镜像，可以连续复制或对称复制。

(2) 修改面板是使用频率比较高的面板，在修改器列表中列举了很多实用的修改命令，可以通过它们对基本形体做变形，以得到各式各样的变形。

(3) 3ds max 中灯光包括标准灯光和光度学灯光，不同类型的灯光用不同的方法投射，模拟现实生活中不同种类的光源。

(4) 动画约束用于帮助动画过程自动化，它们可用于通过与其他对象的绑定关系，控制对象的位置、旋转或缩放。约束包括附着点约束、曲面约束、路径约束、位置约束、链接约束、注视约束和方向约束。

(5) 渲染输出是三维动画的最后一个环节，也是决定动画影片最终效果的重要环节。渲染参数的设置关系到渲染效果质量的好坏。

三、实验内容

(1) 进入 3ds max，单击“文件”→“重置”命令，复位应用程序到初始状态。

(2) 单击命令面板上的“创建”“图形”按钮，在前视图中创建一个五角星 Star01，参数设置如图 5-34 所示。半径 1：35.0，半径 2：15.0，点：5。

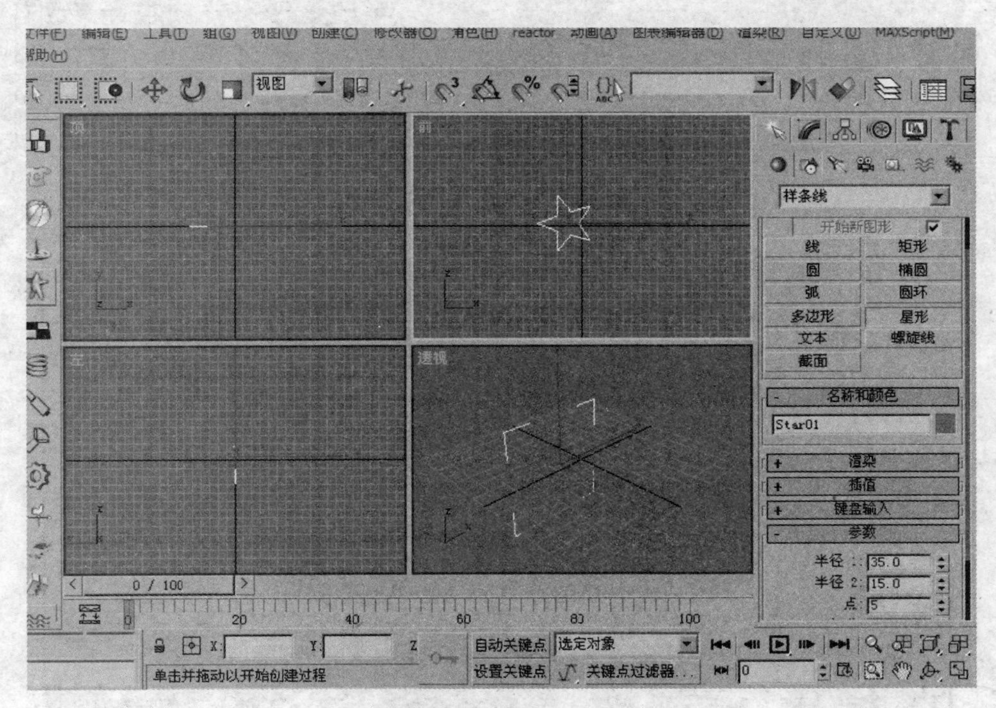

图 5-34　星形参数设置

(3) 单击“修改器”按钮，在下拉列表中选择“倒角”项，设置如图 5-35 所示。勾选级别 2，设置高度：4.5，轮廓：－13.0。

(4) 激活顶视图，单击“创建”“图形”按钮，单击螺旋线钮，在顶视图中创建一条螺旋形的曲线，设置参数如图 5-36 所示。半径 1：205.0，半径 2：205.0，高度：780.0，圈数：6.0，偏移：0.0。

(5) 在左视图中创建一架“目标摄影机”，位置如图 5-37 所示。

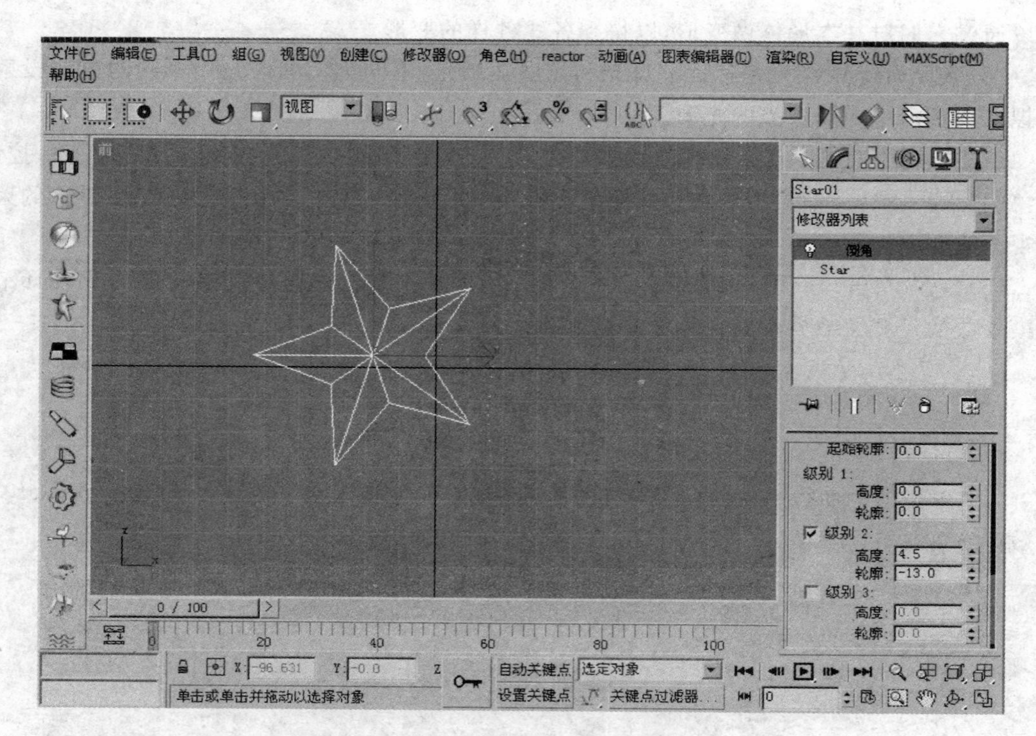

图 5-35　倒角设置

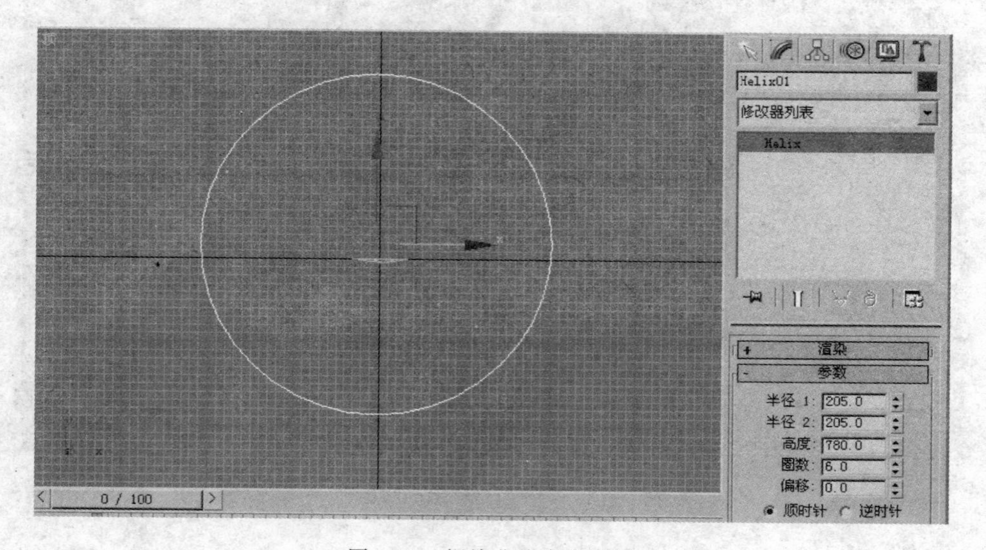

图 5-36　螺旋曲线参数设置

(6) 在左视图中移动摄影机，按 C 键观察 Camera 视图，调整到 Camera 视图为如图 5-38 所示。

(7) 选取 Star01 物体，在命令面板上单击“运动”按钮，打开“指定控制器”卷展栏，单击“位置：位置 XYZ 曲线”项，单击其左上角的按钮，在弹出的窗口中选择“路径约束”，单击“确定”，如图 5-39 所示。

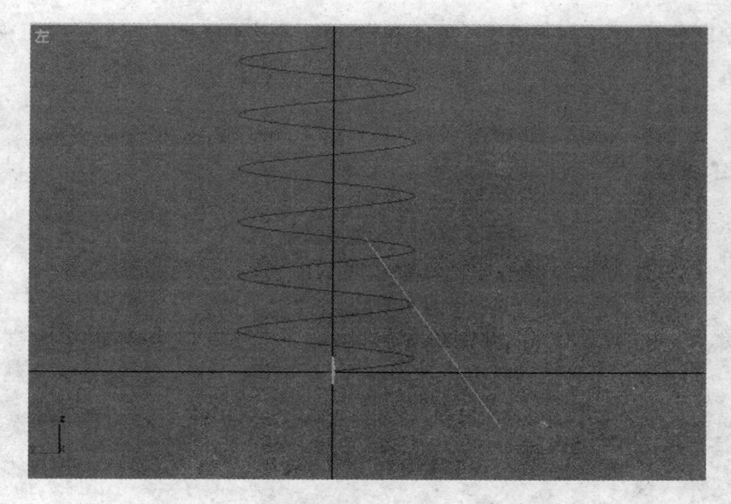

图 5-37　创建摄影机

图 5-38　Camera 视图

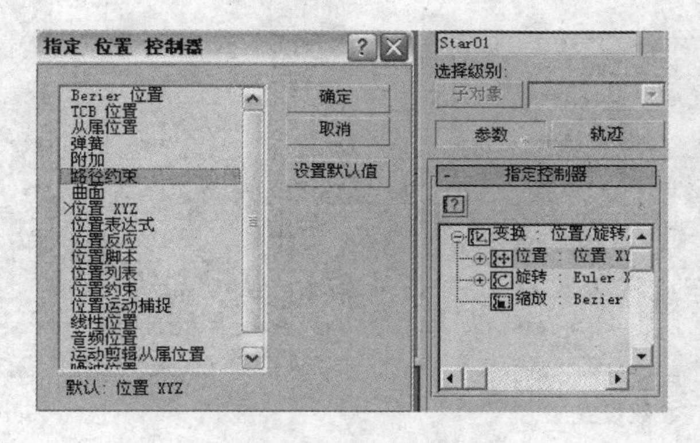

图 5-39　路径约束

(8) 在命令面板上单击“路径参数”卷展栏，单击“添加路径”，然后在前视图中单击螺旋线，如图 5-40 所示。

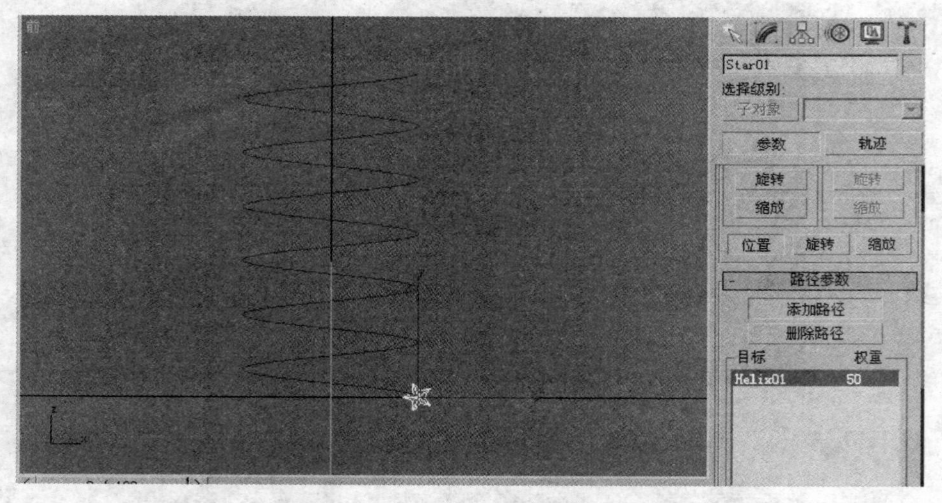

图 5-40 添加路径

(9) 选取五角星 Star01，在工具行空白处单击鼠标右键，选择“附加”(如图 5-41 所示)，在弹出的附加菜单中单击并按住不放，再选择按钮，这个工具用来沿固定路径复制物体。

(10) 在弹出的“快照”对话框中选择“范围”，设置参数如图 5-42 所示。然后单击“确定”按钮。

(11) 在工具栏中单击按钮，“选择”Star01 物体，按 Delete 删除它，如图 5-43 所示。

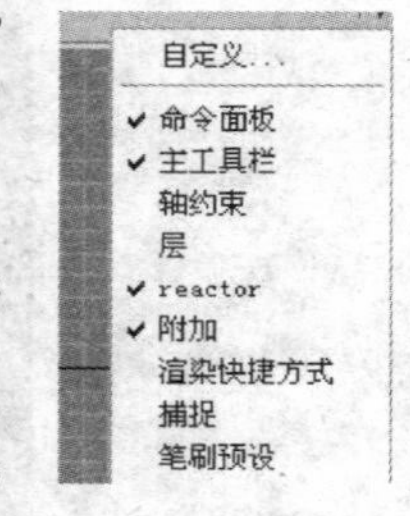

图 5-41 快捷菜单

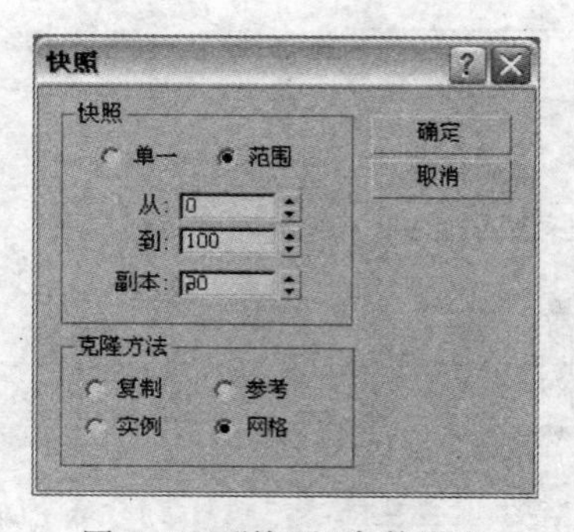

图 5-42 “快照”参数设置

图 5-43 选择 Star01 物体

(12) 激活顶视图，使用旋转工具旋转五角星至与螺旋线框相切的位置，如图 5-44 所示。

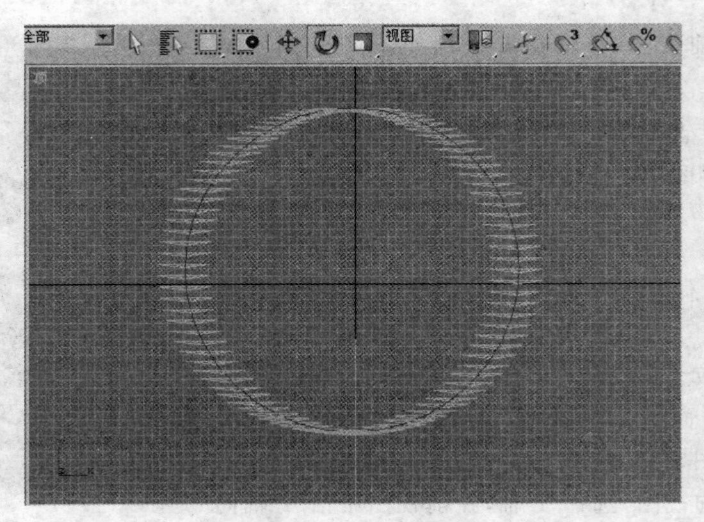

图 5-44　旋转五角星

(13) 选取相邻的第二个五角星，重复上面的步骤，以此类推，直至把所有的五角星都调整为与螺旋线相切，如图 5-45 所示。

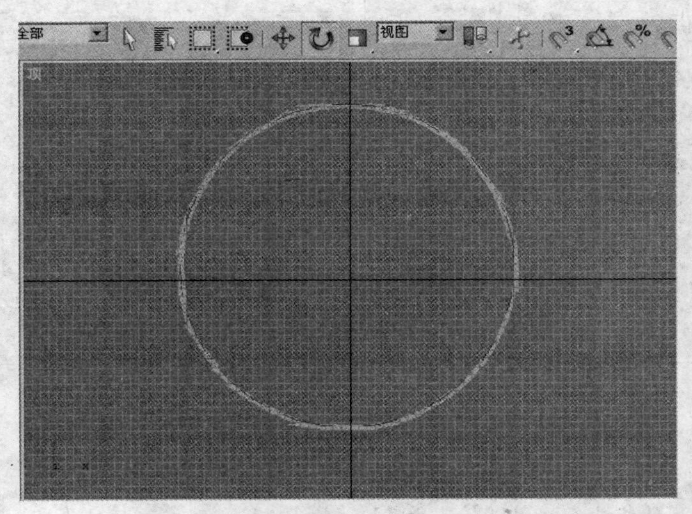

图 5-45　与螺旋线相切后的效果

(14) 激活左视图，调整摄影机视图如图 5-46 所示。

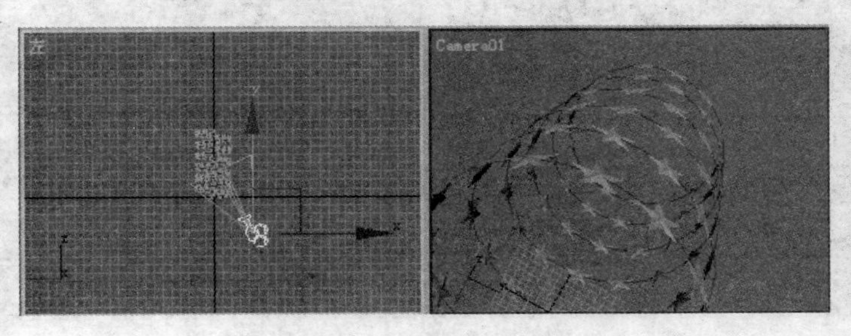

图 5-46　调整摄影机位置

(15) 激活前视图，移动摄影机到如图 5-47 所示的位置。

(16) 单击工具栏中的按钮，在弹出的面板中“选择”Helix01 并删除它。

(17) 组合物体。单击工具栏中的按钮，“选择”Star02 到 Star90 所有的星，单击主菜单中的“组”→“成组”命令组合物体，如图 5-48 所示。完成后的组名为 Star01。

(18) 创建粒子动画路径。单击“创建”“图形”按钮，选择命令面板中的“弧”，在顶视图中建立一个 Arc01 曲线，如图 5-49 所示。

(19) 激活前视图，选择 Y 轴，在前视图中沿 Y 轴向上移动 Arc01 到如图 5-50 所示的位置。

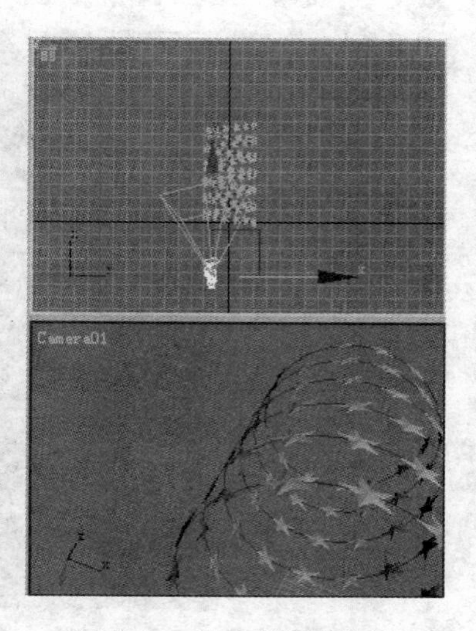

图 5-47　移动摄影机位置

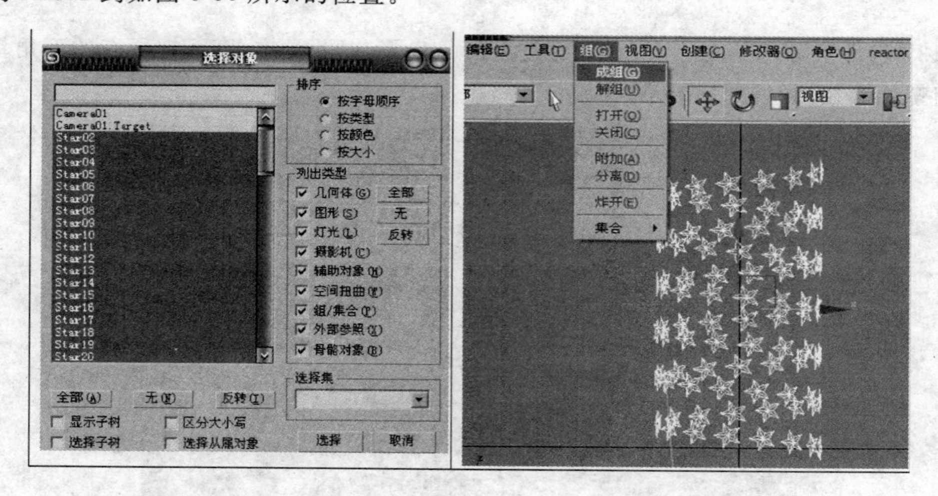

图 5-48　组合物体

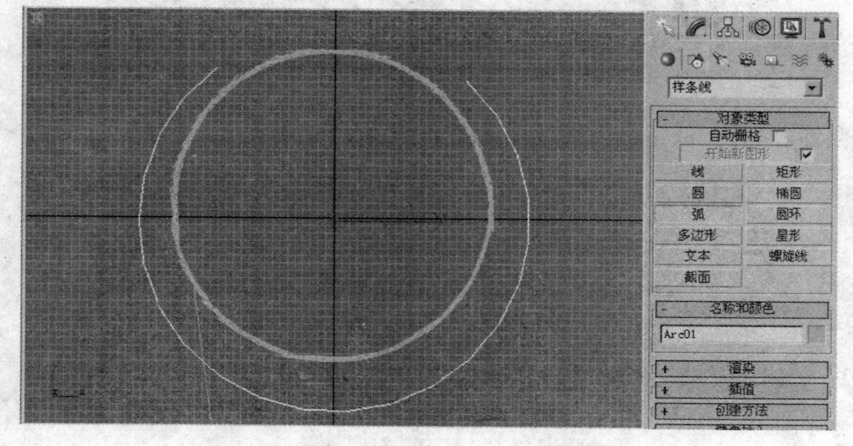

图 5-49　建立 Arc01 曲线

(20) 激活顶视图，单击“创建”“图形”按钮，单击命令面板中的“线”，同时选择“创建方法”下拉菜单中“初始类型”下的“平滑”项和“拖动类型”下的“平滑”项，在顶视图中创建如图 5-51 所示的曲线 Line01。

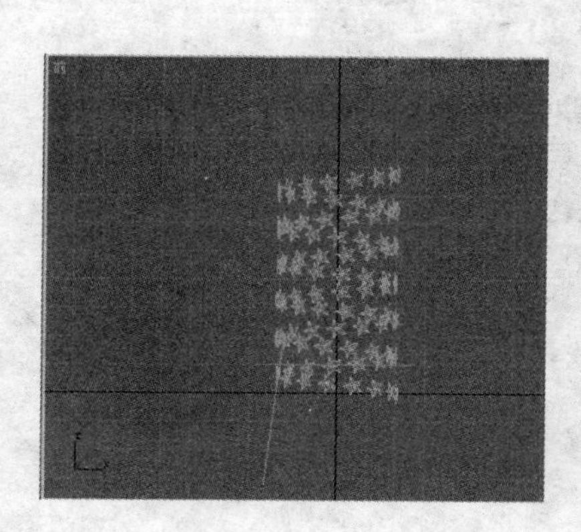

图 5-50　沿 Y 轴向上移动曲线 Arc01

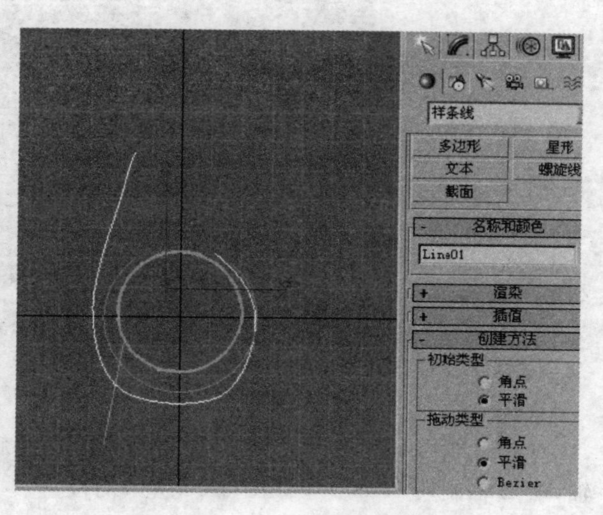

图 5-51　创建曲线 Line01

(21) 激活前视图，在工具栏中单击“选择并旋转”按钮，设定轴向为 Z 轴，沿 Z 轴旋转 Line01 至如图 5-52 所示的位置。

(22) 选择移动工具，在前视图中沿 Y 轴向上移动曲线 Line01 至如图 5-53 所示的位置。

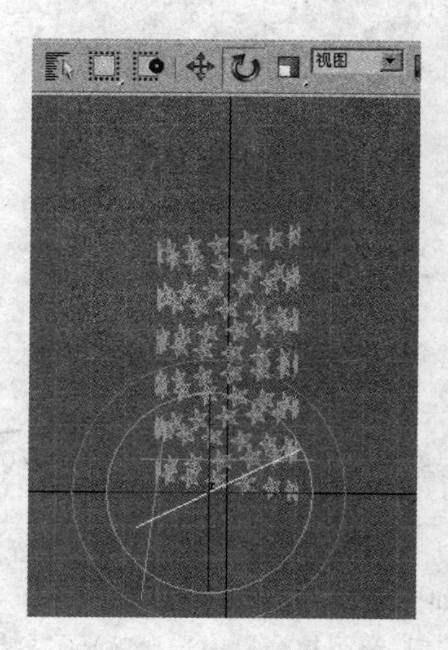

图 5-52　沿 Z 轴旋转 Line01

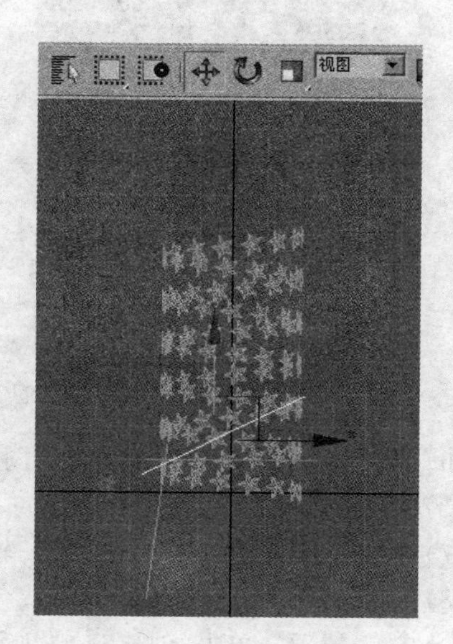

图 5-53　沿 Y 轴向上移动曲线 Line01

(23) 激活顶视图，单击“创建”“图形”按钮，在顶视图中(如图 5-54 所示)的位置上再建立一个 Arc02 曲线。

(24) 激活前视图，在前视图中沿 Y 轴向上移动 Arc02 至如图 5-55 所示的位置。

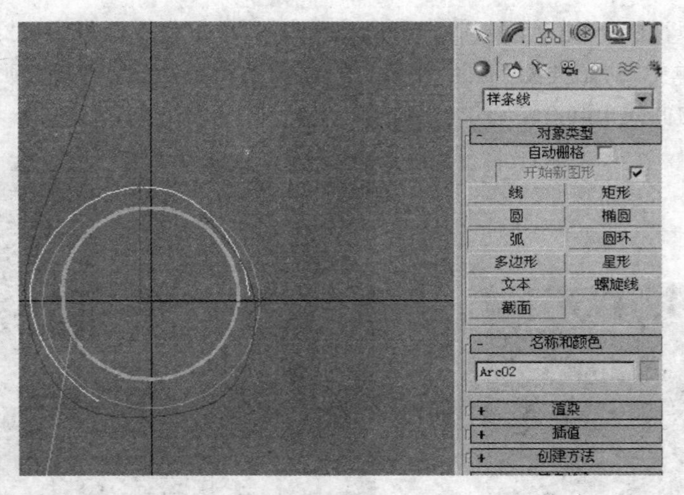

图 5-54　建立 Arc02 曲线

(25) 激活前视图,在工具栏中单击“选择并旋转”按钮,用上次的方法,设定轴向为 Z 轴,沿 Z 轴旋转 Arc02 至如图 5-56 所示的位置。

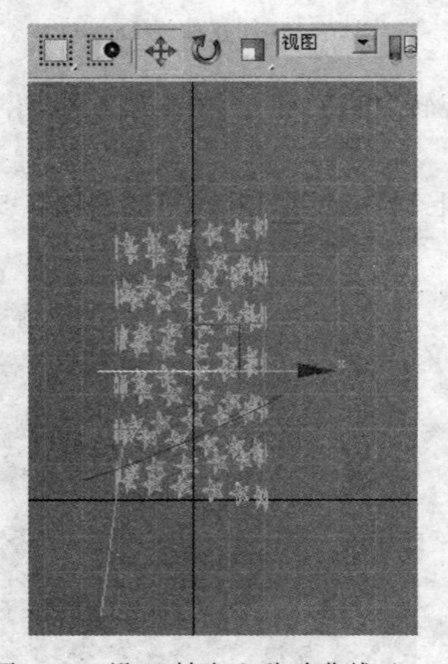

图 5-55　沿 Y 轴向上移动曲线 Arc02

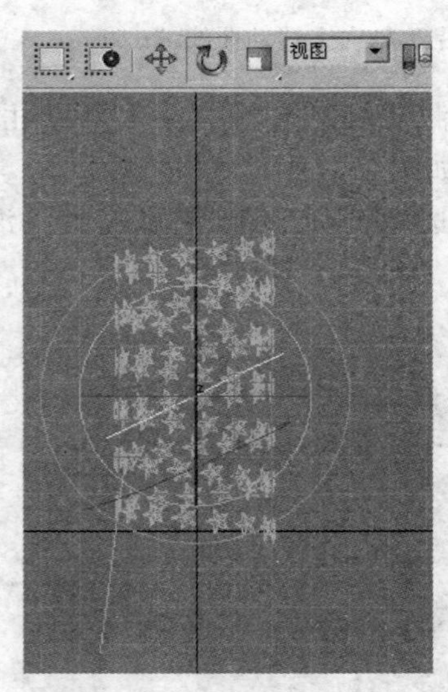

图 5-56　沿 Z 轴旋转 Arc02

(26) 激活顶视图,单击“创建”“图形”按钮,在顶视图中再建立一个 Arc03 弧线,如图 5-57 所示。

(27) 激活前视图,在前视图中沿 Y 轴向上移动 Arc03 至如图 5-58 所示的位置。

(28) 激活前视图,沿 X 轴旋转弧线 Arc03 至如图 5-59 所示的位置。

(29) 创建粒子。单击“创建”“几何体”按钮,在下拉菜单中选择“粒子系统”,在前视图中创建超级喷射 SuperSpray01,如图 5-60 所示。

(30) 在前视图中移动 SuperSpray01 至如图 5-61 所示的位置并设置其参数。

(31) 单击“创建”→“灯光”按钮,在左视图中创建目标聚光灯 Spot01,如图 5-62 所示。

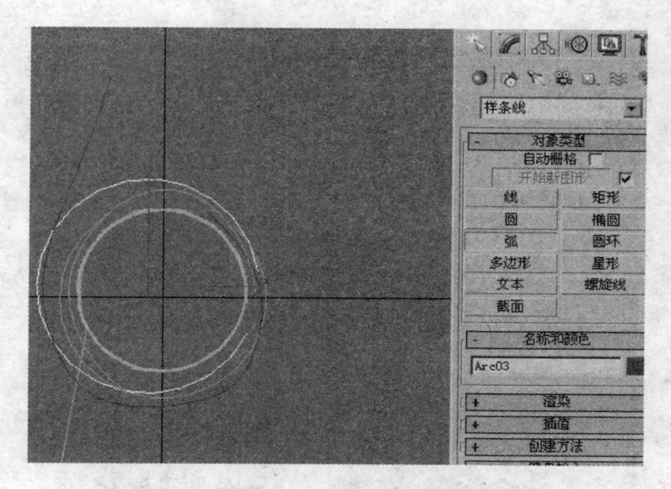

图 5-57 建立 Arc03 曲线

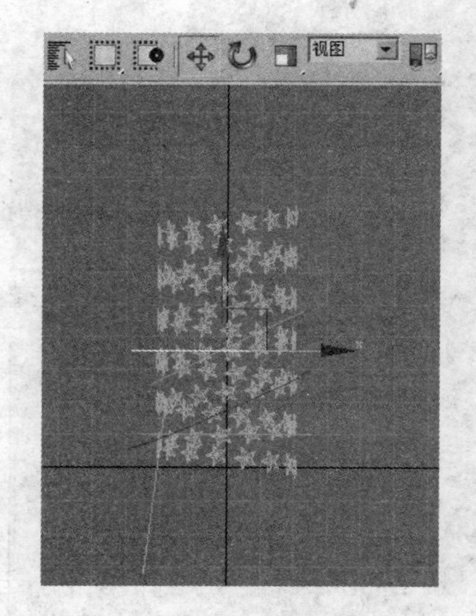

图 5-58 沿 Y 轴向上移动曲线 Arc03

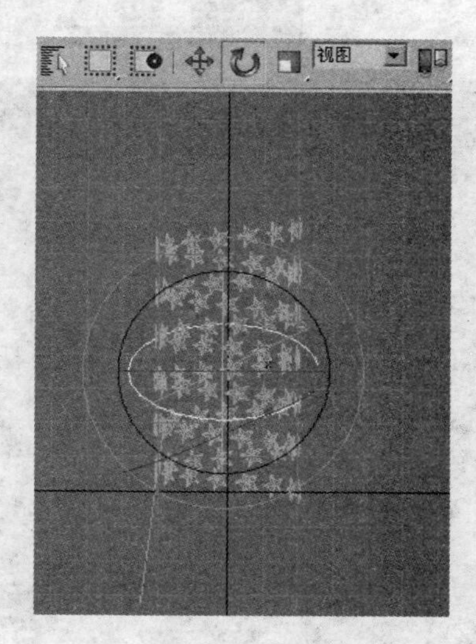

图 5-59 沿 X 轴旋转 Arc03

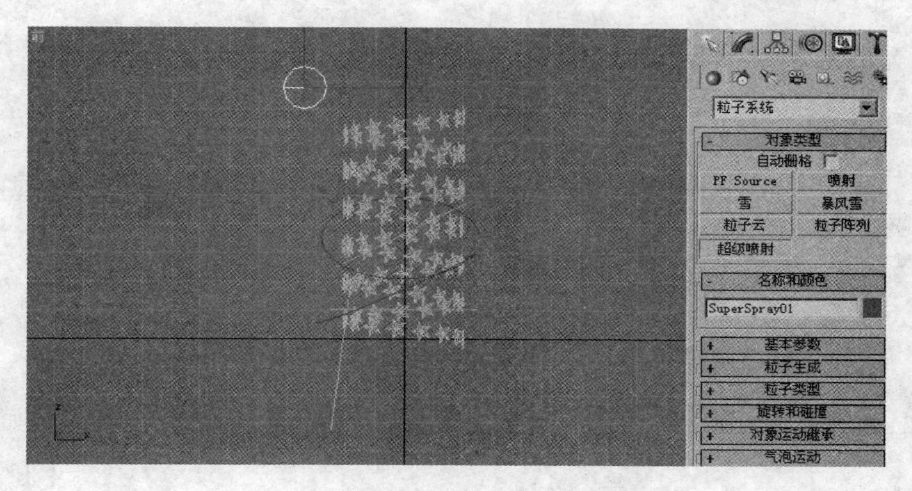

图 5-60 创建超级喷射

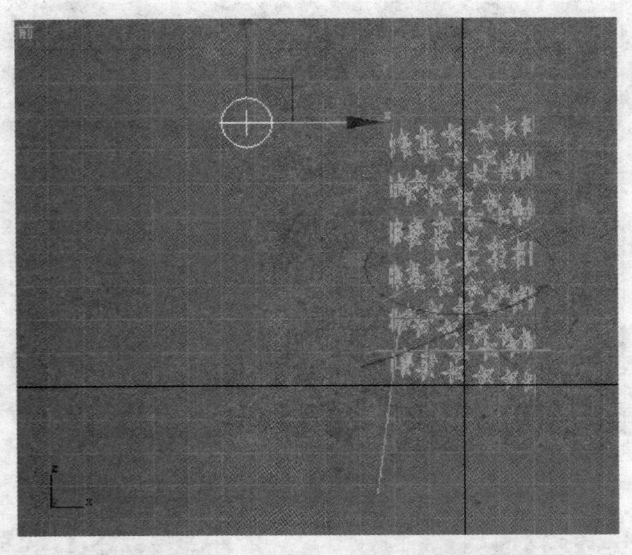

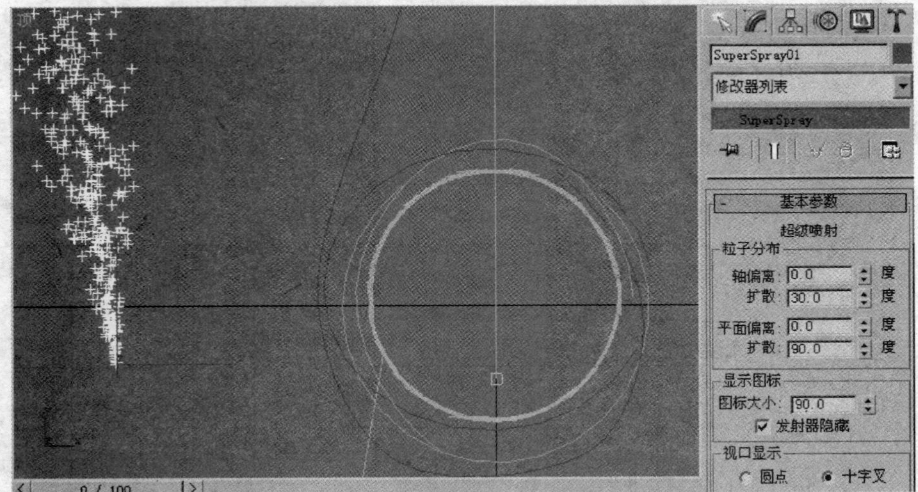

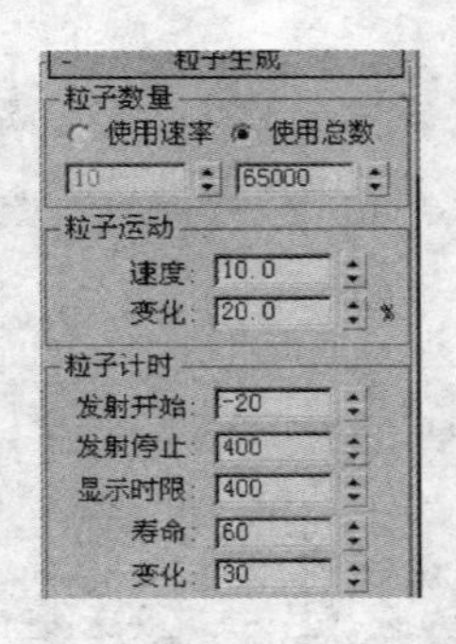

图 5-61　移动并设置 SuperSpray01

(32) 展开命令面板中的“聚光灯参数”,“聚光区/光束”和“衰减区/区域”设置如图 5-63 所示。

(33) 在左视图中创建两盏泛光灯 Light02、Light03,并调整其位置如图 5-64 所示。

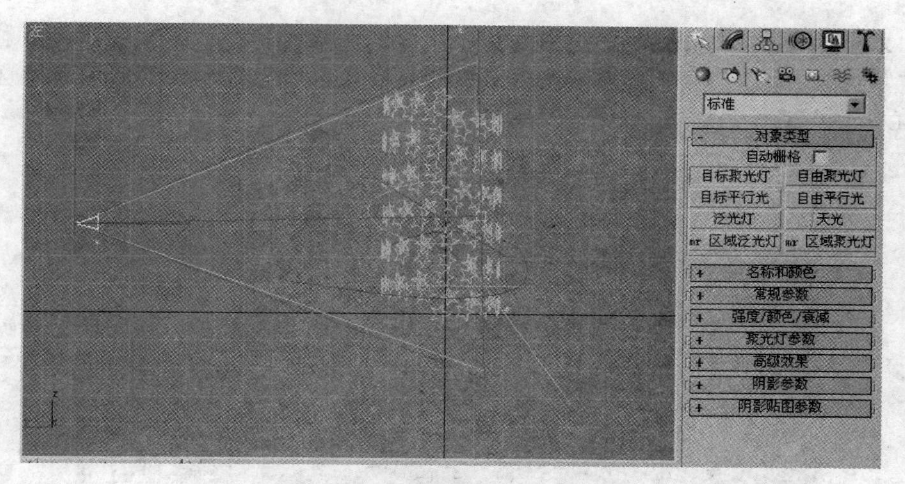

图 5-62　创建目标聚光灯 Spot01

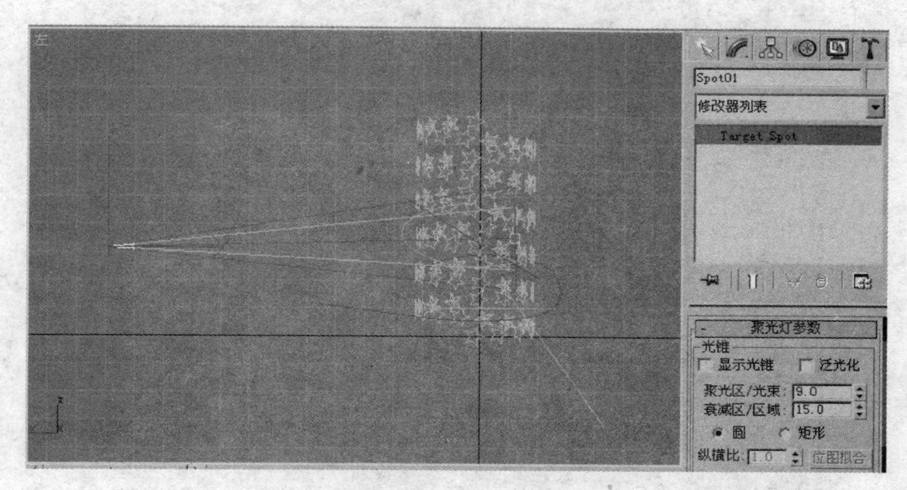

图 5-63　聚光灯参数设置

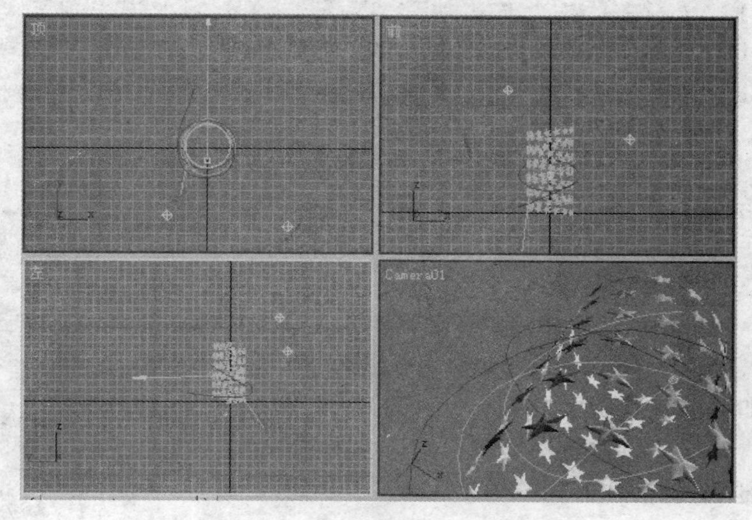

图 5-64　创建泛光灯

(34) 在左视图中再创建一盏泛光灯 Omni01,注意勾选命令面板上的“高光反射”和“漫反射”选项。设置衰减、颜色。再按住 Shift 键,复制一盏泛光灯 Omni02,调节使这两盏泛光灯同心。调整到合适位置,如图 5-65 所示。

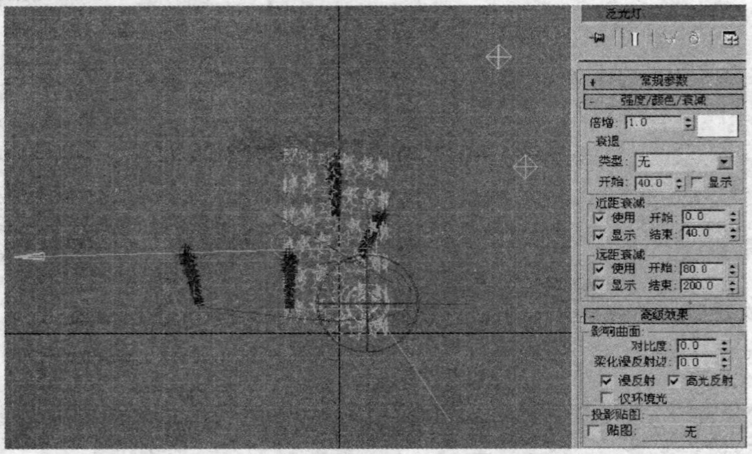

(a)

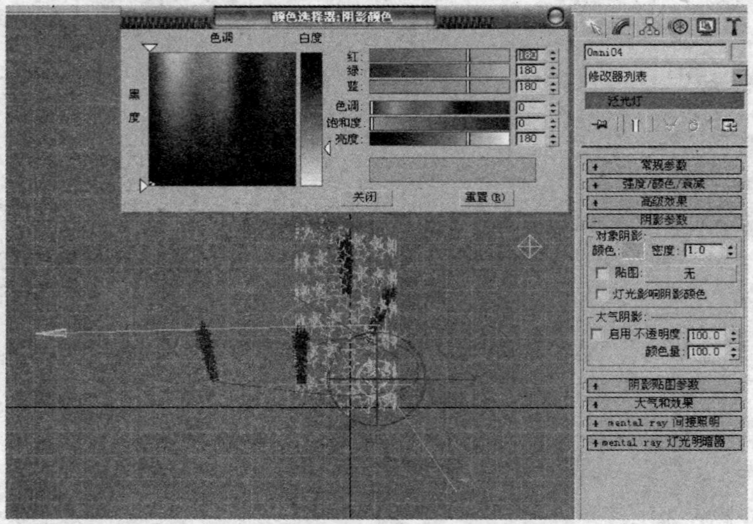

(b)

图 5-65　创建两盏同心泛光灯

(35) 单击“创建”按钮,再单击按钮,在下拉菜单中选择“粒子系统”项,如图 5-66 所示。

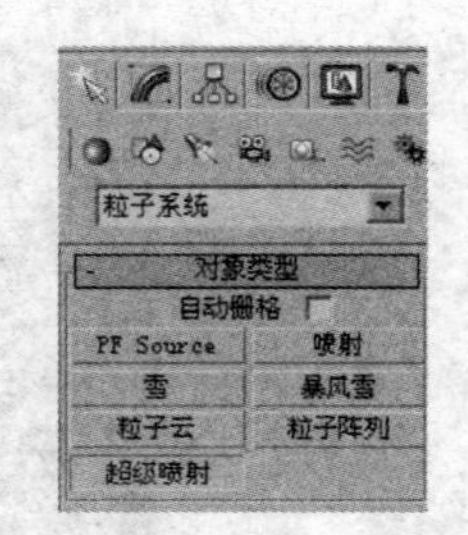

图 5-66　选择粒子系统

(36) 单击“超级喷射”按钮,在顶视图中创建 SuperSpray02、SuperSpray03、SuperSpray04、SuperSpray05 共 4 个超级喷射粒子,参数设置如图 5-67 所示。

(37) 单击命令面板中的“粒子生成”卷展栏,设置参数如图 5-68 所示,选择“标准粒子”下的“六角形”项,至此,对于超级喷射粒子 SuperSpray02 的设置基本完成。其他 3 个超级喷射粒子的参数设置同上。

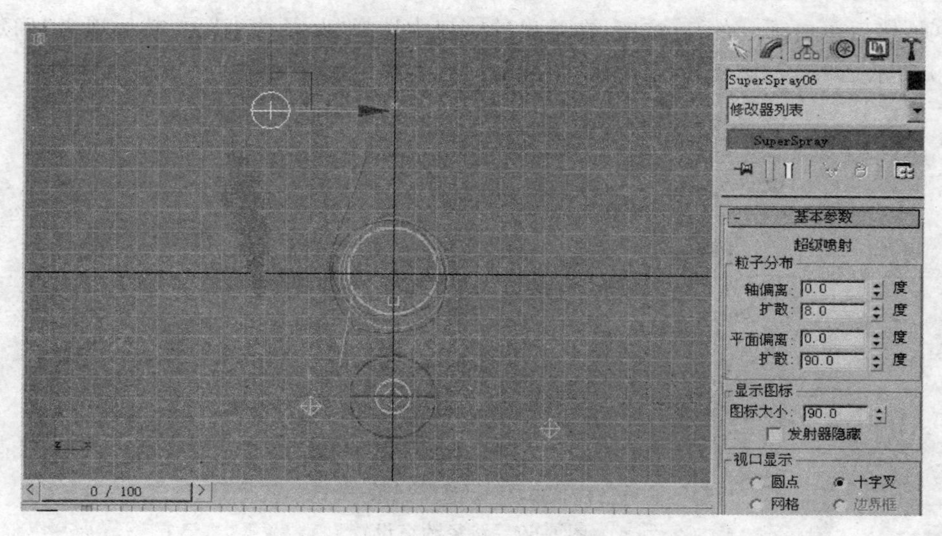

图 5-67　创建 4 个超级喷射粒子

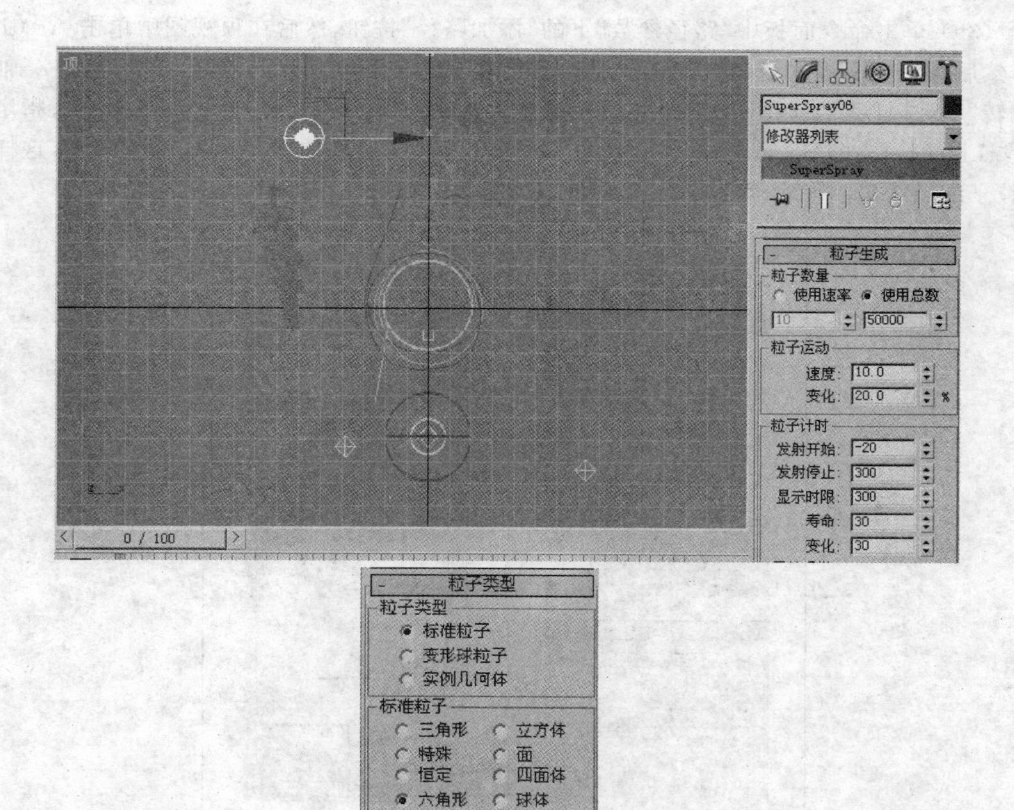

图 5-68　粒子参数设置

(38) 将粒子赋予曲线路径。在顶视图中单击 SuperSpray02 选中它，然后单击命令面板中的“运动” 按钮，展开命令面板中的“指定控制器”卷展栏，选择其中的“位置：位置

XYZ”项，然后单击其上的 按钮，在弹出的窗口中选择“路径约束”项，然后单击“确定”，如图 5-69 所示。

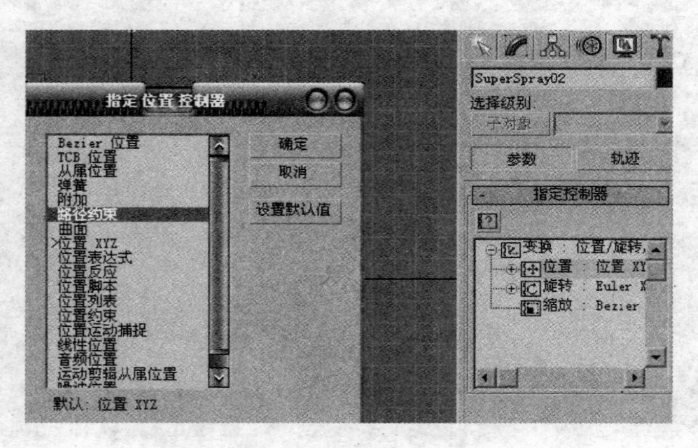

图 5-69　路径约束设置

(39) 单击命令面板中“路径参数”下的“添加路径”按钮，然后在顶视图中单击 Arc01 曲线，然后在命令面板的路径方向下勾选“跟随”项，如图 5-70 所示。在轴项中勾选“Z”轴和“翻转”项，这样我们就将超级喷射粒子赋予给了曲线 Arc01。同样把 SuperSpray03 指定到曲线 Line01 上，将 SuperSpray04、SuperSpray05 依次指定到曲线 Arc02、Arc03 上，这样对于粒子的曲线运动设定就完成了。

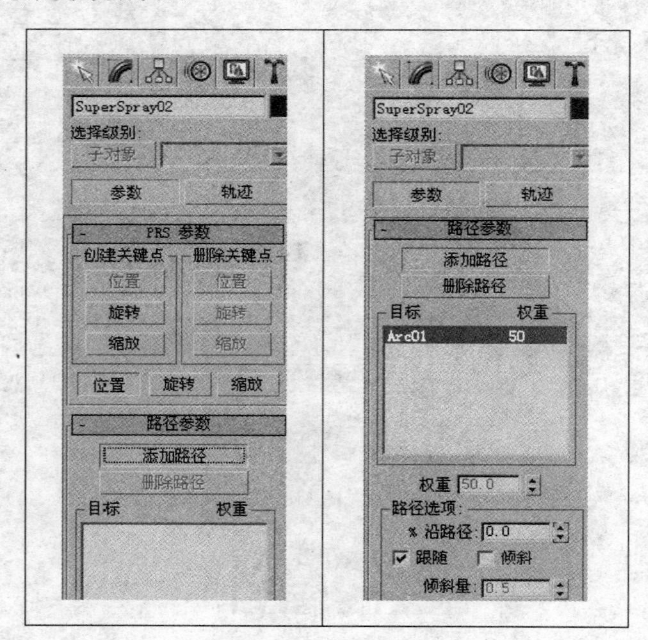

图 5-70　路径设置

(40) 单击右下角的“时间配置”按钮 ，打开“时间配置”面板，在“动画”下的“长度”项中将长度设置为 300 帧，如图 5-71 所示。

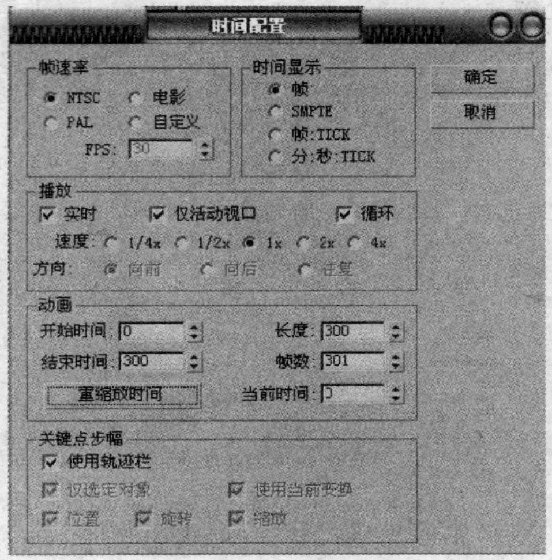

图 5-71　时间配置

(41) 创建变流空间扭曲物体，目的在于使我们制作的超级喷射粒子 SuperSpray01 在喷撒到五角星物体时产生一个空间的反弹变流的效果。单击创建按钮，然后单击空间扭曲按钮，在下拉列表中选择导向器，如图 5-72 所示。

图 5-72　选择导向器

(42) 在命令面板中单击“导向板”，在如图 5-73 所示位置建立一个导向板 Deflector01 物体(图中的白色方块)，调整 SuperSpray01 喷射粒子的方向对准我们刚刚建立的 Deflector01 物体，如图 5-73 所示。

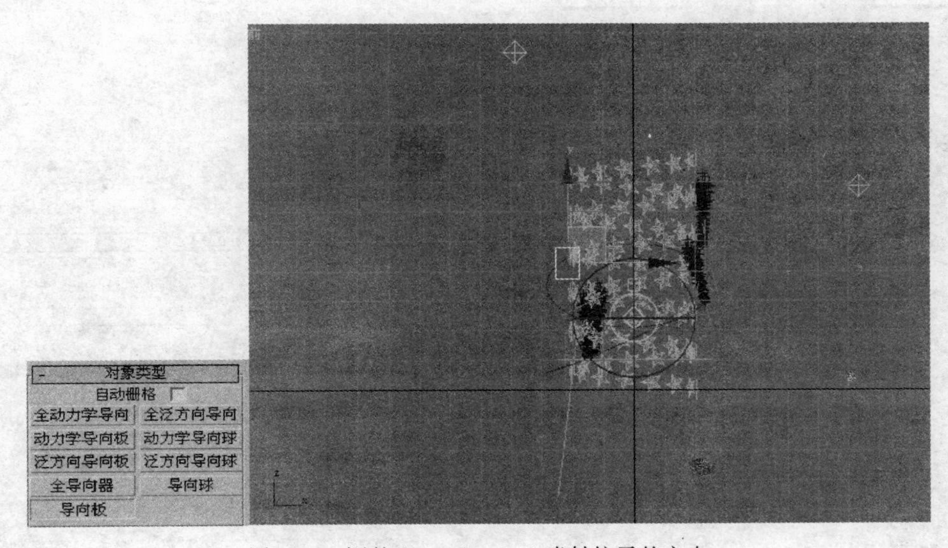

图 5-73　调整 SuperSpray01 喷射粒子的方向

(43) 单击工具栏中的绑定空间扭曲按钮，拖动鼠标将 SuperSpray01 物体与 Deflector01 物体进行链接，Deflector01 亮了一下，说明绑定成功，如图 5-74 所示。

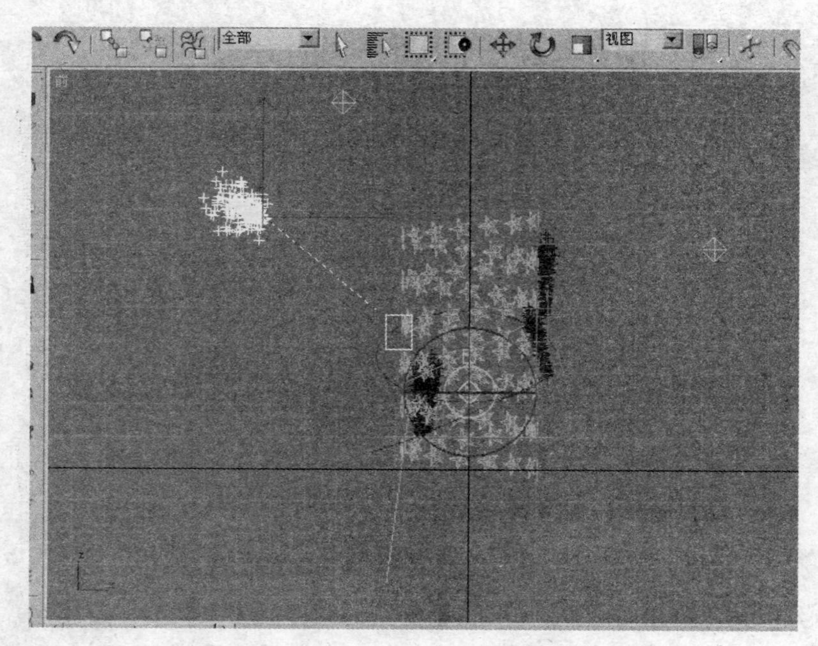

图 5-74　将 SuperSpray01 与 Deflector01 进行链接

(44) 材质设定。单击按钮打开材质编辑器，选择第一个材质视窗，设置“环境光”的颜色为(R：160G：161B：185)，“漫反射”的颜色为白色，设置“光泽度”的值为 43，“自发光”颜色的值为 58，如图 5-75 所示。

(45) 打开“扩展参数”卷展栏，选择“高级透明”下的“外”选项，设置“数量”值为 100，选择“类型”下的“相加”项，如图 5-76 所示。

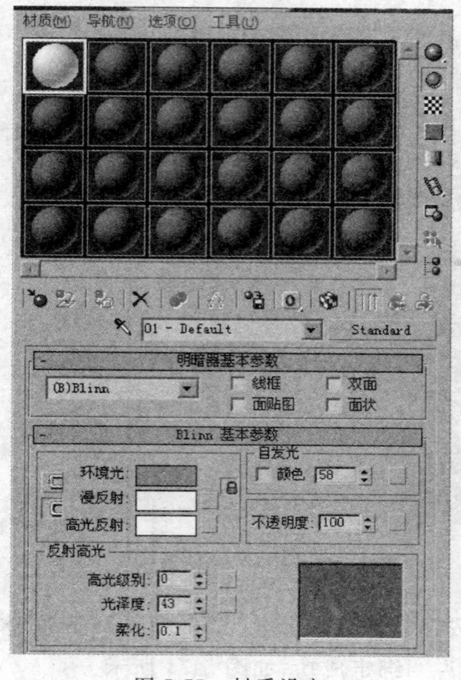

图 5-75　材质设定

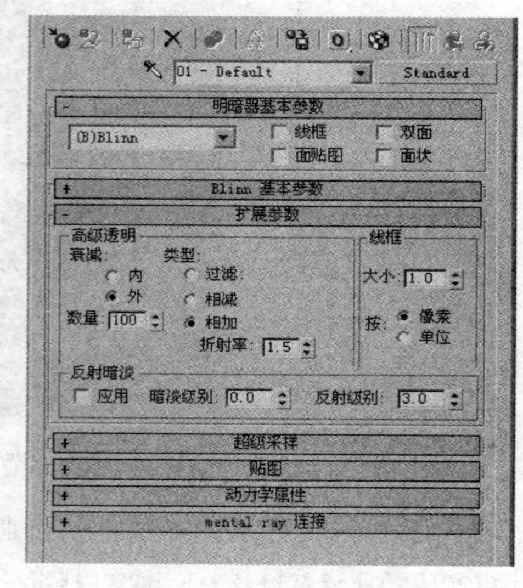

图 5-76　扩展参数设置

(46) 打开“贴图”卷展栏，单击“漫反射颜色”右侧的 None 钮，在弹出的窗口中选取“渐变”贴图类型，如图 5-77 所示。

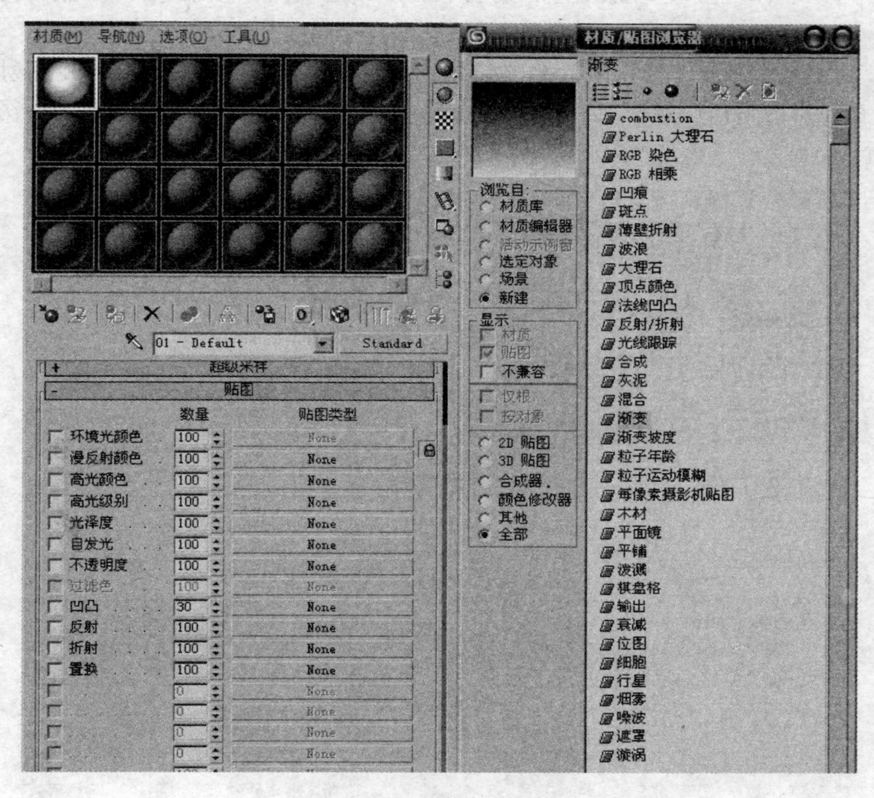

图 5-77　贴图设置

(47) 在“渐变参数”卷展栏中设置“颜色＃1”的颜色为(R：255G：0B：0)，“颜色＃2”的颜色为(R：255G：157B：0)，“颜色＃3”的颜色为(R：255G：255B：0)，如图 5-78 所示。

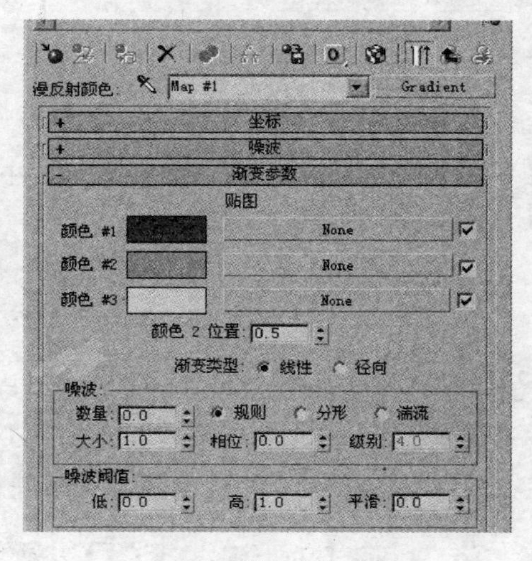

图 5-78　渐变参数设置

(48) 在工具栏中单击 按钮，选择 SuperSpray01、SuperSpray02、SuperSpray03、SuperSpray04、SuperSpray05，然后单击将材质指定给选定对象按钮 ，将刚刚设置好的材质赋予粒子。

(49) 设置背景材质。选取第二个材质视窗，打开“贴图”卷展栏，单击“漫反射”右侧的 None 钮，在弹出的窗口中选取“位图”贴图类型，在弹出的对话框中选取指定的贴图文件，如图 5-79 所示。

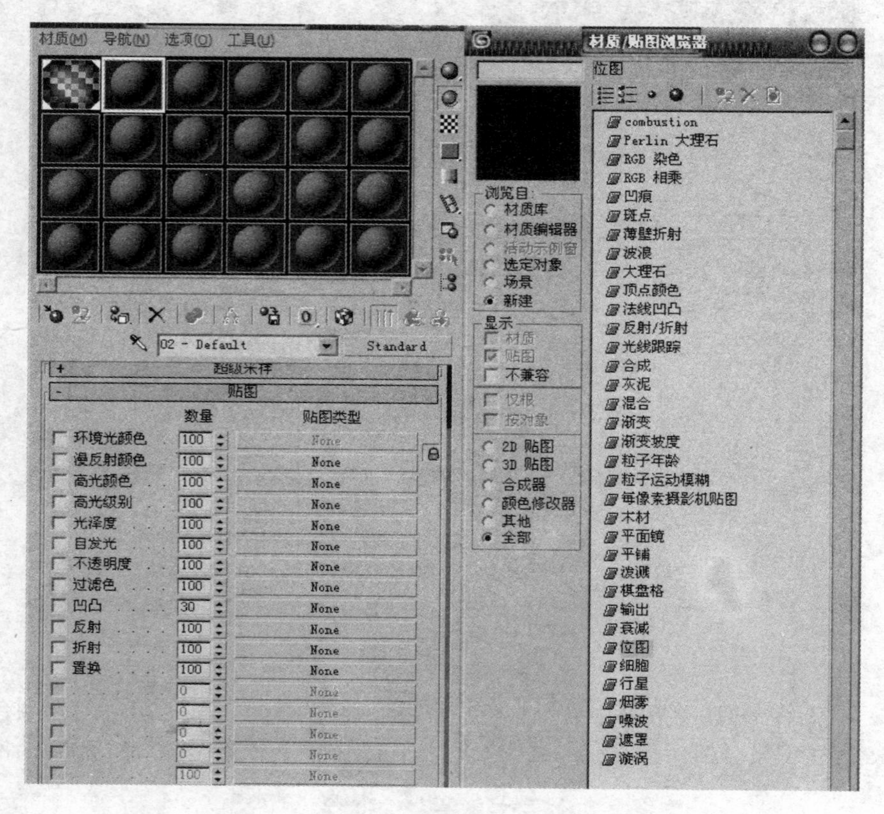

图 5-79　设置背景材质

(50) 打开“噪波”卷展栏，参数设置如图 5-80 所示。

(51) 在“坐标”卷展栏下，选择“环境”项，在贴图的下拉列表中选取“收缩包裹环境”项，如图 5-81 所示，背景材质设置完成。

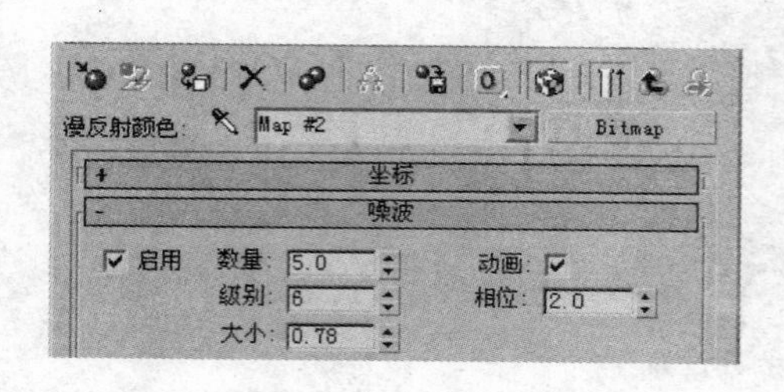

图 5-80　噪波参数设置

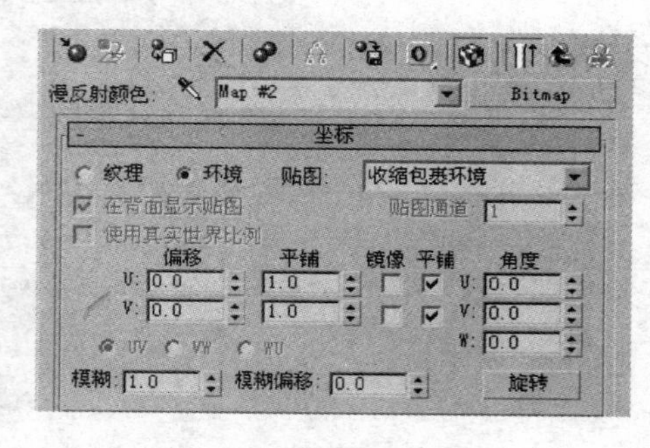

图 5-81　坐标参数设置

(52) 在材质编辑器中选择第三个材质视窗，设置着色为“金属”方式，设置“环境光”的颜色为红色，“反射光”的颜色为黄色，“光泽度”的值为78，“高光级别”的值为76，如图5-82所示。在前视图中选取五星物体，单击材质编辑器上的按钮，将此材质赋予五星物体。

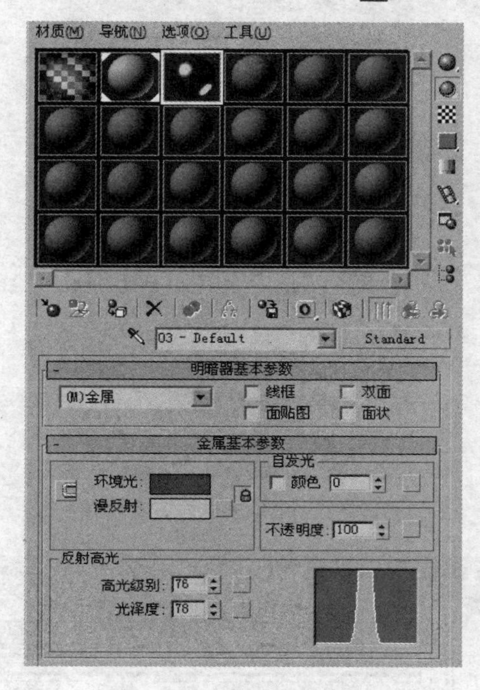

图5-82 金属基本参数设置

(53) 设置动画。将时间滑块拖到第300帧，单击自动关键点，在左视图中选择摄影机，然后将摄影机向下拖动，同时观察摄影机视图，使五星状的物体逐渐放大，如图5-83所示。

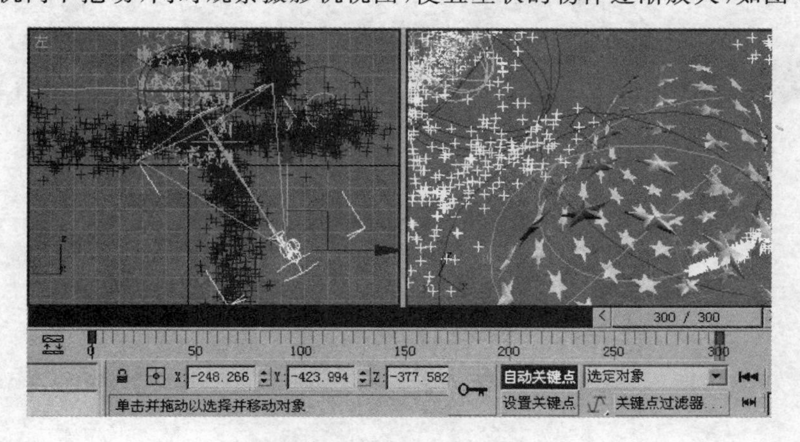

图5-83 设置动画

(54) 激活前视图，选择旋转工具，在前视图中沿Y轴旋转五星状物为一定的角度，大约−20°左右即可，如图5-84所示。

(55) 单击菜单栏中的“渲染”→Video Post项，单击“添加场景事件”并选取Camera01，如图5-85所示。

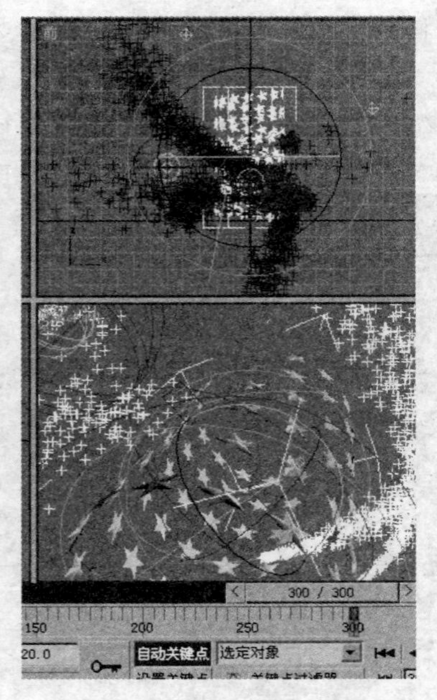

图 5-84　沿 Y 轴旋转五星物体

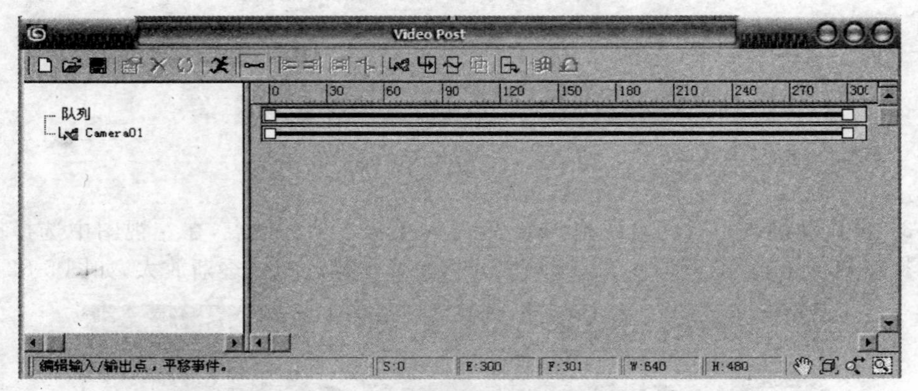

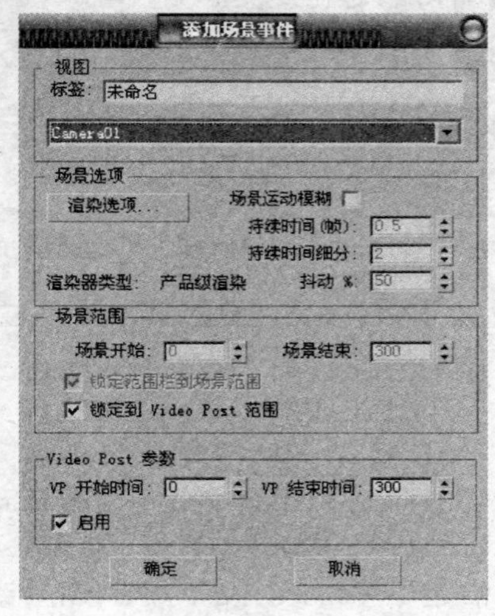

图 5-85　添加场景事件

（56）单击“添加图像过滤事件”按钮，在弹出的对话框中选择“镜头效果光斑”，对其进行“设置”，如图 5-86 所示。

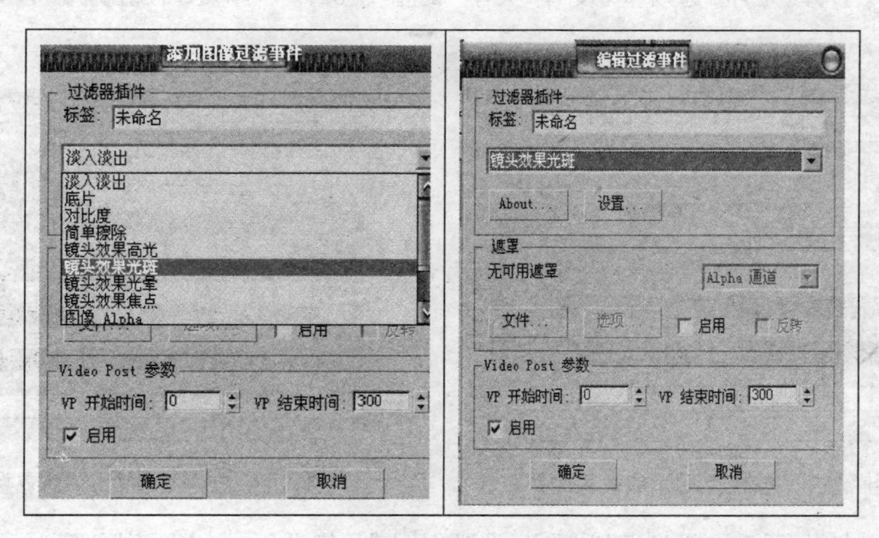

图 5-86　图像过滤事件设置

（57）在单击“设置”按钮后，弹出“镜头效果光斑”面板，在其中设置“大小”的值为 88，“角度”的值为 12，单击“耀斑来源”项，在弹出的窗口中选择 Omni01，在右侧窗口中勾选“光晕”、“光环”、“手动二级光斑”和“射线”项，单击“预览”和“VP 队列”项，如图 5-87 所示。

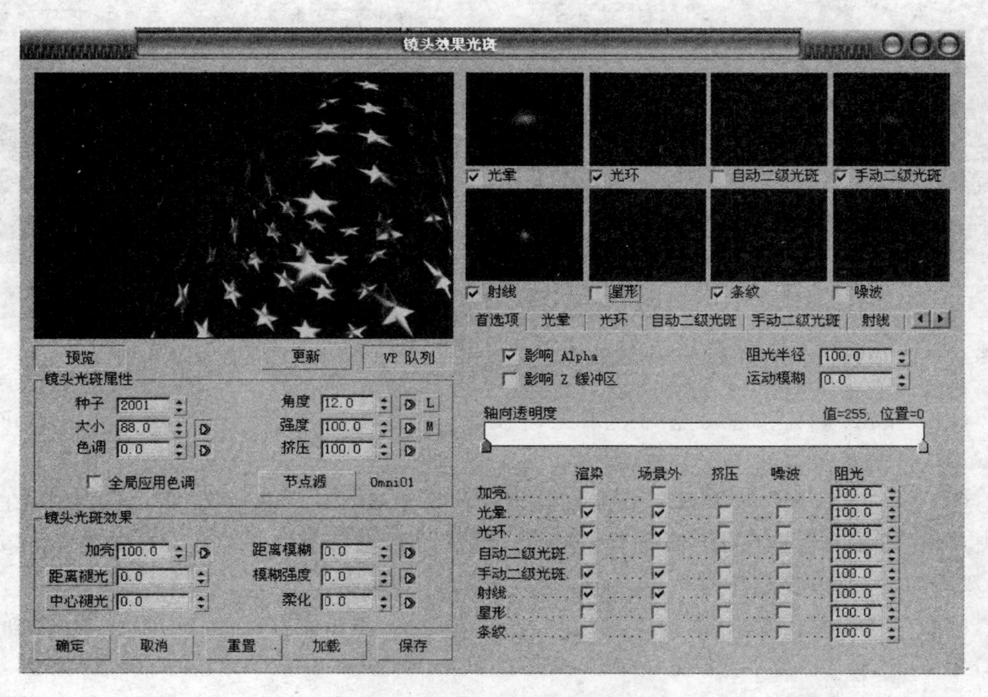

图 5-87　镜头效果光斑参数设置

(58) 打开“光晕”选项卡，设置“大小”的值为45.0°，如图5-88所示。

(59) 打开“光环”选项卡，设置“大小”的值为31.0，“厚度”的值为3.5，如图5-89所示。

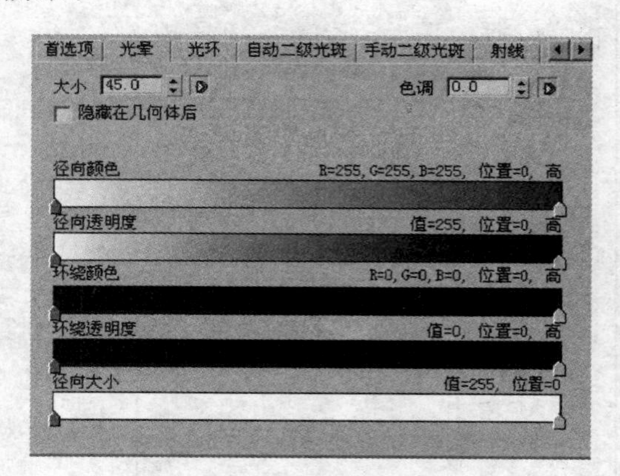

图 5-88 “光晕”选项卡的参数设置

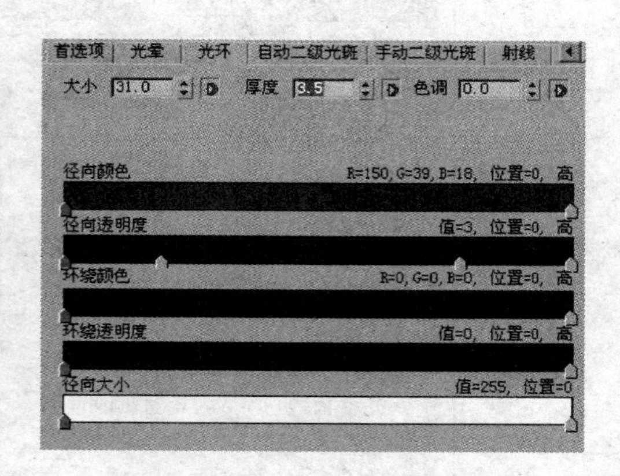

图 5-89 “光环”选项卡的参数设置

(60) 打开“手动二级光斑”选项卡，设置“大小”的值为140.0，“平面”的值为－135.0，勾选“启用”项，设置比例的值为3.0，如图5-90所示。

(61) 打开“射线”选项卡，设置“大小”的值为110.0，“数量”的值为125，“锐化”的值为8.0，如图5-91所示。

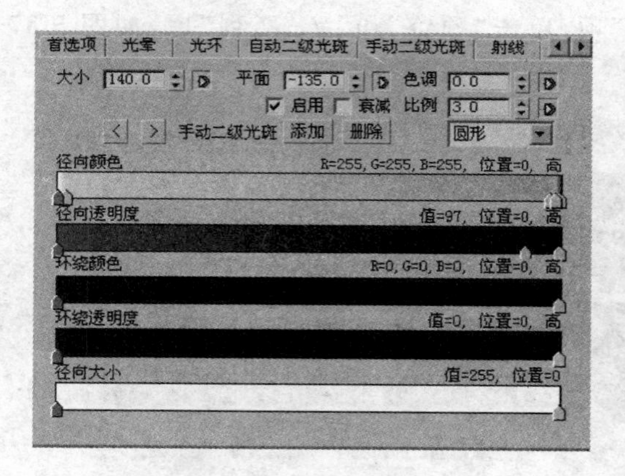

图 5-90 “自动二级光斑”选项卡的参数设置

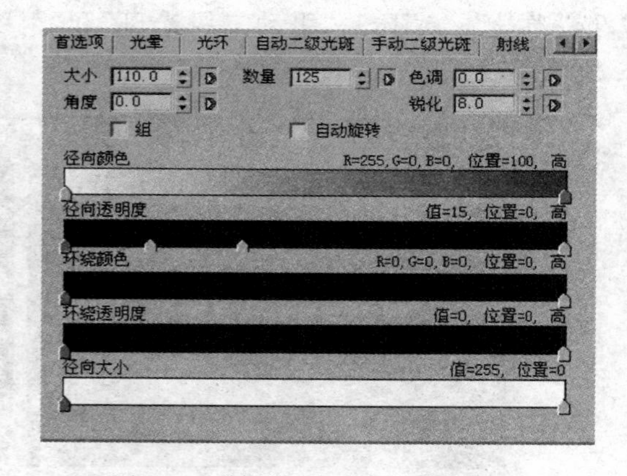

图 5-91 “射线”选项卡的参数设置

(62) 单击“确定”完成镜头效果光斑设置，然后在顶视图中选取泛光灯Omni01和Omni02，调整其位置如图5-92所示。

(63) 单击“渲染”→“环境”命令，在弹出的窗口中，单击“环境贴图”下面的“无”，在弹出的窗口的“浏览自”选项的下面选择“材质编辑器”项，选择右边的“漫反射颜色：map＃1”项，双击，在弹出的窗口中选取默认的选项，如图5-93所示。

(64) 在“环境和效果”面板中，展开“大气”卷展栏，单击其右边的“添加”按钮，在弹出的窗口中单击“体积光”项，增加一个体积光。单击“体积光参数”项下的“拾取灯光”，然后单击工具栏中的按钮，在弹出的窗口中选择Spot01项，并单击“拾取”按钮，如图5-94所示。

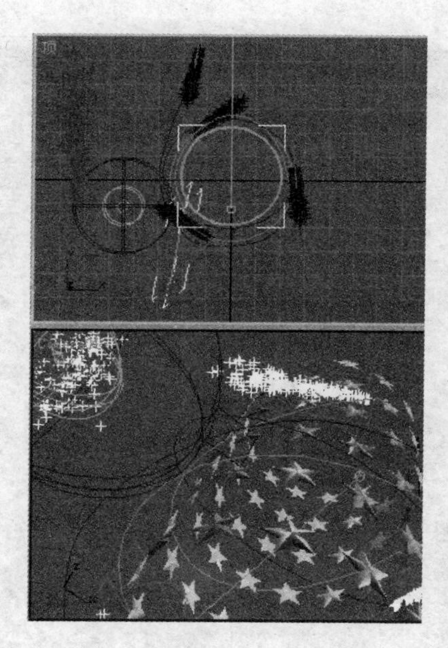

图 5-92　调整泛光灯 Omni01 和 Omni02 的位置

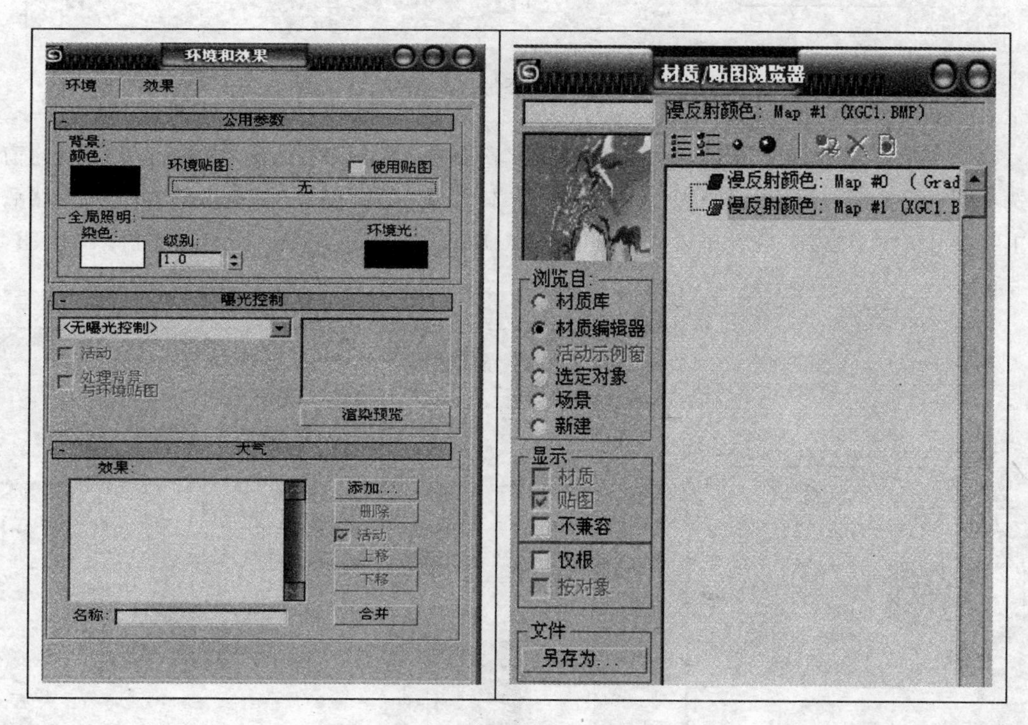

图 5-93　环境和效果参数设置

(65) 选择“体积光参数”下的“雾颜色”项，弹出颜色调整窗口，设置其颜色为(R：248G：248B：228)，设置“衰减颜色”的颜色为黑色，设置“密度”值为 1.0，“最大亮度%”的值为 90.0，“衰减倍增”的值为 2.0，如图 5-95 所示。

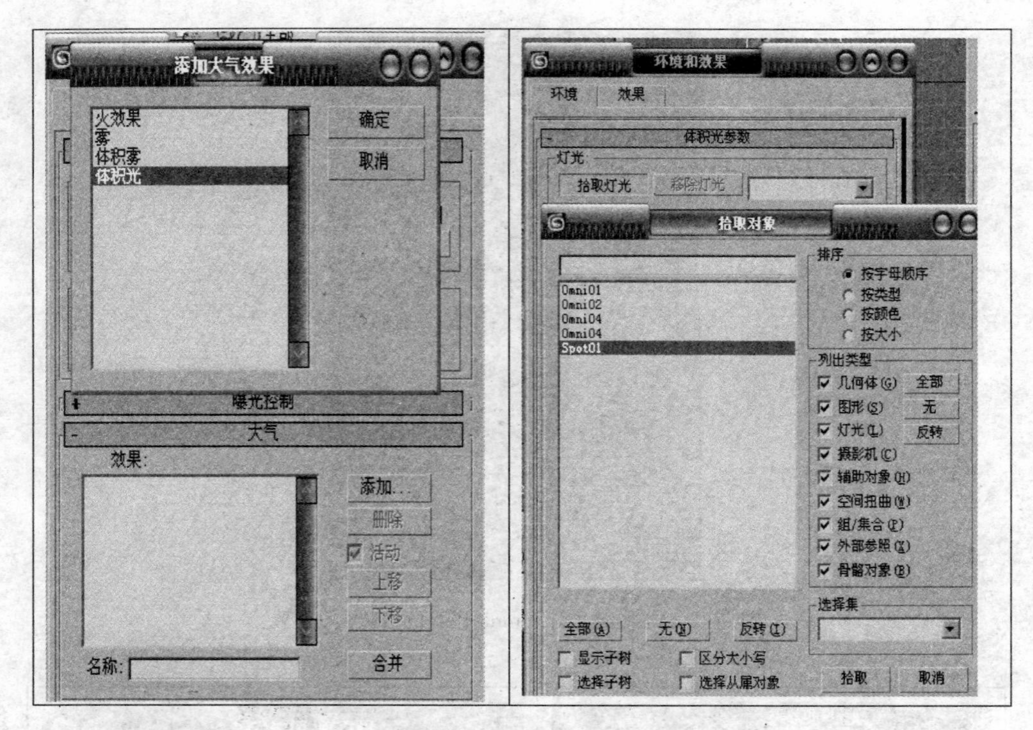

图 5-94　添加体积光

(66) 在“环境和效果”面板中，展开“大气”卷展栏，单击其右边的“添加”，在弹出的窗口中选择“体积光”项，再增加一个体积光。单击“体积光参数”项下的“拾取灯光”按钮，然后单击工具栏中的按钮，在弹出的窗口中选择 Omni01、Omni02 项，并单击“拾取”按钮，如图 5-96 所示。

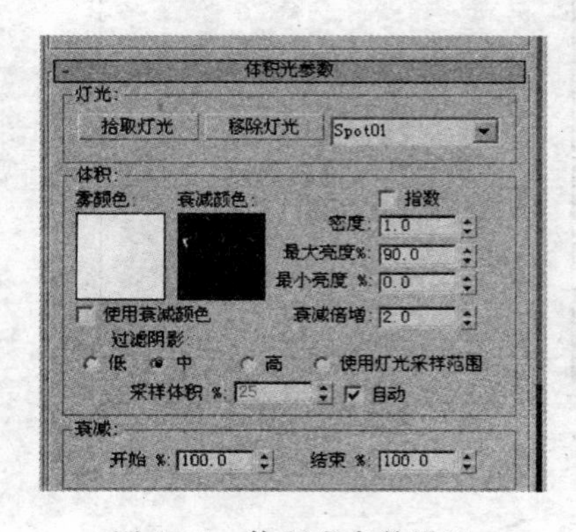

图 5-95　体积光参数设置

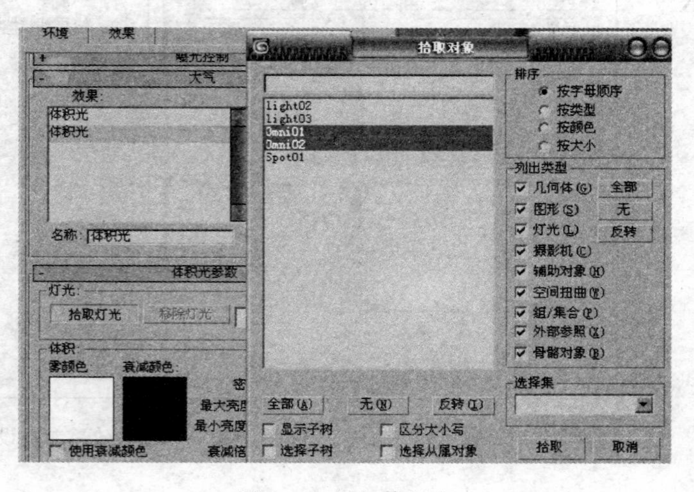

图 5-96　添加体积光

(67) 选择“体积光参数”下的“雾颜色”项，弹出颜色调整窗口，设置其“雾颜色”为(R: 255G: 238B: 0)，设置“衰减颜色”的颜色为黑色，设置“密度”的值为 13.0，“最大亮度%”的值为 100.0，“最小亮度%”的值为 1.17，勾选“噪波”项下的“启动噪波”项，设置“数量”的值为 0.98，“均匀性”为－1.0，设置“大小”的值为 14.667，如图 5-97 所示。

(68) 激活顶视图，单击“创建”“图形”按钮，在顶视图中再创建一弧线 Arco4，调节到如图 5-98 所示的位置。

(69) 单击“创建”“图形”按钮，在前视图创建“文本”Txt01，输入“多媒体技术”，Txt01 颜色设置为黑色，大小为 80.0，字间距为 10.0。再单击修改器按钮，在下拉列表中选择“倒角”并设置其参数，如图 5-99 所示。

(70) 选择 Txt01，按住 Shift 键，复制文本 Txt02，设置其参数和倒角值如图 5-100 所示。

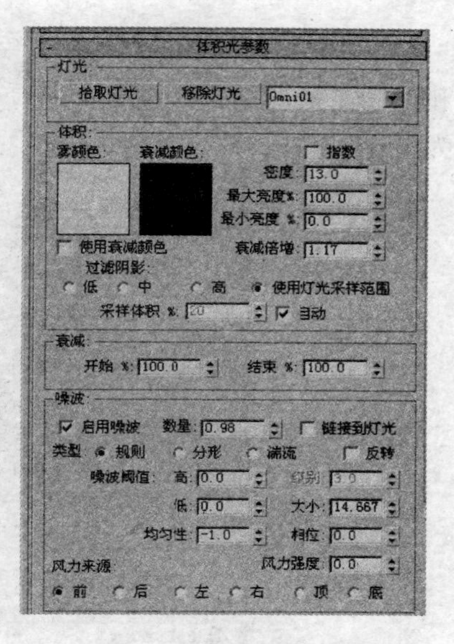

图 5-97　体积光参数设置

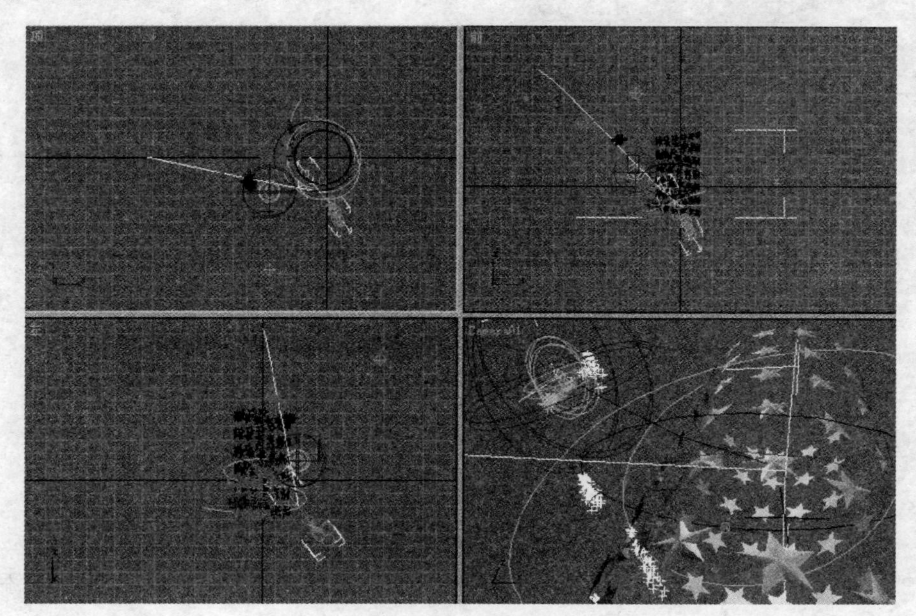

图 5-98　添加弧线

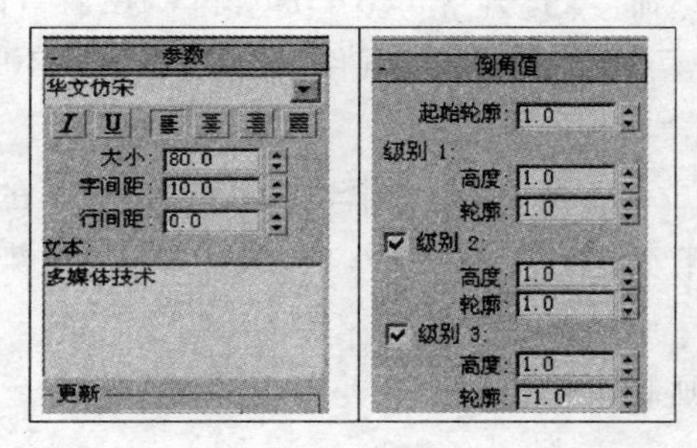

图 5-99　Txt01 字体及倒角值参数设置

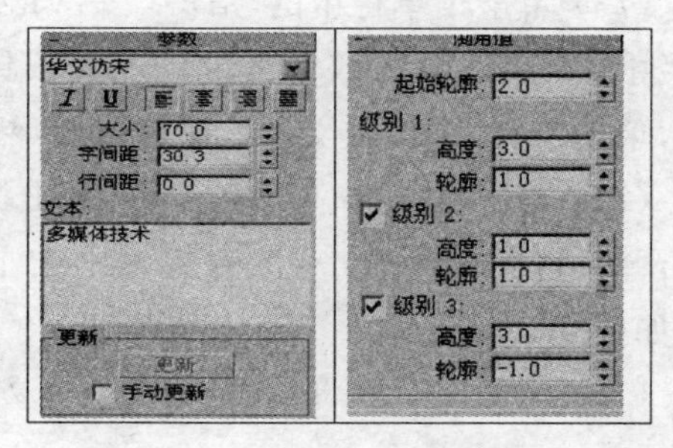

图 5-100　Txt02 字体及倒角值参数设置

(71) 打开材质编辑器，为文字进行材质设置，如图 5-101 所示，在“贴图”的“不透明度”和“反射”中赋予指定的贴图材质，并将其赋给 Txt02，然后将 Txt01 和 Txt02 组合，命名为 Txt01。

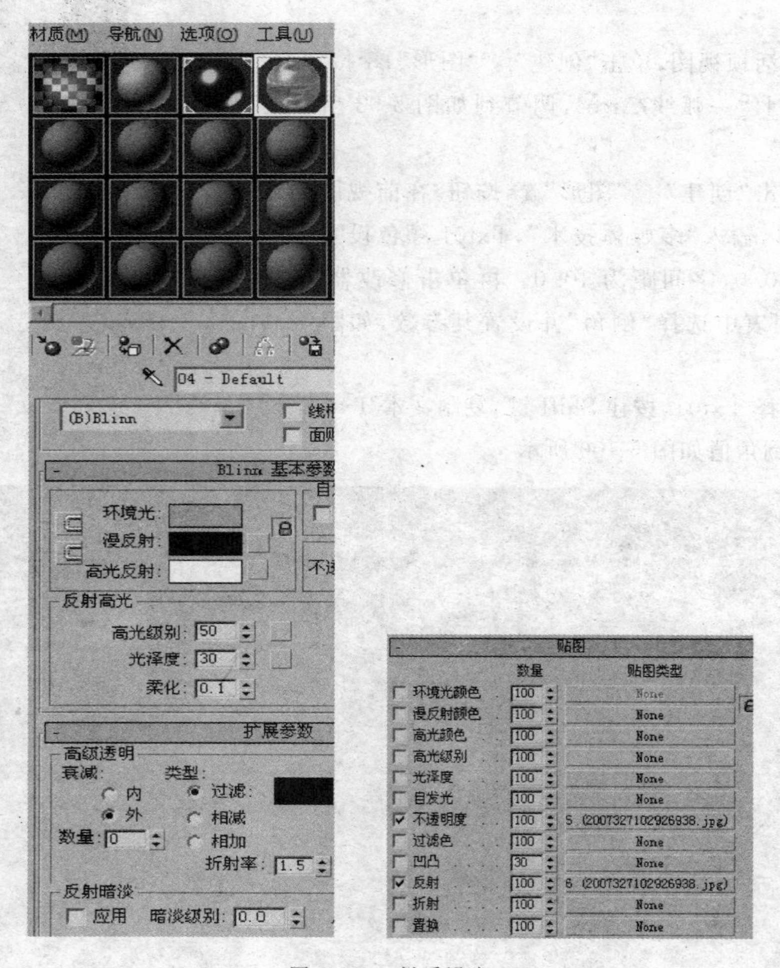

图 5-101　材质设定

(72)选定 Txt01，单击“运动”，用以上为粒子添加路径的方式，将 Txt01 添加一个路径约束 Arc04，根据效果需要，调节文本各帧的运动位置，如图 5-102 所示。

(73) 单击菜单栏中的“渲染”→“Video Post”命令，打开 Video Post 窗口，在窗口的工具栏中单击“添加图像输出事件”按钮，弹出“添加图像输出事件”面板(如图 5-103 所示)，单击“文件”，设置文件的保存路径，然后单击“确定”按钮。

(74) 单击“执行序列”按钮，弹出执行 Video Post 面板，选择“时间输出”项下的“范围”，并设置其帧数为 0～300，在输出大小项的下面选取 640×480 项，最后单击“渲染”按钮，如图 5-104 所示。

(75) 渲染完毕后将得到 AVI 动画文件，动画制作完毕。

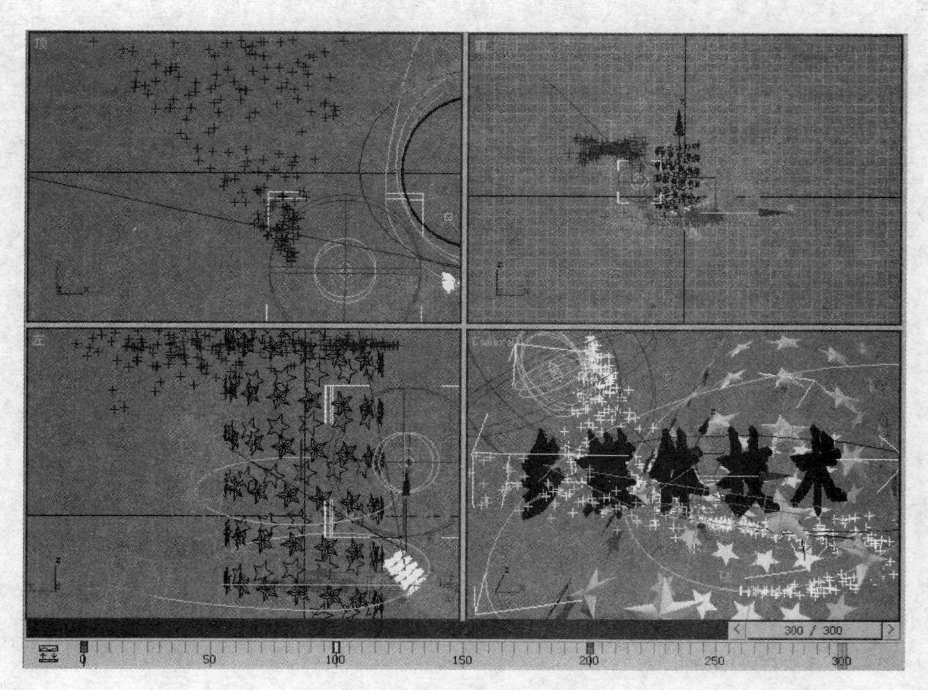

图 5-102　为文本添加路径

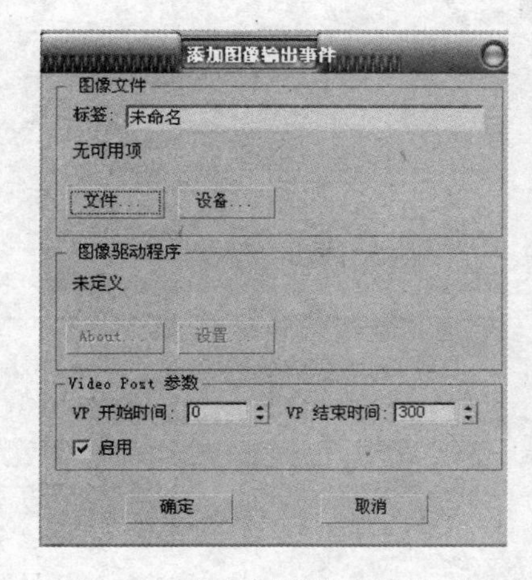

图 5-103　添加图像输出事件面板

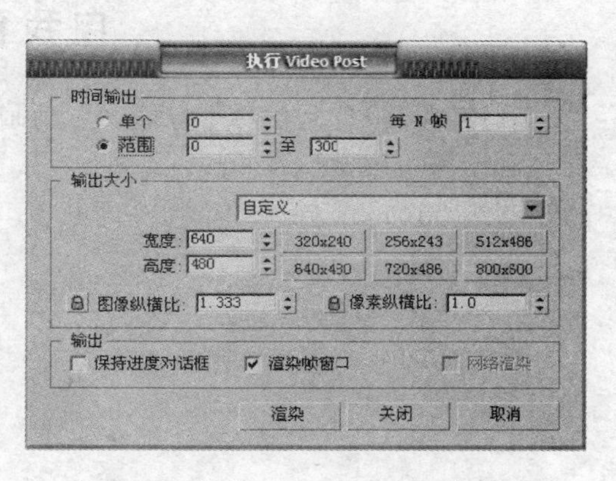

图 5-104　执行 Video Post 面板参数设置

四、练习

(1) 在 3ds max 中制作一个跳跃的皮球。

(2) 在 3ds max 中制作发光效果的文字。

实 验 小 结

本章主要完成的实验。

1. COOL 3D 的实验如下：

(1) 在“动画工具栏”中调整动画文件的长度与帧频。
(2) 在“动画工具栏”中根据需要添加、删除关键帧。
(3) 为对象添加对象特效、整体特效等。
2. Flash 引导线动画的实验如下:
(1) 层的添加及编辑。
(2) 帧、关键帧的操作。
(3) 补间动画的设置。
3. Flash 遮罩与滤镜的使用的实验如下:
(1) 遮罩层的设置。
(2) 为对象添加并设置滤镜。
(3) 测试和导出影片。
4. Flash ActionScript 应用的实验如下:
(1) ActionScript 代码的编写。
(2) 测试与输出动画。
5. 使用 3ds max 创建三维片头动画的实验如下:
(1) 3ds max 初始状态的复位操作。
(2) 文本的添加与设置。
(3) 动画渲染。场景事件的设置,环境和效果的设置。

自我创作题

1. 利用 Cool 3D 制作一个标题文字动画。
2. 利用 Flash 制作一个音乐动画。
3. 利用 3ds max 创建一个片头动画。

第6章 数字音频及其处理技术

Adobe Audition 是 Adobe 公司开发的一款专门的音频编辑软件，是定位于专业数字音频的工具，提供了录制、混合、编辑和控制音频的功能。目前最新版本是 Adobe Audition 3.0，该软件几乎支持所有的数字音频格式，功能非常强大。Adobe Audition 专为在广播设备和后期制作设备方面工作的音频、视频专业人员设计，提供先进的混音、编辑、控制和效果处理功能。Adobe Audition 是一个完善的“多音道录音室”，工作流程灵活，使用简便。无论是录制音乐，制作广播节目，还是配音，Adobe Audition 均可提供充足动力，创造高质量的音频节目。它既具有专业软件的全方位功能，又比其他专业软件更容易掌握，深受广大用户喜爱。

本章实验配合教学进度，从开发环境的熟悉开始，一步步介绍了 Audition 中各个音频处理工具的使用方法，通过本章实验，使初学者能尽快地熟悉和掌握 Audition 的音频混音、编辑和效果处理功能等综合应用，具有一定的音频处理技能。

本章实验要点

- 了解音频素材的基本概念。
- 掌握 Adobe Audition 3.0 工作环境的设置。
- 熟练使用 Adobe Audition 3.0 的各种基本操作。
- 使用 Adobe Audition 3.0 编辑制作音频文件。

实验一 Adobe Audition 基本操作

一、实验目的与要求

Adobe Audition 3.0 作为一种音频处理软件，音频编辑和处理是它的看家本领。在掌握这些技能之前，必须掌握好 Adobe Audition 3.0 的一些基本操作，如参数设置，新建、打开、保存音频文件，各种功能的使用，音频文件的录制操作和音频的简单编辑等。

(1) 掌握最常用的参数设置。

(2) 掌握新建、打开、保存音频文件等基本操作。

(3) 掌握音频文件的录音方法。

(4) 掌握文件编辑区的选定与展开。

(5) 掌握音频文件常用的几种简单编辑方法。

(6) 掌握音频文件的声道编辑。

二、预备知识

(1) Adobe Audition 3.0 的工作界面主要由标题栏、功能选单栏、工程模式按钮栏、文件/效果器列表栏、主面板、传送器面板、时间显示面板、缩放控制面板、选区和显示范围功能属性面板(选择/查看面板)、电平表面板和状态栏组成。Adobe Audition 3.0 中,最常用的两种工作环境分别是单轨编辑模式和多轨混录模式。

(2) 在 Adobe Audition 3.0 中,两种常用工作模式下各种操作模式和功能按钮稍有不同之处。比如新建文件类型,录音操作等。

(3) 在编辑器中,既可以使用鼠标也可使用选择/查看面板中的选择输入框来确定编辑区域。编辑区域被确定后,以白色作为背景颜色,而编辑区域以外的区域为黑色,以示区别。在编辑器中,编辑区域只能定义一个,当定义新的编辑区域时,原有的区域自动消失。

(4) 使用 Audition 进行录音采样,既可在单轨编辑模式也可在多轨混录模式下进行。

(5) Audition 音频编辑操作中也可以大量使用剪切、复制、粘贴、删除等基本操作命令。其中,删除片段用于取消不需要的部分,例如噪声、噼啪声、各种杂音以及录制时产生的口误等;静音处理用于把声音片段变成无声的静音;剪贴片段则用于重新组合声音,将某段"剪"下来的声音粘贴到当前声音的其他位置,或者粘贴到其他声音素材中。

(6) 声道编辑只有在声音素材是双声道的情况下才有作用,其内容包括:选择声道和对单独某个声道进行各种编辑。希望对左声道或者右声道进行单独编辑时,需要选择声道。在功能选栏中选择"编辑"→"编辑声道",在出现的菜单中选择所要编辑的声道,默认情况下为同时对两个声道进行编辑。

三、实验内容

1. 参数设置

单击"编辑"→"首选参数",在弹出的"首选参数"对话框中,可以对"常规"、"系统"、"颜色"、"显示"、"数据"、"多轨"等进行相关的参数设置,如图 6-1 所示。

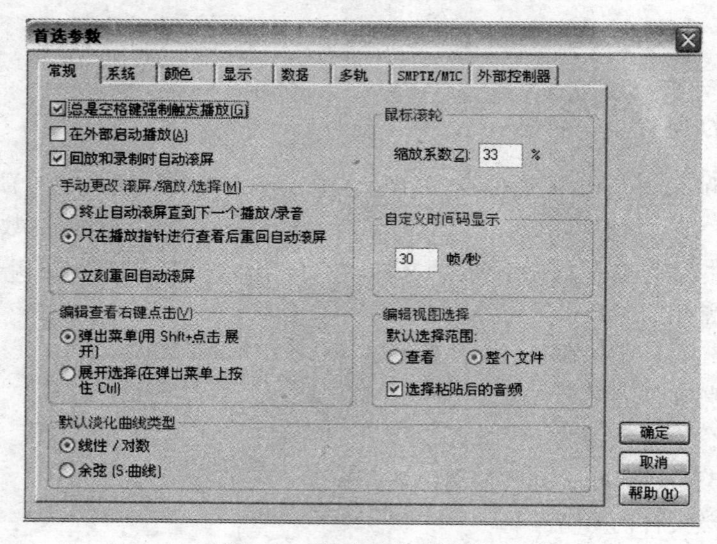

图 6-1 "首选参数"对话框

(1)“常规”参数设置

① 单击“首选参数”对话框上方的“常规”标签，在打开的“常规”选项卡中，选中“回放和录音时自动滚屏”选项，在后面提供的3种滚屏方式中选择“立刻重回自动滚屏”。

② 在鼠标滚动栏中定义鼠标滚动一次的缩放系数为20%。

(2)“系统”参数设置

① 单击“首选参数”对话框上方的“系统”标签，在打开的“系统”选项卡中，选中“启动撤销”选项后，设置可撤销的操作最小步数为6。

② 在临时文件夹选项中，设置E:\Temp为主临时文件夹，设置D:\Temp为第二临时文件夹。

(3)“颜色”参数设置

① 单击“首选参数”对话框上方的“颜色”标签，在打开的“颜色”选项卡中可以对Audition的配色进行设置。

② 在预置色选项中，在Audition准备好的7种配色风格里任选一种。

③ 选取配色区域，例如波形前景，然后单击“改变颜色”按钮，开启颜色调色板，选择蓝色作为当前波形颜色。此外还可以使用色调推杆、饱和度推杆和亮度推杆来进行详细的颜色设置，设置的波形的配色结果会在右侧的视窗中出现，满意后单击“确定”按钮即可。

④ 选取配色区域波形后景，然后单击“改变颜色”按钮，开启颜色调色板，选择白色作为当前波形背景颜色，单击“确定”按钮。

⑤ 选取配色区域高亮选区，然后单击“改变颜色”按钮，开启颜色调色板，选择黄色作为当前高亮选区颜色，单击“确定”按钮。

所有参数选项完成设置后，单击对话框右下角的“确定”按钮，即完成Audition中相关参数的设置。

2. 文件操作

Audition中对于文件的操作在单轨模式下和多轨模式下略有不同。这里我们先介绍单轨编辑模式下的操作。

(1) 新建文件

① 单击“文件”→“新建”命令，或按Ctrl+N组合键，弹出“新建”对话框。

② 在“新建”对话框中设置好各选项参数后，单击“确定”按钮，或按Enter键，即可新建一个文件。

③ 此时在文件列表中出现一个未命名的文件。在主面板中可以进行粘贴、录音等操作。一旦有所操作后未命名文件旁边出现*号标识，意为该文件没有保存。

(2) 打开文件

在Audition单轨模式中打开音频文件获取音频波形有3种方法。

方法一

① 从功能选单里依次选择“文件”→“打开”，或按Ctrl+O组合键，弹出“打开”对话框。

② 在“查找范围”下拉列表中查找文件存放的位置，即所在驱动器或文件夹。

③ 在“文件类型”下拉列表中选择需要打开的音频文件格式。若选择“所有格式”选项，则文件列表框内将显示当前文件夹下的所有类型的文件；若选择一种文件格式，则文件列表框内仅显示该格式类型的音频文件，而其他格式的文件被隐藏。

④ 在文件和文件列表中选择需要打开的音频文件。

⑤ 单击"打开"按钮，或按 Enter 键，即可打开所选择的音频文件。打开后音频文件被调入编辑器，编辑区将直接显示该文件的波形图。

方法二

① 在左侧文件面板中，单击"导入文件"按钮，弹出"导入"对话框。

② 然后同样在"查找范围"下拉列表中查找文件存放的位置，在"文件类型"下拉列表中选择需要打开的音频文件格式，找到要载入的音频文件。

③ 单击"打开"按钮，或按 Enter 键。

④ 导入后，在文件面板中出现该音频文件名，双击文件，在编辑区出现该文件波形。

方法三

① 直接在文件面板的空白处双击或是单击右键在出现的菜单中选择"导入"，同样出现"导入"界面。

② 后面的操作同上。

(3) 保存文件

① 如果想将已有文件修改后仍保存在原来的音频文件中，单击"文件"→"保存"命令即可。

② 如果是未命名文件或是希望将当前编辑的音频文件保存成一个新文件时，则单击"文件"→"另存为"命令，或按 Ctrl＋Shift＋S 组合键，将弹出"另存为"对话框。

③ 单击"另存为"选项右侧的下拉按钮，在弹出的下拉列表中选择存放文件的路径（即文件夹、硬盘驱动器、软盘或网络驱动器），选定后的项目将显示在文件或文件夹列表框中。

④ 在"文件名"右侧的文本框中输入新文件的名称。

⑤ 单击"保存类型"右侧的下拉按钮，在弹出的下拉列表中选择需要保存的音频格式。

⑥ 完成以上设置后，单击"保存"按钮，或按 Enter 键，即可完成对新音频文件的保存操作。

未保存的文件可以在文件面板中看到文件名后有一个星号标识，保存后星号标识自动消失，如图 6-2 所示。

图 6-2　未保存文件名

(4) 关闭文件

方法一

单击"文件"→"关闭"命令，或按 Ctrl＋W 组合键，将关闭当前编辑面板中的音频文件。

方法二

在文件面板中选中该音频文件名，直接按 Delete 键将该音频文件关闭，或者单击右键，在出现的菜单中选择"关闭文件"选项即可。

方法三

单击"文件"→"全部关闭"命令，将关闭当前文件面板中所有的音频文件。

下面我们介绍 Audition 中多轨模式下对于文件的操作。

(1) 新建文件

① 打开多轨界面，单击"文件"→"新建会话"，或按 Ctrl＋N 组合键，在弹出的"新建"对话框中设置采样频率，直接单击"确定"选择默认的采样频率。

② 此时在 Audition 最上方的标题栏中出现一个未命名的会话文件，其后缀名为 .ses。此时编辑区中出现多条空白轨道，可以选择任意轨道进行录音或是导入音频文件进行各种操作。

(2) 打开文件

① 从功能选单里依次选择“文件”→“打开会话”，或按 Ctrl＋O 组合键，弹出“打开会话”对话框。

② 在“查找范围”下拉列表中查找文件存放的位置，即所在驱动器或文件夹。

③ 在“文件类型”下拉列表中选择“所有支持的会话”或是“多轨会话”选项，则文件列表框内将显示当前文件夹下的所有会话文件。在文件和文件列表中选择需要打开的会话文件。

④ 单击“打开”按钮，或按 Enter 键，即可打开所选择的会话文件。打开后会话文件中所包含的所有音频文件将被自动导入，其文件名均显示在文件面板中。

⑤ 如果有需要也可以在左侧文件面板中，单击“导入文件”按钮，弹出“导入”对话框，然后选择其他需要的音频文件，将其导入到该会话中。

(3) 保存文件

① 如果是保存整个会话文件，则单击“文件”→“保存会话”命令或按 Ctrl＋S 组合键即可。

② 也可以单击“文件”→“另存为”命令，或按 Ctrl＋Shift＋S 组合键，将弹出“保存会话为”对话框。

③ 单击“保存会话为”选项右侧的下拉按钮，在弹出的下拉列表中选择存放文件的路径(即文件夹、硬盘驱动器、软盘或网络驱动器)，选定后的项目将显示在文件或文件夹列表框中。

④ 在“文件名”右侧的文本框中输入新文件的名称。

⑤ “保存类型”则默认“多轨会话”即可。

⑥ 完成以上设置后，单击“保存”按钮，或按 Enter 键，即可完成对会话文件的保存操作。

未保存的文件可以在标题栏中看到文件名后有一个星号标识，保存后星号标识自动消失。

(4) 关闭文件

单击“文件”→“关闭会话”命令，或按 Ctrl＋W 组合键，将关闭当前编辑的会话文件。如果当前会话尚未保存，则系统会弹出提示对话框，如图 6-3 所示。

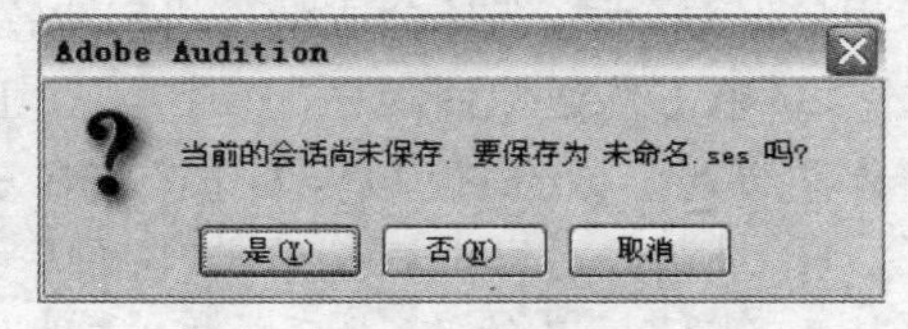

图 6-3　会话未保存提示框

如果由于一些特殊原因如突然停电，机器故障等，会话文件尚未保存而 Audition 被迫中断，那么在下次重新启动 Audition 软件时，系统会弹出“已找到上一个会话”对话框，如图 6-4 所示。此时可以根据提示选择继续上一个会话，稍后继续或者删除。

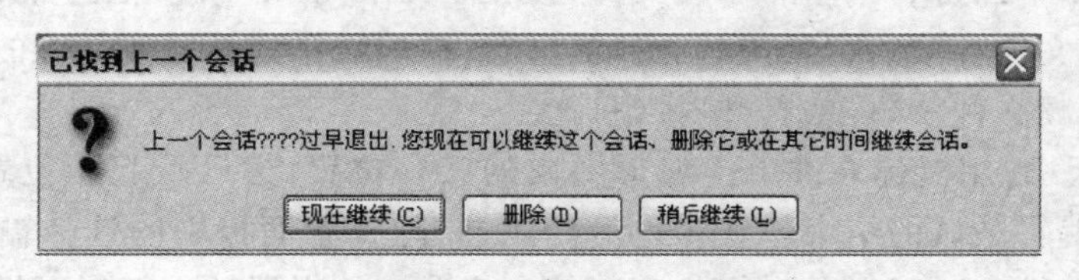

图 6-4　“已找到上一个会话”对话框

3. 录音

（1）单轨编辑模式下

① 单击“文件”→“新建”命令，或按 Ctrl＋N 组合键，弹出“新建”对话框。在“新建”对话框中设置好各选项参数，一般为默认设置，单击“确定”按钮，即新建一个文件。

② 单击传送器面板上的录音按钮 开始录音，在录制过程中，一条灰色垂直线从左至右移动，指示录音的进程，如图 6-5 所示。

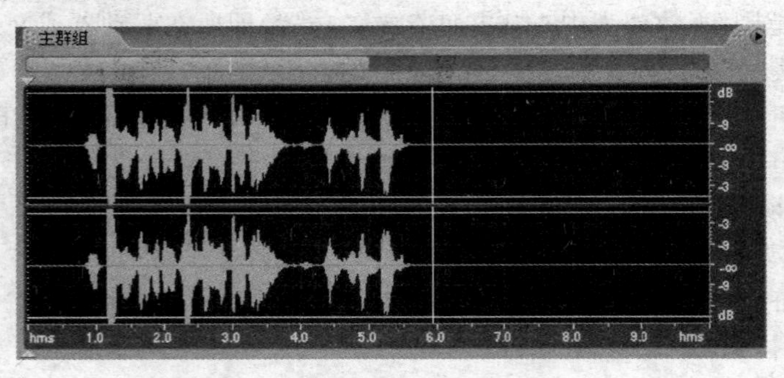

图 6-5 录音过程

③ 如果在录音过程中希望中断或停止录音，单击播放器中的停止按钮 即可。也可在选择/查看面板的选择输入框中输入新文件的时间长度，其格式是：分：秒：毫秒（M：SS：TTT）。当垂直线到达时间轴的终点时，录音自动结束。

④ 录音结束后，选择“文件”→“另存为”菜单，为文件命名并选择保存类型和保存路径，保存文件。

（2）多轨混录模式下

① 选择多轨混录模式，打开多轨界面，单击“文件”→“新建会话”，在弹出的对话框中设置采样频率，直接单击“确定”按钮选择默认的采样频率，此时，所有的音轨都是空白的。

② 单击任何一个音轨的 R 按钮，设置该音轨为录音备用音轨，此时软件会弹出对话框，要求用户保存会话，选择合适路径和文件名，然后保存该会话，得到一个后缀名为 *.ses 的文件。

③ 单击传送器面板中的“录音”按钮 ，就可开始对着话筒录音，再次单击“录音”按钮将停止录音。录音过程中，工作区将显示录制到的音频信息的波形图。

④ 录制完后可以直接单击“文件”→“保存会话”命令保存在会话中。也可以选择其他音轨配上音乐、音效等，然后单击“文件”→“导出”→“混缩音频”，在弹出的对话框中选择保存路径、文件名和保存类型，再单击“保存”按钮。

4. 编辑区域

（1）编辑区域的确定

① 在左侧文件面板中，单击“导入文件”按钮，弹出“导入”对话框。然后在“查找范围”下拉列表中查找文件存放的位置，在“文件类型”下拉列表中选择需要打开的音频文件格式，找到要载入的音频文件。单击“打开”按钮。

② 在主面板中，用鼠标左键单击波形图内的某一位置，然后从起始位置按住鼠标左键拖动鼠标，直到编辑区域的结束位置。也可使用选择/查看面板中的选择输入框，输入编辑区域的开始时间、结束时间以及时间长度等信息来确定编辑区域。编辑区域被确定后，以白色作为背景颜色，而编辑区域以外的区域为黑色，以示区别，如图 6-6 所示。

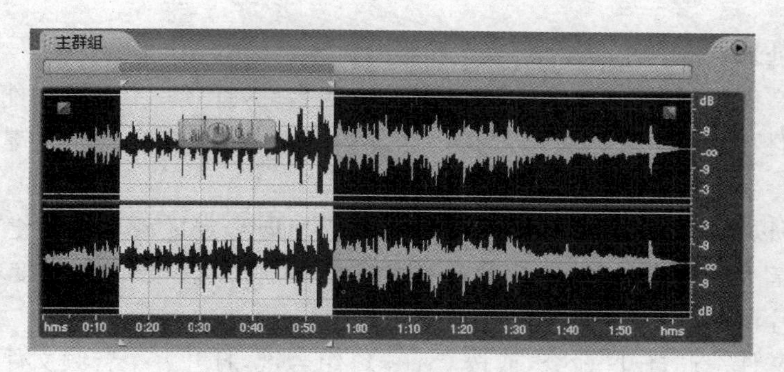

图 6-6　编辑区域

③ 单击鼠标右键，在出现的菜单中选择“选择查看”或者选择“编辑”→“选择整个波形”选项，将整个文件纳入编辑区域。

(2) 展开编辑区域

方法一

① 在音轨上方的左右拖曳杆上单击鼠标右键，在出现的菜单中选择“放大”选项，展开编辑区域内的波形。

② 当前编辑区无法全部显示文件波形时，可单击鼠标左键拖动左右拖曳杆。

方法二

根据需要，在缩放面板中如图 6-7 所示单击水平放大、缩小，垂直放大、缩小等功能按钮展开编辑区域。

图 6-7　缩放控制面板

5. 简单音频编辑

(1) 删除声音片段

① 单击“文件”→“打开”命令，或按 Ctrl＋O 组合键，打开一个音频文件。

② 在主面板中，单击鼠标左键选择要删除的开始位置，按住鼠标左键拖动，选定删除区域。

③ 然后可以通过“编辑”→“删除所选”或是按键盘上的 Delete 键，也可将鼠标指向选定区域单击右键，选择“剪切”选项，操作执行后编辑区域被删除，其中的声音也一并被删除。

④ 如果是双声道音频文件，也可只对某一声道做如上删除操作，如图 6-8 所示。

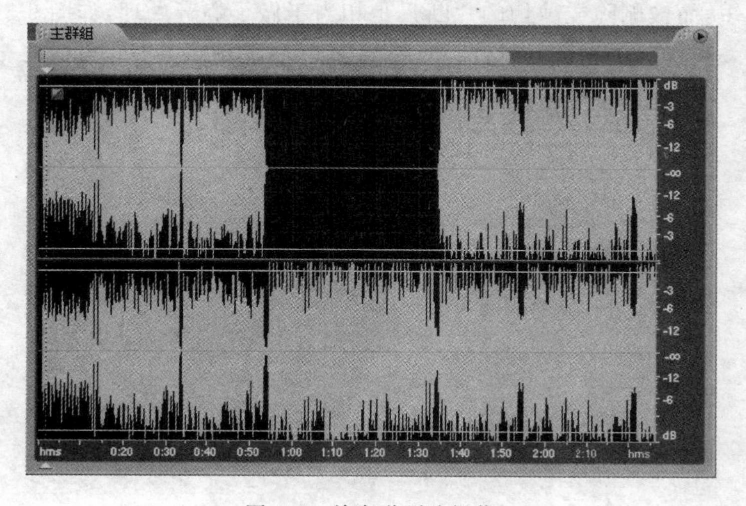

图 6-8　单声道删除操作

(2) 静音处理

① 单击"文件"→"打开"命令,或按 Ctrl+O 组合键,打开一个音频文件。

② 在主面板中,单击鼠标左键选择要删除的开始位置,按住鼠标左键拖动,选定静音区域。

③ 然后可以通过"效果"→"静音"或是将鼠标指向选定区域单击右键,选择"静音"选项。与删除声音片段不同的是,变成静音的编辑区域仍然存在,其时间长度不变。

(3) 剪贴片段

① 单击"文件"→"打开"命令,或按 Ctrl+O 组合键,打开一个音频文件。

② 在主面板中,单击鼠标左键选择要复制的开始位置,按住鼠标左键拖动,选定一段区域。

③ 单击鼠标右键,在出现的菜单栏里选择"复制"选项或是选择"编辑"→"复制",将编辑区域的内容复制到剪贴板中。

④ 在原文件或是打开一个新文件,找到粘贴位置,单击鼠标右键选中"粘贴"选项,剪贴板内的声音被粘贴到波形图中,原有声音被"挤"向后边。

6. 声道编辑

(1) 选择声道

① 单击"文件"→"打开"命令,或按 Ctrl+O 组合键,打开一个双声道音频文件。

② 在功能选择栏中选择"编辑"→"编辑声道",在出现的菜单中选择所要编辑的声道。或是单击主面板上方的声道编辑快捷按钮。默认情况下为同时对两个声道进行编辑。

③ 选择编辑左声道,位于顶部的左声道成为当前声道,右声道波形图变成灰色,所有编辑操作都只对左声道有效,如图 6-9 所示。

(2) 声道编辑

选中所要编辑的声道,同样可以进行删除、静音、粘贴等编辑操作。操作步骤与双声道时相同。对单独声道进行删除片段、剪切片段等能够取消时间长度的操作时,该声道的时间长度将不会缩短,而被删除或剪切的片断只是相当于做了静音处理,如图 6-8 所示。

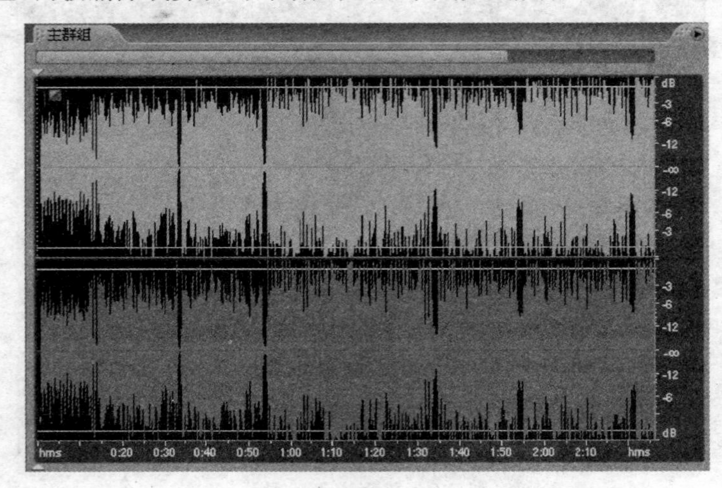

图 6-9　编辑左声道

四、练习

(1) 练习建立音频文件与保存音频文件的不同方法。

(2) 在单轨编辑模式下录制一个音频文件。

(3) 打开一个音频文件，练习单双声道的删除、静音、剪切、粘贴等编辑操作。

实验二　Adobe Audition 高级操作

一、实验目的与要求

音频文件的编辑也就是利用编辑软件对现有的声音素材进行加工处理，产生特定效果的过程。Audition 对声音的编辑有波形编辑和多音轨编辑两种方式。波形编辑用来细致处理单一的声音文件；而多音轨编辑方式是用来对几条音轨同时组合和编排，最后混频输出成一个完整的作品。两种编辑方式可以进行实时的切换，互相配合。本节我们将主要介绍 Audition 中两种模式下几种常用的音频编辑处理操作。

(1) 掌握声音的连接处理。

(2) 掌握声音的混合处理方法。

(3) 掌握声音的淡入淡出操作。

(4) 掌握声音的噪音处理方法。

(5) 掌握声音文件的格式转换。

二、预备知识

(1) 声音的连接处理就是将两段声音首尾相接，或者将一段声音插入另一段声音中。具体来说可以包括以下几种操作：去掉一段不需要的声音，截取一段声音并复制到另外的位置，连接两段或是两段以上的声音。

(2) 所谓声音的混合，就是指将两个或两个以上的音频素材合成在一起，使多种声音能够同时听到，形成新的声音文件。声音的混合处理是制作多媒体声音素材最常用的手段。背景音乐中的语音、音乐中的鸟鸣声、海涛声、大风呼啸声、电影独白中的背景效果声等，都是音频合成的结果。

(3) “淡入”和“淡出”，是指声音的渐强和渐弱，通常用于两个声音素材的交替切换或是产生渐近渐远的音响效果等场合。对声音做淡入淡出处理，可以避免产生声音突然开始和突然停止的感觉。

(4) Audition 软件中有这样几种常出现的噪音处理方法：消除咔哒声和噗噗声主要针对类似“咔哒”声、“噼啪”声以及噗噗声之类的短时间突发爆破音进行降噪处理；消除嘶声主要针对“咝咝”声进行降噪处理；自动移除咔哒声主要针对类似“咔哒”声、“噼啪”声以及“嘭嘭”声之类的短时间突发爆破音进行降噪处理；采样降噪处理针对的噪音大多是连续的、稳定的、不会有明显变化的，如录音环境中的走路声、扫地声、远处的人声等噪音。

(5) Audition 可以对其所支持的所有音频格式进行相互的转换。音频需要转换格式时，既可以使用菜单中的“文件”→“另存为”命令，也可以使用菜单中的“文件”→“批量处理”中的格式转换功能。

三、实验内容

1. 声音的连接处理

(1) 去掉一段不需要的声音：去掉录音中的语气词。

① 单击“文件”→“打开”命令，或按 Ctrl+O 组合键，打开需要处理的音频文件。

② 在波形图中，单击鼠标左键选择要删除的开始位置，按住鼠标左键拖动，选定一段区域，如图 6-10 所示。

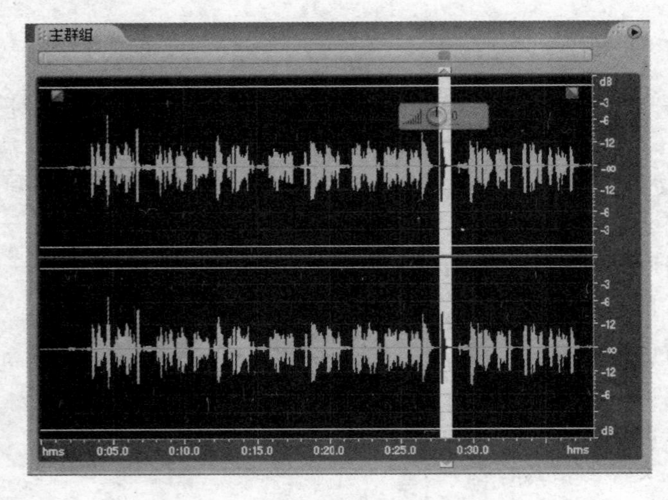

图 6-10　选取删除区域

③ 通过“编辑”→“删除所选”或按键盘上的 Delete 键，也可将鼠标指向选定区域单击右键，选择“剪切”选项，操作执行后编辑区域被删除，如图 6-11 所示。

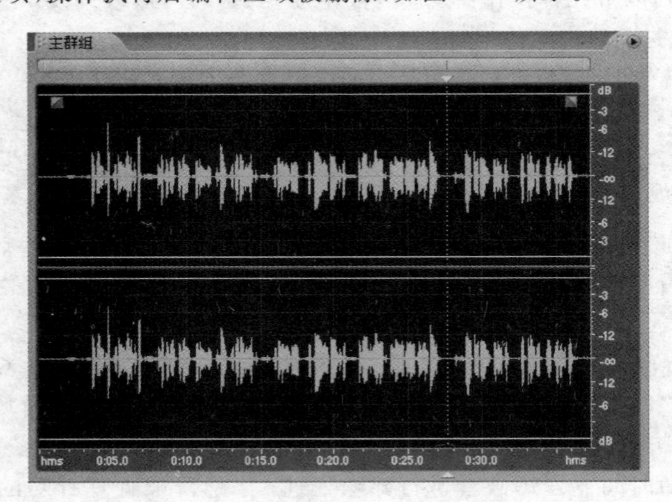

图 6-11　删除编辑区域波形

(2) 截取一段声音并复制到另外的位置。

① 打开一个音频文件波形，发现其音乐长度不够，结尾有点短促。

② 在主面板里单击鼠标左键并按住鼠标左键从音乐开始位置拖动，选中乐曲开始的一段过渡音乐，如图 6-12 所示。

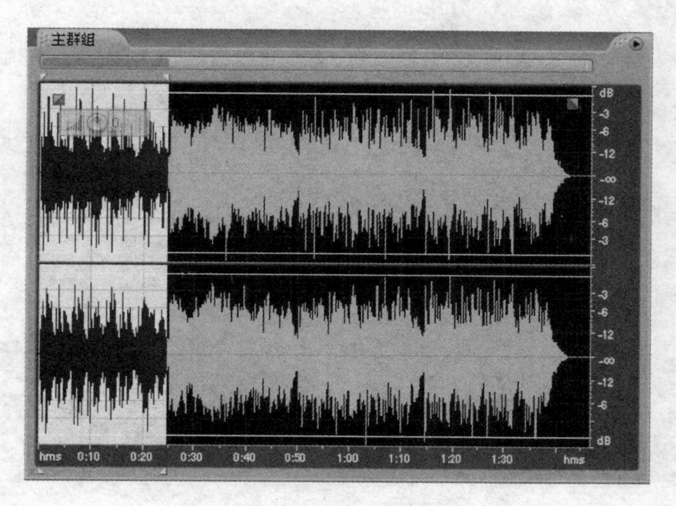

图 6-12　选取编辑区域

③ 在选区上单击鼠标右键，选择菜单中的“复制”选项。

④ 在乐曲结尾单击鼠标左键，然后单击右键，选择“粘贴”选项。操作执行后结果如图 6-13 所示。

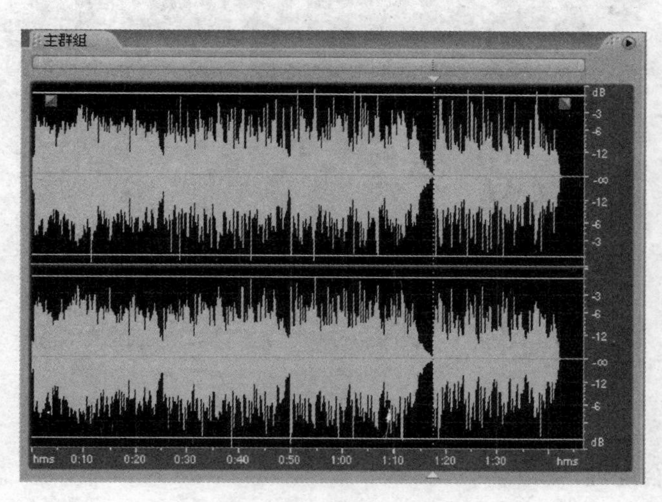

图 6-13　复制粘贴操作

(3) 使用混合粘贴功能制作一段连续的笑声。

① 打开一个笑声音效音频文件波形，如图 6-14 所示，音乐长度大概为 6 秒钟。

② 单击鼠标右键，在出现的菜单中选择“选择整个波形”或者选择“编辑”→“选择整个波形”菜单，将整个文件纳入编辑区域。

③ 在选中区域上单击右键，选择“复制”选项。

④ 在音效结尾处单击鼠标左键选中粘贴位置，然后单击功能选单中的“编辑”→“混合

粘贴”,在弹出的“混合粘贴”对话框里选择“循环粘贴”选项,并设置次数为两次。单击“确定”按钮,结果如图 6-15 所示。

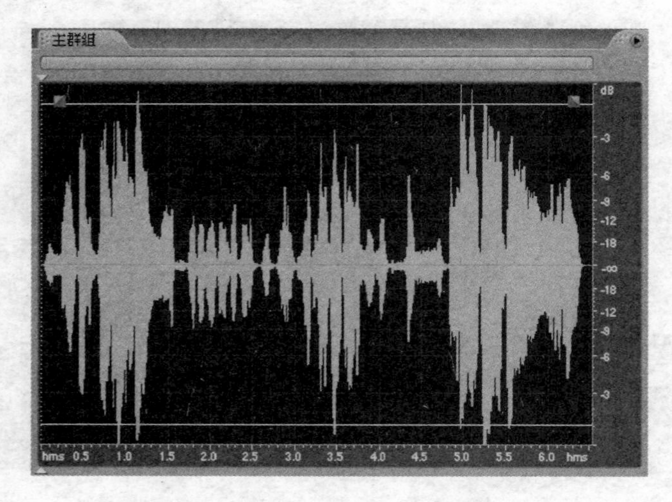

图 6-14 笑声音频文件波形图

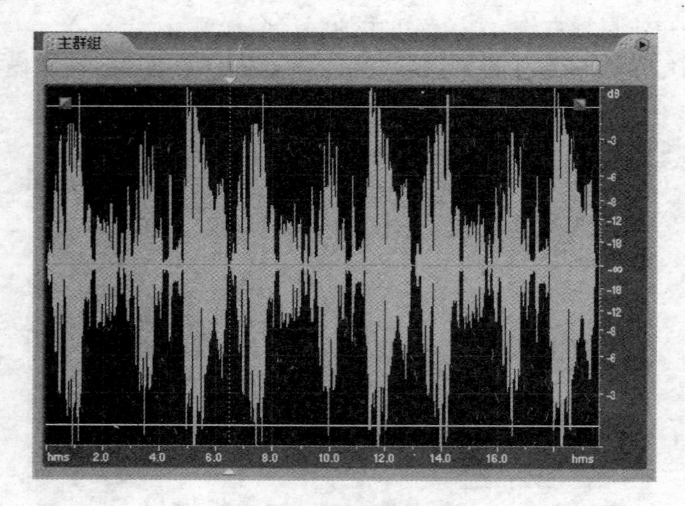

图 6-15 混合粘贴功能

2. 声音的混合处理

将一段乐曲和鼓点音效制成混合音频

① 启动 Audition 软件,在工程模式按钮栏中选择“多轨混录模式”。

② 单击菜单“文件”→“新建会话”,在跳出的“新建会话”对话框中选择采样率,默认情况下为 44 100Hz。

③ 再单击菜单“文件”→“导入”,选择将要导入的音频文件月光. mp3 和鼓点. wav。按住鼠标左键将文件列表栏中的音频文件分别拖曳到轨道 1 和轨道 2 上。当所要混合的两个音频素材采样频率不一样时,Audition 会自动提醒转换采样类型,如图 6-16 所示。

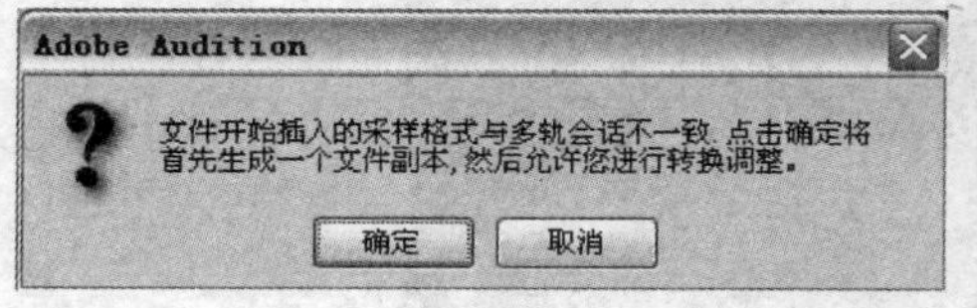

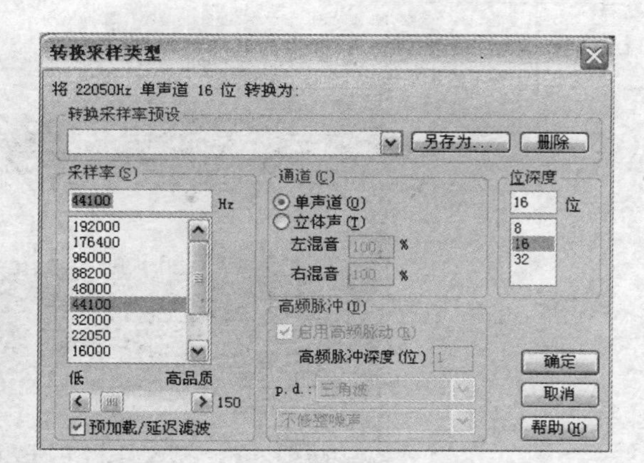

图 6-16　转换采样频率

④ 分别在两端波形上按住鼠标右键将其拖动到音轨开始位置对齐。由于鼓点音效的长度远远短于乐曲，此时可以单击右键选择复制并在同一轨道上将其粘贴，然后使之和乐曲结尾对齐，如图 6-17 所示。

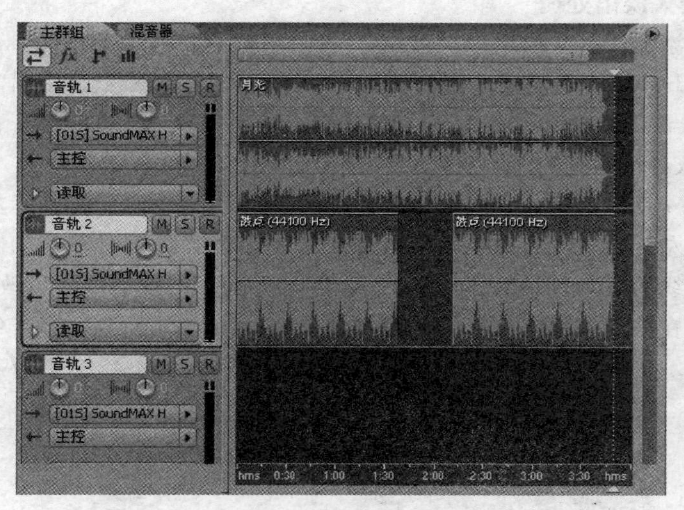

图 6-17　多轨到音乐素材对齐

⑤ 单击传送器面板上的播放键 ▶ 试听效果。可以适当使用音轨 2 下方的音量调节按钮将鼓点音量调得小一点，如图 6-18 所示。

⑥ 单击功能菜单“文件”→“导出”→“混缩音频”，在跳出的对话框中为文件命名为“月光一鼓点”并选择保存类型为.mp3，然后单击“保存”按钮，如图 6-19 所示。导出完毕后，Audition 会自动以单轨模式打开导出的音频文件，如图 6-20 所示。

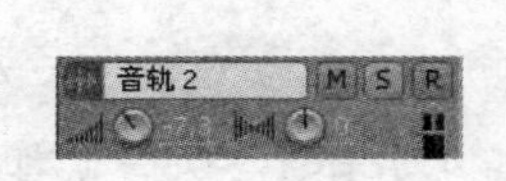

图 6-18　音量调节按钮

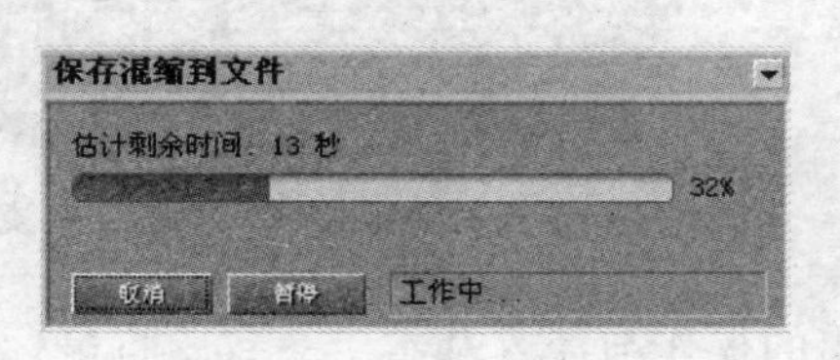

图 6-19　保存混缩文件

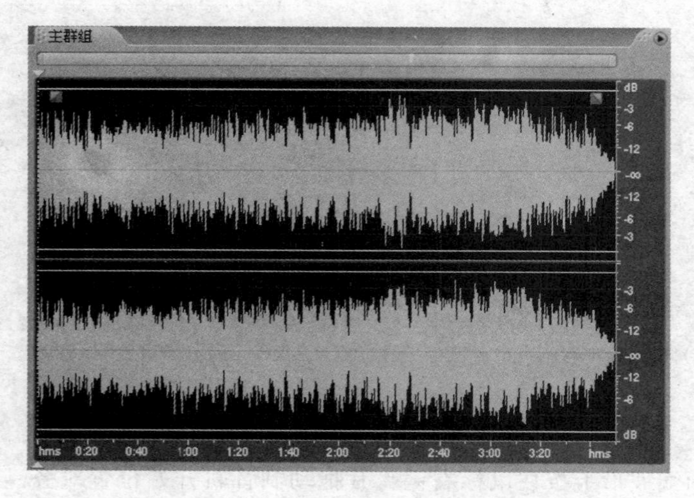

图 6-20　混缩文件在单轨编辑模式下打开

3. 声音的淡入淡出处理

下面为乐曲添加淡入淡出效果。

① 启动 Audition,打开需要编辑的音频文件,使其在主面板上显示出波形图。

② 单击传送器面板上的播放键 试听音乐,确定淡入淡出的位置。这里我们将乐曲的前 40 秒做淡入处理,将音乐的后 40 秒做淡出处理。

③ 将鼠标放在左上角小方块上,会显示"淡出"二字。然后按住鼠标左键并拖动鼠标,这时会发现声波左侧出现一条黄色的指示线。当鼠标持续移动时黄线随之发生变化,而声波的振幅则在黄线的波动下决定其减小的程度。鼠标上下移动则可以改变淡入曲线的变化。最后鼠标停在淡入结束的位置即乐曲 40 秒处,如图 6-21 所示。操作结束后,文件改动会自动被保存。

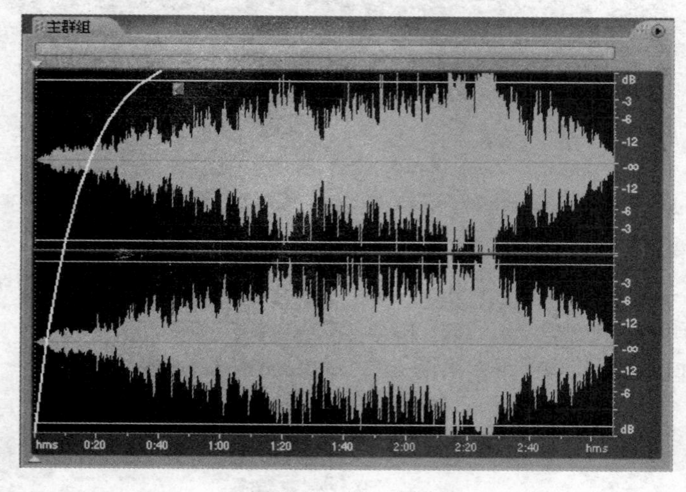

图 6-21　淡入操作

④ 淡出的操作与淡入基本上一致。将鼠标放在右上角小方块上,然后按住左键拖动到淡出开始位置,然后上下移动鼠标直到达到编辑者满意的效果,如图 6-22 所示。

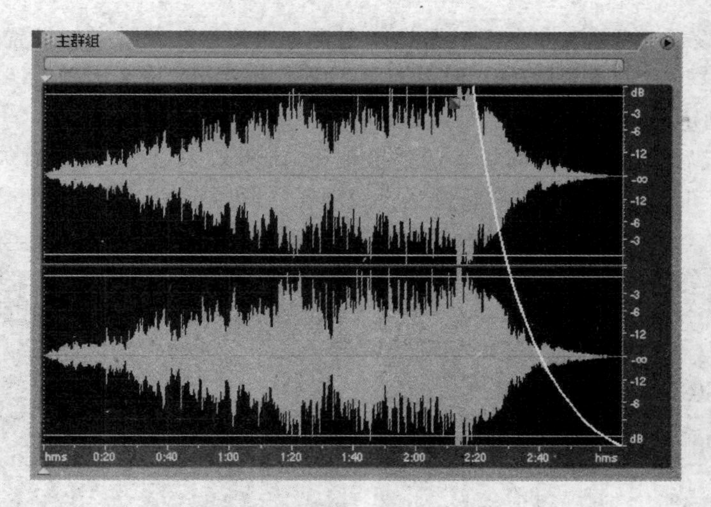

图 6-22 淡出操作

⑤ 单击传送器面板上的播放键，试听编辑效果，不满意的话可以单击菜单“编辑”→“撤销”，恢复到编辑前的状态，然后再重新操作。

⑥ 最后单击“文件”→“保存”命令或单击“文件”→“另存为”命令保存更改后的文件即可。

4. 声音的降噪处理

下面对一段录音文件使用降噪器降噪。

① 单击“文件”→“打开”命令，或按 Ctrl＋O 组合键，打开一个录制好的音频文件。

② 单击传送器面板上的播放键 试听，检查录音中的噪音情况。

③ 执行“效果”→“修复”→“降噪器”命令，在“降噪器”对话框中单击“获取特性”按钮采集当前的噪音样本并作为采样降噪的样本依据，如图 6-23 所示。

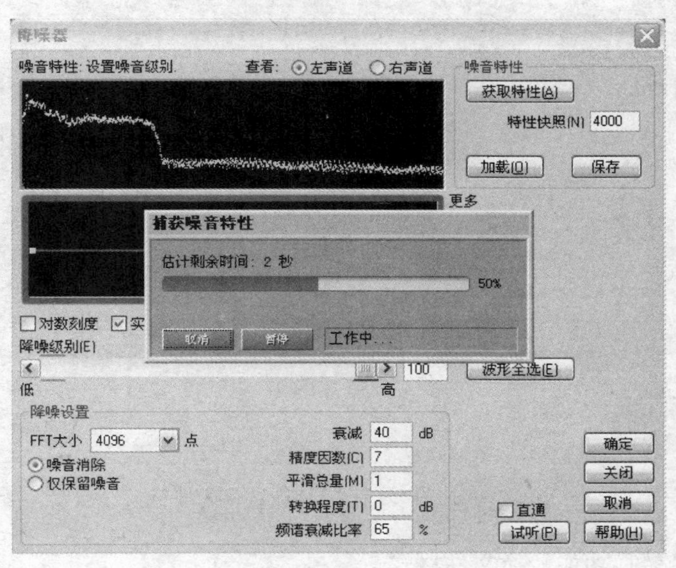

图 6-23 捕获噪音特性

④ 然后在"降噪器"对话框中可根据具体需要对相关参数做适当的设置和调节，或是直接使用默认值，这里我们设置降噪级别为 60，衰减值为 20dB，精度因数为 6，频谱衰减比率为 50%，单击"确定"按钮。

⑤ 降噪完成后单击传送器面板上的播放键 ▶ 试听效果，检查是否有失真或降噪不彻底现象。有的话可以撤销操作并重新设置参数降噪。降噪前后对比如图 6-24 所示。

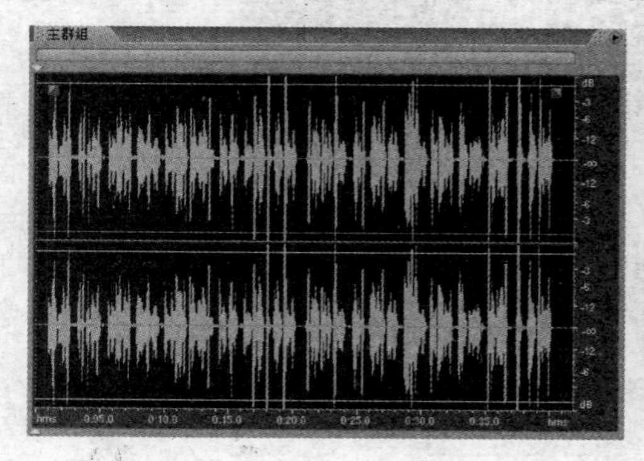

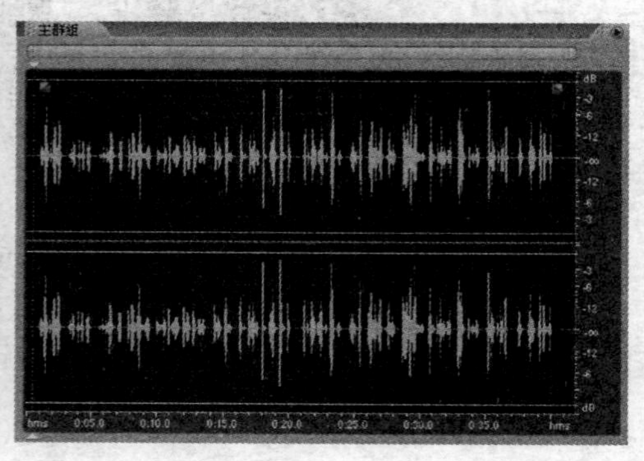

图 6-24　降噪前后波形图比较

⑥ 最后单击"文件"→"保存"命令或单击"文件"→"另存为"命令保存降噪后的文件即可。

5. 声音文件格式的转换

(1) 使用"另存为"转换文件格式

① 单击"文件"→"打开"命令，或按 Ctrl+O 组合键，选择待转换的格式音频文件。

② 被打开的音频的波形图将显示在主工作区，用户可以对其编辑、播放等，检查音频数据是否有错。

③ 检查无误后，单击菜单"文件"→"另存为"，打开如图 6-25 所示的保存对话框，选择要转换的目标格式，并输入文件名，选择保存路径，单击"保存"按钮即可。

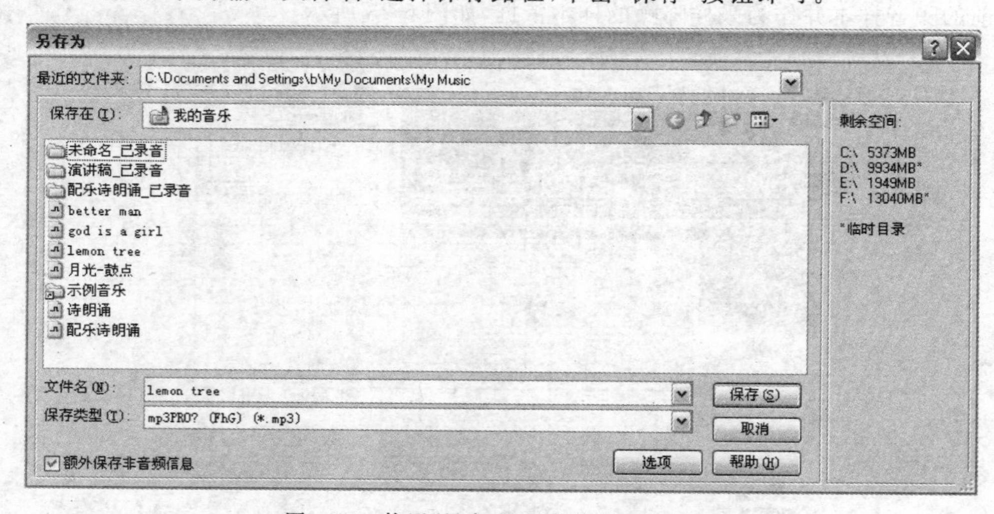

图 6-25　使用"另存为"功能转换文件格式

(2) 使用批量转换功能转换文件格式

① 单击菜单"文件"→"批量处理"，然后在弹出的"批量处理"窗口中单击"添加文件"按

钮，在弹出的“请选择源文件”对话框中添加需要转换格式的音频文件，如图 6-26 所示。如此重复操作多次，可依次添加多个转换文件。

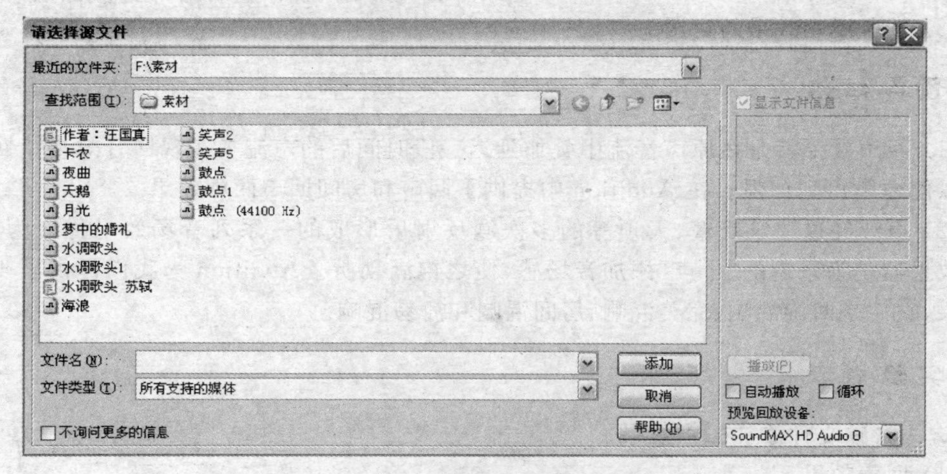

图 6-26　批量转换中选择源文件

② 然后在窗口下方选择“4 格式转换”，在出现的面板中即可选择要输出的格式，如果要转换的格式类型为. mp3，还可以选择不同的文件格式属性，如图 6-27 所示。

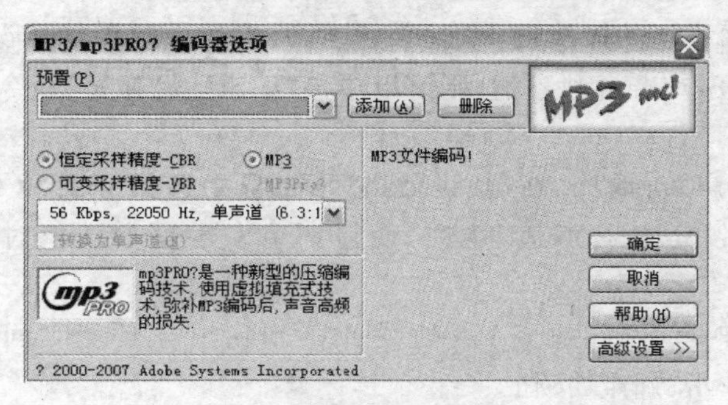

图 6-27　格式属性

③ 最后单击“批量运行”，列表中的文件将被全部按要求转换。

四、练习

(1) 在多轨模式下制作一个音频混缩文件。

(2) 录制一段音频文件并对其进行降噪处理。

(3) 使用批量转换功能将几首. mp3 乐曲转换成. wav 格式。

实验三　声音效果的添加

一、实验目的与要求

Audition 在“效果”菜单中提供了 10 多种常用的音频特效的命令，它们提供了丰富多彩的效果用来修饰音频文件。每种效果都有它的独到之处，只有正确、合理地选择与运用，才能创建出完美的音频文件。这里我们主要介绍回声和混响效果的运用。

(1) 掌握回声效果的运用。

(2) 掌握混响效果的运用。

二、预备知识

(1) 回声效果就是在原声音流中叠加延迟一段时间后的声流来实现回音效果。回声效果可以使原声得到加强。在 Audition 中提供了回声和房间回声两种效果。

(2) 声波经过建筑墙壁、天顶等的多次漫反射后形成的一系列音场效果称之为混响。混响效果器是为录制的“干声”添加音场感,使之饱满动听。Audition 为我们提供了 4 种混响效果,它们是回旋混响、完美混响、房间混响和简易混响。

三、实验内容

1. 为音频文件添加回声效果

(1) 回声效果

① 单击“文件”→“打开”命令,或按 Ctrl+O 组合键,打开一个录制好的文件。

② 单击功能菜单“效果”→“延迟和回声”→“回声”,弹出“回声”对话框。在“预设效果”下拉框中选择 Default 即默认设置,单击“确定”按钮。

③ 单击传送器面板上的播放键 ▶ 试听,试听回声效果的添加情况。如果发现回声过大,回声和原声区分开,声音混浊不清,则可以单击“编辑”→“撤销”命令,然后重新进行添加回声操作。

④ 再次打开“回声”对话框,在“预设效果”下拉框中选择 Default 即默认设置,然后选择对话框最下方的“锁定左右声道”选项,使得调节左声道参数值时右声道参数也随之变化。

⑤ 然后将“延迟时间”滑钮拉至 100 处,“回馈”滑钮拉至 40 处,“回声电平”滑钮拉至 60 处,如图 6-28 所示,单击“确定”按钮。

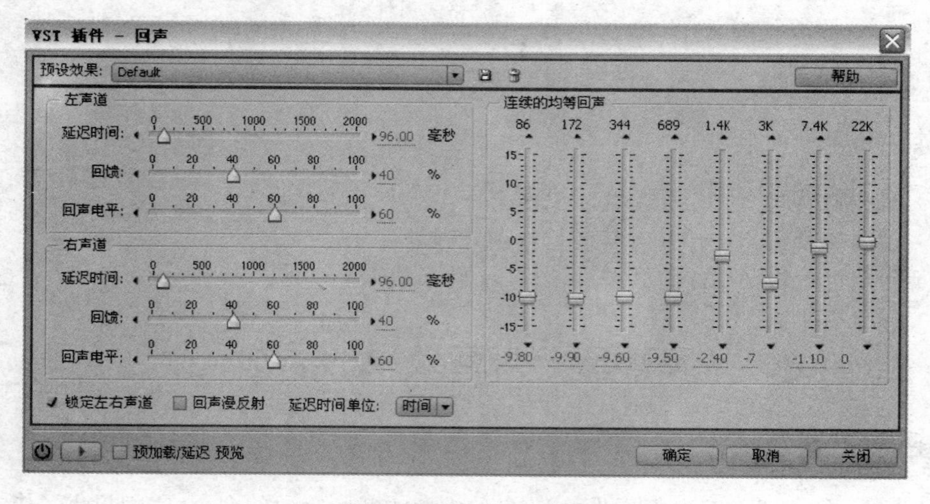

图 6-28 “回声”对话框

⑥ 单击传送器面板上的播放键 试听效果，单击“文件”→“保存”命令或单击“文件”→“另存为”命令保存文件即可。

(2) 房间回声效果

① 单击“文件”→“打开”命令，或按 Ctrl+O 组合键，打开一个录制好的文件。

② 单击功能菜单“效果”→“延迟和回声”→“房间”，弹出“房间回声”对话框。单击“预设效果”旁边的下拉菜单，其中有十余种房间场地的设置，可根据音频文件的实际应用需要任选一种，如图 6-29 我们选择的是 long hall 即高礼堂效果，单击“确定”按钮。

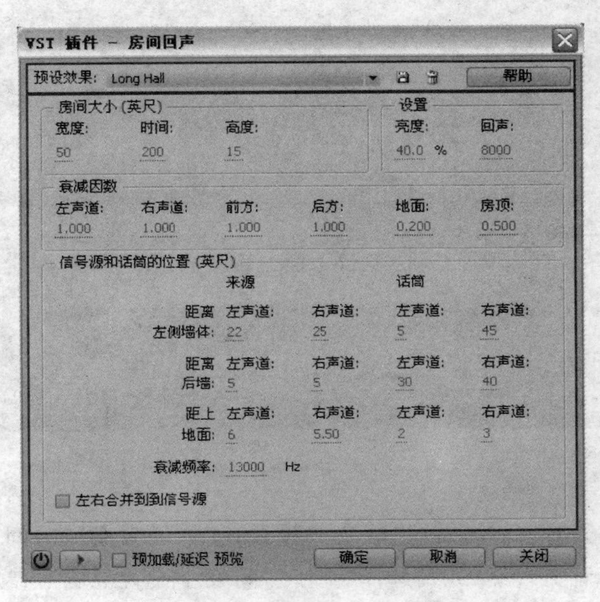

图 6-29 “房间回声”对话框

③ 单击传送器面板上的播放键 试听，试听回声效果的添加情况。如果不满意当前效果，则可以单击“编辑”→“撤销”命令，然后重新打开“房间回声”对话框更改参数设置，或是选择其他预设效果。

④ 最后单击“文件”→“保存”命令或单击“文件”→“另存为”命令保存更改后的文件即可。

2. 为音频文件添加混响效果

(1) 完美混响

① 单击“文件”→“打开”命令，或按 Ctrl+O 组合键，打开一个需要添加混响效果的音频文件。

② 单击功能菜单“效果”→“混响”→“完美混响”，弹出“完美混响”对话框。单击“预设效果”旁边的下拉菜单，其中有 9 种预设效果供选择，如图 6-30 我们选择的是 Vocal Double，单击“确定”按钮。

③ 单击传送器面板上的播放键 试听，试听混响效果的添加情况。如果不满意改变后的混响效果，则可以单击“编辑”→“撤销”命令，然后重新进行添加混响操作。

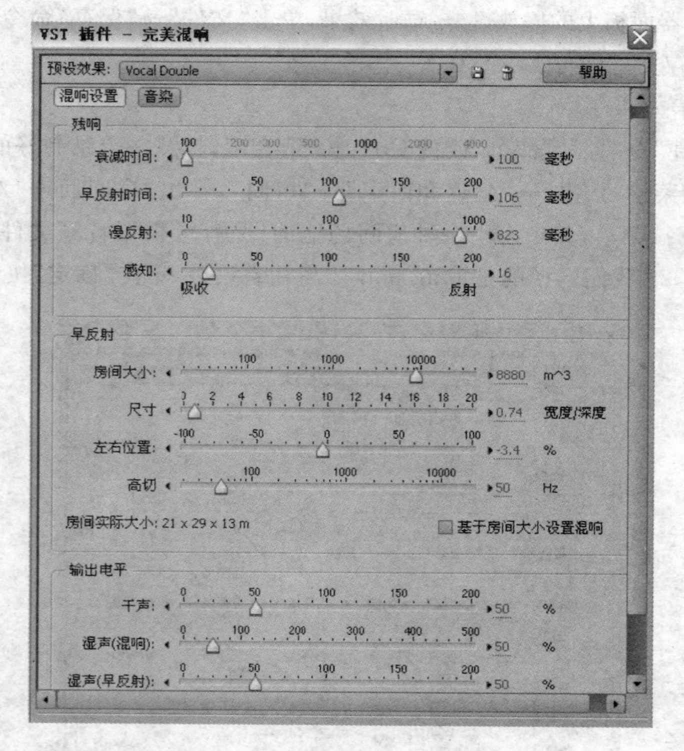

图 6-30 “完美混响”对话框

④ 重新打开“完美混响”对话框更改参数设置，比如增大衰减时间使声音显得更悠远，调整漫反射的值使声音更自然，或是选择“基于房间大小设置混响”选项并调整其中的参数值。当然也可以选择其他预设效果。

⑤ 最后单击“文件”→“保存”命令或单击“文件”→“另存为”命令保存更改后的文件即可。

(2) 简易混响

① 单击“文件”→“打开”命令，或按 Ctrl+O 组合键，打开一个需要添加混响效果的音频文件。

② 单击功能菜单“效果”→“混响”→“简易混响”，弹出“简易混响”对话框。单击“预设效果”旁边的下拉菜单，其中有 10 种预设效果供选择，如图 6-31 我们选择的是 Megaphone 即麦克风混响效果，单击“确定”按钮。

③ 单击传送器面板上的播放键 ▶ 试听，试听混响效果的添加情况。如果不满意改变后的混响效果，则可以单击“编辑”→“撤销”命令，然后重新进行添加混响操作。

④ 重新打开“简易混响”对话框更改参数设置，同样可以增大衰减时间使声音显得更悠远，调整漫反射的值使声音更自然，直到满意为止。当然也可以选择其他预设效果。

⑤ 最后单击“文件”→“保存”命令或单击“文件”→“另存为”命令保存更改后的文件即可。

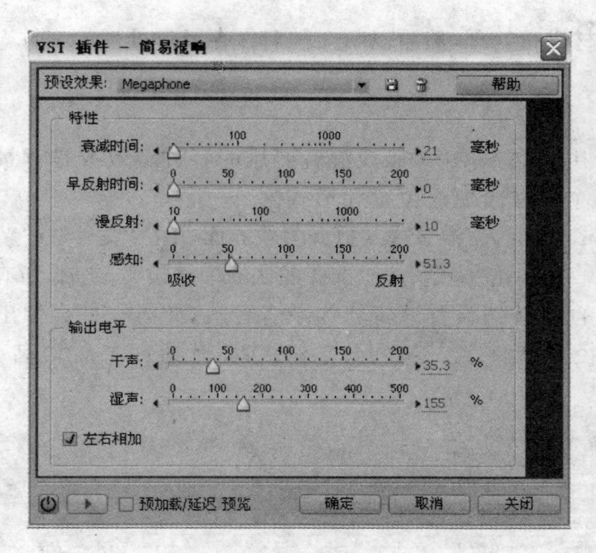

图 6-31 “简易混响”对话框

四、练习

(1) 为一个音频文件添加回声效果。

(2) 使用完美混响为一个音频文件添加混响效果。

实验四　Adobe Audition 综合设计

一、实验目的与要求

Adobe Audition 提供了先进的混音、编辑、控制和效果处理功能，是一个完善的“多音道录音室”，工作流程灵活，使用简便。无论是录制音乐，制作广播节目，还是配音，Adobe Audition 均可提供充足动力，创造高质量的音频文件。本节中录制一则“狼来了”的小故事，并对其进行适当的处理。然后根据人物情节为其配上合适的音效或音乐，制作成混缩音频，从而练习使用并熟练掌握 Audition 的各种操作。

二、预备知识

(1) 多轨混录模式默认情况下共有 7 条轨道，其中 6 条是波形音轨，1 条是主控音轨。如果编辑需要插入更多的轨道，则可以直接在任意一个轨道上单击鼠标右键，在弹出的菜单中选择“插入”，此时共有 4 种轨道可供插入，它们分别是音频轨、MIDI 轨、视频轨和总线轨。其中视频轨道只能插入一个，并且它的位置始终在所有轨道的最上方。

(2) 多轨模式下录音后双击录音音轨，可进入该音轨的波形编辑界面，对录制的音频信号进行适当的编辑，如降噪、静音、剪贴、添加效果等。

(3) 录音之前要设置好声音的属性，即采样频率、量化位数等基本参数。声音录制之前要注意调整音源音量。

(4) 所有参与混合的音频素材如果音频文件的采样频率不一致，要转换采样频率。使用编辑器对各种音频素材进行处理，然后以新文件名保存经过处理的文件，以免覆盖原始文件。

三、实验内容

首先准备好录音用的文本内容，以及混音要用的各种音效或是背景音乐，然后根据故事的人物情节设计好每个素材出现的位置和形式。

(1) 启动 Audition，选择多轨混录模式打开多轨界面，单击“文件”→“新建会话”，在弹出的对话框中设置采样频率，直接单击“确定”按钮选择默认的采样频率，此时，所有的音轨都是空白的。

(2) 单击音轨 1 的 R 按钮设置该音轨为录音音轨，此时软件会弹出对话框，要求用户保存会话，选择合适路径和文件名，然后保存该会话，得到一个后缀名为 *.ses 的文件，如图 6-32 所示。

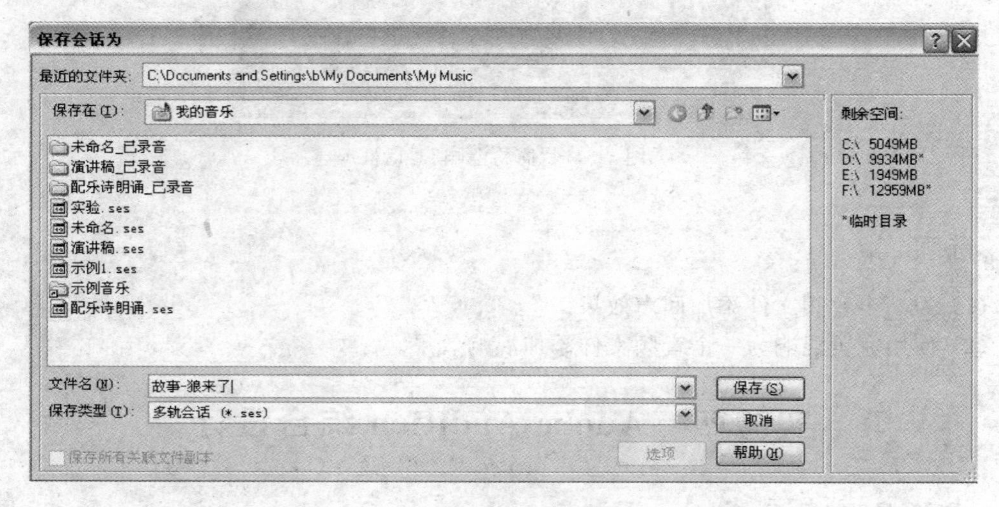

图 6-32　保存会话

(3) 单击传送器面板上的录音按钮，对照准备好的故事开始录音，此时应尽量保证录音周围安静。在录制过程中，一条灰色垂直线从左至右移动，指示录音的进程，如图 6-33 所示。

(4) 双击轨道 1 上的波形图，进入单轨编辑状态。单击传送器面板上的播放键试听，然后记录下录音当中出现语气词和一些异常声音的位置。然后将鼠标放在波形图上并滚动鼠标放大波形图。找到异常声音出现的位置并将该段波形选中，通过“编辑”→“删除所选”或是按键盘上的 Delete 键，将该区域删除。

(5) 执行“效果”→“修复”→“降噪器”命令，在“降噪器”对话框中单击“获取特性”按钮采集当前的噪音样本并作为采样降噪的样本依据，然后在“降噪器”对话框中可根据具体需要对相关参数做适当的设置和调节，或是直接使用默认值，单击“确定”按钮。

(6) 故事中有一句是“放羊小孩喊狼来了，狼来了”，将该段波形选中，然后单击鼠标右键在出现的菜单中选择“复制到新的”，将其单独复制成一个新的音频文件，如图 6-34 所示。此时单击功能菜单“效果”→“延迟和回声”→“回声”，弹出“回声”对话框。在“预设效果”下拉框中选择 Default 即默认设置，然后选择对话框最下方的“锁定左右声道”选项，使得调节左声道参数值时右声道参数也随之变化。根据需要调整相关参数后单击“确定”按钮。单击传送器面板上的播放键试听效果，单击“文件”→“另存为”命令保存文件即可，如图 6-35 所示。单击“编辑”→“选择整个波形”菜单，将整个文件纳入编辑区域，然后单击鼠标右键选择菜单中的“复制”。

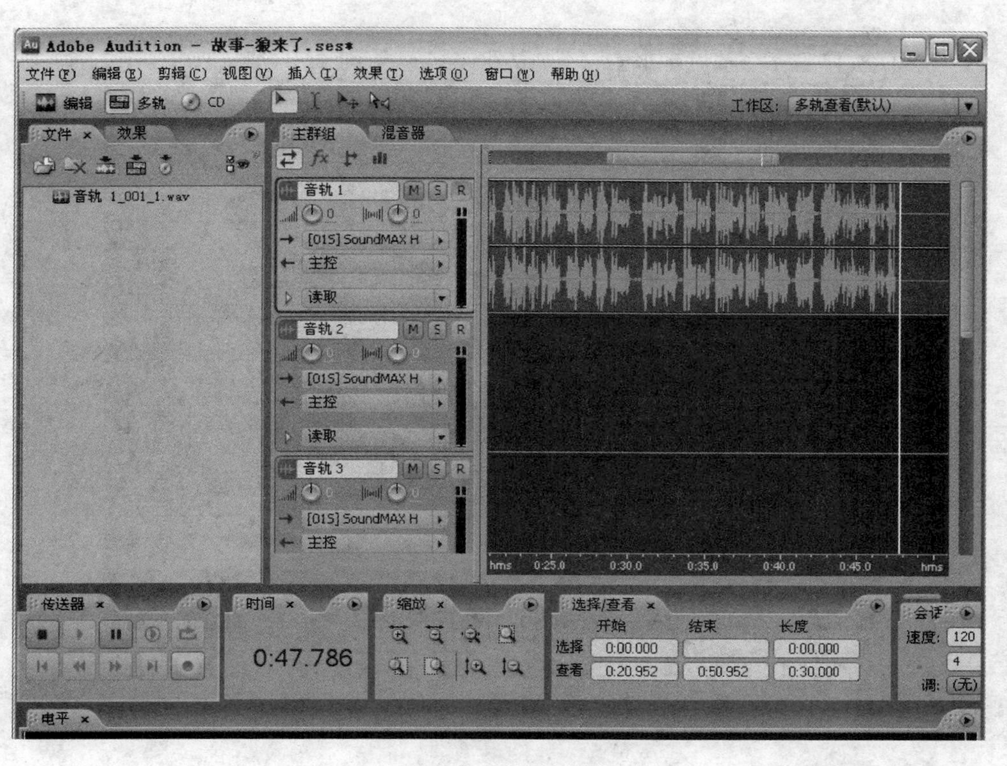

图 6-33　多轨录音

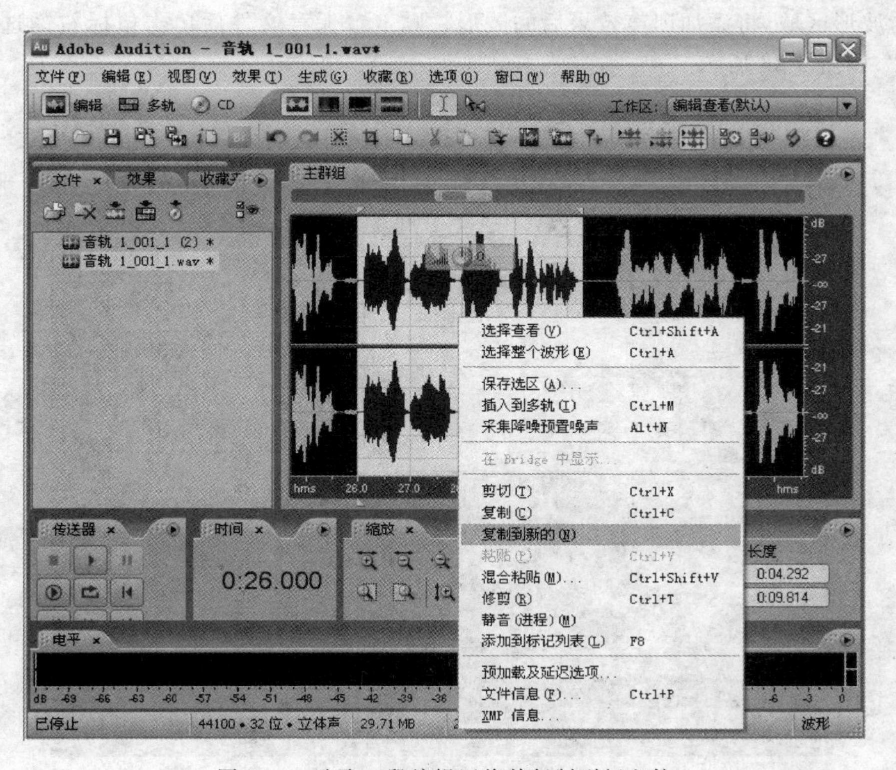

图 6-34　选取一段编辑区将其复制到新文件

图 6-35 为新文件添加回声效果后的波形图

(7) 在文件列表中双击录音文件,使其波形图出现在面板中。用鼠标选中“小孩叫喊狼来了”的波形区域,将添加回声效果后的波形粘贴上。保存文件后单击鼠标右键选择“插入到多轨”,如图 6-36 所示。

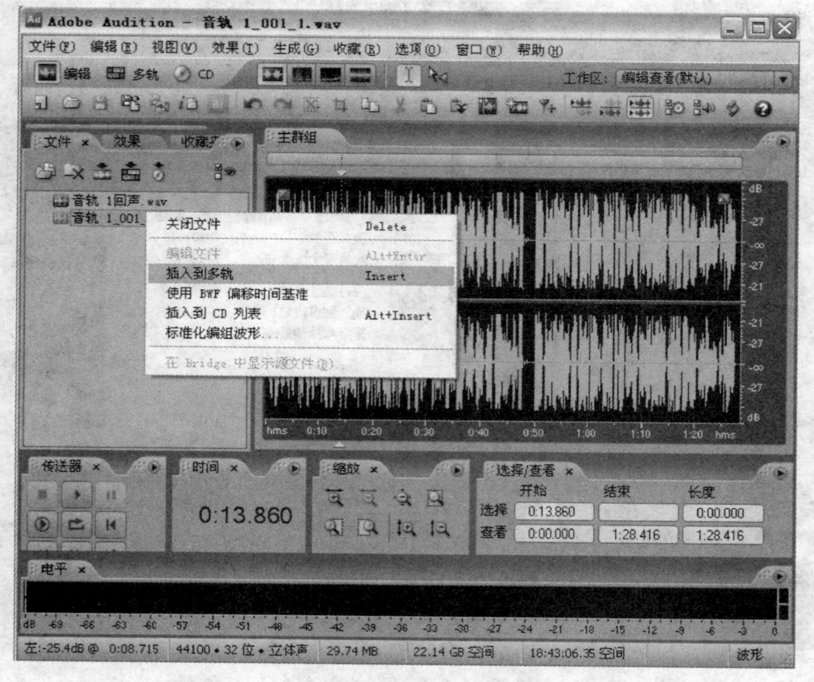

图 6-36 将编辑过的录音文件重新插入多轨

(8) 在多轨界面中导入开头结尾用到的背景音乐，小孩的笑声，以及羊的叫声等音效。所要混合的两个音频素材采样频率不一样的话，Audition 会自动提醒转换采样类型，如图 6-37 所示。将这些音频素材分别拖至各个音轨中。按住鼠标右键将每个素材都拖至其所在音轨的适当位置。比如录制的故事拖至距开始 10 秒处。开始结束的过渡音乐分别放在开头和结尾，并将其长度修剪成 15 秒左右。羊的叫声和小孩的笑声根据故事情节放置。

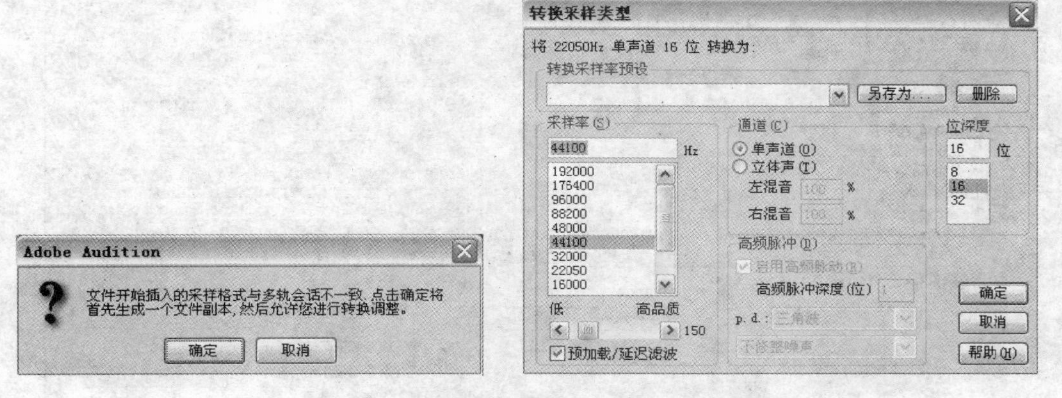

图 6-37 转换采样类型

(9) 单击传送器面板上的播放键 ▶ 试听效果。可以适当使用音轨下方的音量调节按钮适当调整各个素材的音量。使用淡入淡出功能按钮为开头结尾的背景音乐增添淡入淡出效果，如图 6-38 所示。

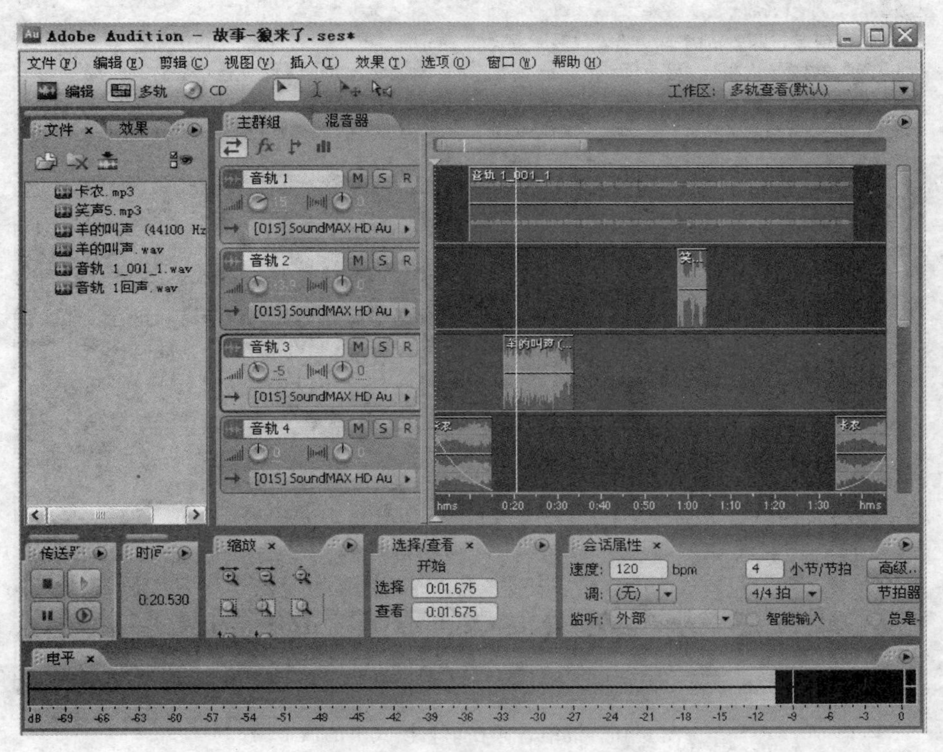

图 6-38 为背景音乐添加淡入淡出效果

(10) 再次试听效果，满意后单击功能菜单“文件”→“导出”→“混缩音频”，在弹出的对话框中为文件命名为“故事-狼来了”并选择保存类型，然后单击“保存”按钮，如图 6-39 所示。导出完毕后，Audition 会自动以单轨模式打开导出的音频文件，如图 6-40 所示。

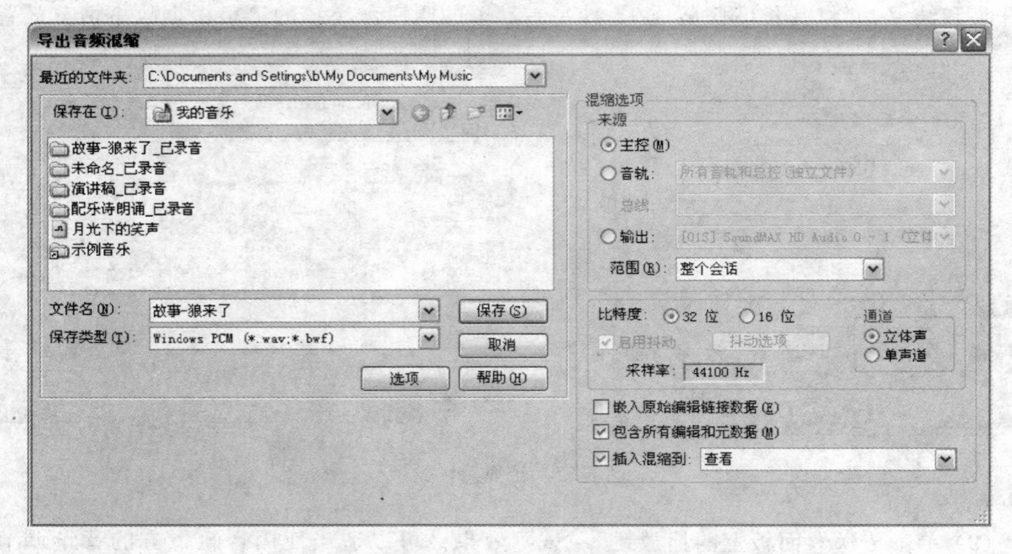

图 6-39 导出混缩音频

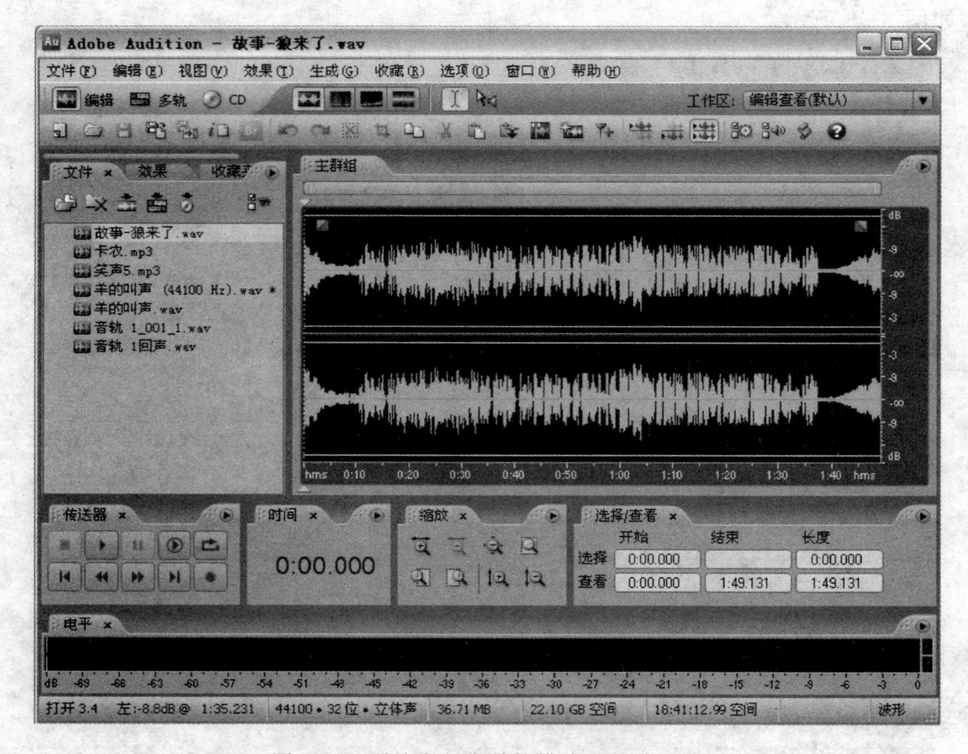

图 6-40 混缩音频在单轨模式下的波形图

四、练习

(1) 录制一段诗歌朗诵,并对其进行适当处理。然后为其配上合适的背景音乐,制作成混缩音频。

(2) 录制一则小故事,并对其进行适当的处理。然后根据人物情节为其配上合适的音效(不少于两个),制作成混缩音频。

(3) 将3个声音素材合成在一起,产生如下效果:夜深了,远处传来阵阵蛙鸣。渐渐的徐缓、轻柔的小号夜曲划破夜空。曲终时,热烈的掌声突然爆发出来。

实验小结

1. Adobe Audition 3.0 的参数设置。具体介绍了3种比较常用的参数设置:常规参数设置、系统参数设置、颜色参数设置。

2. 音频文件的基本操作。具体内容包括:新建文件、打开文件、保存文件和关闭文件。Audition 中对于文件的操作单轨模式下和多轨模式下略有不同。在音频文件的操作中,这4类操作最为常用,要求熟练掌握。

3. 录音操作。分别介绍了在单轨模式下和多轨模式下录制音频文件的方法。

4. 编辑区域操作。学习如何确定编辑区域,并将其展开以进行精细处理。

5. 简单音频编辑。学习删除一段不需要的音频文件、对某一段音频做静音处理、剪贴任意的音频片段。其中要注意与删除声音片段不同的是,变成静音的编辑区域仍然存在,其时间长度不变。

6. 声道编辑。在对立体声音频文件进行编辑时,可以任意选择对其左声道、右声道或是双声道进行删除、静音、粘贴等编辑操作。

7. 学习声音的连接处理。其中包括去掉一段不需要的声音,截取一段声音并复制到另外的位置,使用混合粘贴功能粘贴一段连续的音频文件等操作。

8. 声音的混合处理。学习在多轨模式下编辑多个音频文件,并将其混合导出成一段新的音频文件。

9. 声音的淡入淡出处理。学习为乐曲添加淡入淡出效果使其产生渐近渐远的音响效果。

10. 对录制的声音文件进行降噪处理。Audition 软件中有这样几种常出现的噪音处理方法:消除咔哒声和噗噗声主要针对类似"咔哒"声、"噼啪"声以及噗噗声之类的短时间突发爆破音进行降噪处理;消除嘶声主要针对"咝咝"声进行降噪处理;自动移除咔哒声主要针对类似"咔哒"声、"噼啪"声以及"嘭嘭"声之类的短时间突发爆破音进行降噪处理;采样降噪处理针对的噪音大多是连续的、稳定的、不会有明显变化的。

11. 声音文件格式的转换。可以使用"另存为"转换文件格式或是使用批量转换功能转换文件格式。

12. 为音频文件添加回声效果。在 Audition 中提供了回声和房间回声两种效果。

13. 为音频文件添加混响效果。Audition 为我们提供了4种混响效果,它们是回旋混响、完美混响、房间混响和简易混响。这里我们重点掌握完美混响和简易混响。

14. 掌握在多轨模式下制作混缩音频，从而练习使用并熟练掌握 Audition 的各种操作，例如对录制的音频信号进行适当的编辑，如降噪、静音、剪贴、添加效果等。并且要注意所有参与混合的音频素材如果音频文件的采样频率不一致，要转换采样频率。

自我创作题

1. 制作一段混缩音频描述如下场景：轻缓的音乐渐渐响起，然后小孩的笑声夹杂着“你从哪里来”的喊声和回声。突然一阵宁静之后，只有小孩清脆的笑声在响。

2. 任意选取一些音频素材如乐曲、语音、音效，并通过 Audition 中的录音、音乐编辑、添加效果、混合处理等功能，制作一段个性的手机铃声。

第7章 视频素材及其处理技术

外部的视频信号(一般是模拟信号)必须将其采集到计算机中进行处理,但是由于计算机处理的信号是数字信号,这就需要视频卡将模拟信号转换为数字信号,再由 Premiere 6.5 进行采集信息及处理。

本章实验要点

- 视频信息的采集。
- 视频的基础剪辑。
- 视频的过渡转场效果。
- 视频的滤镜的使用。

实验一 视频信息的采集和播放

一、实验目的与要求

(1) 掌握使用 1394 接口与 USB 接口和摄像机的连接方法,学会使用 Premiere 6.5 对采集视频信息进行正确设置。

(2) 掌握 Premiere 6.5 使用的基础,包括 Premiere 6.5 的安装与删除,以及启动和退出,桌面环境和各个窗口的操作。

二、预备知识

(1) 由于计算机只能处理数字信号,因此我们首先要考虑如何获取数字视频。获取数字视频主要有两种方法。

① 将模拟视频信号数字化。即将由摄像机等外部设备获得的模拟信号经视频卡数字化后采集到计算机中,把数据加以存储。

② 直接获得数字视频。即由数字摄像机直接获得数字视频,然后经 USB 2.0 接口或 1394 卡经软件采集到计算机中。

(2) Premiere 6.5 可以支持模拟信号和数字信号的采集。

① 使用视频采集卡(比如 ISDAK 益视达卡)可以连接老式的模拟摄像机或录像机(比如松下 M1000)经 Premiere 6.5 采集以 avi 格式存入计算机。

② 如果使用的是新式数码摄像机(比如索尼 SR45E),一般都带有 USB 2.0 接口可与计算机直接连接,使用 Premiere 6.5 采集以 mpeg 等格式存入计算机即可;或者使用 1394 卡把信号输入计算机由 Premiere 6.5 采集以 mpeg 等格式存入计算机。

(3) IEEE 1394 的定义和特点：1394 卡的全称是 IEEE 1394 Interface Card，它是 IEEE 标准化组织制定的一项具有视频数据传输速度的串行接口标准。它支持外接设备热插拔，同时可为外设提供电源，省去了外设自带的电源，支持同步数据传输。IEEE 1394 接口最初由苹果公司开发，早期是为了取代并不普及的 SCSI 接口而设计的，英文取名为 FIREWIRE。

(4) Premiere 6.5 是 Adobe 公司开发的一种专业化视频非线性编辑软件，它能配合多种硬件进行视频捕获和输出，并提供各种精确的视频编辑工具，在多媒体制作领域中，Premiere 6.5 起着举足轻重的作用，能制作广播级质量的视频文件；能轻松地导入 3ds max、Animator Studio 制作的动态视频或 Photoshop 制作的静态图像文件，并可以对截取的实物影像进行剪辑和特技制作；能轻易地采集面向 Web 的数码视频(DV)；能将各种各样的工具制作出的视频作品输出成最先进的 Web 流视频格式或者其他媒体格式。Premiere 在网页开发方面已成为主要的素材制作工具之一。

三、实验内容

1. 掌握数字摄像机与计算机的连接方法

本次实验设备为：索尼 SR45E 数码摄像机一台，如图 7-1 所示；一个 IEEE 1394 卡；USB 连接线和 1394 连接线各一根。

方法一：使用 1394 卡连接摄像机与计算机

(1) 安装 IEEE 1394 卡。

① 在主板中(计算机)找到 PCI 插槽，如图 7-2 所示。

图 7-1 数码摄像机

图 7-2 PCI 插槽

② 卸下机箱的屏蔽片，如图 7-3 所示。

③ 选择合适的 1394 卡位置(可以是任意位置)装入 1394 卡，并压紧。

④ 用螺丝固定 1394 卡的挡板。

⑤ 把 1394 线插入 1394 卡中，如图 7-4 所示。

(2) 开机后 Windows XP 系统会自动发现新硬件，并可以使用了，如图 7-5 所示。

(3) 在设备管理器里增加了 1394 设备(即 1394 卡)，如图 7-6 所示。

(4) 用 1394 线将摄像机和计算机的 1394 卡连接起来。

(5) 将摄像机打开至拍摄挡或回放挡。

图 7-3　卸下屏蔽片

图 7-4　插入 1394 线

图 7-5　发现新硬件

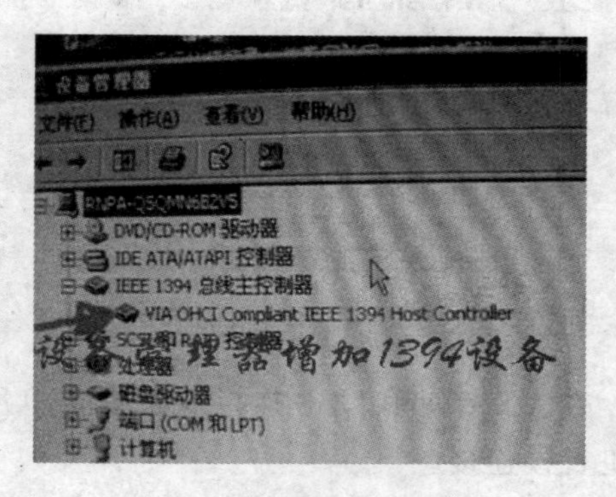

图 7-6　增加 1394 设备

(6) 启动 Premiere 6.5 后，执行下列操作。

① 选择 File→Capture→Movie Capture 命令，打开 Movie Capture 窗口，单击 Edit 按钮，打开采集设置对话框，在 Capture Format 框中单击“向下”按钮弹出下拉列表，在这里选择 DV/IEEE 1394 格式。

② 单击 DV Settings 按钮，弹出设置对话框，选中全部复选框。

③ 在此对话框中反复单击 Prev 按钮，会依次弹出相应的对话框，做相应的设置如图 7-7 和图 7-8 所示。

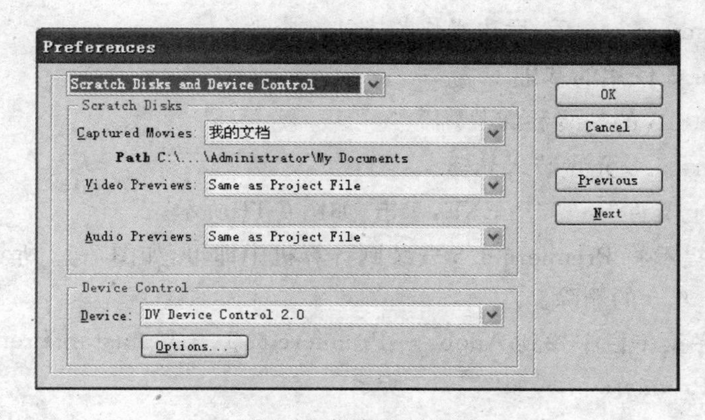

图 7-7　优先设置选项

④ 设置好后，单击 Save 按钮，在弹出的对话框中输入名称及描述后存盘。

⑤ 单击 OK 按钮弹出采集窗口，单击▶按钮开始播放摄像机中的磁带，单击◀| |▶按钮可以向前或向后倒带，单击◀ ▶按钮可以向前或向后播放，单击◀◀ ▶▶ ‖ ● { }按钮进行录制/暂停等操作，如图 7-9 所示。

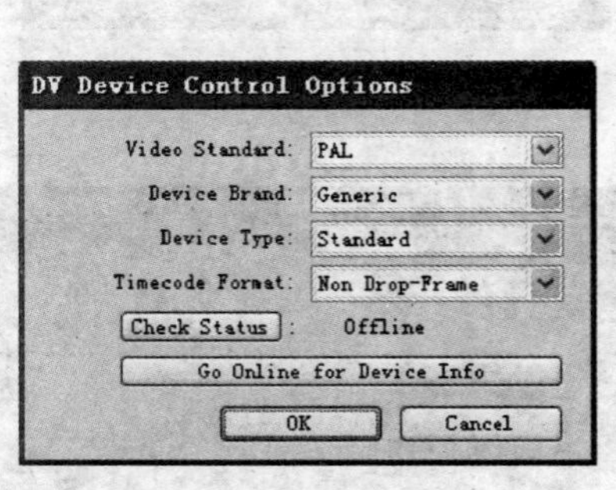

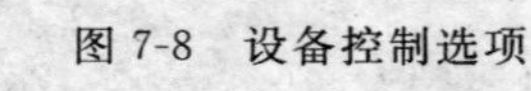
图 7-8　设备控制选项

图 7-9　操作界面

方法二：使用 USB 连接线如图 7-10 所示，将摄像机与计算机直接连接。

图 7-10　USB 连接线

(1) 安装随数码摄像机所带的驱动程序。

(2) 将 USB 电缆连接到摄像机上的 USB 插孔。

(3) 滑动 POWER 开关选择 PLAY/EDIT 模式。

(4) 在摄像机触摸屏上选择 FN→MENU→依次选"↓"→"设定菜单"→"执行"→"↓"→"USB 影像流"→"执行"→"开"→"执行"。单击右上角的"×"。

(5) 将 USB 电缆的另一端连接到计算机的 USB 插孔。

(6) 计算机提示发现新硬件，按"向导"提示进行安装。安装完毕后，计算机上自动出现 USB Streaming tool 界面。

(7) 启动 Premiere 6.5 后，后边操作与方法一类似。

2. Premiere 6.5 使用的基础

(1) Premiere 6.5 的安装和卸载。

① 将 Premiere 6.5 光盘装入光驱。

② 找到光盘上文件 SETUP.EXE，双击，如图 7-11 所示。

③ 依照安装提示将 Premiere 6.5 安装到计算机中即可，如图 7-12 所示。

(2) Premiere 6.5 的删除。

在"开始"程序菜单栏中找到 Adobe →Premiere 6.5 → Uninstall Premiere 6.5，按照提示操作即可删除 Premiere 6.5，如图 7-13 所示。

图 7-11 安装界面

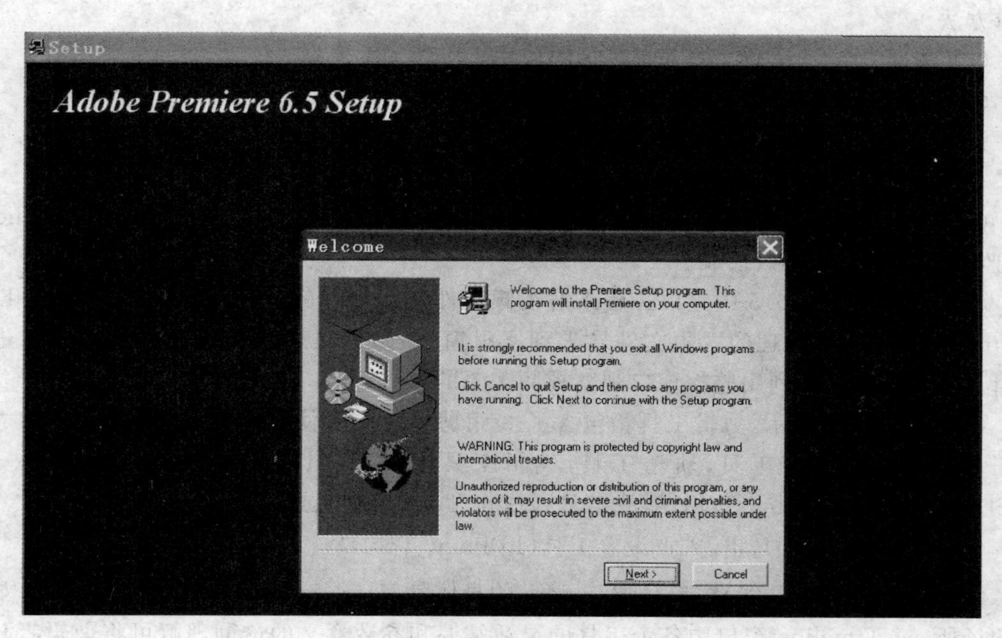

图 7-12 安装欢迎界面

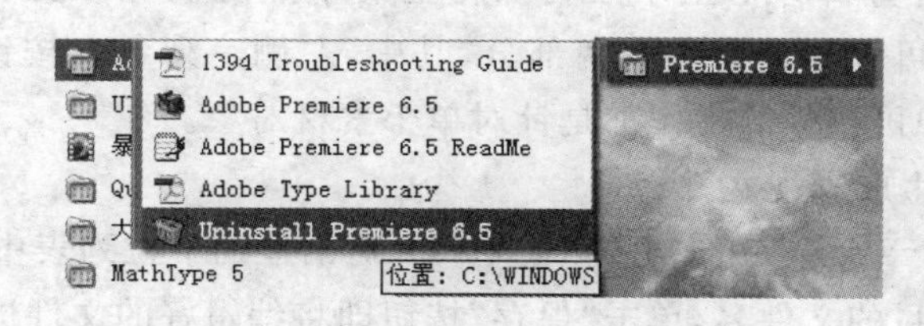

图 7-13 删除 Premiere 6.5

四、练习

1. 用摄像机拍摄一段影片，将其采集输入计算机予以保存。

2. 练习安装和删除 Premiere 6.5，熟悉其工作界面。

实验二 Premiere 6.5 基本操作

一、实验目的与要求

一般来说，视频素材采集到计算机中通常以标准的视频文件格式存储，其中以 *.avi 和 *.mpg 两种格式最为常见，采集的视频素材还需要进一步的编辑处理，才能作为最终的作品输出。Premiere 6.5 是 Adobe 公司开发的一种专业化视频非线性编辑软件，在多媒体制作领域中，它起着举足轻重的作用，利用它可以很方便地制作广播级质量的视频文件。本次实验的主要目的如下。

(1) 掌握 Premiere 6.5 对文件的操作方法。

(2) 掌握通过 Premiere 6.5 视频编辑软件对两段视频进行剪辑合成，了解基本的视频剪辑方法。

(3) 掌握 Premiere 6.5 的基本工具的使用。

(4) 掌握 Premiere 6.5 的系统参数的设置。

二、预备知识

(1) Premiere 6.5 的工作界面主要由标题栏、菜单栏、项目窗口、素材窗口、Timeline 窗口、监控窗口和活动面板组成。

(2) 在 Premiere 6.5 中是以工程来对视频文件进行处理的，保存为. ppj 文件。可以利用 Import 选项将要处理的视频文件导入到素材窗口，然后在 Timeline 窗口中对素材进行编辑。在编辑过程中利用监控窗口观察视频编辑的效果。

(3) 如图 7-14 所示，剪辑工具箱包含了 8 组剪辑时需要使用到的工具按钮：即选择工具，轨道工具，编辑工具，活络工具(Slip Tool)，移动手工具 Hand Tool，缩放工具(Zoom Tool)，渐变或联结工具(Cross Fade Tool)，出、入点设置工具(In Point Tool)。

图 7-14 剪辑工具箱

(4) Timeline(时间线)窗口是 Premiere 的身体骨架。Timeline 窗口是所有素材一显身手的场所，对 Timeline 窗口中各个工具的灵活掌握和参数意义的透彻理解可将剪辑者从软件中解脱出来，在以后剪辑时不至于因为操作上的不熟练而导致剪辑效果上的折扣。对 Timeline 窗口的了解可以划分为左右两部分，其中，左侧一列各个按钮的功能是针对素材整体对象，右侧一列中可执行的操作都是针对单个素材对象。

(5) 保存项目和生成影视文件。

① 选择 File→Save 命令，在弹出的 Save File 对话框的下拉列表中选择要保存的路径，并在文本框中输入项目的文件名，单击“保存”按钮即将编辑好的文件进行存储。

② 选择 File→Export Timeline→Movie 菜单命令，打开 Export Timeline 对话框。在对

话框中选择要存入节目的路径，并在"文件名"文本框中输入节目的文件名，单击 Save 按钮弹出渲染提示框。生成后，会出现一个播放器，单击"播放"按钮，就可以看到制作的节目效果了。

③ 节目完成以后，需要裁剪，例如将某节目导入素材视窗，在素材视窗中再次设置入点和出点，然后将视频素材的剪裁结果拖动到 Timeline 窗口，最后再次保存最终结果。

三、实验内容

将给定文件夹中的两段视频文件导入工程，并对它们运用基本的编辑方法，编辑成一个完整的视频文件。

(1) 首先在桌面下方的任务栏中单击"开始"按钮，并在弹出的"程序"菜单中选择 Adobe Premiere 6.5，启动 Premiere 6.5 视频编辑程序。

(2) 启动 Premiere 6.5 后，弹出启动界面，如图 7-15 所示。

图 7-15 Premiere 启动界面

接着出现图 7-16 所示的 Load Project Settings 装载项目参数设置对话框。该对话框列出了常用的编辑项目设置，选择一种设置进行工作。每一个现成的预设都是经过优化的，选择一项预设后，右边的描述框中显示该预设的简要描述。这里选择默认的 Video for Windows(制作的是 avi 文件)。

(3) 如图 7-17 所示，在菜单栏中单击 File 选项，并在随即弹出的下拉菜单中选择 Import 命令，再选择 File 即导入一个视频文件。

(4) 程序随即弹出 Import 对话框，如图 7-18 所示，选中"天空. avi"视频素材。单击"打开"按钮。

(5) 如图 7-19 所示，在监视器 Monitor 中选中 dual view 双监视器图标。

(6) 然后在素材窗口中选中"天空. avi"。注意鼠标成手形时单击将其拖放到 Monitor 中的 Source 素材监视器中。则出现如图 7-20 所示的效果。

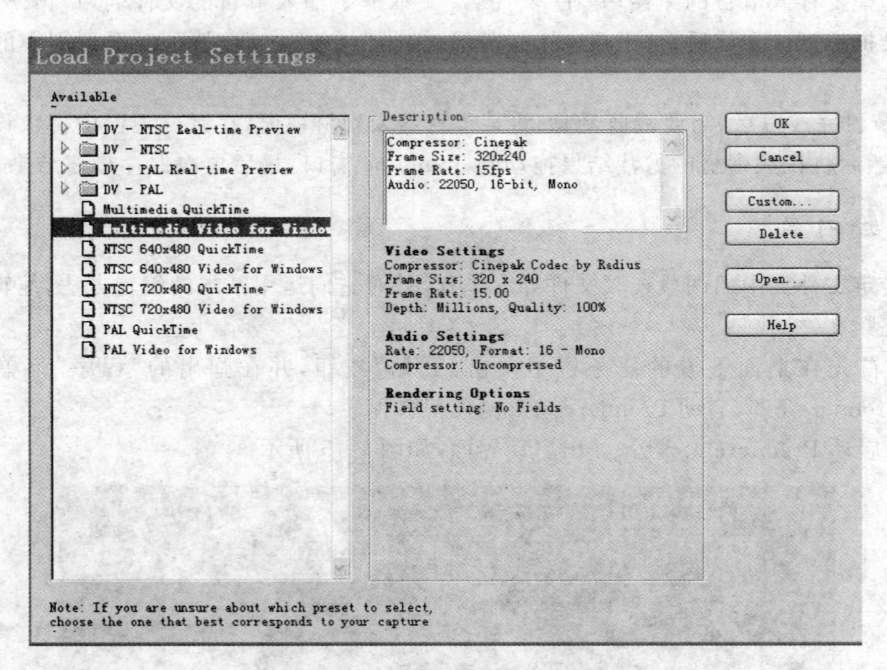

图 7-16　参数设置对话框

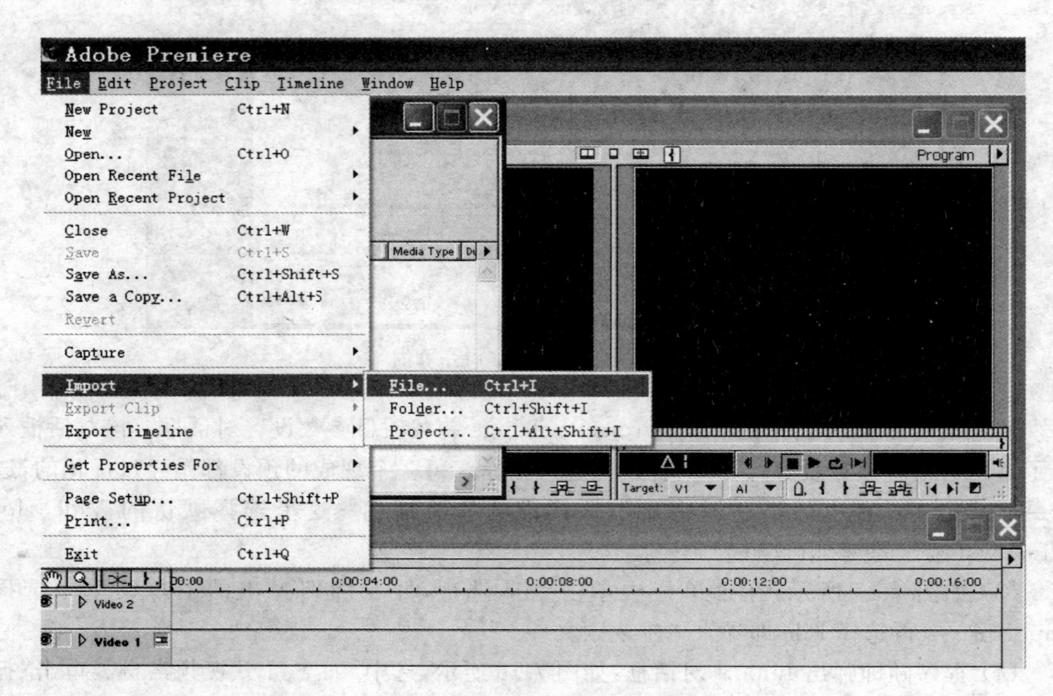

图 7-17　导入视频文件

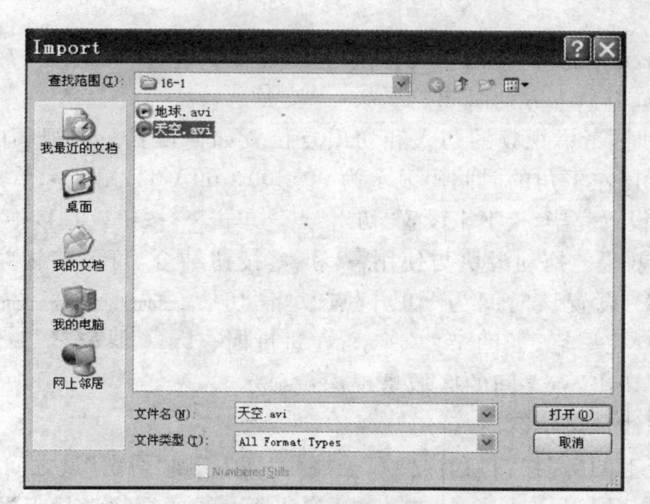

图 7-18　导入路径及文件

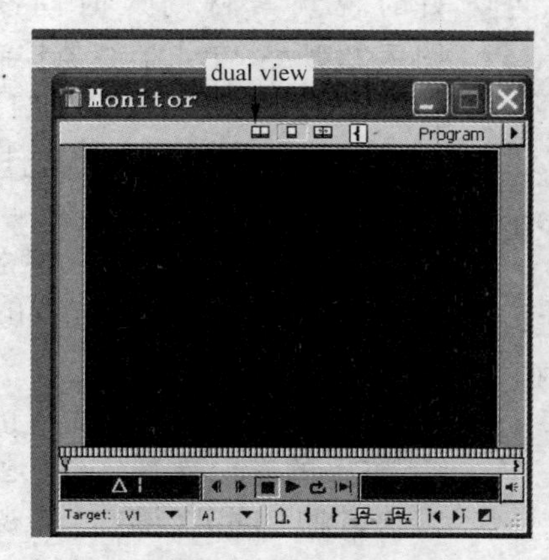

图 7-19　监视器界面

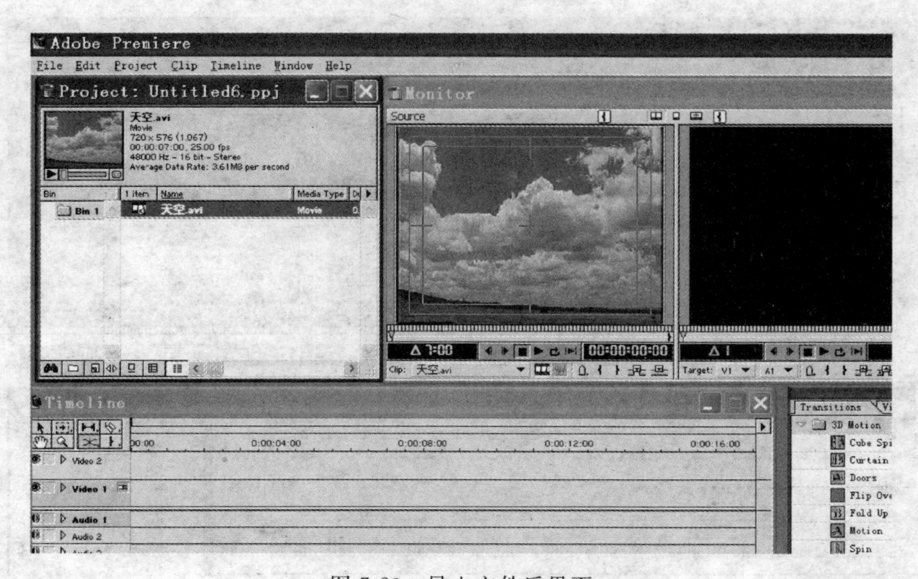

图 7-20　导入文件后界面

(7) 单击 Source 素材监视器的 按钮，便可以预览素材“天空.avi”。在视频播放的同时，可以注意到预览窗口下方的时间码。

(8) 播放的同时，考虑视频的切入和切出点位置如何设置。将视频的开始位置设为切入点。此时预览窗口左下角的时间码显示为 00：00：00：00，用鼠标单击 切入按钮。

(9) “切入”点设置完毕，接下来设置“切出”点。单击 按钮或直接拖动播放进度时间线上的进度滑块预览效果。拖动滑块与使用 和 按钮结合，可以将视频定位在 00：00：04：00 处，单击 设置该时间为“切出”点。当“切入”和“切出”点设置完毕后，如图 7-21 所示，在进度时间线上，“切入”和“切出”点之间的区域呈现深色显示，而其余部分则呈现浅色显示。

图 7-21　进度线

单击控制面板上的 按钮，程序便只会播放“切入”和“切出”点之间的视频。

图 7-22　插入选择

(10) 确认所剪辑的视频素材无误后，接下来将剪辑好的视频素材调入时间线 Timeline 编辑窗口。如图 7-22 所示，单击监视器控制面板上的 按钮，程序便将切入切出段的视频素材调入时间线 Timeline。

(11) 由于所导入的文件中包含视频和音频，因此调入的视频剪辑分别占据视频和音频两个轨道。可以使用右侧 Program 监视器的 按钮播放，这时 Program 监视器上的时间滑块与 Timeline 上的时间滑块同步滑动，如图 7-23 所示。

(12) 接下来导入第二个视频文件。按照步骤(3)到步骤(6)的操作导入文件“地球.avi”。从监视器窗口下方的时间码可以得知，该视频素材的总长度为 00：00：05：27，如图 7-24 所示。

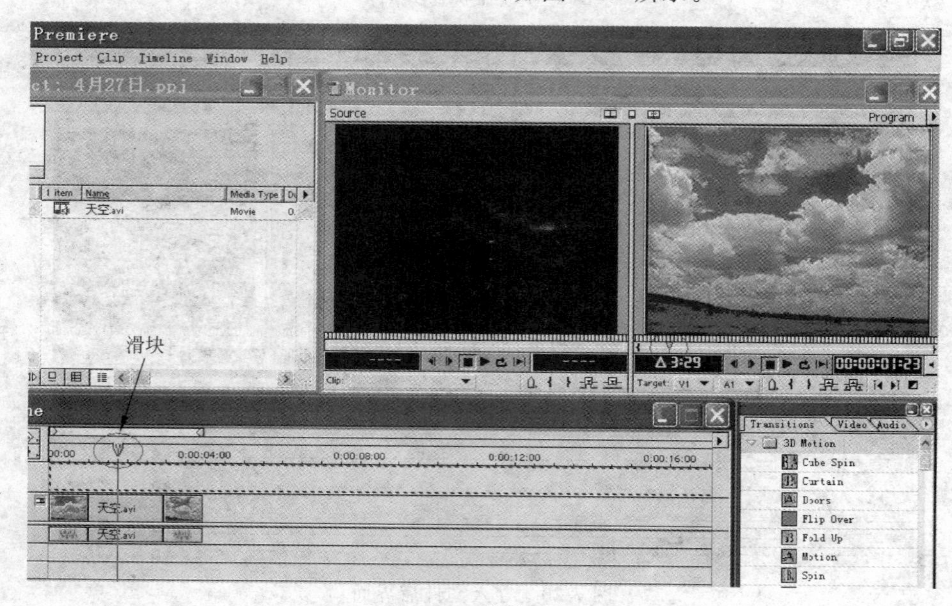

图 7-23　滑块选择

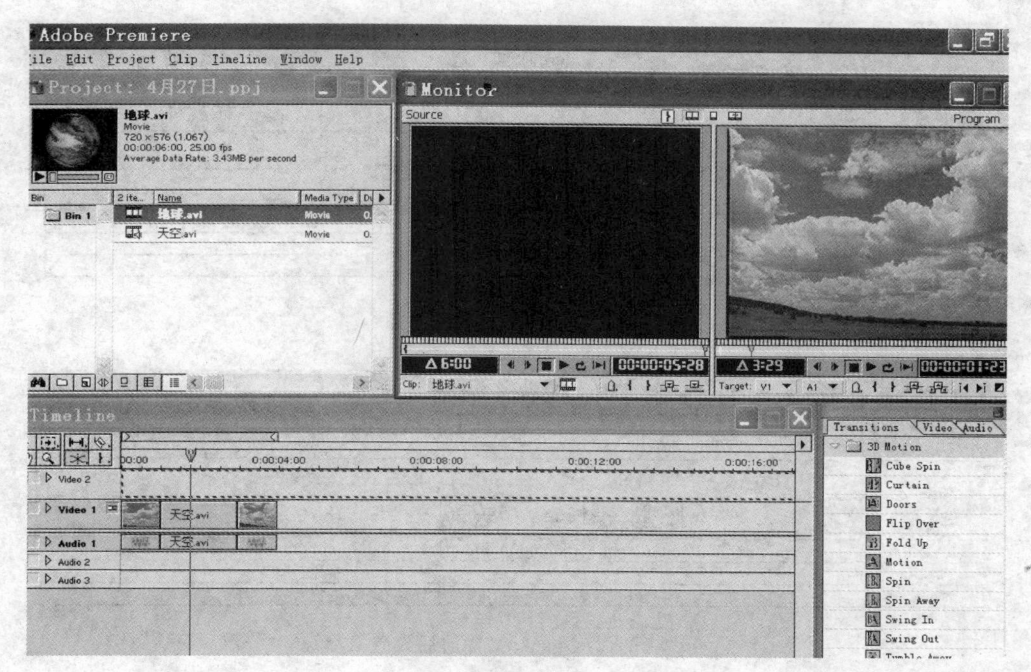

图 7-24　时间码

(13) 如图 7-25 所示,同样按照步骤(8)和步骤(9)进行设置,将“切入”点设置在 00：00：00：00 处,将“切出”点设置在 00：00：04：20 处。

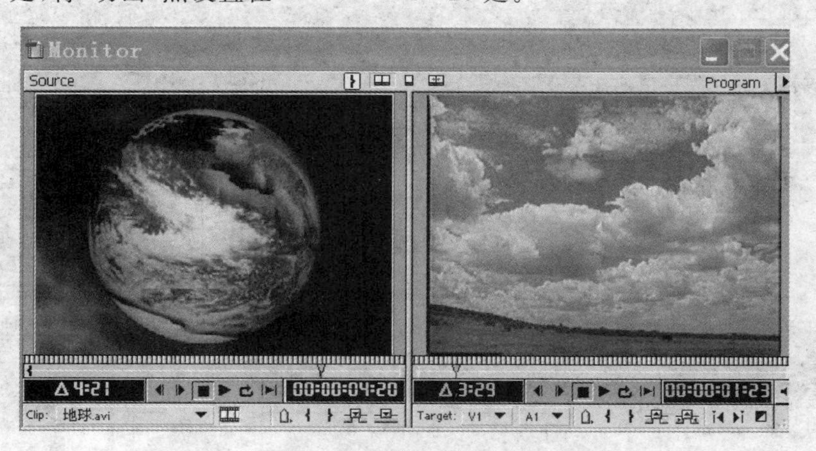

图 7-25　两个视频片段

(14) 两个视频剪辑片段编辑完成后,下面准备对这两个视频剪辑进行编辑。首先考虑创作思路,应该是先出现地球的旋转,之后画面切换到天空云彩的场景。由于是先出现地球的视频场景,故如图 7-26 所示在 Timeline 窗口中,用鼠标将时间滑块拖至起始点 00：00：00：00 作为插入地球场景的位置。

(15) 调整好插入位置后,移动鼠标至“监视器”窗口,同步骤(10)一样,单击监视器控制面板上的 按钮。如图 7-27 所示,在 Timeline 窗口中剪辑后的视频素材“地球. avi”被插入到视频素材“天空. avi”的前面。

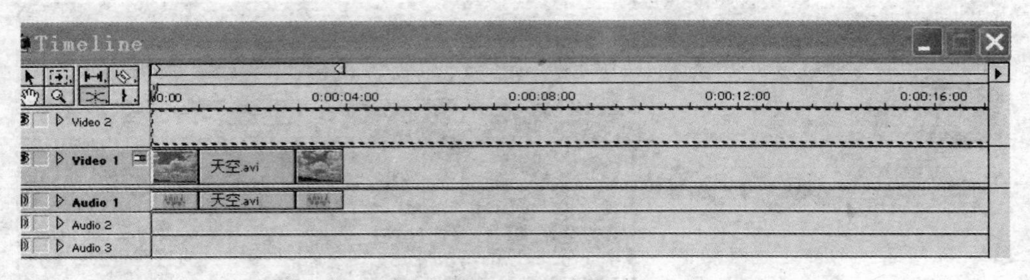

图 7-26　插入"地球"场景

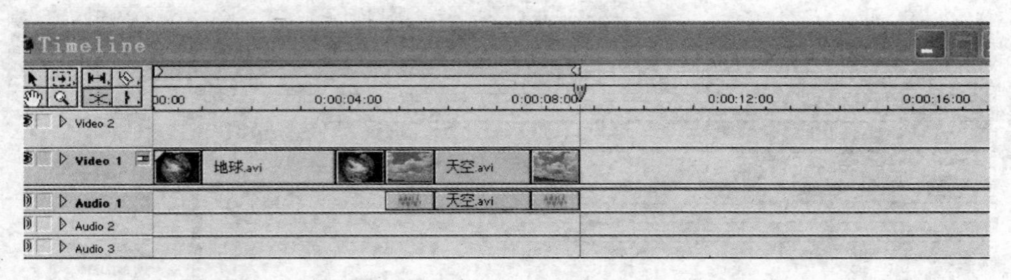

图 7-27　插入位置前后设置

（16）此时可以通过使用 Program 监视器控制面板的▶按钮来观看视频效果，如图 7-28 所示。

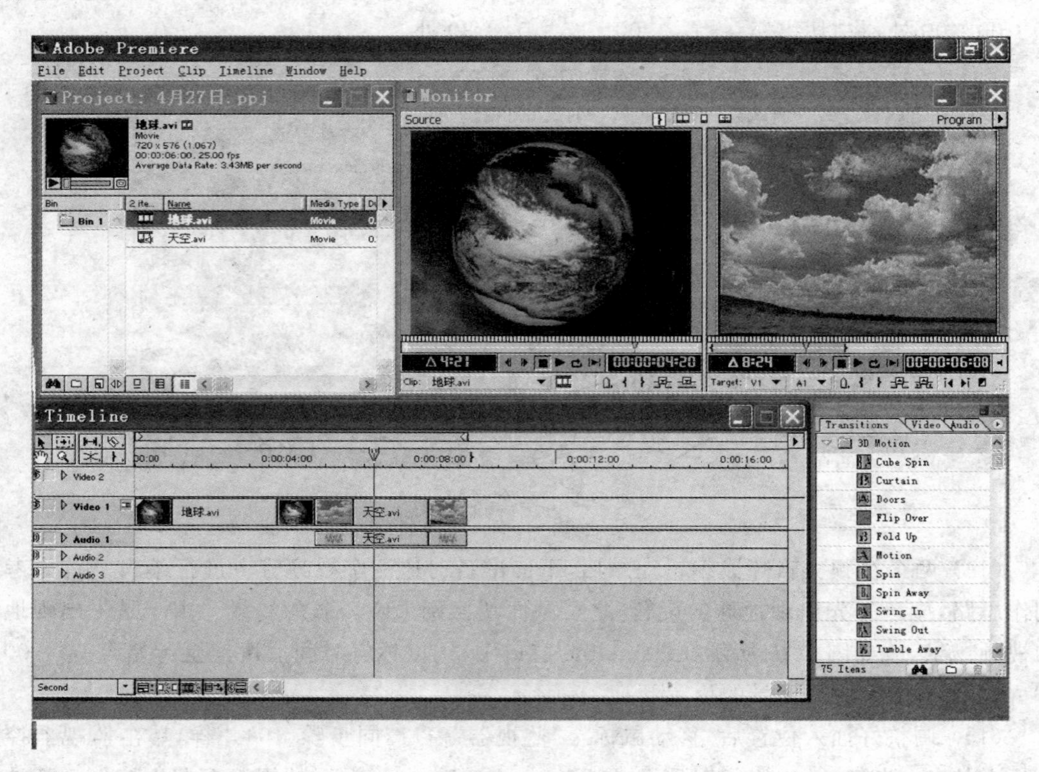

图 7-28　视频效果

(17) 通过播放，感觉“地球.avi”视频剪辑的结尾处还需要再裁掉一点视频，以使两段视频的衔接更加连贯。这时可以使用位于 Timeline 窗口左部的剪辑工具箱面板中的 Razor 工具实现剪辑操作，如图 7-29 所示。

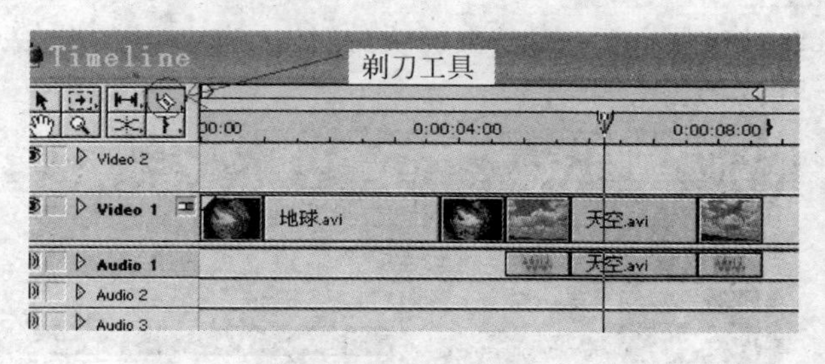

图 7-29 剪辑操作

(18) 为了使剪辑精确，可以使用剪辑工具箱的放大镜，先用鼠标单击工具后，再移动至 Video 1 视频轨道的“地球.avi”上单击，如图 7-30 所示，可以看见轨道的时间单位精度提高了。也可以使用键盘的“+”或“-”进行放大或缩小单位时间。

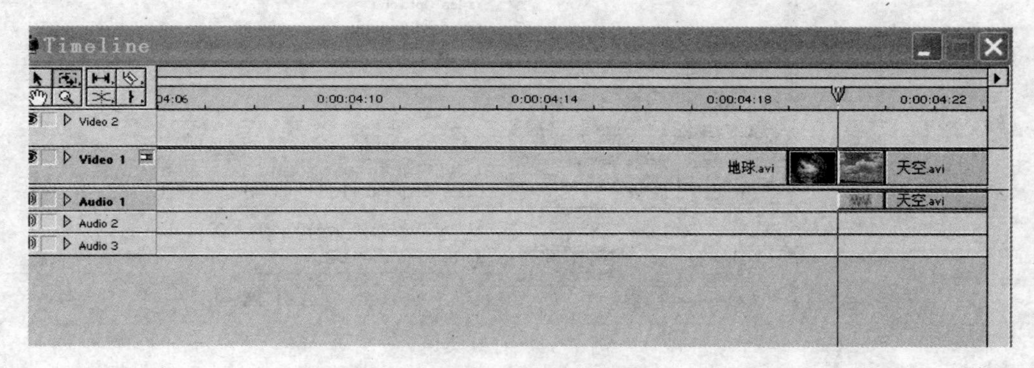

图 7-30 使用放大镜工具

(19) 将视频剪辑的时间精度放大后，拖动时间滑块，使时间标线位于 00：00：04：10 的时间点上。在剪辑工具箱中单击剃刀工具，然后将鼠标移动至“地球.avi”的时间标线上单击，如图 7-31 所示，经操作后“地球.avi”变成了两个视频片段。

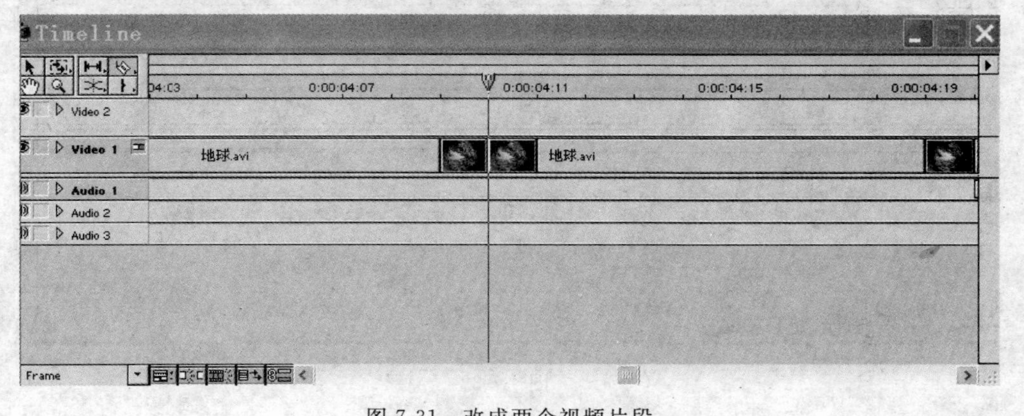

图 7-31 改成两个视频片段

(20) 接下来的操作是将相对于后面的“地球.avi”剪辑段清除。这里 Premiere 6.5 提供了两种清除方法。

方法一：将鼠标移到第二个“地球.avi” 剪辑段上，单击右键弹出如图 7-32 所示的菜单，选择 Ripple Delete 波纹删除后，第三段视频剪辑“天空.avi”的开始点已经与第一段“地球.avi”视频剪辑的结束点无缝连接了。

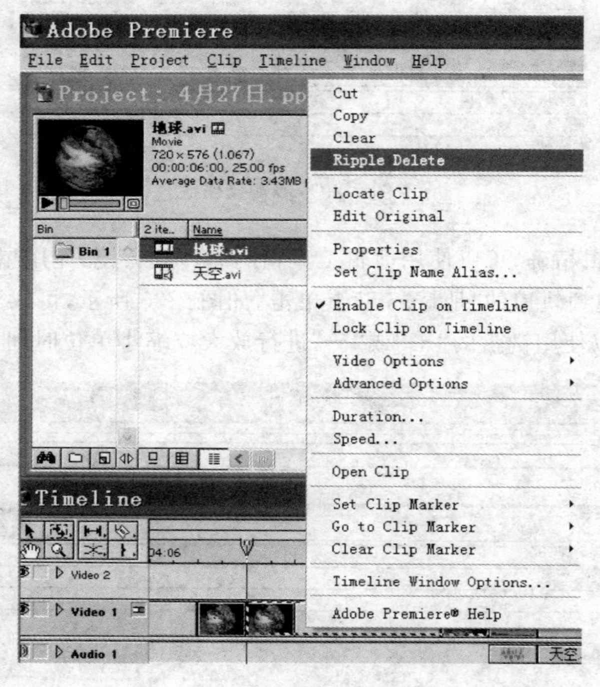

图 7-32　右键菜单

方法二：在图 7-32 中选择 Clear 清除命令，可以看见如图 7-33 的效果。第二段“地球.avi”剪辑段在 Video 1 轨道上消失了，但是在第一和第三段视频剪辑片段的中间空出了一段没有素材的空间。长度与第二段“地球.avi”剪辑段的长度相等。

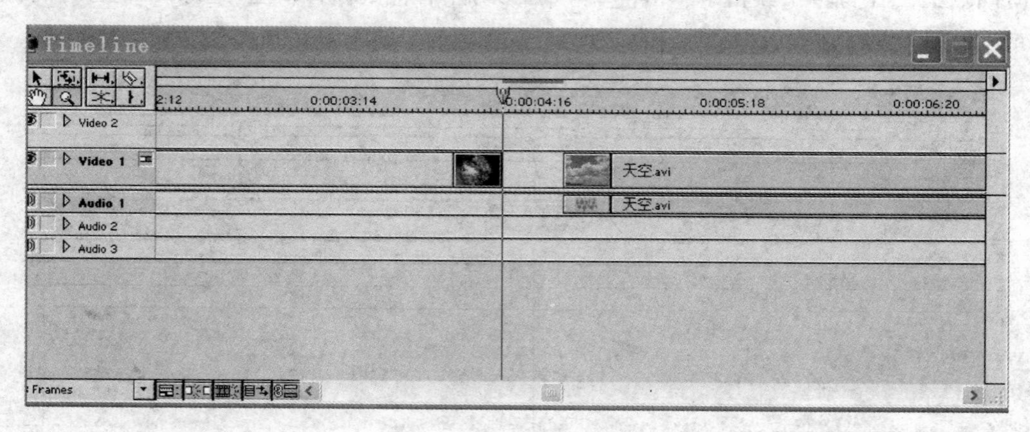

图　7-33

接着需要将第三段视频段前移与第一段视频段拼接。使用剪辑工具箱的选择工具，将其移动至“天空.avi”上，单击并向左拖动第一段视频段“地球.avi”的结尾处。注意要向左拖动第一段视频段“天空.avi”直到拖不动为止，表示这两段视频之间已无空隙。此时也出现图 7-33。

(21) 至此两段视频的剪辑工作完成了。可以对两段视频片段进行预览，检查剪接的片段是否连贯。确认无误后，接下来还需要对播放的视频效果进行修饰。通过预览，发现“天空.avi”视频段云朵的变换快了一些。为了使整个画面看起来更协调，下面对第二段视频剪辑的速度进行必要的调整。

(22) 将鼠标移至 Timeline 窗口，单击选中“天空.avi”视频剪辑段，此时该视频剪辑段的四周被虚框所包围，单击鼠标右键，出现如图 7-32 所示的弹出菜单。选择 Speed 选项，弹出如图 7-34 所示的对话框，在 New Rate 速度选项文本框中输入 60%(即速度变为原来的 60%)。

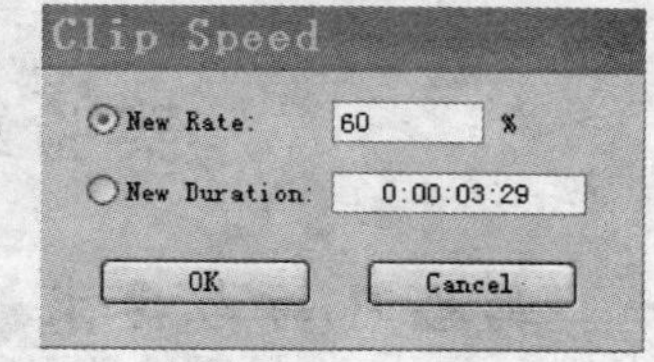

图　7-34

(23) 设置完毕后，单击 OK 按钮，如图 7-35 所示，在 Timeline 窗口中可以看见“天空.avi”剪辑片段的持续时间延长了。

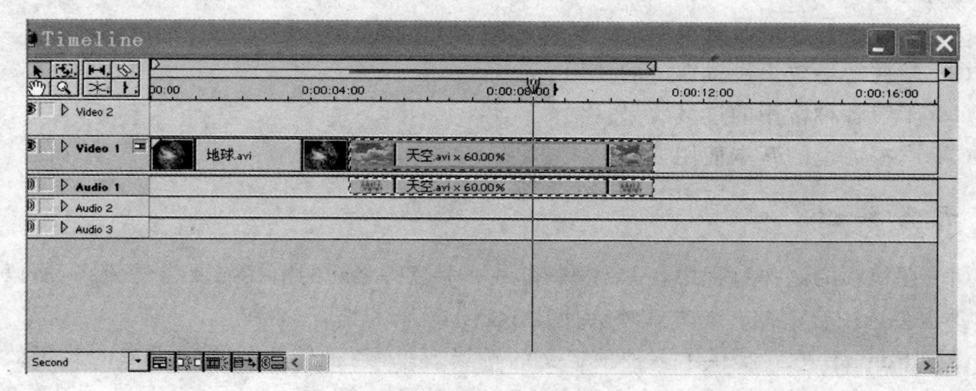

图 7-35　设置后效果

(24) 由于本次制作暂不需要音频，单击剪辑工具箱的轨道选择工具，这是单轨道选择，单击 Audio 1 的“天空.avi”音频段，按住键盘的 Delete 键。即可删除“天空.avi”音频段。效果如图 7-36 所示。

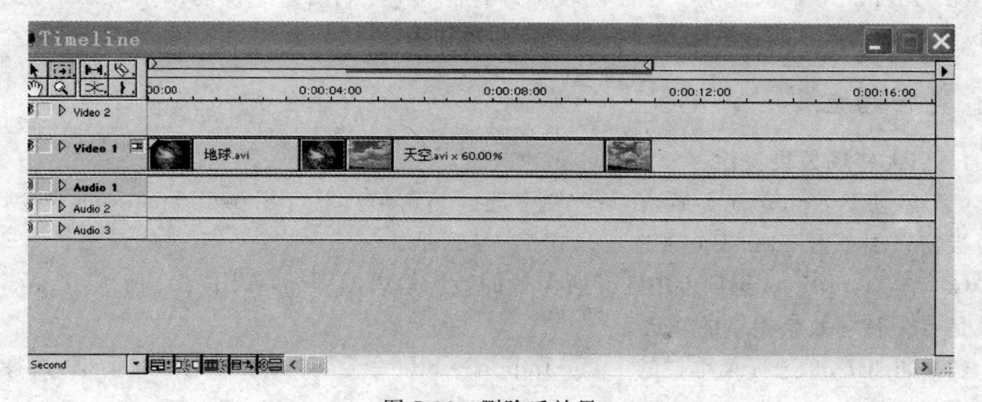

图 7-36　删除后效果

(25) 在 Timeline 中观看编辑的视频效果，确认无误后用鼠标单击菜单栏中的 File 菜单项，并在随即弹出的下拉菜单中选择 Save 保存至合适的文件夹即可。

四、练习

(1) 启动 Premiere 6.5 打开其每个菜单，了解各个系统参数的设置方法。

(2) 从素材库中选择"暴雨来临.avi"视频段和"雨中场景.avi"两个视频剪辑段，按照上面介绍的编辑方法将其剪辑为一个合适的视频文件。

实验三　Premiere 6.5 高级操作

一、实验目的与要求

在 Premiere 6.5 中，过渡和滤镜是非常重要的概念。本实验通过具体的项目实例，了解过渡和滤镜的效果在视频编辑中的特点，掌握过渡和滤镜的基本设置思路以及滤镜的基本使用方法。

(1) 掌握各种转场效果说明。

(2) 掌握转场效果设置窗口的使用。

(3) 了解各种常用的过渡效果。

(4) 掌握滤镜的基本使用方法。

二、预备知识

(1) 在视频的制作过程中，一个镜头和另一个镜头之间的衔接需要自然流畅，所以读者一定要学会选用合适的转场方式才会使片子显得流畅和谐，完整统一。

(2) Premiere 6.5 提供了多种预定义的转场效果，各种转场效果项目中的转场效果是有不同的功效的。

(3) 除了直接使用 Premiere 6.5 提供的多种预定义的转场效果外，还可以使用 Transition Settings 对话框来设置转场效果的参数，以便更好地控制转场效果。

(4) 通过各种特效滤镜，可以对图片素材进行加工，为原始图片添加各种各样的特效。

(5) Premiere 中也提供了各种视频及声音滤镜，其中视频滤镜能产生动态的扭变、模糊、风吹、幻影等特效，这些变化增强了影片的吸引力。

三、实验内容

1. 引入转场效果操作

(1) 启动 Premiere 6.5 后，在菜单栏中选择 Window 中的 ShowTransitions 命令，在转场面板窗口中单击 Transitions 选项，如图 7-37 所示。

(2) 在 Transitions 选项卡中选择所需要的转场效果的图标，如图 7-38 所示，Transitions 区域是专为转场效果提供的轨道。

(3) 如图 7-39 选择菜单栏的 File→Import→File 命令，打开素材选择对话框，选择两个图片素材。

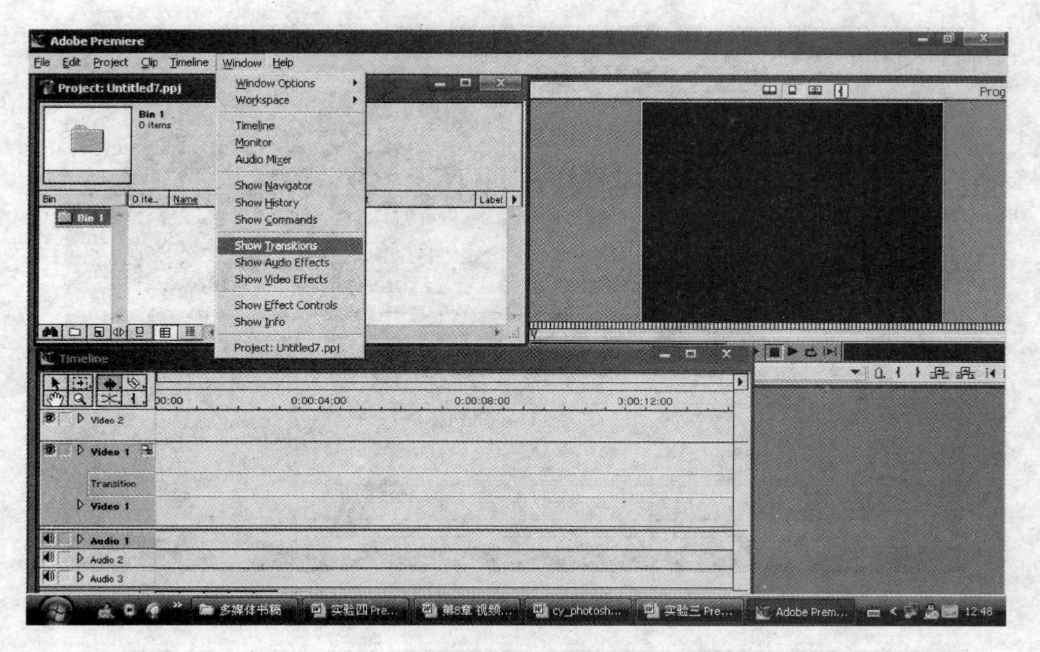

图 7-37　选择 Show Transitions 命令

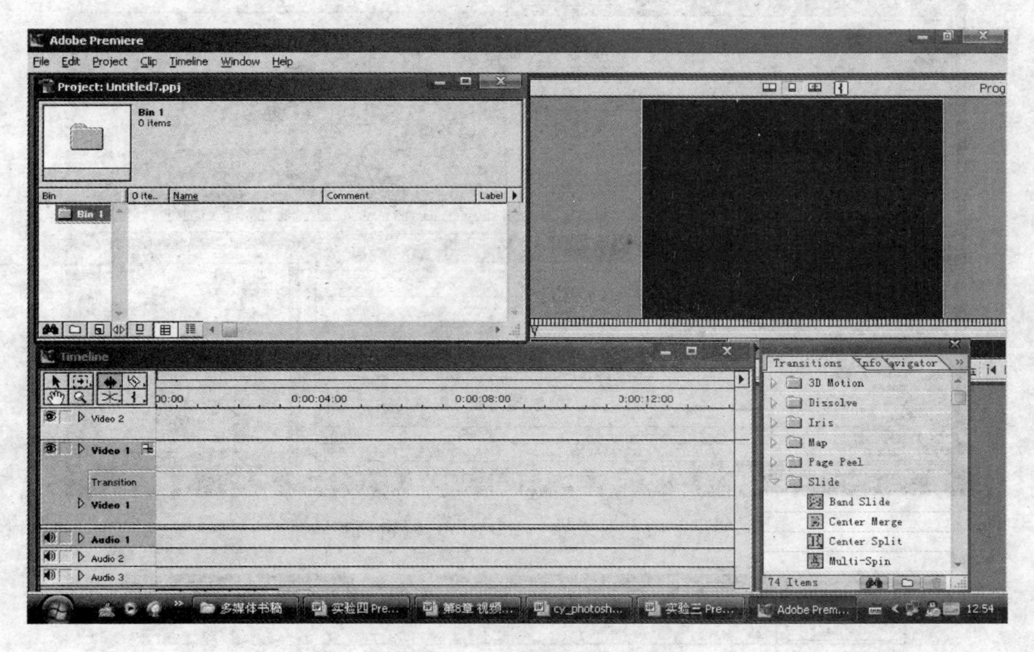

图 7-38　Timeline 编辑窗口

(4) 选择两个图片素材调入到 Project 窗口中，拖动其中的一个素材到 Timeline 窗口中的 Video 1A 轨道中，如图 7-40 所示。

(5) 将另一个素材拖动到 Timeline 编辑窗口中的 Video 1B 轨道中，并使之和 Video 1A 轨道中的素材在时间上有交叠，以便做出转场效果，如图 7-41 所示。

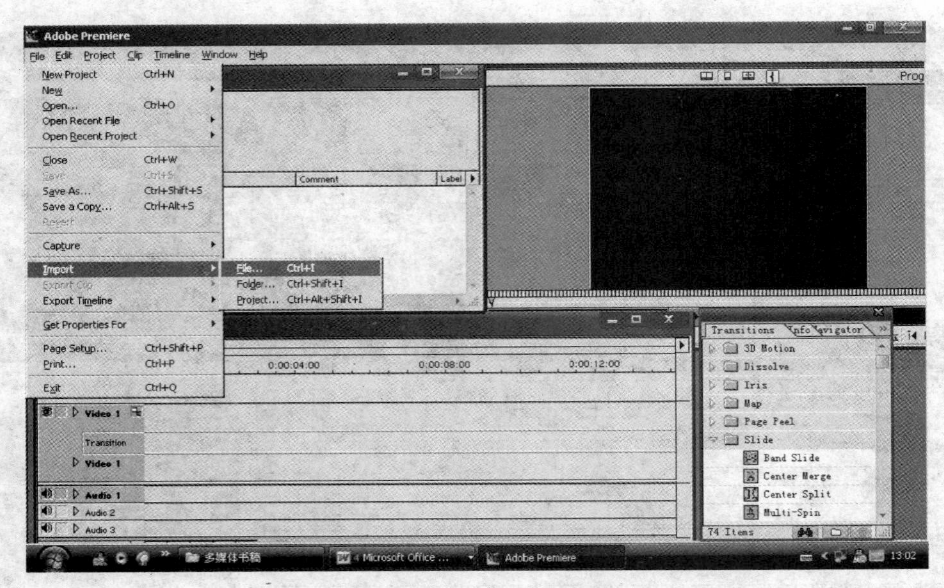

图 7-39　选择菜单栏的 File→Import→File 命令

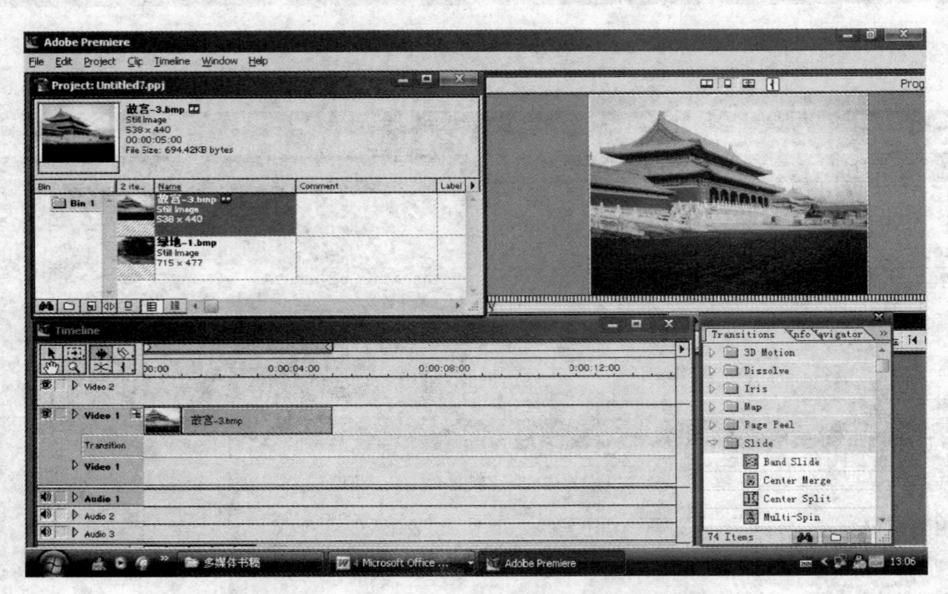

图 7-40　素材导入 Timeline 编辑窗口 1

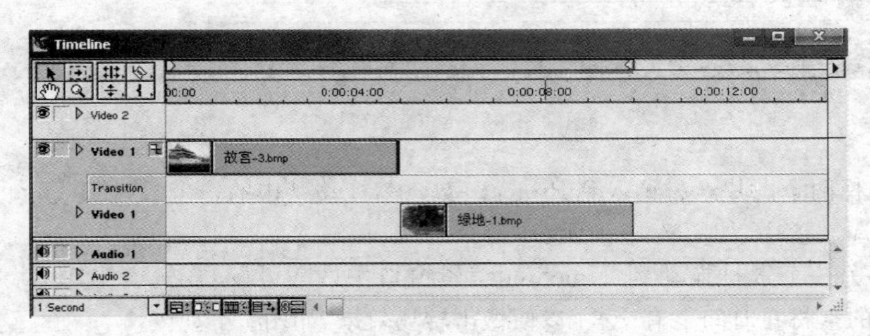

图 7-41　素材导入 Timeline 编辑窗口 2

(6) 如图 7-42 所示，在 Transitions 选项卡中单击 Iris 效果，并从其中弹出的下拉列表中选中 Iris Round 过渡特效。

(7) 选中该特效，并将其拖到 Timeline 编辑窗口的 Transition 轨道上，具体位置如图 7-43 所示。

(8) 双击 Transition 轨道上的 Iris Round 过渡特效，或者在该特效上右击鼠标，并从弹出的菜单中选择 Transitions Settings 命令，都可打开 Iris Round Settings 对话框，如图 7-44 所示。

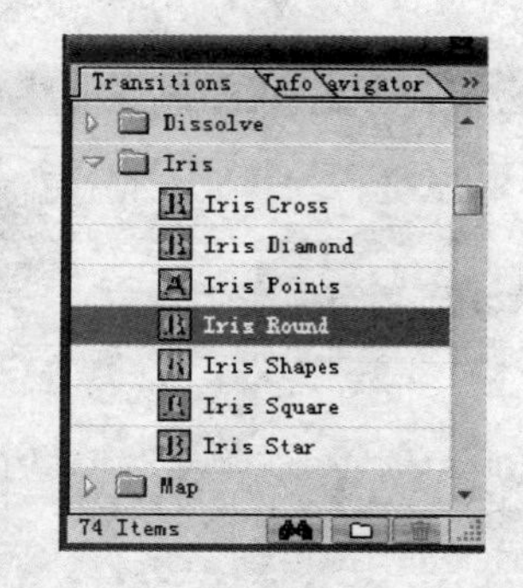

图 7-42　选择 Iris Round 过渡特效

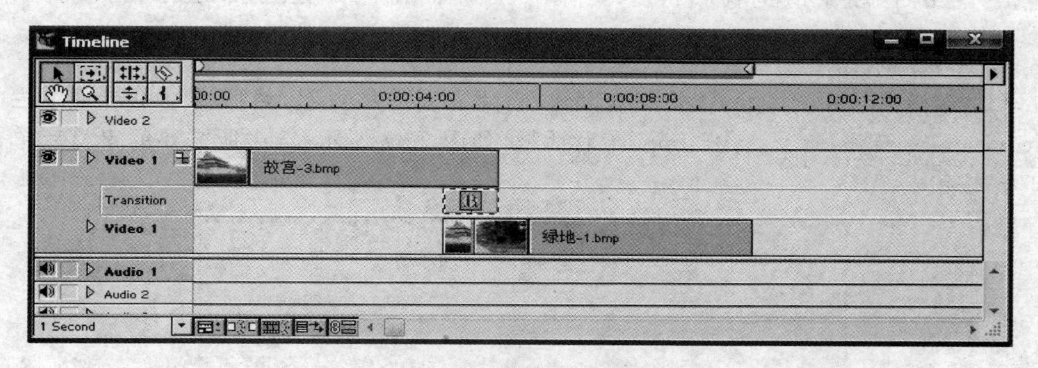

图 7-43　将 Iris Round 特效添加到 Timeline 窗口的 Transition 轨道

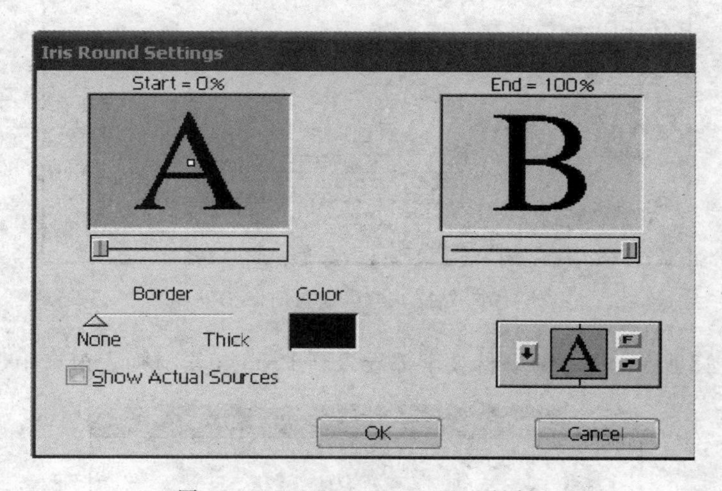

图 7-44　Iris Round Settings 对话框

(9) 选中 Iris Round Settings 对话框中的 Show Actual Sources 复选框，如图 7-45 所示，预览窗口中的显示内容为当前视频轨道上的实际视频内容。

(10) 用鼠标单击并拖动 Star 预览窗口下方的滑条上的控制块，可以看到过渡效果的变换细节，如图 7-46 所示。

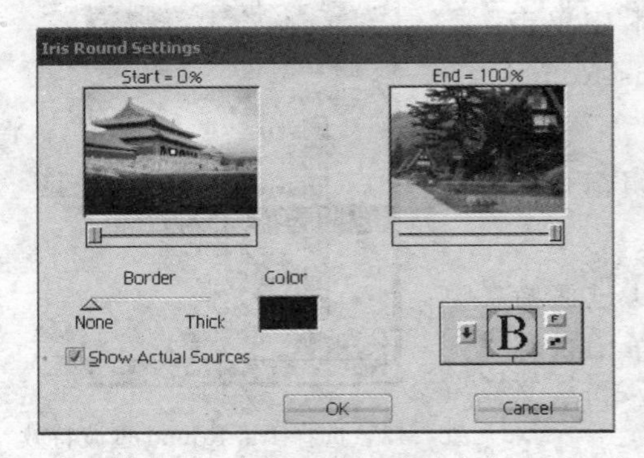

图 7-45　显示实际视频内容

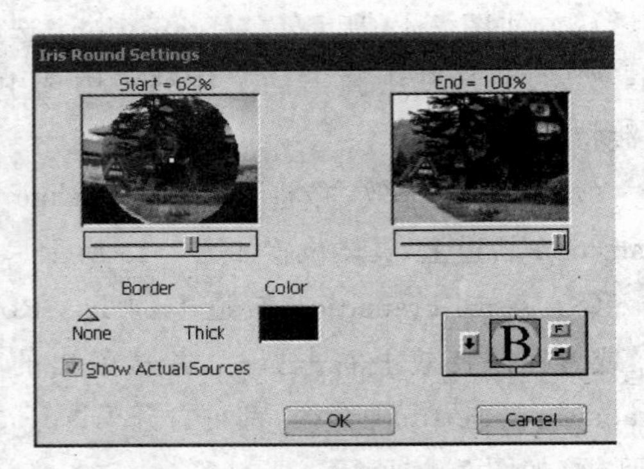

图 7-46　过渡效果的变换细节

2. 滤镜效果操作

(1) 选择 Adobe Premiere 影视编辑软件，建立新的项目组，然后通过单击菜单栏的 File→Import→File 命令，打开 Import 对话框，如图 7-47 所示，选中所需要的素材后单击“打开”按钮。

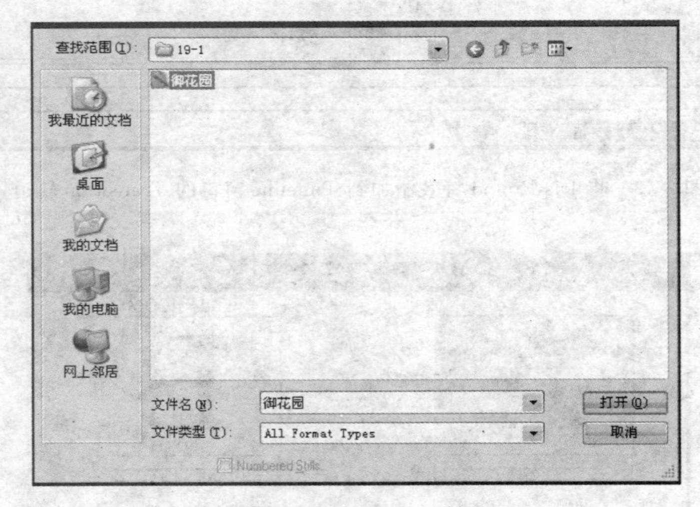

图 7-47　Import 对话框

(2) 如图 7-48 所示，选中的素材被全部导入到 Project 素材列表窗口中。

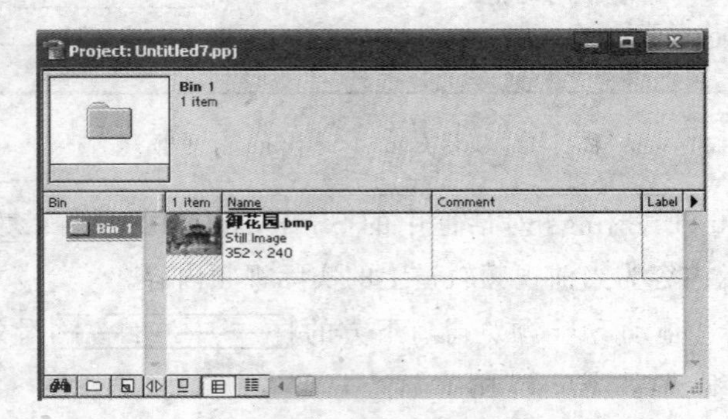

图 7-48　Project 素材列表窗口

(3) 首先，从 Project 素材列表窗口中单击选中“御花园.bmp”文件，如图 7-49 所示，将该文件拖到 Timeline 视频编辑窗口的 Video 1A 视频轨道上。

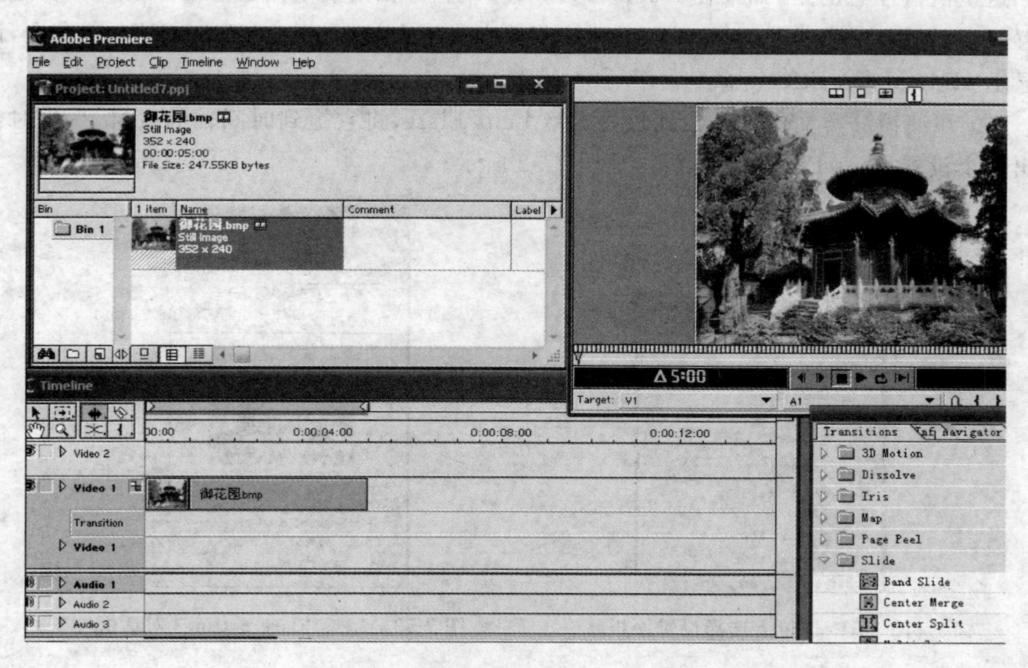

图 7-49　将“御花园.bmp”文件导入 Video 1A 视频轨道

(4) 当素材文件添加到 Video 1A 轨道上后，如图 7-50 所示，单击菜单栏上的 Window 菜单，并从弹出的下拉菜单中选择 Show Video Effects 命令。

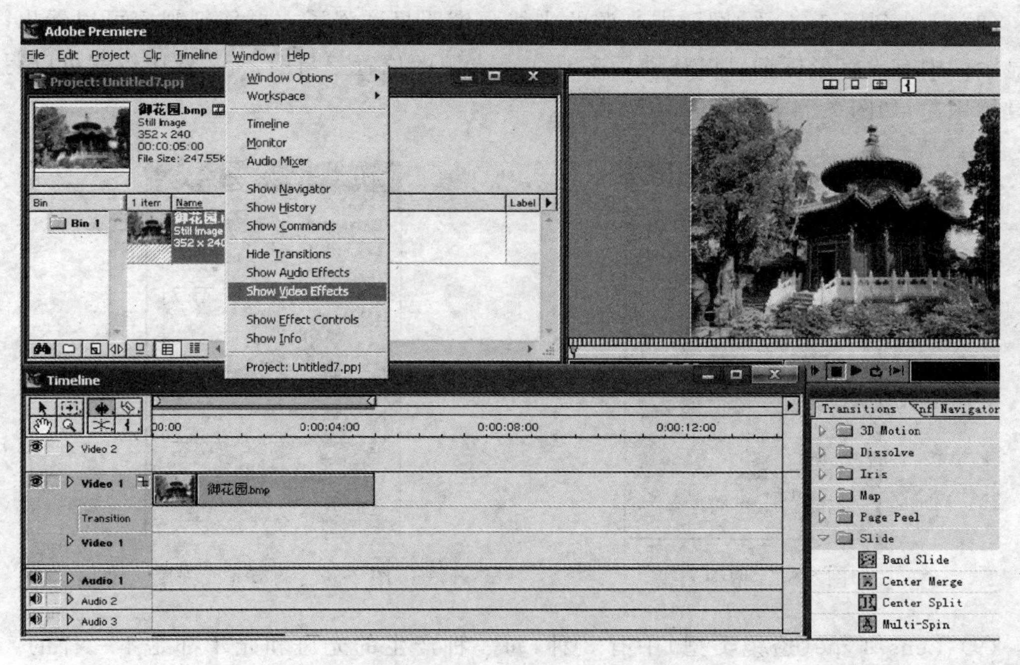

图 7-50　选择 Show Video Effects 命令

(5) 如图 7-51 所示，在 Adobe Premiere 编辑界面的右下角已经弹出 Video 选择设置面板。这里值得注意的是，如果在 Adobe Premiere 编辑界面的右下角已经显示有 Video 选择设置面板，在则在第(4)步时，Window 下拉菜单中将不会显示 Show Video Effects 命令，而是显示 Hide Video Effects 命令。

(6) 在滤镜分类文件夹中找到特技滤镜 Lens Flare，将它拖到时间轴的素材上，这时会弹出一个设置 Lens Flare 的对话框，如图 7-52 所示。

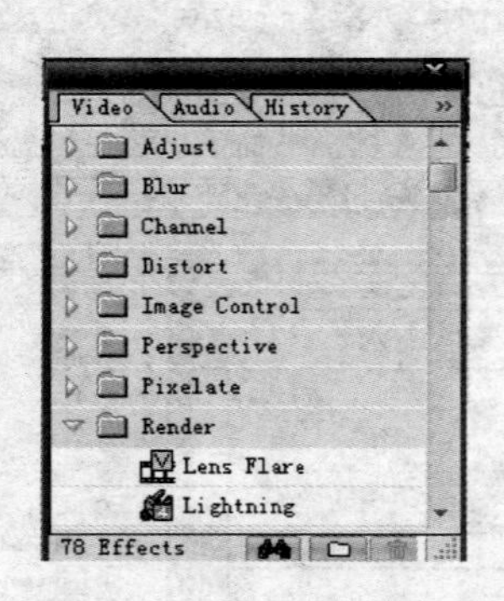

图 7-51　Video 选择设置面板

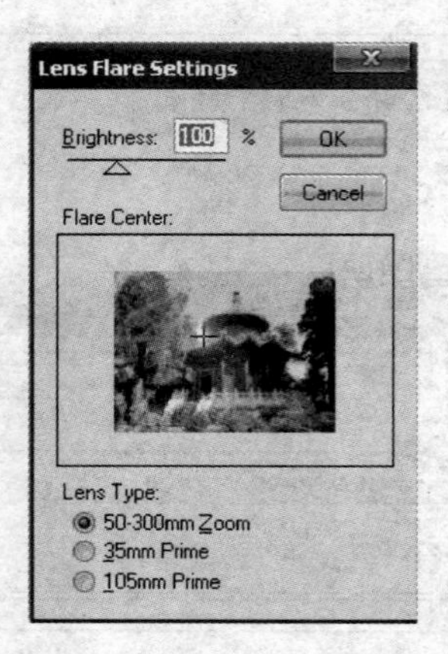

图 7-52　Lens Flare Settings 对话框

(7) 滑动 Lens Flare 对话框左上角的和 Brightness(亮度)的数字框则可以调节点光源的光线强度。现在增加点光源的光线强度，注意和图 7-52 做比较，如图 7-53 所示。

(8) 注意到图 7-53 中，图的点光源的光线强度明显增强了。再仔细观察可以看出，画面显示区中有十字形标记可以移动用来改变点光源的位置。与图 7-52 做比较就可以得知其具体用途，如图 7-54 所示。

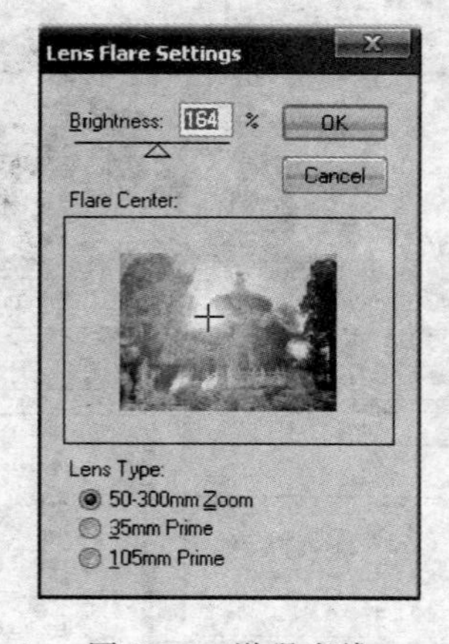

图 7-53　增强光线

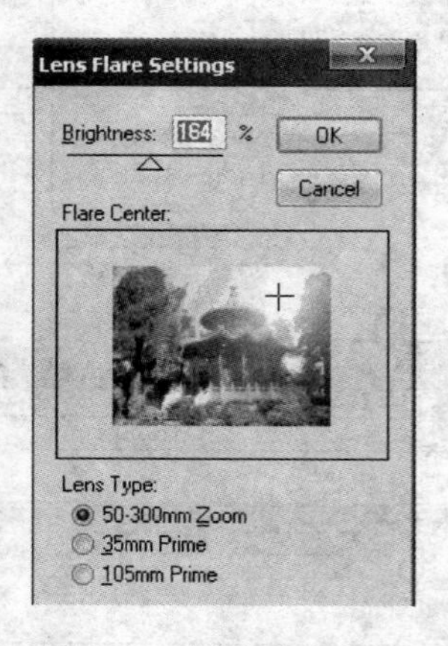

图 7-54　调节光线强度

(9) Lens Type(透镜类型)中有 3 种，每一种产生的光斑和光晕都是不一样的。如图 7-55 所示，可以观察到 3 种类型的不同。

(a)

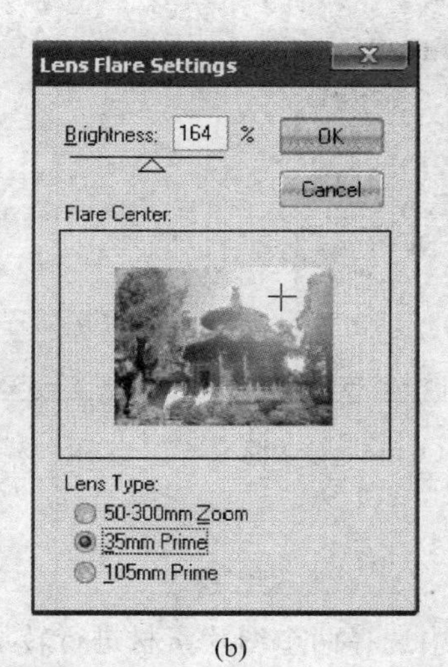

(b)

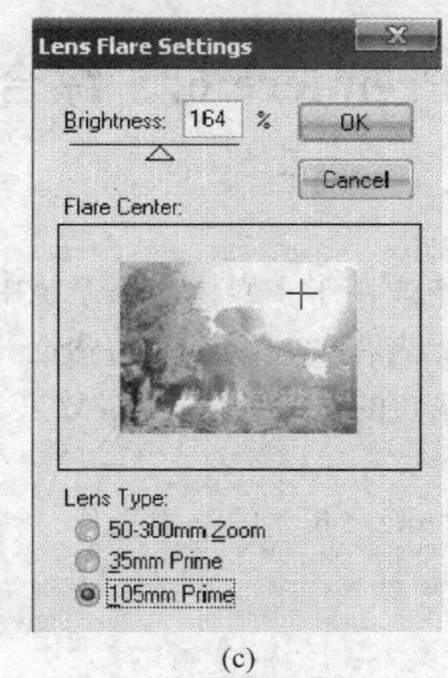

(c)

图 7-55　三种光线类型

(10) 设定好后，单击 OK 按钮。Lens Flare 就加入到相应的视频素材上，同时出现 Effect Controls 对话框，如图 7-56 所示。

(11) 在 Premiere 的时间轴中，可以给运用了滤镜的素材增加关键帧，并可移动或删除关键帧，这样就能精确地控制滤镜效果。要编辑关键帧，先单击通道左端的显示关键帧按钮 ，这时应用了滤镜的素材下方会出现一条细线，可以拖动最初位于细线两端的小方块，只有在这两个方块之间的区域才会产生滤镜效果。如需要增加关键帧，可先将播放头移到该处，然后在 中间单击一下，就可在两个关键帧之间增加一个控制点，如图 7-57 所示。

(12) 要控制画面的分段滤镜效果，可选中新增关键帧，然后在 Effect Controls 对话框中调整参数，如图 7-58 所示。

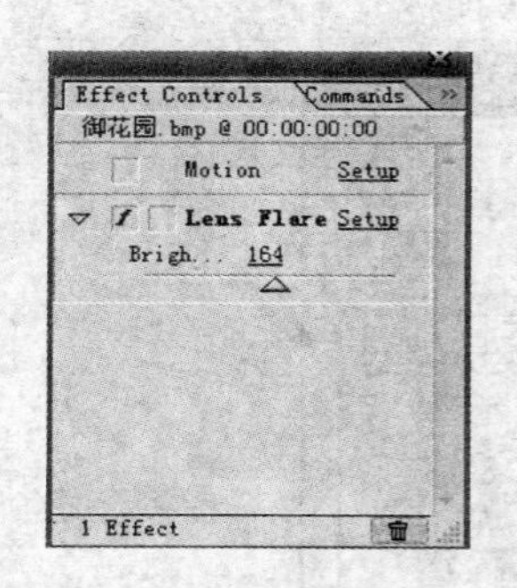

图 7-56　Effect Controls 对话框

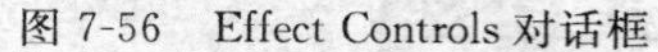

图 7-57　给滤镜设置关键帧

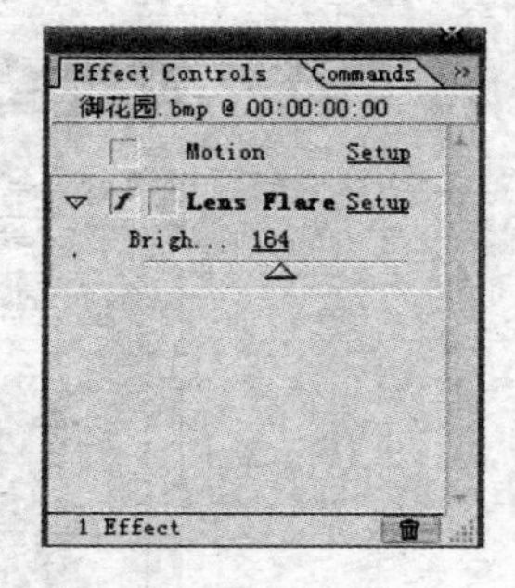

图 7-58　调整参数

四、练习

从素材库中选择两个图片素材进行转场过渡,来了解其转场过渡效果。

实验四　Premiere 6.5 综合实验

一、实验目的与要求

视频以其直观和生动等特点广泛应用于多媒体应用系统中。视频是由一幅幅帧序列组成,这些帧以一定的速率播放,使观察者得到连续运动的感觉。本实验主要详细介绍视频处理软件 Premiere 的一些基本操作,视频的过渡效果、滤镜效果。

(1) 了解视频信息处理的基础。

(2) 熟练使用视频处理软件 Premiere 6.5 的基本操作。

(3) 熟练掌握视频效果的使用。

(4) 实例操作。

二、预备知识

(1) Premiere 6.5 能将各种各样的工具制作出的视频作品输出成最先进的 Web 流视频格式或者其他媒体格式。

(2) Premiere 在开始工作之前,需要对工作项目进行设置,以确定在编辑影片时所使用的各项指标。

(3) Premiere 为剪辑人员提供了相当丰富的剪辑工具,大多数情况下,这些工具需要结合起来使用。

(4) Premiere 中也提供了各种视频及声音滤镜,其中视频滤镜能产生动态的扭变、模糊、风吹、幻影等特效,这些变化增强了影片的吸引力。

三、实验内容

(1) 选择 Adobe Premiere 影视编辑软件,建立新的项目组,然后通过单击菜单栏中的 File→Import→Files 命令,打开 Import 对话框,如图 7-59 所示,选中所需要的素材后单击"打开"按钮。

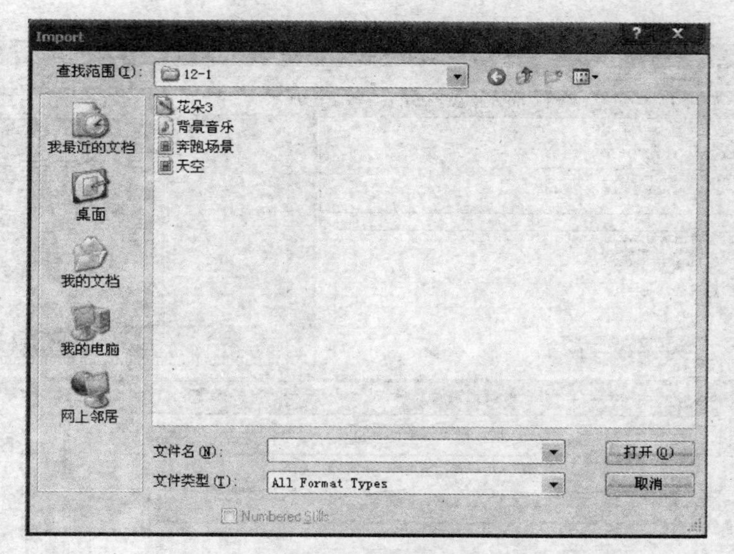

图 7-59　Import 对话框

(2) 如图 7-60 所示，选中的素材被全部导入到 Project 素材列表窗口中。

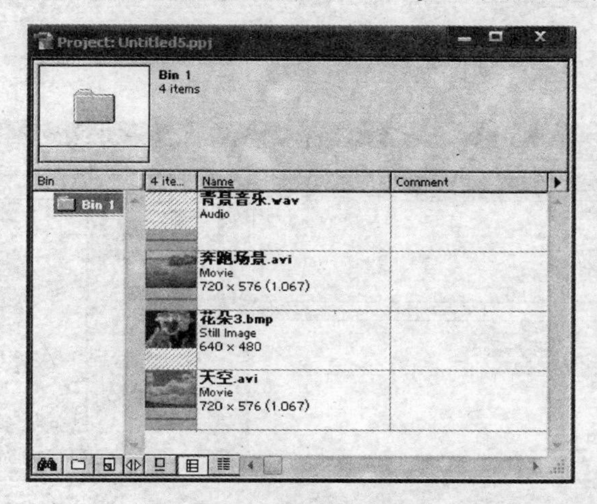

图 7-60　Project 素材列表窗口

(3) 首先，从 Project 素材列表窗口中单击选中“天空.avi”文件，如图 7-61 所示，将该文件拖到 Timeline 视频编辑窗口的 Video 1A 视频轨道上。

(4) 用同样的方法，在 Project 素材列表窗口中单击选中“奔跑场景.avi”文件，将该文件拖到 Timeline 视频编辑窗口的 Video 1B 视频轨道上，如图 7-62 所示。

(5) 当两个视频素材文件分别添加到 Video 1A 和 Video 1B 轨道上后，如图 7-63 所示，单击菜单栏中的 Window 菜单，并从弹出的下拉菜单中选择 Show Transitions 命令。

(6) 如图 7-64 所示，在 Adobe Premiere 编辑界面的右下角已经弹出 Transitions 选择设置面板。这里值得注意的是，如果在 Adobe Premiere 编辑界面的右下角已经显示有 Transitions 选择设置面板，则在第(5)步时，Window 下拉菜单中将不会显示 Show Transitions 命令，而是显示 High Transitions 命令。

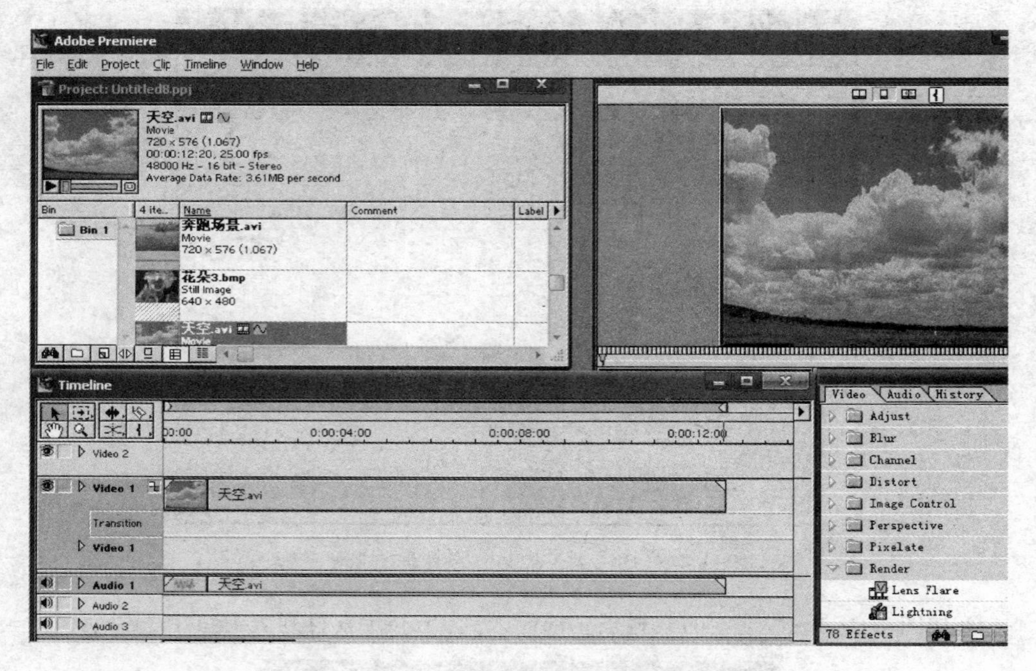

图 7-61　将“天空.avi”文件导入 Video 1A 视频轨道

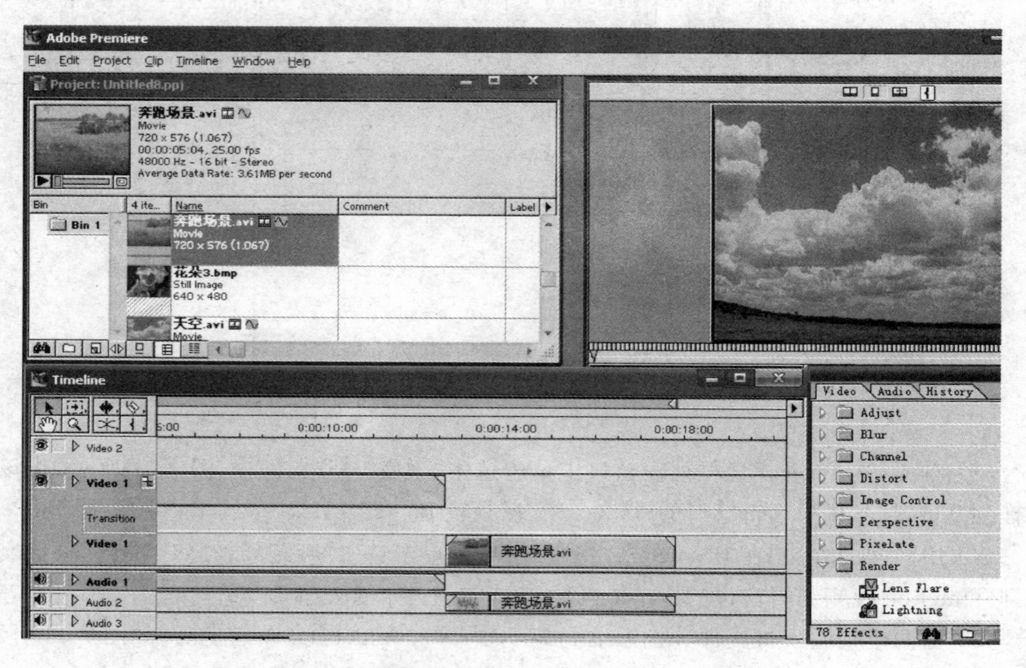

图 7-62　将“奔跑场景.avi”文件导入 Video 1B 视频轨道

(7) 下面要在“天空.avi”和“奔跑场景.avi”之间添加过渡效果，以使影片的过滤更加自然。为了使编辑操作更加精确，如图 7-65 所示，用鼠标单击 Navigator 窗口中的 按钮，将 Timeline 编辑窗口中的时间单位变小，这样就使得编辑素材的局部“放大”了。

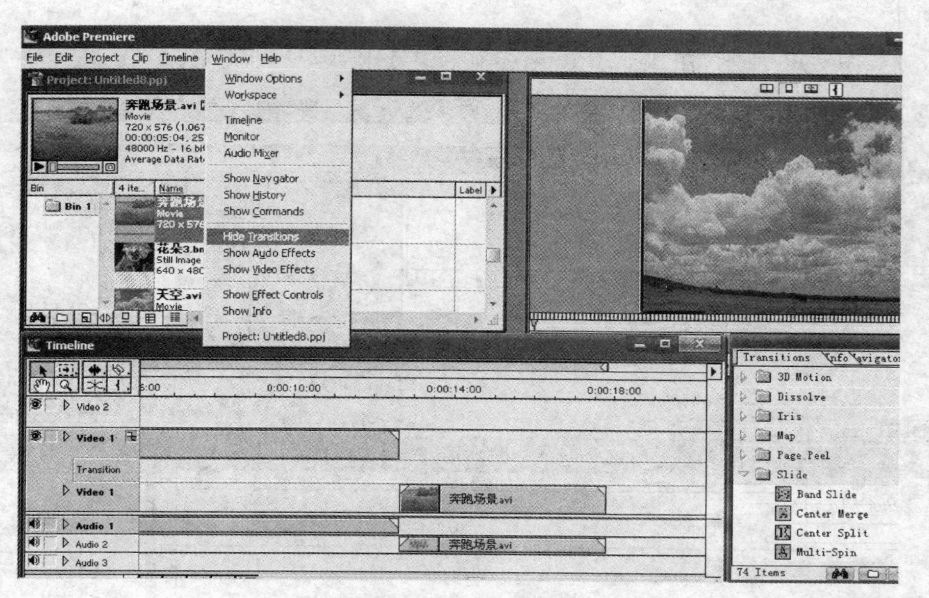

图 7-63　选择 Show Transitions 命令

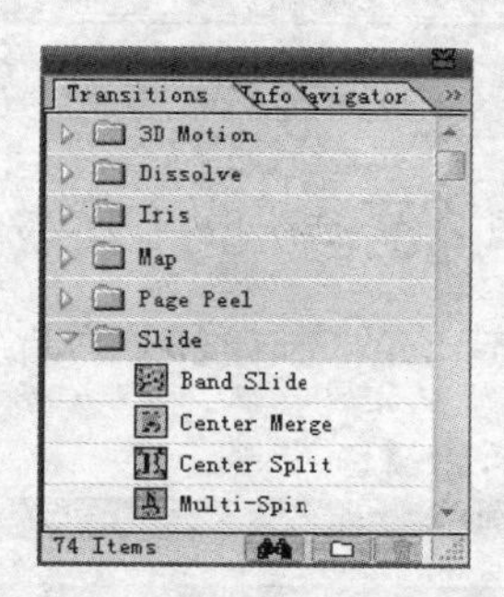

图 7-64　Transitions 选择设置面板

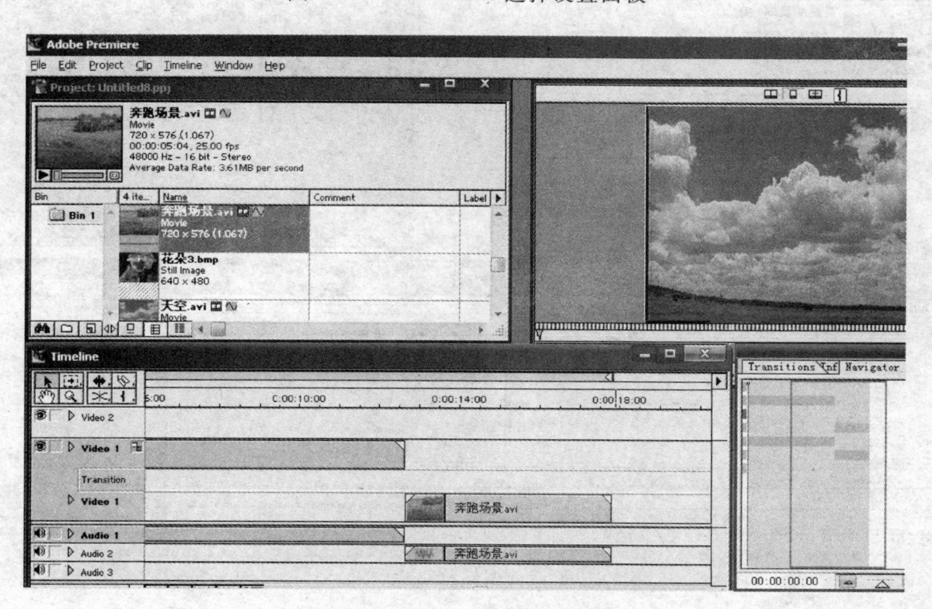

图 7-65　Timeline 编辑窗口

(8) 如图 7-66 所示，在 Transitions 选项卡中选中 Swirl 过渡特效。

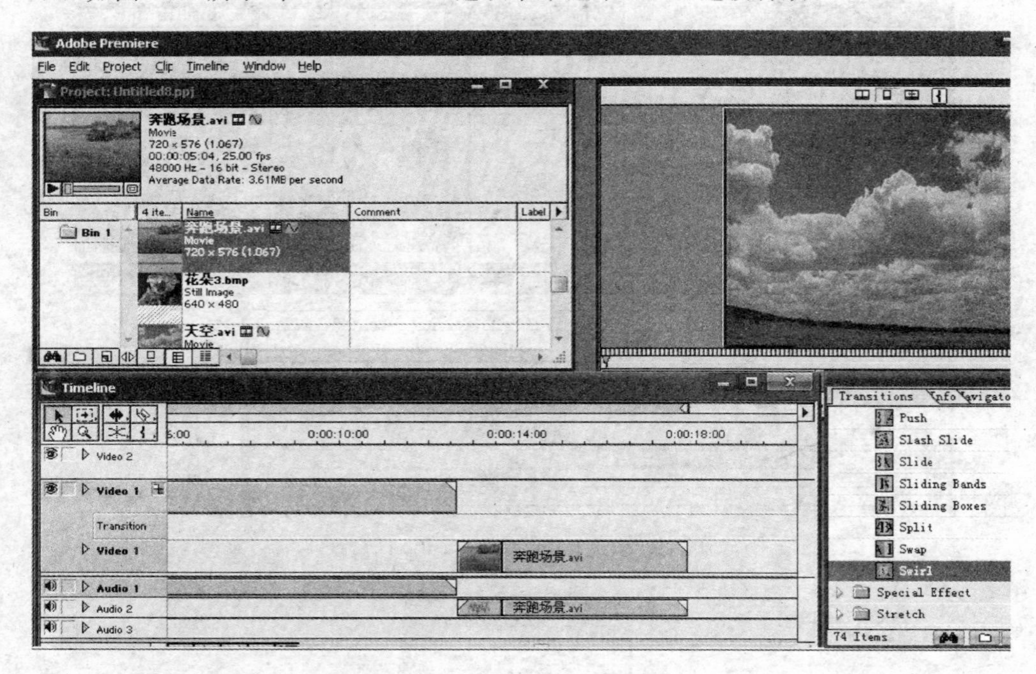

图 7-66　选择 Swirl 过渡特效

(9) 选择该过渡特效，将其拖到 Timeline 视频编辑窗口的 Transition 轨道上，具体位置如图 7-67 所示。

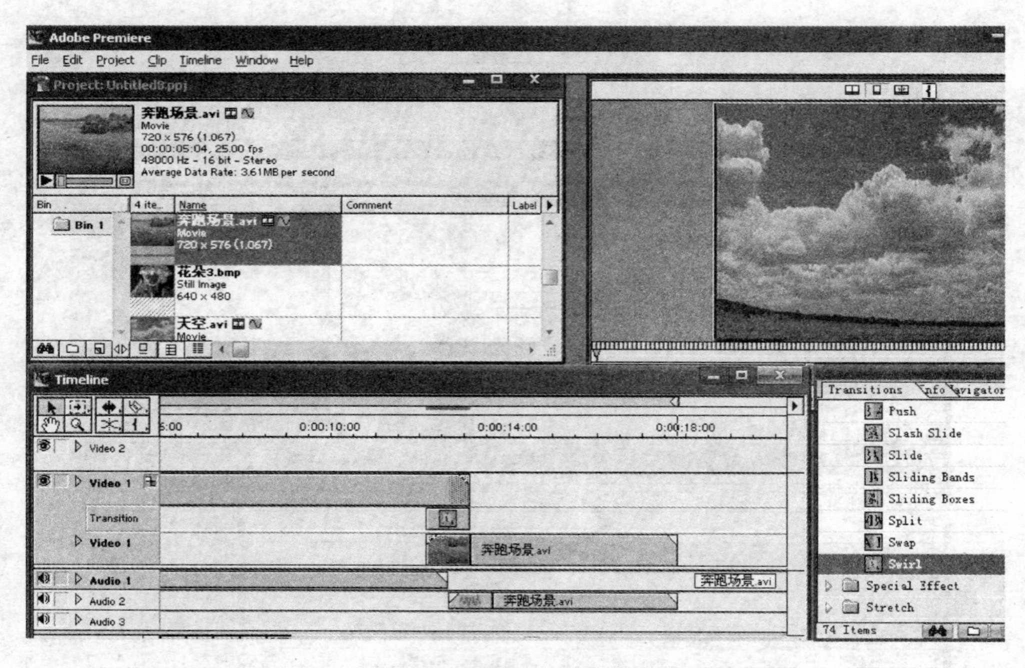

图 7-67　编辑视频特效时刻

(10) 添加过渡特效后，用鼠标拖动位于视频轨道上的时间标线，并从 Monitor 预览窗口中观察过渡特效产生的时刻，以此来确定过渡特效的持续时间。

(11) 通过观察发现，所添加的 Swirl 过渡特效的持续时间较预先的设定稍长了一点。原先的预想是：当天空显示在画面中时，通过 Swirl 过渡特效切换到奔跑场景。而现在由于过渡特效持续的时间稍长，导致画面没有正确地显示到中央时，过渡效果就产生了，接下来对过渡特效的持续时间进行调整。

(12) 在 Timeline 视频编辑窗口单击选中 Transition 轨道上的 Swirl 特效后，右击鼠标，如图 7-68 所示，在弹出的菜单中选择 Duration 命令。

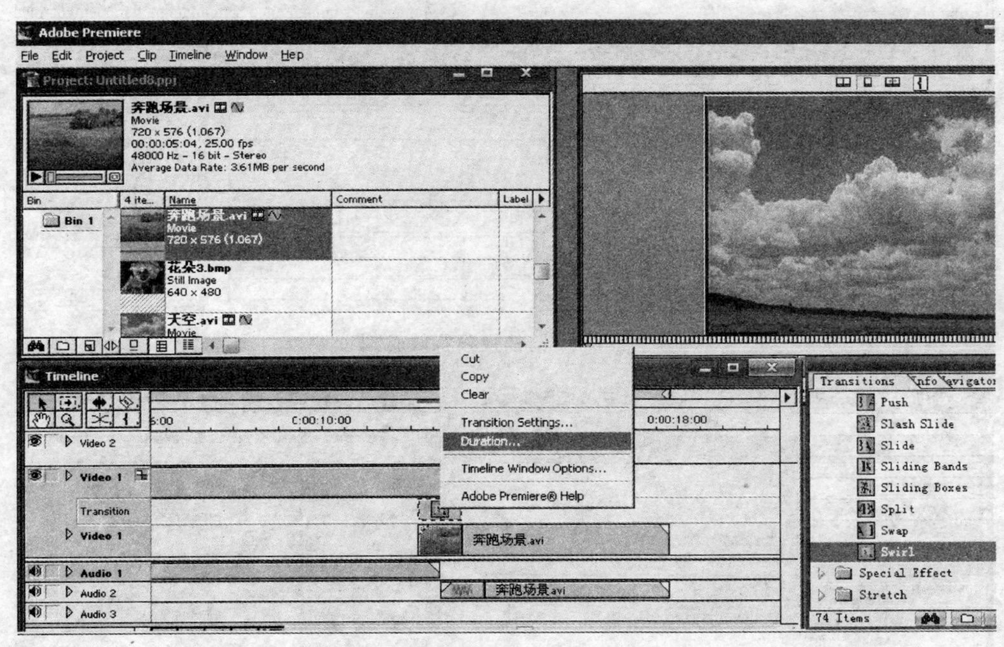

图 7-68 选择 Duration 命令

(13) 如图 7-69 所示，弹出 Clip Duration 对话框。在对话框中显示 Duration 时间为 0：00：01：05。

(14) 将 Duration 时间改为 0：00：01：00，然后单击 OK 按钮确认，具体操作如图 7-70 所示。

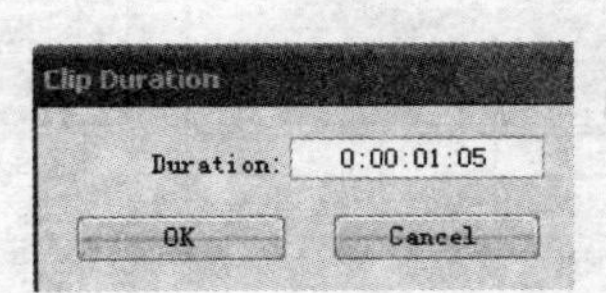

图 7-69 Clip Duration 对话框

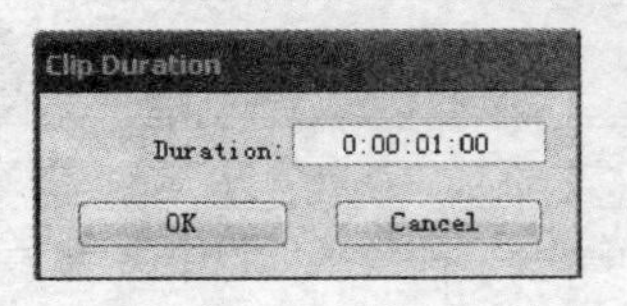

图 7-70 确认更改时间

(15) Swirl 过渡特效的 Duration 调整后如图 7-71 所示，在 Timeline 的 Transition 轨道上可以直接看出 Swirl 过渡特效的显示长度缩短了。

(16) 将鼠标移至 Timeline 视频编辑窗口右上角，将 Transition 轨道上的 Swirl 过渡特效调整到适当的位置，使过渡特效的结束点与 Video 1A 中的视频结束点对应，具体效果如图 7-72 所示。

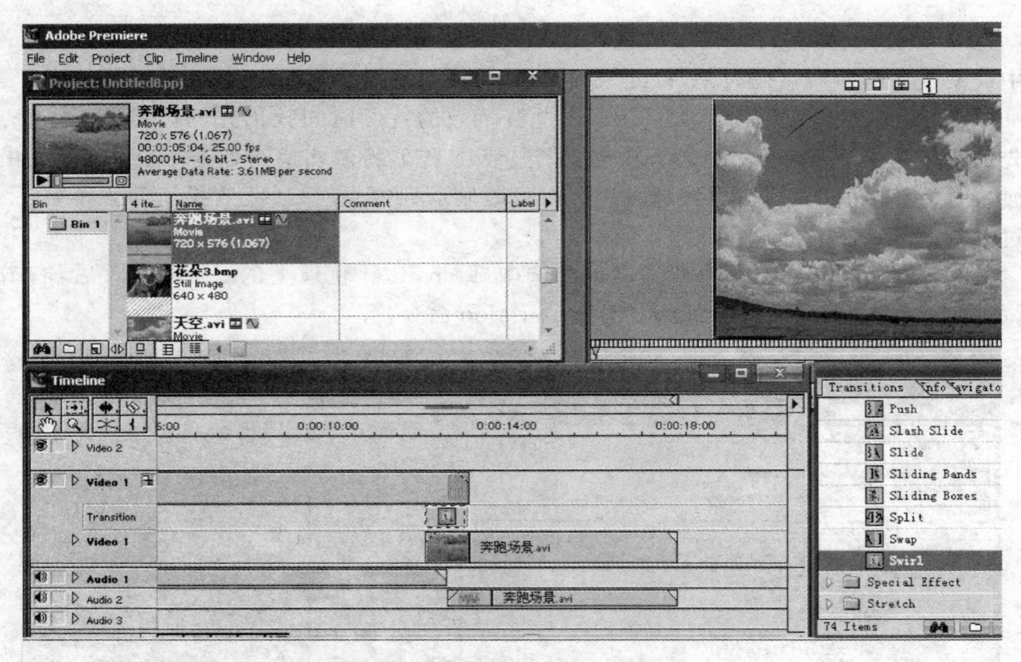

图 7-71 调整视频特效时刻

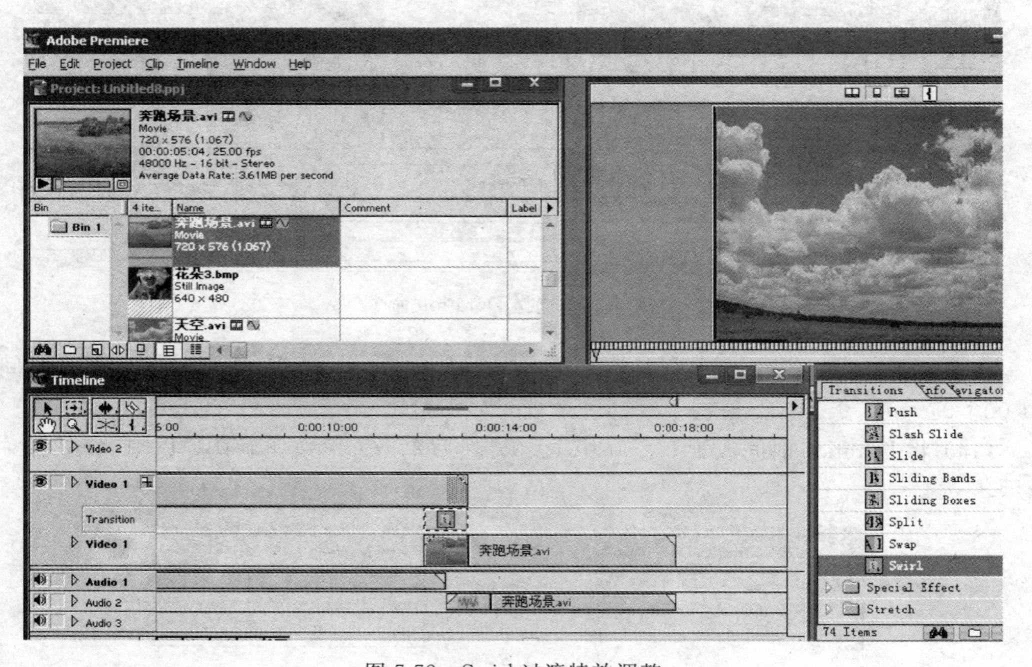

图 7-72 Swirl 过渡特效调整

(17) 确定 Transition 轨道上的 Swirl 过渡特效处于选中状态，如图 7-73 所示，右击鼠标，并在弹出的菜单中选择 Transitions Settings 命令。

(18) 如图 7-74 所示，弹出 Swirl Settings 对话框。从对话框的布局可以看到，该对话框大体可以划分为两大部分，上面一部分左右两个预览窗口的下方都有滑条控制，以观察过渡效果。下面的一部分主要是对过渡特效的属性设置。

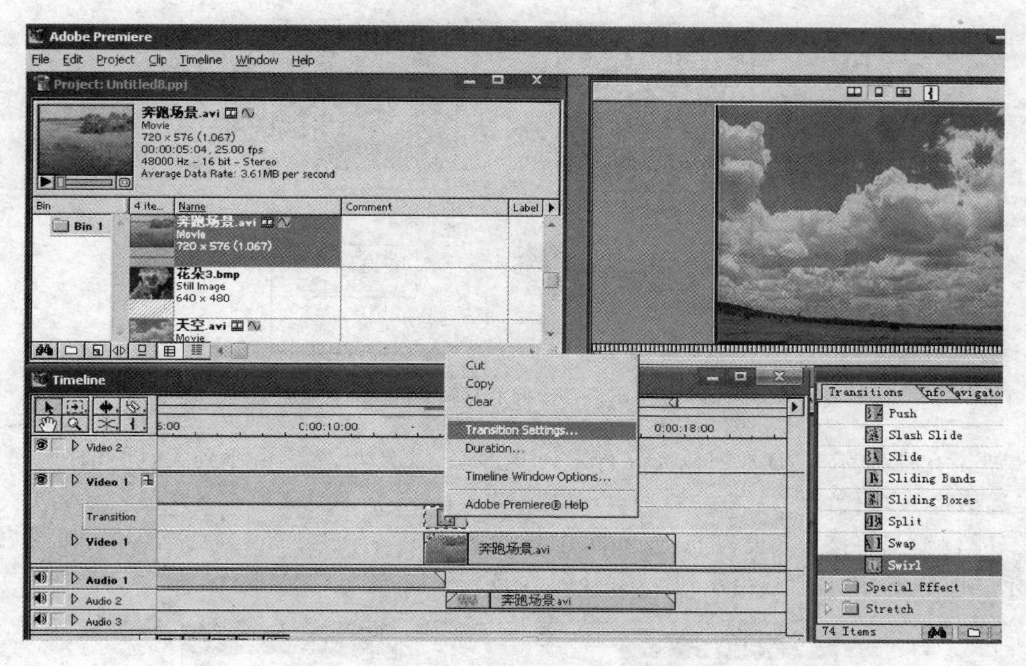

图 7-73　选择 Transitions Settings 命令

(19) 用鼠标单击选中 Swirl Settings 对话框中的 Show Actual Sources 复选框，如图 7-75 所示，在 Star 和 End 两个预览窗口中，显示内容由原先的 A，B 范例变为当前编辑状态下的实际内容。

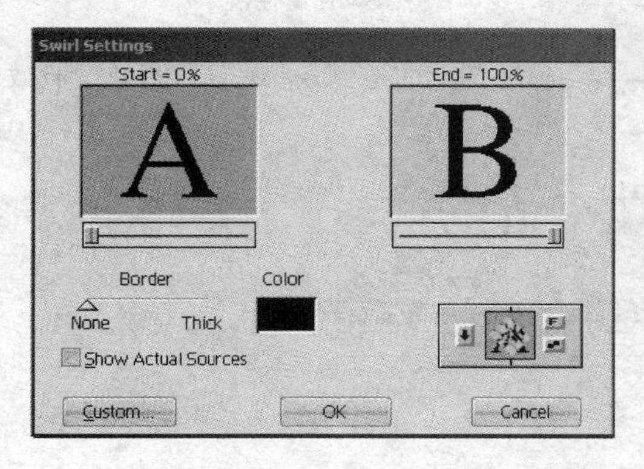

图 7-74　Swirl Settings 对话框

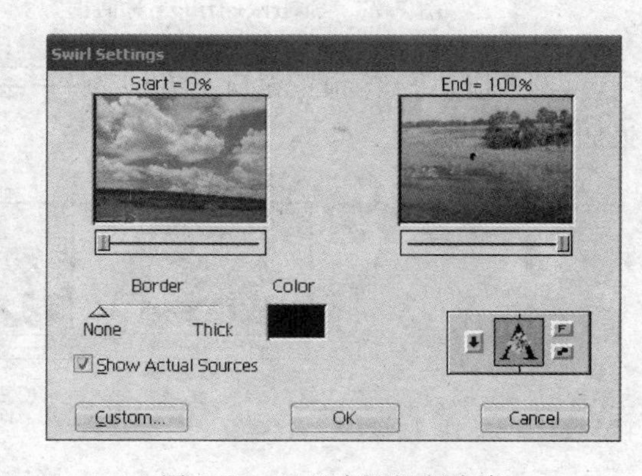

图 7-75　显示实际视频内容

(20) 如图 7-76 所示，用鼠标单击并拖动 Star 预览窗口下方的 [滑条图标] 滑条上的控制块，可观察到过渡效果的变换细节。

(21) 单击位于 Swirl Settings 对话框左下方的 Custom 按钮。如图 7-77 所示，弹出 Swirl Settings 对话框。

(22) 可以看到，在 Swirl Settings 对话框属性设置中共有 3 个选项，Horizontal 表示列，Vertical 表示行，Rate(%)表示旋转的角度。Swirl Settings 的默认值：Horizontal 等于 4，Vertical 等于 3，Rate(%)等于 100。设前一个视频为 A，后一个视频为 B，则特效实现的

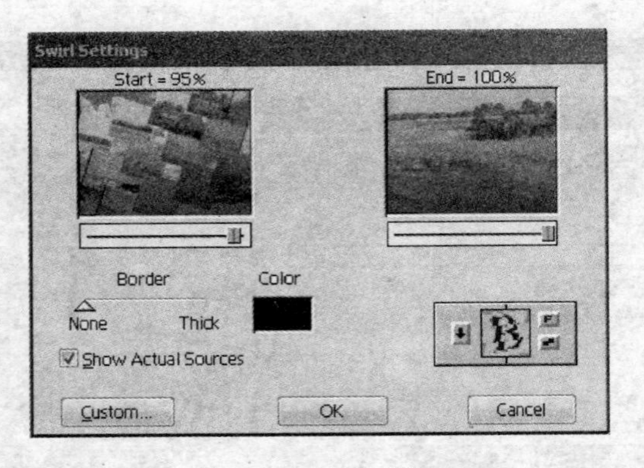

图 7-76　调节控制滑块

效果是：在 A 显示时，B 被划分为 3 行 4 列共 12 个图像块，然后由小到大，同样伴随 A 旋转，逐渐将 A 取代。

(23) 这里将该特效设为 Horizontal 等于 1，Vertical 等于 1，Rate(%)等于 100，如图 7-78 所示。即 A 显示，B 直接由小到大，并伴随 A 旋转一周，逐渐将 A 取代。

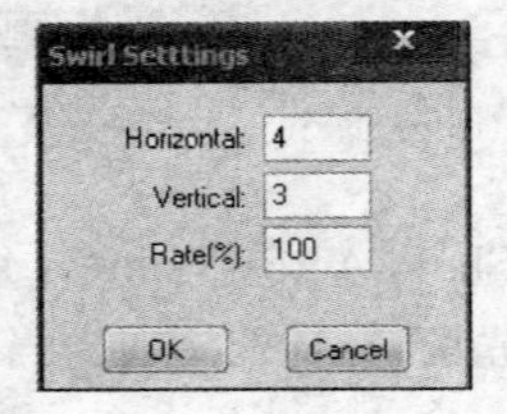

图 7-77　Swirl Settings 对话框

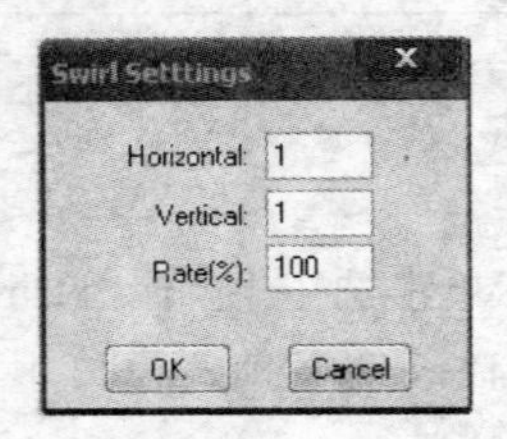

图 7-78　设置 Swirl 属性值

(24) 拖动 Star 预览窗口下方的 滑条上的控制块，观察到图像过渡效果如图 7-79 所示。

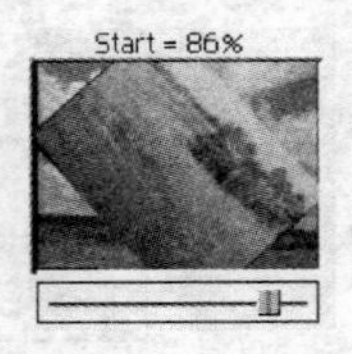

图 7-79　图像过渡效果

(25) 这时看到内容逐渐放大，并伴随着旋转，逐渐将内容取代。如果是在显示的过程中，逐渐变小，然后旋转着消失在虚拟场景中，这可能更有创意。

(26) 这时需要对过渡效果的“前景”和“背景”过渡效果进行切换，如图 7-80 所示，产生位于 Swirl Settings 对话框右下角的 F 按钮。

(27) 如图 7-81 所示，此时 Swirl Settings 对话框右下角中的 F 按钮变为 R 按钮状态。而且过渡效果中的视频内容及过渡效果都与原先设定相反，正好与第(25)步中我们的设想相吻合。确认效果满意，单击 OK 按钮确定。值得注意的是，在确定之前一定要确认此时 Star 预览窗口上方的百分比为 0%，即控制滑块位于滑条的初始位置。否则，在最终生成的视频文件中将不会看到良好的过渡效果。

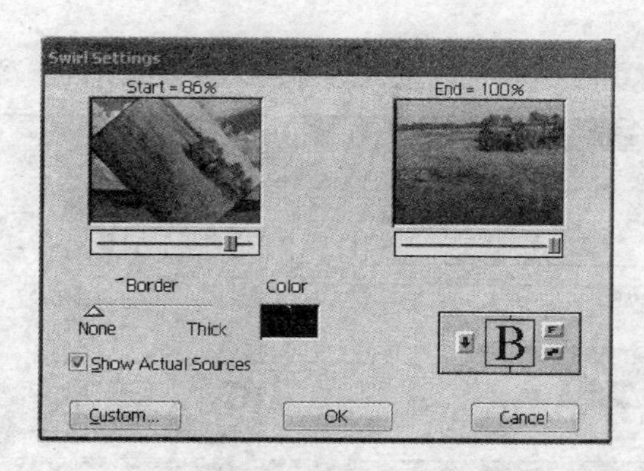

图 7-80　设置过渡效果

图 7-81　过渡效果流程

(28) 返回 Timeline 视频编辑窗口,运用工具面板上的工具对 Video 1B 上的"天空.avi"文件进行调整,具体调整如图 7-82 所示。

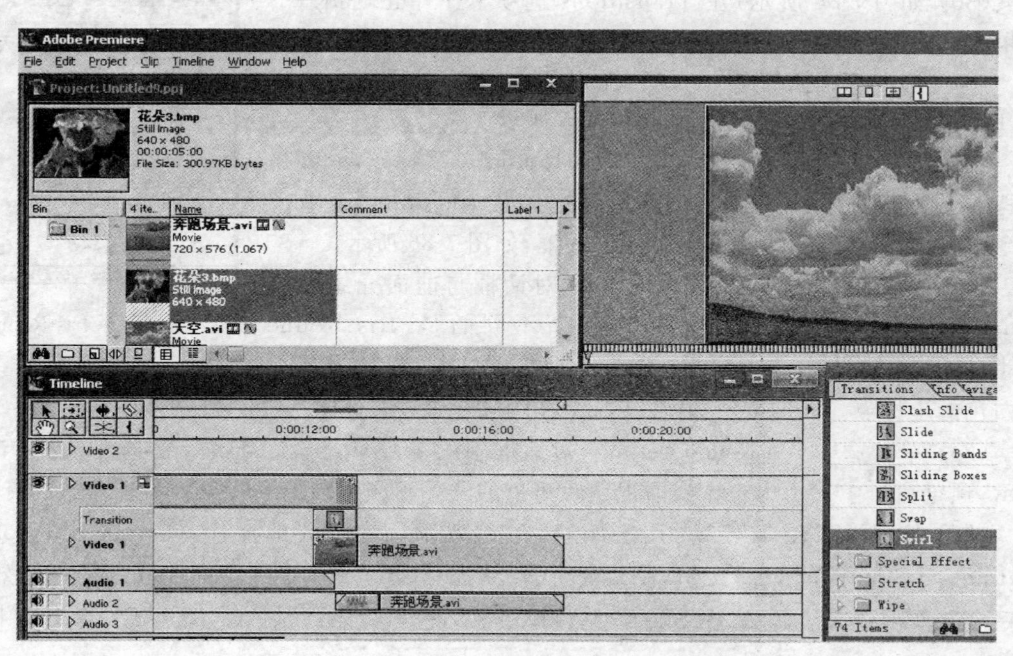

图 7-82　Timeline 视频编辑窗口

(29) 如图 7-83 所示,从 Navigator 窗口中找到当前文件,然后在 Project 素材列表窗口中选中"花朵图像.bmp"图像文件,将其添加到 Video 1A 的视频轨道上,位置基本上保证与 Video 1B 轨道上的视频文件有一定的重合部分即可。

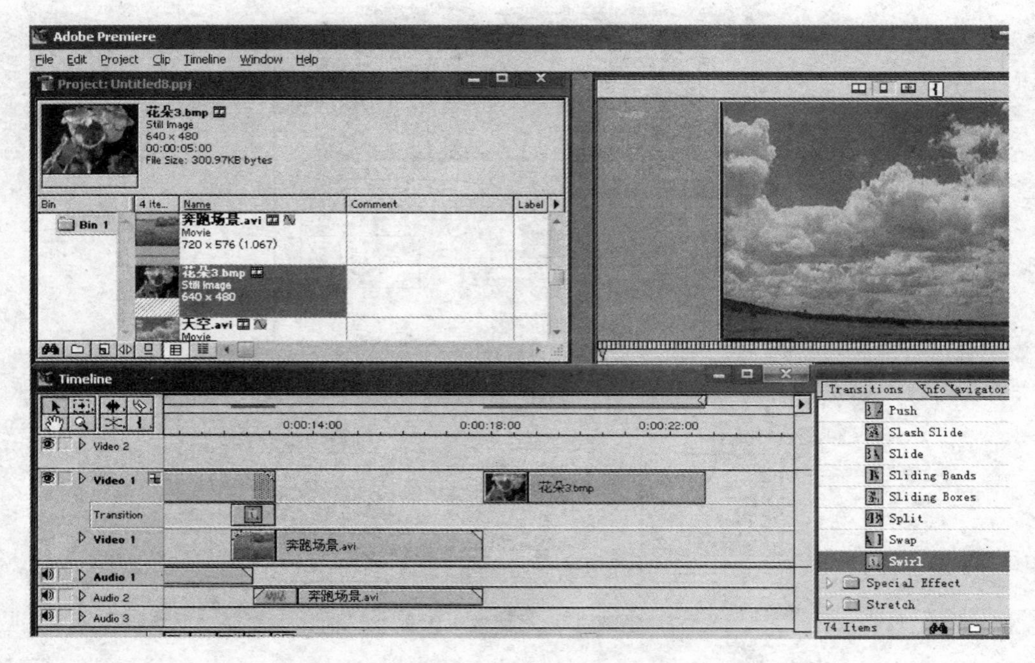

图 7-83　添加“花朵图像. bmp”图像文件到 Video 1A 的视频轨道上

(30) 如图 7-84 所示，在 Transitions 选项卡中单击打开 Iris 效果库，并从其弹出的下拉列表中选中 Iris Round 过渡特效。

(31) 选中该过渡特效，并将其拖到 Timeline 视频编辑窗口的 Transition 轨道上，具体位置如图 7-85 所示。

(32) 双击 Transition 轨道上的 Iris Round 过渡特效，或者在该特效上右击鼠标，并从弹出的菜单中选择 Transitions Settings 命令，都可打开 Iris Round Settings 对话框，如图 7-86 所示。

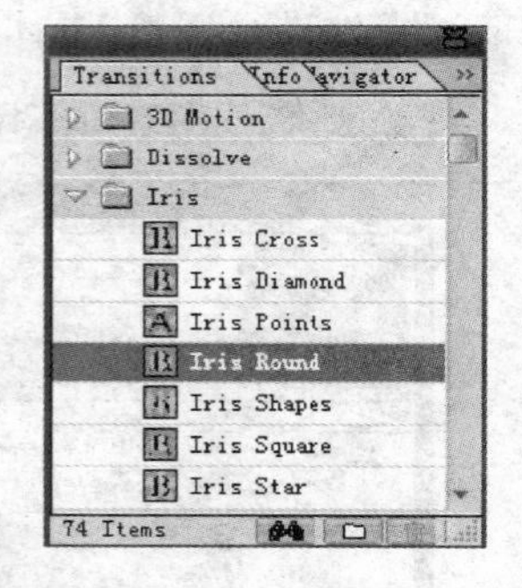

图 7-84　选择 Iris Round 过渡特效

(33) 可以看到 Iris Round Settings 对话框与前面介绍过的 Swirl Settings 对话框布局基本类似，所不同的是，Iris Round Settings 对话框没有 Custom 按钮，但在 Star 预览窗口中多了一个白色的坐标点。从图 7-87 中可以看到，初始状态时，该坐标点位于 Star 预览窗口的中央。

(34) 单击选中 Iris Round Settings 对话框中的 Show Actual Sources 复选框，如图 7-87 所示，预览窗口中显示内容为当前视频轨道上的实际视频内容。

(35) 按照第(27)步对 Swirl Settings 过渡效果反向设置的操作，同样在 Iris Round Settings 对话框中单击 F 按钮，使其变为 R 状态，如图 7-88 所示，Iris Round 的过渡效果顺序全部颠倒过来了，原来在 Star 预览窗口中的白色坐标点此时位于 End 预览窗口的中央位置。

(36) 接下来对过渡效果的细节进行调整，如图 7-88 所示，用鼠标拖动 Star 预览窗口下方的滑块，可以看到“天空”随着过渡效果逐渐被标题文字取代。

(37) 设置完 Iris Round 过渡特效的 Transitions Settings 效果后，接下来在 Iris Round 过渡特效上右击鼠标，从弹出的菜单中选择 Duration 命令，如图 7-89 所示。

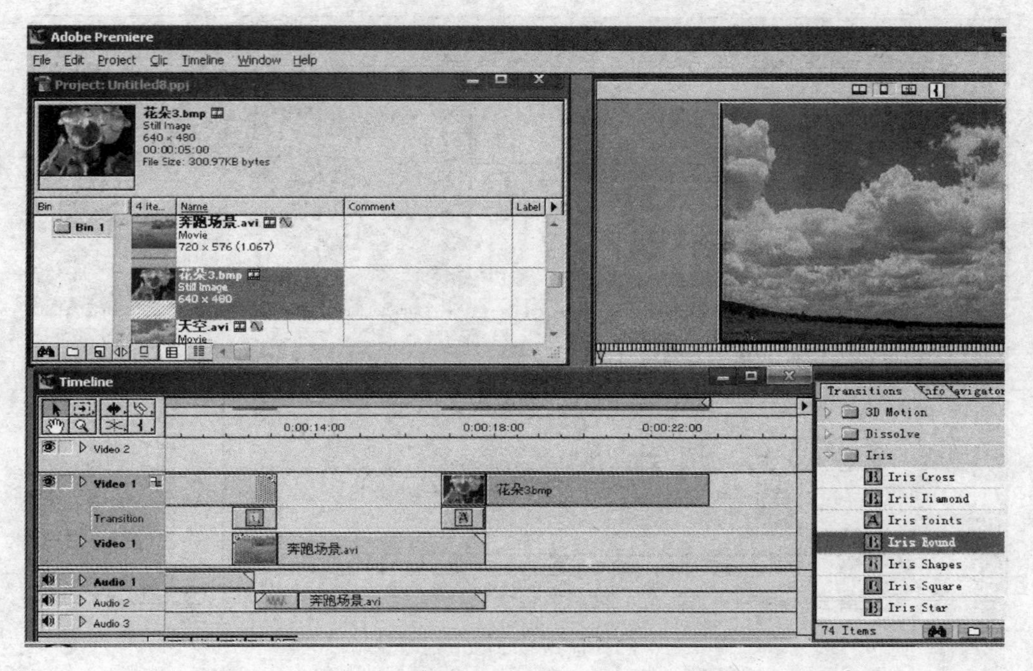

图 7-85　将 Iris Round 过渡特效加到 Timeline 的窗口 Transition 轨道上

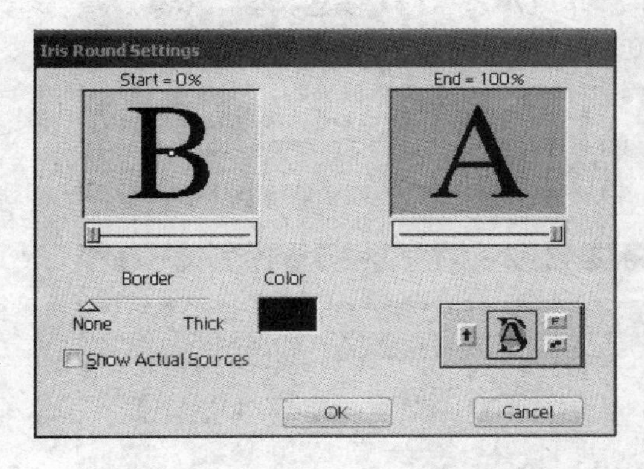

图 7-86　Iris Round Settings 对话框

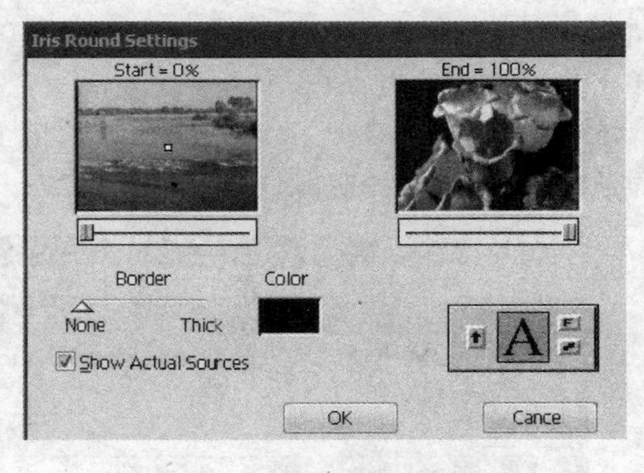

图 7-87　显示实际视频的内容

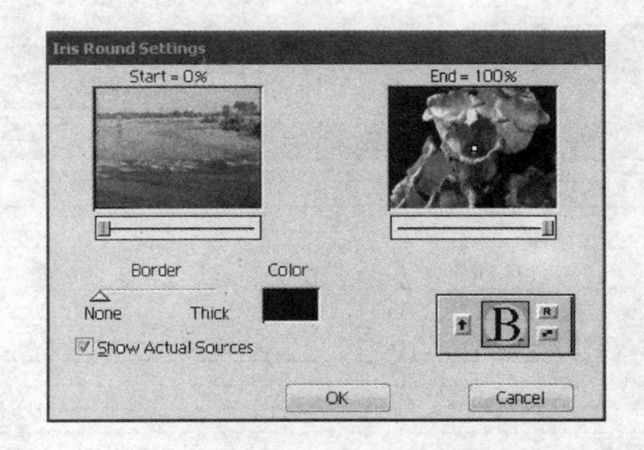

图 7-88　反向设置 Iris Round Settings 过渡效果

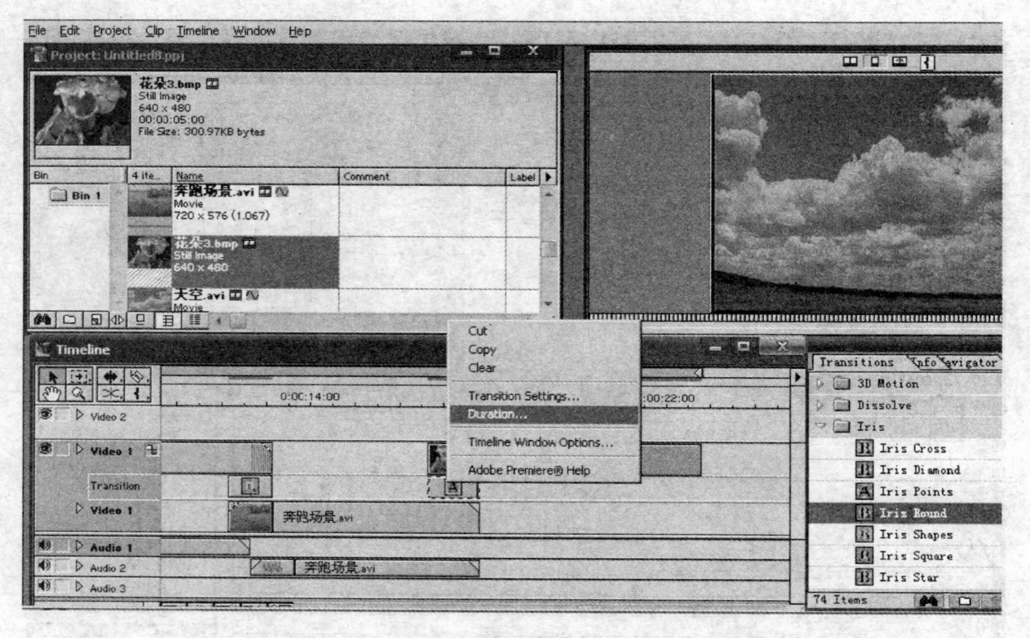

图 7-89　选择 Duration 命令选项

（38）此时弹出 Clip Duration 对话框。如图 7-90 所示，将当前对话框中显示的 Duration 时间改为 0：00：01：05，单击 OK 按钮确定。

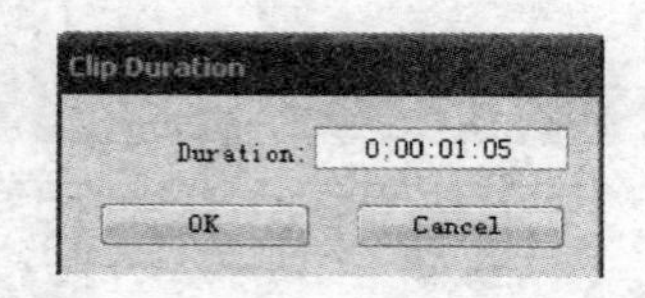

图 7-90　Clip Duration 对话框

（39）如图 7-91 所示，Transition 轨道上的 Iris Round 过渡特效的持续时间随后被调整为前状态。

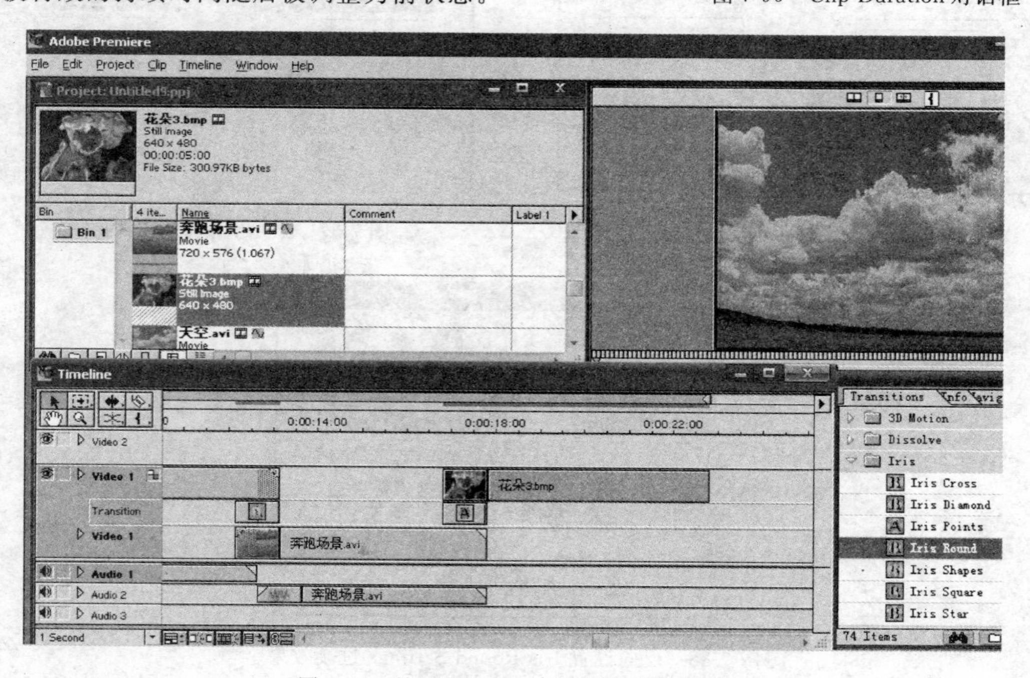

图 7-91　缩短 Iris Round 过渡特效的长度

(40) 接下来为“花朵”设置显示时间，如图 7-92 所示，在 Video 1A 轨道上单击选中“花朵.bmp”后，右击鼠标，并从弹出的菜单中选择 Duration 命令。

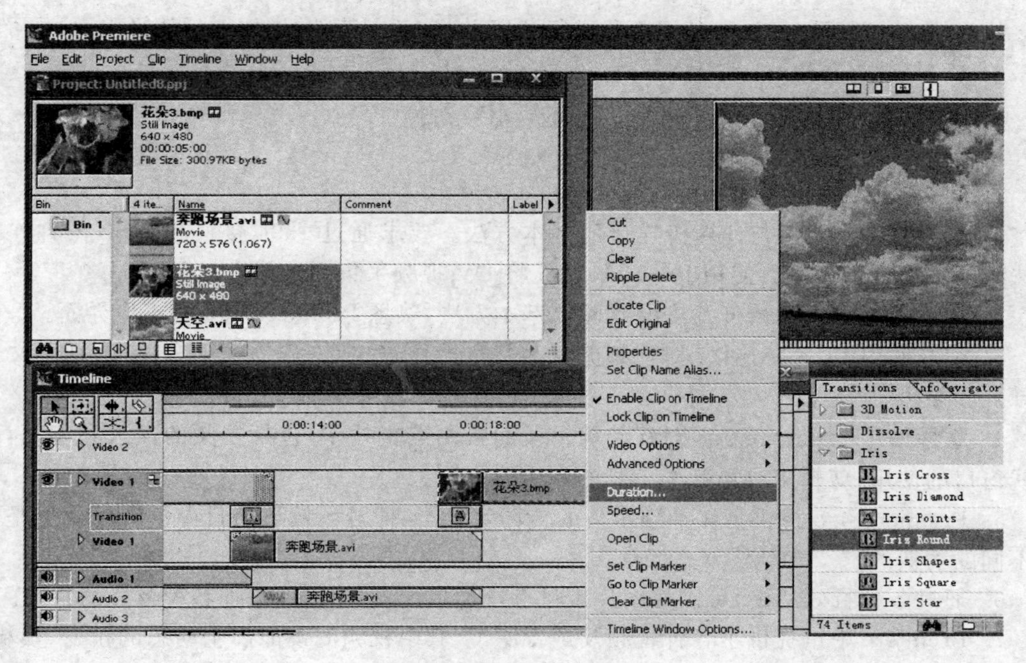

图 7-92　选择 Duration 命令

(41) 如图 7-93 所示，在弹出的 Clip Duration 对话框中设置时间为 0:00:04:00，单击 OK 按钮确定。

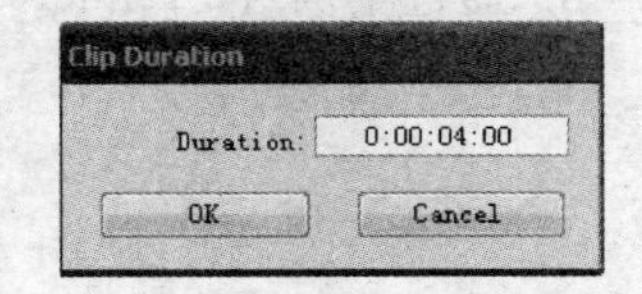

图 7-93　Clip Duration 对话框

(42) 当项目全部编辑完成后，执行菜单栏 File 菜单中的 Save 命令。如图 7-94 所示，在弹出的 Save File 对话框中将该项目命名为“过滤效果.ppj”，单击“保存”按钮保存文件。

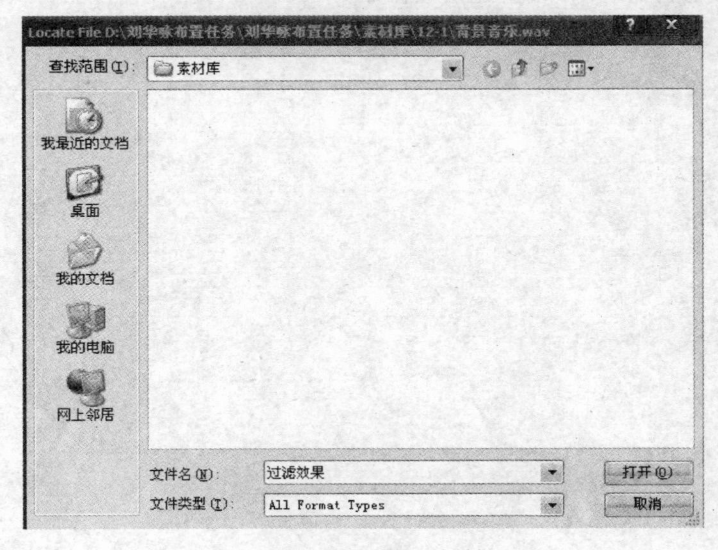

图 7-94　Save File 对话框

四、练习

从素材库中选择“天空.avi”视频段进行滤镜，产生动态特效，增加素材的吸引力。

实验小结

本次实验主要完成以下实验：

1. 掌握数字摄像机与计算机连接的基本方法。要求通过1394接口和USB两种连接方法都要掌握。并且学会使用Premiere 6.5将DV视频采集到计算机中保存。

2. 掌握使用Premiere 6.5安装删除的基本方法，熟悉Premiere 6.5的工作界面。

3. 掌握使用Premiere 6.5对视频剪辑的基本操作，包括工程的建立和保存，视频文件的导入和导出。

4. 掌握使用Premiere 6.5对视频剪辑段的常用编辑技术，包括视频的插入和删除，时间线窗口的使用，剪辑工具箱基本工具的使用方法等。

5. Premiere 6.5提供了多种预定义的转场效果，各种转场效果项目中的转场效果是具有不同的功效的。

6. 通过各种特效滤镜，可以对图片素材进行加工，为原始图片添加各种各样的特效。

7. Premiere中也提供了各种视频及声音滤镜，其中视频滤镜能产生动态的扭变、模糊、风吹、幻影等特效，这些变化增强了影片的吸引力。

8. 通过实例对Premiere 6.5的有关操作进行一个综合，更深刻地认识Premiere工具。

自我创作题

1. 制作一个电子相册。要求包含动态效果。

2. 拍摄一段影片，制作一个主题视频作品。

第8章 多媒体应用系统创作工具

Authorware 是一套专门用于制作高互动性多媒体电子课件的创作工具。它是基于图标和流程线的创作工具，开发环境简单、快捷，开发人员不需要高级语言的编程基础，具有很高的开发效率。Authorware 可以将图片、声音、动画、文字以及影片等素材融为一体，制作课件，可以以光盘或网上播放方式发布给学生，具有广泛的适用性。

本章实验配合教学进度，从 Authorware 开发环境的熟悉开始，使初学者能尽快地熟悉和掌握 Authorware 中各种素材的添加、Authorware 的基本图标的使用、Authorware 的编程调试和打包发布，使学生具有一定的多媒体创作技能。

本章实验要点

- 掌握 Authorware 的流程制作的基本操作。
- 掌握 Authorware 程序的各种运行和调试方法。
- 掌握如何在 Authorware 作品中添加和编辑各种多媒体素材。
- 掌握 Authorware 中各种移动方式的灵活使用。
- 掌握 Authorware 中 11 种交互方式的独立应用和综合应用。
- 能灵活使用各种图标，根据内容的需要选择适当的流程结构，创建综合应用作品。

实验一 Authorware 7.0 基本操作

一、实验目的与要求

Authorware 是基于图标和流程线的创作工具，它提供了一个简单、快捷的开发环境，开发人员不需要高级语言的编程基础，通过拖动图标等一些可视化操作方式就可以快速制作课件。本实验的目的是要求学生掌握课件制作的基本操作流程。

(1) 掌握如何新建和保存文件。

(2) 掌握在设计窗口中对图标进行添加、复制、删除和移动操作。

(3) 熟悉演示窗口的作用。

(4) 掌握如何运行程序，如何部分调试程序。

二、预备知识

Authorware 7.0 的工作界面由主程序窗口、图标面板、设计窗口、演示窗口、控制面板、属性面板窗口等部分组成。

(1) 图标是其面向对象可视化编程的核心组件，图标面板中提供了显示、移动、擦除、等待、导航、框架、判断、交互、计算、群组、数字电影、声音、DVD和知识对象14个功能图标。

(2) 设计窗口是进行流程编辑的场所，只要将图标拖动放到设计窗口的流程线上，对图标进行相应的组织、设置和编辑就可以完成具有特定功能多媒体作品的制作。

(3) 演示窗口既是多媒体素材的组织编辑窗口，又是作品的播放窗口。

(4) 程序是否能正确执行需要运行和调试，控制面板主要用于程序的运行和调试。

(5) 每个图标各自的属性面板可用于对各个图标的属性进行修改并对流程进行编辑控制。

三、实验内容

下面通过制作一个“风景欣赏”的小程序，介绍如何编辑和调试Authorware程序。

(1) 选择“文件”菜单下的“新建”命令，新建一个文件，在“新建”对话框中单击“不选”按钮，不选取任何知识对象，创建一个空流程。

(2) 拖动一个显示图标放置到流程线上，在图标右方会出现图标的默认名称“未命名”，删除此默认名称，在光标停留处输入该图标名称“题目”，如图8-1所示。

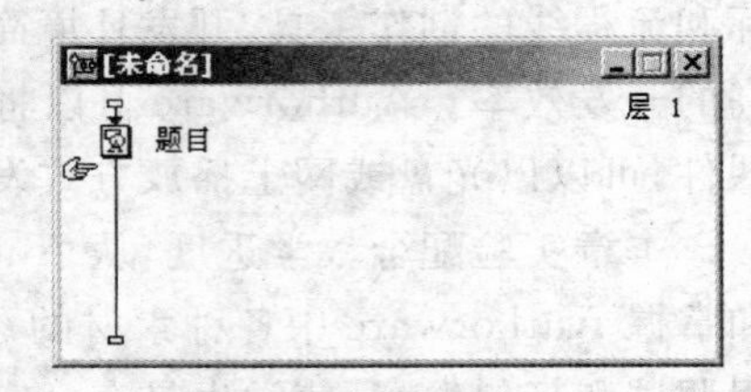

图8-1　给图标命名

(3) 双击“题目”图标，打开演示窗口。选择工具箱上的文字工具**A**，在屏幕上单击，在闪烁的光标后输入文字内容“西湖美景”，并通过“文本”菜单下的“字体”、“大小”、“风格”、“对齐”等命令改变标题的字体、字号等属性，如图8-2所示。通过单击工具箱中的“色彩”工具区，还可以改打开颜色面板改变文字的颜色。

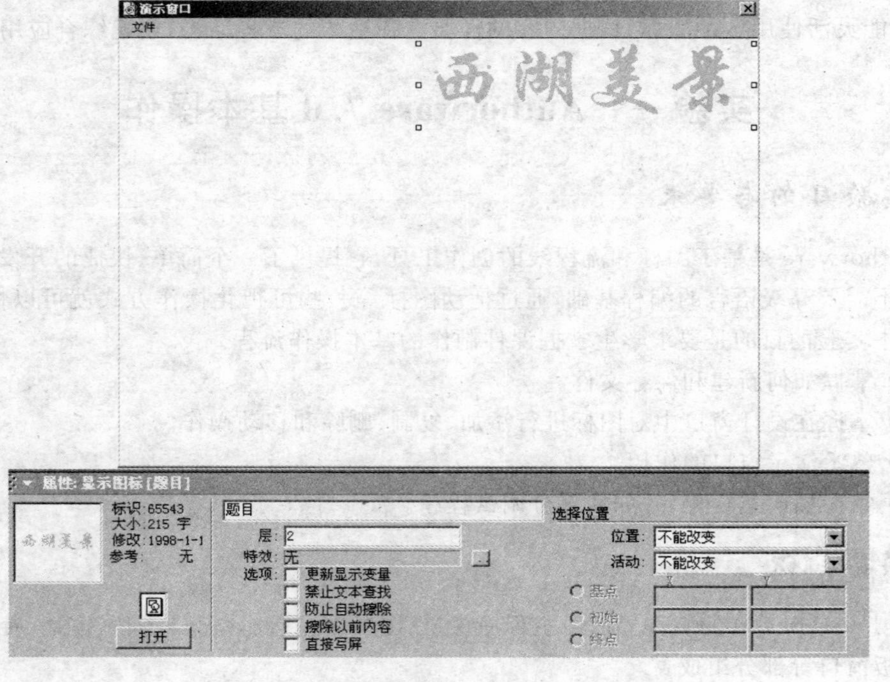

图8-2　在显示窗口输入并编辑文字

（4）在“题目”显示图标上单击右键，在弹出的菜单中选择“属性”命令，打开显示图标的属性面板，在“层”文本框中输入数字“2”，这样即使标题文字最先出现，也不会被之后显示图标所显示的图片覆盖（因为显示图标默认的层号为0，层号越高，显示在越上层）。

（5）再拖动一个显示图标放在标题图标后，命名为“图片1”。选择“插入”菜单下的“图像”命令，在弹出的“属性：图像”对话框中，单击“导入”按钮，再从弹出的“导入哪个文件？”对话框中找到要插入的图像文件，然后双击该文件即可插入外部图像，如图8-3所示。

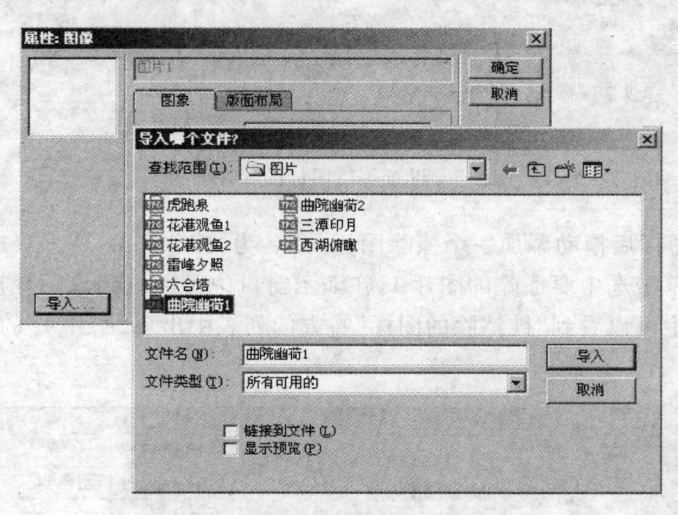

图 8-3　导入外部图像

（6）在演示窗口中拖动图像，调整图像大小，使其铺满窗口，如图8-4所示。单击演示窗口的“关闭”按钮，返回设计窗口。

图 8-4　导入图像后的窗口

(7) 再拖动一个等待图标放置到“图片 1”图标之后,命名为“等待 2 秒”。双击该等待图标,打开等待图标的属性面板,在面板中取消对“按任意键”和“显示按钮”的选择。在“时限”文本框中输入“2”,如图 8-5 所示。这样,在图片 1 内容显示经过 2 秒钟后才会继续执行之后的图标。

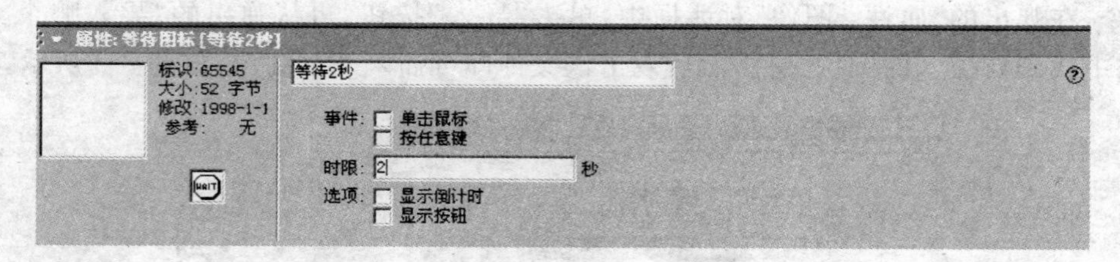

图 8-5 设置等待图标的属性面板

(8) 在等待图标后拖动添加一个擦除图标,命名为“擦除图片 1”。双击擦除图标,在打开的演示窗口中单击选中要擦除的图片 1,在演示窗口中可以看到该图片被擦除,且在擦除图标的属性面板中可以看到“被擦除的图标”右方的列表中出现“图片 1”的图标名,如图 8-6 所示。

图 8-6 设置擦除图标

(9) 单击擦除图标属性面板中“特效”选项右方的小按钮 ,在弹出的“擦除模式”对话框中可以选择擦除时的过渡效果,如图 8-7 所示。

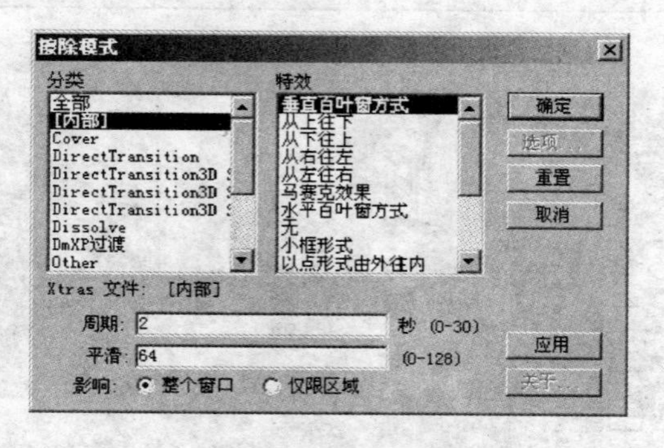

图 8-7 设置擦除特效

(10) 关闭演示窗口,保存文件。选择“调试”菜单下的“重新开始”命令,或单击工具栏中的“运行”按钮,可以看到程序的运行结果。

(11) 对图标的选择、复制、删除和移动操作实际上和在文件夹中对文件进行选择、复制、删除和移动是相同的。

如图 8-8(a)所示，按下鼠标左键，拖动选中流程线上的后 3 个图标，同时按下 Ctrl+C 快捷键，复制这 3 个图标。

(12) 然后在流程线上单击鼠标，让手形标记指向流程线最后(确定当前编辑位置)，再同时按下 Ctrl+V 快捷键，复制的 3 个图标将粘贴到流程线手形标记之后。再按图 8-8(b)所示，改变图标命名。

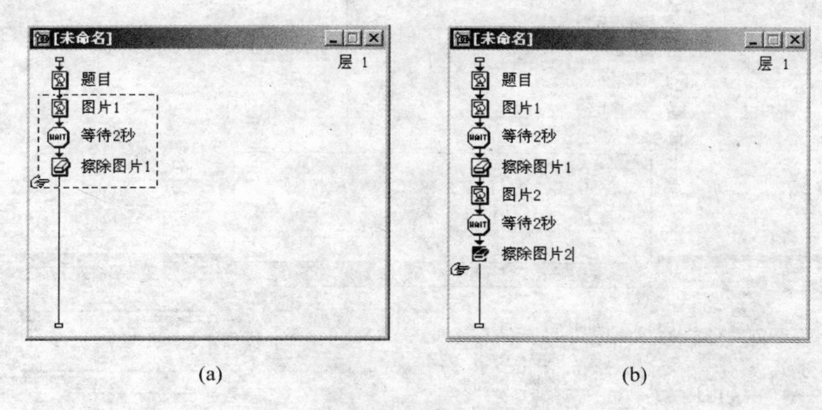

(a) (b)

图 8-8 复制并粘贴

(13) 单击流程线上的“图片 2”显示图标，按 Delete 键删除原来的图片，通过“插入”菜单下的“图像”命令导入一幅新图片。

复制得到的等待图标和擦除图标不需要修改，如图 8-9 所示，在擦除图标的属性面板中可以看到“被擦除的图标”右方的列表中的图标名自动变为“图片 2”。

图 8-9 运行画面

(14) 拖动一个显示图标放置到流程线最后，命名为“结束”，双击该图标，打开演示窗口。选择工具箱中的文字工具，在屏幕上单击输入文字“谢谢欣赏”，如图 8-10 所示。

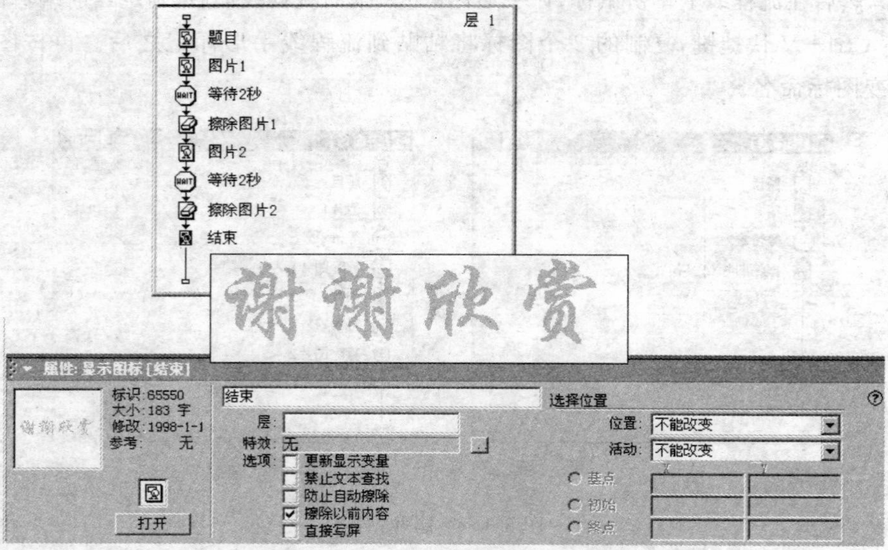

图 8-10　结束画面的文字

(15) 应用图标面板上的“开始旗帜”和“结束旗帜”可以对程序进行局部调试。因为前面 4 个图标已经运行没有问题，所以可以从图标面板上拖动“开始旗帜”(白旗)放置到流程线“图片 2”的上方。选择“调试”菜单下的“从标志旗处运行”命令，程序可以从第 2 个图片处开始向后执行到流程结束。

(16) 运行将发现显示结束文字“谢谢欣赏”时，标题文字“西湖美景”还留在演示窗口中，所以停止运行。双击“擦除图片 2”擦除图标，在打开的演示窗口中单击标题文字，当看到擦除图标属性面板“被擦除的图标”选项右方的列表中列出了如图 8-11 所示的两个图标时，保存文件。

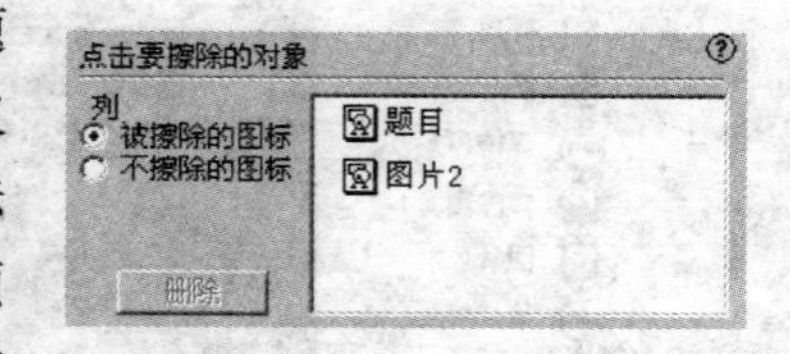

图 8-11　擦除标题文字

(17) 选择“调试”菜单下的“重新开始”命令，或单击工具栏中的“运行”按钮，可以从头到尾完整地运行程序。

四、练习

(1) 新建一个文件：用显示、等待、擦除图标制作闪烁文字，让文字闪烁出现 3 次；运行结束后保存文件。

(2) 设计一个课件的片头部分，要求给出背景图片和标题。

(3) 收集唐代多位诗人的人像图片和生平文字资料，制作一个“唐代诗人介绍”课件，每次窗口中出现一位诗人信息，左边显示图片、右边给出文字介绍。

实验二　Authorware 7.0 中素材的添加

一、实验目的与要求

Authorware 可以集成图像、声音、动画、文本和视频于一体，制作内容丰富且具有吸引力的作品。本次实验的目的是要求学生学习掌握如何在 Authorware 作品中添加各种媒体素材。

(1) 掌握如何用显示图标添加、编辑文本、图形和图像素材。

(2) 掌握如何用声音图标添加、编辑声音素材。

(3) 掌握如何用数字电影图标添加、编辑视频素材。

(4) 掌握如何用“导入媒体”或“插入”→“媒体”菜单命令添加、编辑多媒体素材。

二、预备知识

各种多媒体素材的添加大多可以通过 Authorware 提供的图标来完成，也有少数媒体，如 Flash 动画需要用菜单命令来添加。

可以通过图标添加的媒体如下。

(1) 显示图标：可以在演示窗口中添加文本、图形、图像素材。

(2) 声音图标：用于导入声音文件到 Authorware 程序中，并对播放进行控制。

(3) 数字电影图标：用于导入数字化电影到 Authorware 程序中，并对播放进行控制。

可以添加媒体的菜单命令如下。

(1) 通过“文件”→“导入和导出”→“导入媒体”命令，可以导入外部的文本、图像、声音、视频等各种格式的媒体文件。

(2) 通过“插入”→“媒体”菜单下的多个命令，可以添加外部的 Animation GIF 动画、Flash Movie 动画和 QuickTime 媒体文件。

三、实验内容

1. 文本和图形图像素材的添加

(1) 新建一个空流程文件，在流程线上拖动添加一个显示图标，命名为“片头”。双击该显示图标，打开演示窗口通过“插入”→“图像”命令在窗口中插入一个图片，并选择工具箱中的文本工具 A，在窗口中输入标题文本“贞观之治”。

(2) 如图 8-12 所示调整修改图片的大小和位置；选中文本后，通过“文本”菜单下的“字体”、“大小”、“风格”、“对齐”等命令可以改变标题的字体、字号等属性。

(3) 拖动一个等待图标，添加到流程线上，命名为“继续按钮”，不修改等待按钮属性面板中的默认设置。这样程序运行遇到等待图标会停止不动，直到用户单击“继续”按钮后才会继续向后执行。

(4) 选择“调试”菜单下的“重新开始”命令运行程序，可以看到“继续”按钮出现在窗口左上角。要改变位置，单击工具栏中的“控制面板”按钮，在出现的控制面板中单击“暂停”按钮，然后单击选中演示窗口中的“继续”按钮，拖动到窗口右下角，如图 8-13 所示。

图 8-12 “片头”显示图标

图 8-13 通过等待图标添加交互按钮

(5) 单击控制面板中的“停止”按钮，回到设计窗口。

(6) 在流程线上再拖动添加一个显示图标，命名为“内容”，然后双击该显示图标，打开其演示窗口。在窗口中选中工具箱中的矩形工具，在演示窗口中拖动绘制一个矩形。

(7) 保持该矩形图形被选中，选择工具箱中的“线型” 工具，设置加粗边线；选择“填充”工具，在弹出的“填充面板”中选择斜网纹的填充方式，如图 8-14 所示；再选择工具箱中的色彩工具，将填充前景和背景色分别设置为桔黄和淡黄色。

(8) 不关闭演示窗口，选择“文件”→“导入和导出”→“导入媒体”命令，从弹出的对话框中选中已经编辑好的外部文本文件“贞观之治. txt”，然后单击“导入”按钮。按图 8-15 的设置，设定文本导入的方式，单击 “RTF 导入”对话框的“确定”按钮，文本文件中的文字将被添加到窗口中。这种通过菜单命令添加文本的方式适合输入文字多的文本素材。

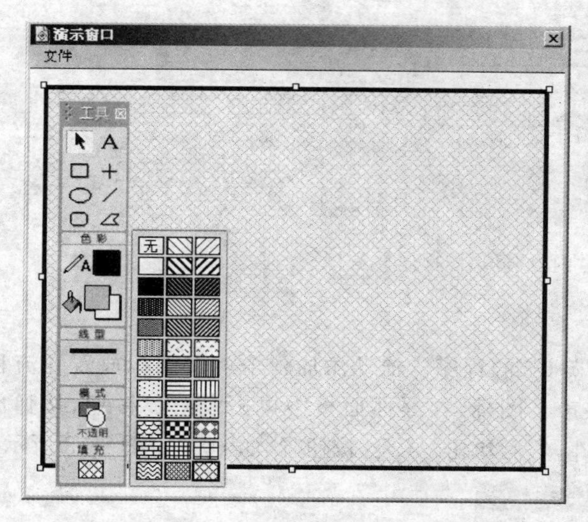

图 8-14　图形的绘制和修改

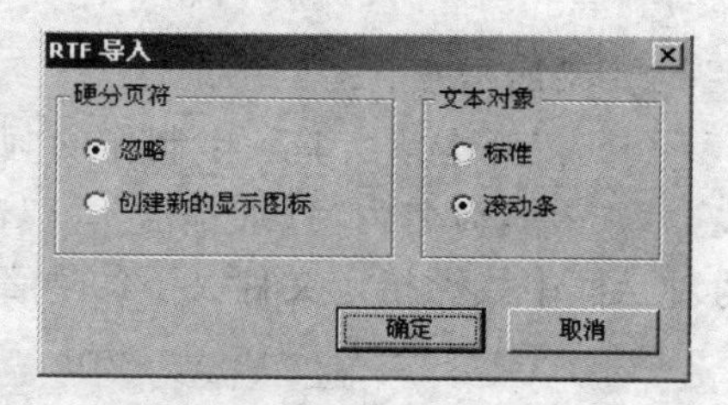

图 8-15　设置“RTF 导入”对话框

(9) 对导入后的文字，也可以用同样的方法修改字体、字号、颜色等属性。单击选中导入的文字块，单击工具箱面板中的“模式”工具打开“模式面板”，选择“透明”模式，将文本块的白色背景设置为透明，这样可以看到后面的网纹图形，如图 8-16 所示。

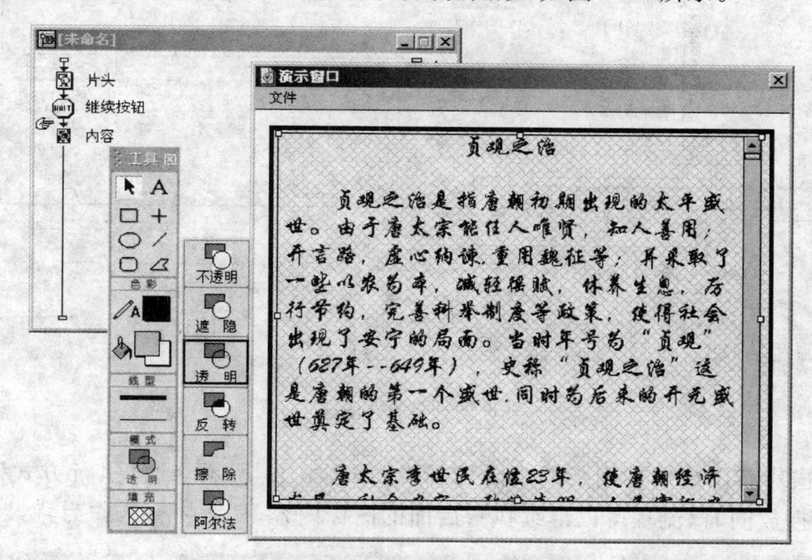

图 8-16　设置导入文本的属性

因为导入时选择了“滚动条”选项，当文字在屏幕上不能全部显示时，可以通过拖动滚动条阅读所有文字。

(10) 关闭演示窗口，打开“内容”显示图标的属性面板。如图 8-17 所示，设置“特效”方式为“水平百叶窗式”，给内容的出现添加一个过渡效果。然后选中“擦除以前内容” 选项，用于显示内容前先擦除“片头”显示图标显示的文字和图片。

(11) 保存文件，选择“调试”菜单下的“重新开始”命令，或单击工具栏中的“运行”按钮运行程序。

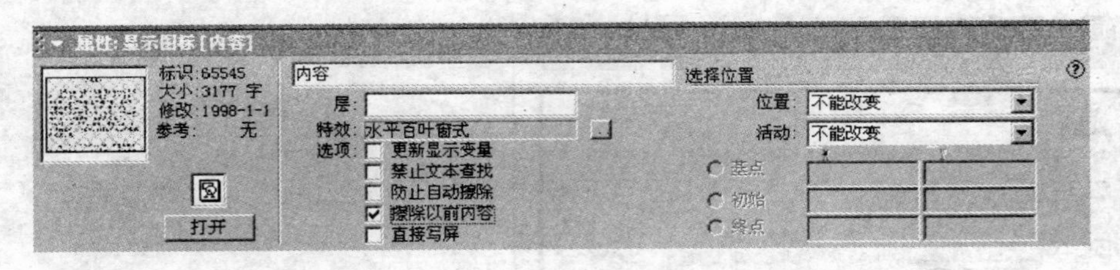

图 8-17　设置"内容"显示图标属性窗口

2. 添加声音

(1) 打开本章实验一中制作的"西湖美景"的程序。拖动添加一个声音图标放置在流程线上第一位,命名为"背景音乐"。双击该声音图标,在属性面板中单击"导入"按钮,从弹出的对话框中找到指定文件夹下的声音文件,然后单击"导入"按钮导入声音,如图 8-18 所示。

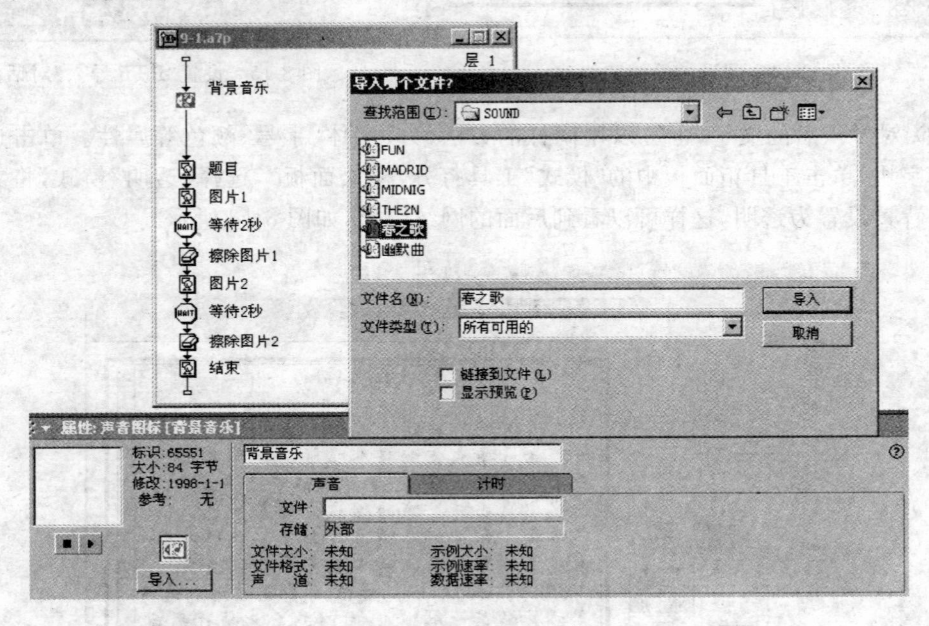

图 8-18　导入声音文件

(2) 单击声音图标属性面板的"计时"标签,如图 8-19 所示修改"执行方式"为"同时",这样在声音播放同时,流程可以继续执行后面的图标内容,从而使音乐作为背景音乐播放。

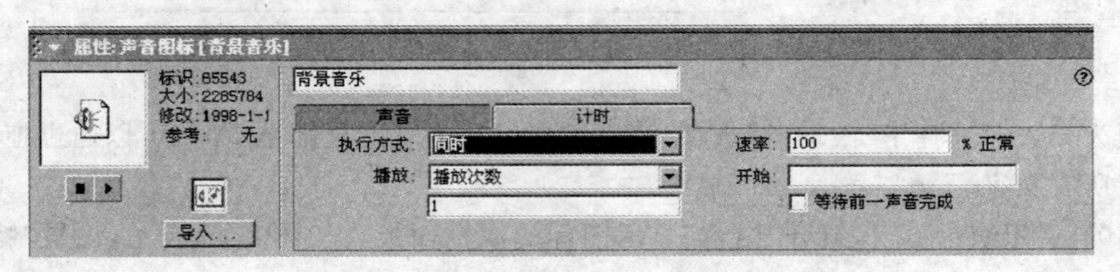

图 8-19　声音图标属性面板的设置

(3) 保存文件,选择"调试"菜单下的"重新开始"命令,或单击工具栏中的"运行"按钮运行程序可以边欣赏图片边听音乐。如果声音文件时间比较短,可以改变属性面板中的播放次数，让音乐多次重复播放。

3. 添加视频和动画

（1）新建一个空流程文件，在流程线上拖动添加一个显示图标，命名为“标题”。双击该显示图标，选择工具箱中的文本工具 **A**，在窗口中输入标题文本“滑板运动教学”。

（2）在流程线上拖动添加一个数字电影图标，命名为“课程视频”。双击该数字电影图标，在属性面板中单击“导入”按钮，从弹出的对话框中找到指定文件夹下预先录制好的课程视频文件，然后单击“导入”按钮导入视频。如图 8-20 所示调整视频在窗口中的位置。

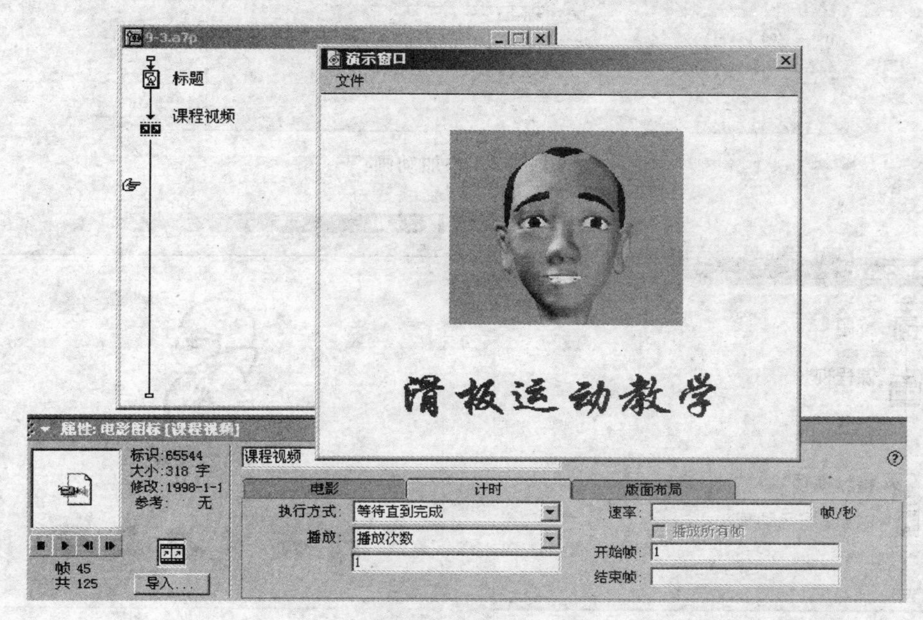

图 8-20　导入视频

（3）单击数字电影图标属性面板的“计时”标签，修改“执行方式”为“等待直到完成”。

（4）在流程线上拖动添加一个擦除图标，命名为“擦除视频”。双击擦除图标，在演示窗口中单击选中课件视频，将其擦除，如图 8-21 所示。关闭演示窗口，回到设计窗口。

图 8-21　擦除视频

（5）单击鼠标，让手形标记指向流程线最后。选择“插入”→“媒体”→Flash Movie 命令，打开 Flash Asset Properties 对话框，单击 Browse 按钮，可以在指定文件夹下找到预先制作的动画文件并添加，如图 8-22 所示。

（6）如图 8-23 所示，拖动“开始旗帜”放置在 Flash 功能图标前，选择“调试”菜单下的“从标志旗处运行”命令运行程序，调整动画在窗口中的位置。

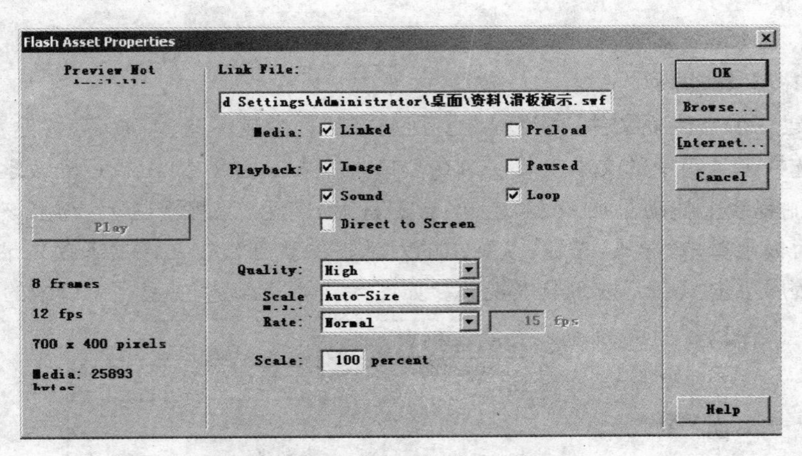

图 8-22 添加动画

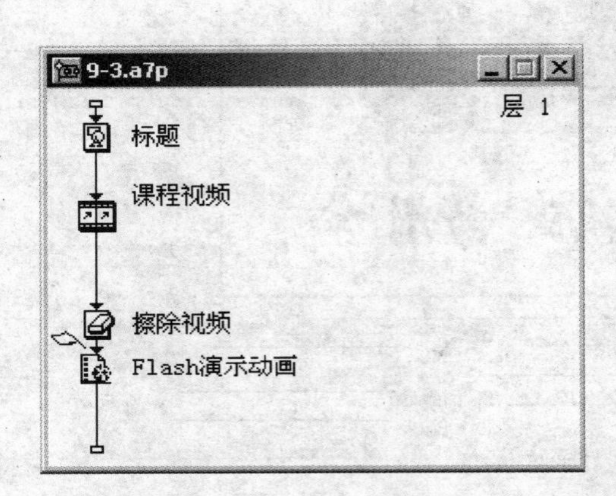

图 8-23 运行并调整 Flash 动画位置

(7) 保存文件,选择"调试"菜单下的"重新开始"命令,或单击工具栏中的"运行"按钮,观看整个程序的运行。

四、练习

(1) 制作一个有背景音乐的风景欣赏课件。

(2) 制作一课件,在背景音乐的伴奏下,一边给出老师的视频授课,一边在窗口中显示课件的文字教案。

(3) 制作一个音乐欣赏课件,一边分段播放一首名曲,一边以图文或视频文字的方式诠释乐曲的寓意。

实验三 Authorware 7.0 中动画效果的制作

一、实验目的与要求

Authorware 7.0 中实现动画的主要方法是使用"移动"(Motion)图标。它可以对文本、图形、图像、视频等对象进行移动从而实现一些简单的动画效果。

"移动"图标不能独立创建出移动效果,通常它和"显示"图标等一起用于设置这些图标中对象的移动,而且一个"移动"图标只能移动一个显示图标中的整体显示内容。必须掌握好有关移动图标的基本操作。

(1) 选定移动对象。

(2) 选择移动类型。

(3) 设置移动路径。

(4) 设置移动时间。

(5) 设置执行方式。

二、预备知识

实现动画的主要方法是使用"移动"(Motion)图标。它可以对文本、图形、图像、视频等对象进行移动从而实现一些简单的动画效果。

选定移动对象,选择移动类型,设置移动路径、层次、移动时间,执行方式等主要是在设计窗口、演示窗口和移动图标属性窗口中进行。

(1) 选定移动对象。首先在设计窗口中双击移动对象对应的图标,然后单击移动图标,在演示窗口中单击选择移动对象即可。

(2) 选择移动类型。"移动"图标提供了5种移动类型,类型的选择是在"移动"图标属性面板中进行。5种移动类型如下。

① 指向固定点(Direct to Point)

将对象从当前位置沿直线移动到目标位置。

② 指向固定直线上的某点(Direct to Line)

将对象从当前位置沿直线移动到设定直线段的某个位置。

③ 指向固定区域内的某点(Direct to Grid)

将对象从当前位置沿直线移动到设定矩形区域的某个位置。

④ 指向固定路径的终点(Path to End)

将对象从当前位置沿指定的折线或曲线路径移动到目标位置。

⑤ 指向固定路径上的任意点(Path to Point)

将对象从当前位置沿指定的折线或曲线路径移动到路径上的某个位置。

(3) 移动时间。移动过程的持续时间可以在"定时"选项下设置,Authorware 7.0 提供了时间和速率两种移动速度的设置方法。

① 时间:以"秒"为单位,设置运动持续时间,具体数值在"定时"下拉列表框下方的文本框内输入。

② 速率:以"秒/英寸"为单位,设置运动的速率,具体值在下方的文本框中输入。

(4) 层:"移动"属性面板中"层"的概念和显示属性面板是一致的,用于设置显示运动对象的显示层次;可以使用默认设置。

(5)"执行方式"下拉列表框提供了多种同步方式。

① 等待直到完成:只有当移动图标执行完毕,才继续向下执行;这是默认设置,也是当前例子使用的设置。

② 同时:在执行当前移动图标的同时,执行后继的图标,这种方式可以设置多个移动

同步进行。

③ 永久：除了“指向固定点”外，其他 4 种移动类型都有该选项，如果移动图标的目标点设置中使用了变量，这项设置会使程序跟踪变量的变化，一旦变量有更新，即使移动图标已经执行，程序也会再次移动对象到新的位置。

三、实验内容

1. “投掷”游戏

(1) 新建一个空文件，从图标面板上拖动一个显示图标到流程线上，命名为“玩具”；打开显示图标，在演示窗口中用工具箱中的工具画出网格，然后按图 8-24 所示插入玩具图片并进行排列。

图 8-24　投掷游戏流程

(2) 再拖动一个显示图标放在“玩具”图标下方，命名为“圈”。打开该显示图标，在演示窗口中用椭圆工具画一个圈。

(3) 拖动一个移动图标到“圈”图标之后，命名为“投掷”。

(4) 按住 Shift 键不动，同时分别双击主流程线上的“玩具”图标、“圈”图标、“投掷”图标，这时演示窗口中可以同时看到玩具和圈的显示，在演示窗口中单击圈，即选定圈为移动对象。

(5) 不同移动类型的实验完成。

① 从属性面板“类型”下拉列表中选择“指向固定点”移动类型，如图 8-25 所示。

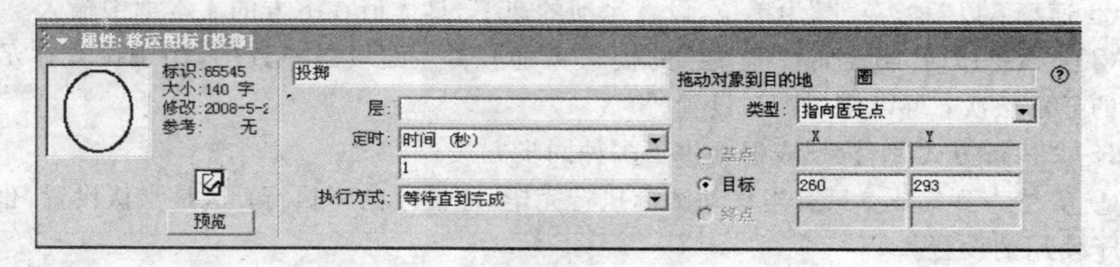

图 8-25　“指向固定点”移动类型的属性面板

其他属性设置不变，根据“拖动对象到目的地”的提示，单击圈并拖动圈到小熊上。单击工具栏中的“运行”按钮执行程序，可以看到圈从它初始位置运动到小熊上，如图 8-26 所示。

图 8-26　运行程序

② 从属性面板“类型”下拉列表中选择“指向固定直线上的某点”移动类型，如图 8-27 所示。

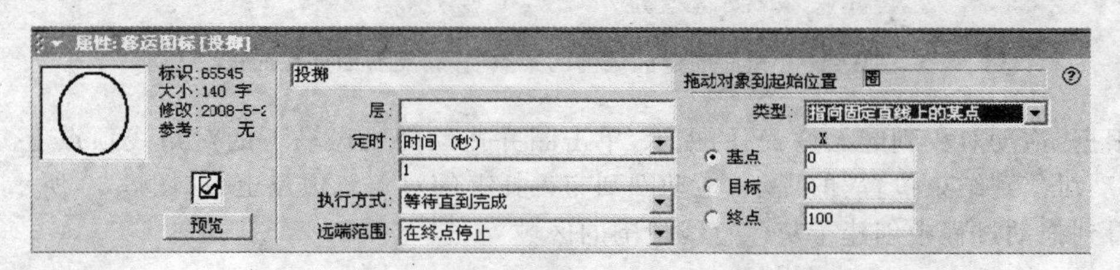

图 8-27　“指向固定直线上的某点”移动类型的属性面板

根据“拖动对象到起始位置”的提示，单击圈并拖动圈到小熊上，确定“固定直线”的起点。再根据“拖动对象到结束位置”的提示，拖动圈并拖动圈到小象上，确定“固定直线”的终点；如图 8-28 所示，这时可以看到拖动过程中创建了一条灰色的直线(这条直线在运行时不会显示在屏幕上)。

在移动图标的属性面板中可以看到有 3 个位置需要设置。

- 基点：即固定直线的起点(注意它不是移动对象的当前位置)，默认值为 0，本例中设为 1。
- 目标：对象进行移动时的终止位置，默认值为 0，一般取值范围在基点和终点值之间，本例中设置为 1，刚好落在小熊上。
- 终点：即固定直线的起点，默认值为 100，这里因为只有 4 个落圈的点，所以设置为 4。

如果需要重新调整直线的起点/终点位置，则先单击“基点”/“终点”单选按钮，再拖动对象到新的位置即可。

单击工具栏中的“运行”按钮执行程序，可以看到圈从它初始位置运动到小熊上。

③ 选择“指向固定区域内的某点”移动类型，如图 8-29 所示。

图 8-28　演示窗口中的固定直线

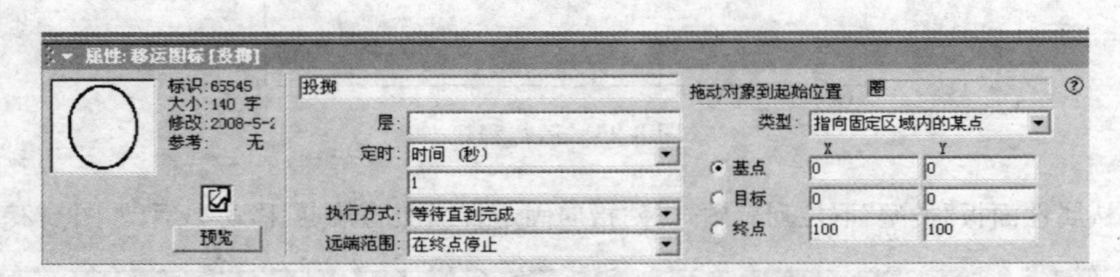

图 8-29　“指向固定区域内的某点”移动类型的属性面板

根据“拖动对象到起始位置”的提示，单击圈并拖动圈到斑马下的对角线顶点上。再根据“拖动对象到结束位置”的提示，拖动圈到布鲁托上的对角线顶点上，如图 8-30 所示，这时可以看到拖动过程中创建了灰色直线包围的区域。

图 8-30　演示窗口中的固定区域

在移动图标的属性面板中,“基点”、“目标”、“终点”都有 X、Y 两个坐标值需要确定,拖动时“基点”确定了区域坐标系的原点位置,“终点”确定了区域坐标系的 X、Y 轴方向,设置基点和终点的取值范围都是 0～10。现在的目标位置可以是指定二维区域内的任何一个点,所以要设置目标点的 X、Y 坐标,这里输入固定值,希望圈到小熊上,于是设置如图 8-31 所示。也可以利用 Authorware 提供的系统函数 Random 去随机生成目标点,即目标点的 X 坐标值输入 Random(1,5,1),随机产生 1～5 范围内的一个整数,而目标点的 Y 坐标值输入 Random(1,4,1),随机产生 1～4 范围内的一个整数,设置如图 8-32 所示。

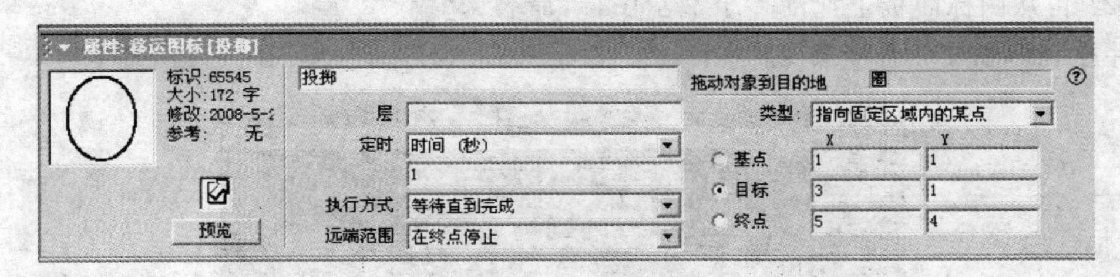

图 8-31　设置移动到区域内某个固定目标位置

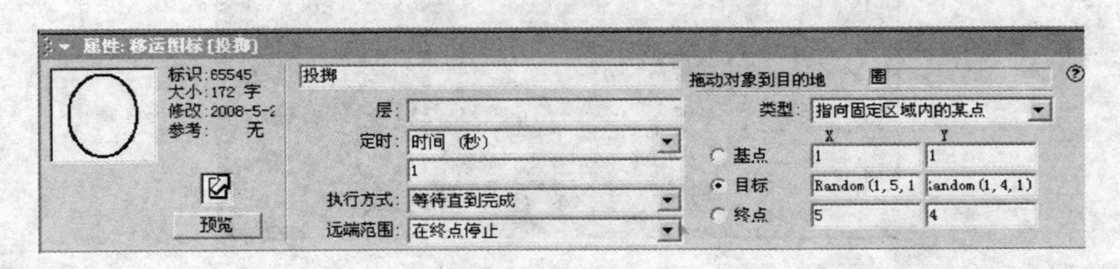

图 8-32　设置移动到区域内某个随机目标位置

如果需要重新调整固定区域的起点/终点位置,则先单击“基点”/“终点”单选按钮,再拖动对象到新的位置即可。

(6) 在属性面板中随时设置移动执行时间,此例中修改为 1.5 秒。

(7) 运行程序可以看到圈在区域内的移动；如果想要圈在区域内连续随机投掷,可使用目标点随机生成值,然后在流程最后添加一个计算图标,并在双击计算图标打开的计算窗口调用一个跳转函数(如图 8-33 所示)回到移动图标,计算移动的下一个位置并执行移动,如此循环可以看到圈在区域内不断做随机投掷。

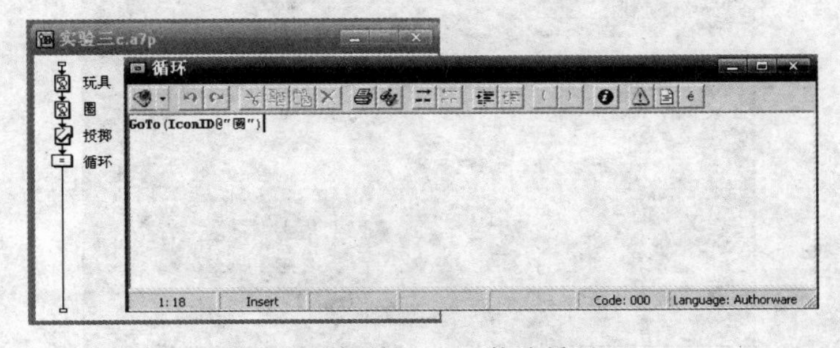

图 8-33　利用 Goto 构造循环

2. 动态显示蝴蝶飞行的路径

和"指向固定点"移动类型相似，移动由对象当前位置运动到指定目标位置，只是移动路径不再是直线路径。下面的实例就应用了该移动类型，动态显示蝴蝶飞行的路径。

(1) 新建一个空文件，从图标面板上拖动一个显示图标到流程线上，如图 8-34 所示，命名为"鲜花"；双击打开显示图标，如图 8-35 所示插入准备好的图片。

(2) 再从图标面板上拖动一个显示图标，命名为"蝴蝶"，并在其中添加一个蝴蝶图片。

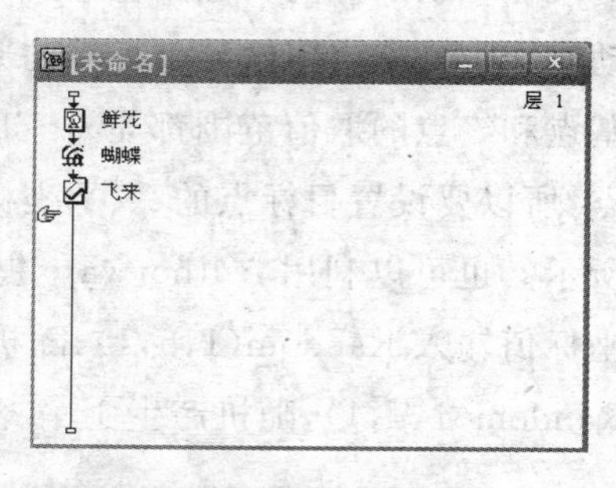

图 8-34 流程线图

图 8-35 演示窗口

(3) 拖动一个移动图标到流程线上，命名为"飞来"；双击移动图标，打开演示窗口和移动属性面板，从"类型"列表中选择"指向固定路径的终点"。

(4) 单击演示窗口中的蝴蝶，再拖动蝴蝶对象以创建路径(注意不要拖动对象中的黑色小三角)，在建立第一段直线路径后继续拖动对象可以扩展路径，创建出如图 8-36 所示的折线路径；路径上，黑白的小三角是路径的控制句柄，通过拖动它们可以随时改变路径。

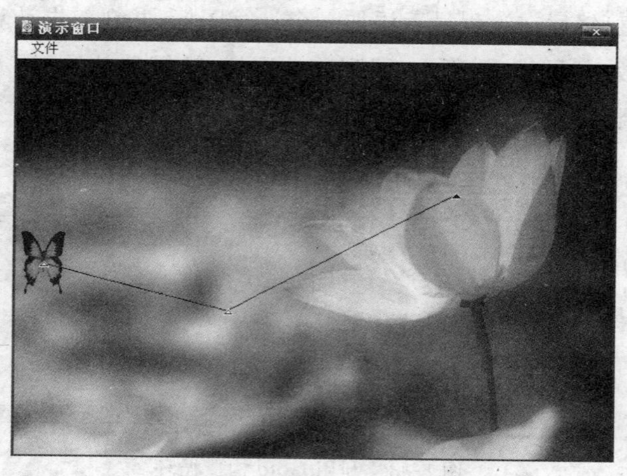

图 8-36 设置折线路径

在路径上单击还可以添加新的控制句柄,单击属性面板中的“删除”按钮可以除去当前选中的控制句柄(黑色小三角)。

(5) 默认情况下,创建的路径都是折线路径,如果要创建曲线路径,双击三角形的控制句柄,当标记变为圆形时,标记前后的两段折线也变为弧线路径,如图 8-37 所示。注意:在演示窗口中可以随时通过双击路径控制句柄来切换句柄类型。

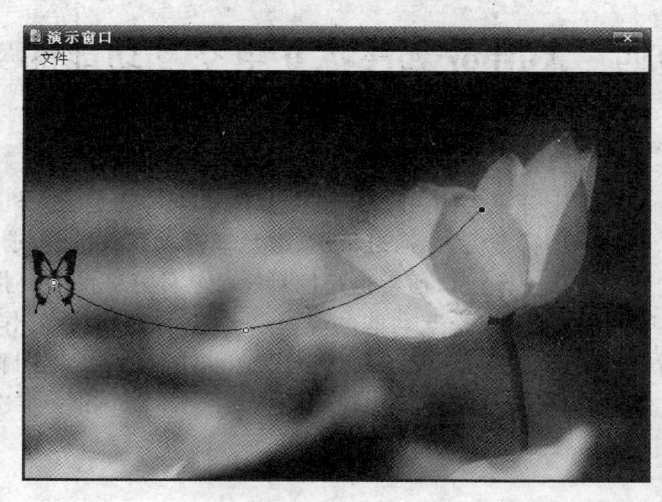

图 8-37　调整修改路径

(6) 设置移动执行时间为 5 秒。注意:如果属性面板中“执行方式”选择为“永久”方式,且“移动当”(Move When)设置为 1,即条件为真,则可以看到运动不断反复地执行。

(7) 拖动一个等待图标到流程线上,命名为“停留 2 秒”,在属性面板中将时限选项设为 2 秒。

(8) 拖动一个移动图标到流程线上,命名为“飞去”;双击移动图标,打开演示窗口和移动属性面板,从“类型”列表中选择“指向固定路径的终点”。

(9) 单击演示窗口中的蝴蝶,再拖动蝴蝶对象以创建路径,创建出如图 8-38 所示的弧线路径。保存文件,运行程序,可以看到蝴蝶沿指定的路径从起点飞到花上停留 2 秒,再飞走。

图 8-38　弧线路径

四、练习

(1) 制作动画：升旗。

(2) 制作动画：汽车随机进入5个车库中的一个。

(3) 制作动画：小球的圆周运动。

实验四　Authorware 7.0 中交互功能的实现

一、实验目的与要求

交互性是计算机软件十分重要的一个特性，交互简单来说就是指人机对话，也即用户通过各种接口和计算机程序进行交流，如通过鼠标、键盘来输入数据、进行选择、控制程序的走向等。是否具有友好的人机交互接口通常也是衡量一个软件好坏的重要指标。

Authorware 从最初就很重视交互功能的支持和设置，如何设计好作品的交互是学习 Authorware 的重点和难点。Authorware 7.0 中，交互是通过"交互"图标来进行设计的。必须理解交互的基本结构，掌握交互图标中提供的11种交互类型和多层次交互结构。

二、预备知识

1. 交互的基本结构

在流程线上先拖动放置一个"交互"图标，然后拖动其他图标，如一个群组图标放置到它的右侧，这时屏幕上将出现一个"交互类型"对话框，其中列出了 Authorware 支持的11种交互类型，如图8-39所示。

选择其中一种响应类型后，单击"确定"按钮就创建了具有一个分支的交互结构。继续拖动其他图标放置到交互图标右侧，可以建立更多的分支。一个典型的交互具有图8-40所示的基本结构。

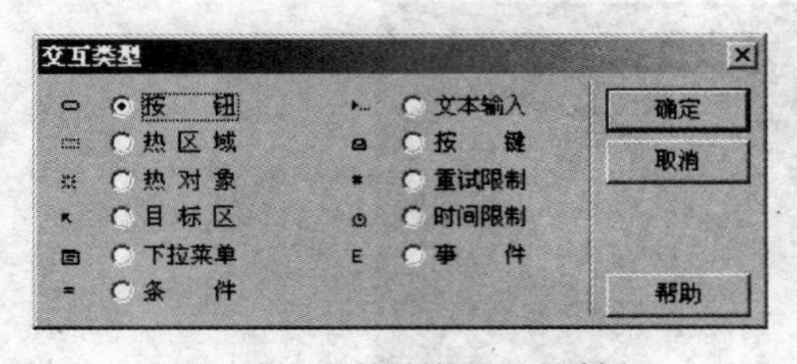

图8-39　"交互类型"对话框

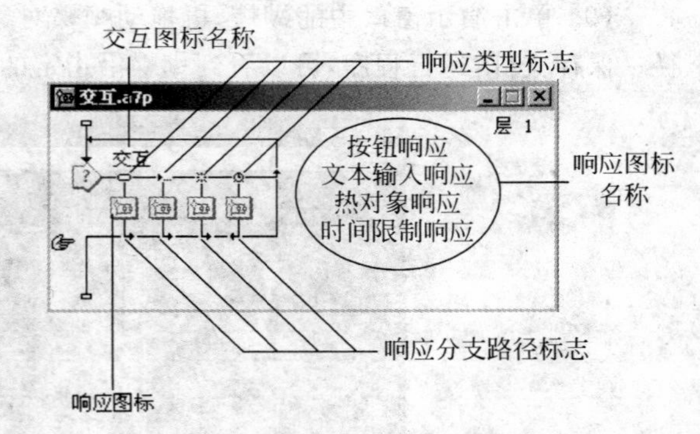

图8-40　交互响应的基本结构

(1) 交互图标

交互图标是交互结构的核心，只有先创建了交互图标才能构造各个交互分支，从而提供各种交互方式。

(2) 交互类型

交互图标中提供了11种交互类型。

按钮(Button)响应是 Windows 应用程序中最基本的交互方式,通过鼠标单击各个按钮可以触发不同响应,从而实现用户和程序间的交互。

热区域(Hot Spot)响应即在屏幕上设定一个矩形区域,当用户在热区中进行单击或双击等操作时,会触发交互进而执行分支下的响应内容。

热对象(Hot Object)响应和热区域响应很相近,只是热区域定义的是一个规则的矩形区域,而热对象定义的是一个对象所在区域,它可以有不规则的边界。

目标区(Target Area)响应将允许用户用鼠标拖动对象到指定区域,并做出对应的响应。

下拉菜单(Pull-down Menu)响应是 Windows 应用程序中常见的一种交互方式,Authorware 7.0 也提供了制作标准 Windows 风格下拉菜单的设置。

条件(Conditional)响应与其他响应方式有比较大的区别,这种类型的响应需要用户先设置一个条件(变量或表达式),当条件为真时,程序会自动执行该交互的响应分支内容。

文本输入(Text Entry)响应可以提供用户一个文本输入区域,允许通过键盘输入文本提交给程序,程序再根据输入做出不同的反映。

按键(Keypress)响应也是接收用户的键盘输入,但和文本输入不同的是,它响应的是单个按键或组合键。

重试限制(Tries Limit)响应用于限制用户的交互输入次数,这种交互类型一般要和其他交互类型配合使用。

时间限制(Time Limit)响应是用于限制所在交互结构的有效时间,它通常也和其他交互类型的响应分支配合使用。

事件(Event)交互在 Windows 应用程序中指某种行为动作,比如鼠标单击等。Authorware 7.0 中的事件响应通过“事件”向 ActiveX 控件等插件发送消息,从而实现交互控制。

(3) 响应图标

即交互结构中的各个响应分支图标,是响应某个交互后要执行的结果。例如,图 8-40 中,只有当用户在运行时按下窗口中的“按钮响应”按钮,流程才会进入第一个分支,执行该分支下响应图标的内容。

每个分支下只能放一个响应图标,显示、擦除、等待、群组、移动、计算、导航图标可以直接作为交互结构中的响应图标,但交互、框架和判断图标不允许直接放在分支中,要解决这个问题,可以在分支中先放置一个群组图标,然后在群组内再放置交互、框架和判断图标。需要零个或一个以上的图标来完成的分支流程也要通过群组图标放置。

(4) 响应分支路径

响应分支路径决定了各分支下响应图标执行完后流程线的走向。它是在各交互分支的属性面板中进行设置的,如图 8-41 所示,Authorware 7.0 提供了 4 种分支路径选项:重试、继续、退出交互和返回。

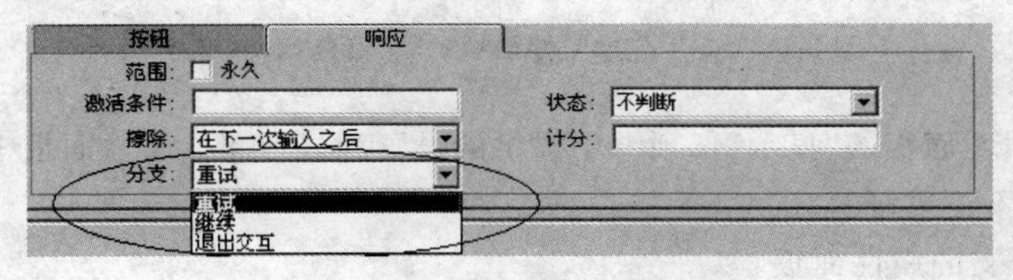

图 8-41　选择分支路径

- 重试：分支执行完后，流程返回交互图标之前，等待下一次交互输入；这是默认选项。
- 继续：分支将退回原处，继续判断下一个响应。
- 退出交互：分支执行完后，程序退出该交互，继续执行交互之后的内容。
- 返回：只有当响应分支设为“永久”，才能看到此选项，通常在“下拉菜单”交互类型中使用。

4 种分支路径在流程上有着不同的流程结构，如图 8-42 所示。

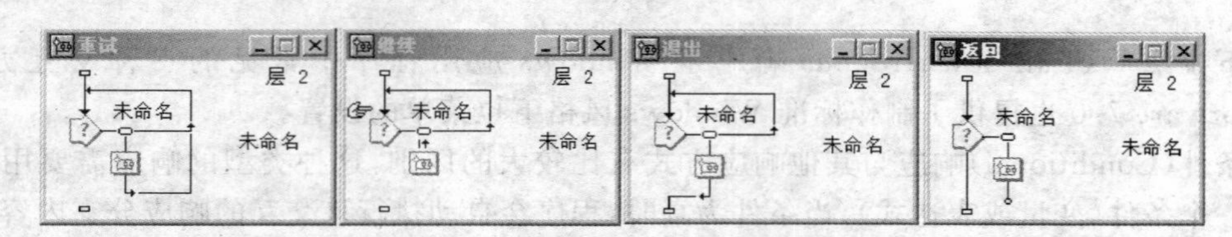

图 8-42　4 种分支路径的流程表现

2. 交互的具体设置

一个交互下可以有多个交互分支，交互图标和各个交互分支的属性面板分别提供了不同的设置选项，具体在对哪个属性面板进行设置，可以通过面板标题栏中的名称来辨别。

(1) 交互图标的属性面板

它提供了交互结构中交互图标的基本属性设置，其中包括“交互作用”、“显示”、“版面布局”和 CMI 共 4 个标签。其中交互作用和显示在设计中经常使用。

如图 8-43 所示，“交互作用”选项卡中提供了以下选项设置。

- 擦除：擦除下拉列表提供“在下次输入之后”、“在退出之前”和“不擦除”3 个选择，用于确定交互结构中各分支执行后，其响应显示内容何时被清除。
- 擦除特效：用于设置擦除的过渡效果。
- 在退出前终止：如果选中此项，相当于添加了一个等待图标，退出交互结构时程序会暂停，等待用户确定是否继续退出。
- 显示按钮：选中上一个选项后，此项才能使用，如果选择“显示按钮”，相当于等待图标中以“继续”按钮的形式接受用户的输入。

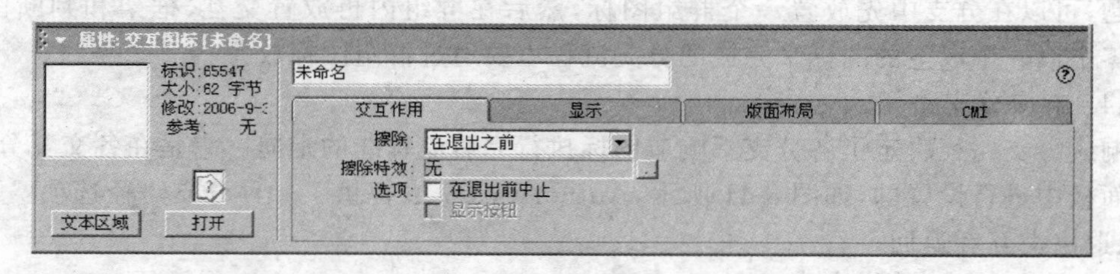

图 8-43　交互图标属性面板的“交互作用”选项卡

交互图标属性面板的“显示”选项卡中提供的设置和显示图标属性面板中提供的设置是相同的，这里将不再重复解释。

(2) 交互分支的属性面板

当单击交互结构各分支上的响应类型小标志时，打开的是交互分支的属性面板。其中第一个标签随交互类型的不同而提供不同的选项设置，如图 8-44 所示，当交互类型为按钮交互时，第一个标签的标签名为“按钮”，同时提供对按钮大小、位置等各方面的设置。

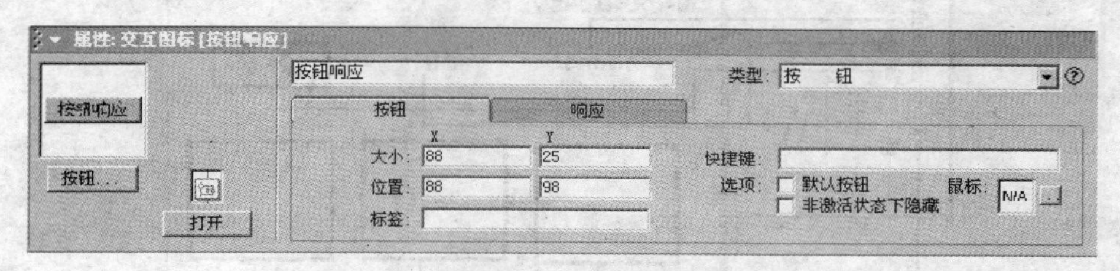

图 8-44 按钮响应交互分支的属性面板

第二个标签“响应”提供了分支擦除、分支路径、使用范围等选项的设置，这对任何交互类型都是一致的。如图 8-41 所示，标签中有以下几个选项设置。

① 永久：选中此项后表示当前交互在整个程序或程序片段运行期间都是可用的，即使退出交互也可以不被交互图标的擦除设置擦除，除非使用擦除图标。

② 激活条件：用于设置响应的激活条件，条件可以是常量、变量或表达式，只有当结果为“真”时，才能使用该响应。

③ 擦除：确定分支响应图标执行完毕后，是否擦除该响应图标在演示窗口中显示的内容，Authorware 提供了 4 种方式。

- 在下一次输入之后：响应图标执行完后，不是立即擦除显示内容，而是等用户选择其他交互后再擦除，这是默认选项。
- 在下一次输入之前：响应图标执行完后，立即擦除显示内容。
- 在退出时：响应图标执行内容将一直保留在屏幕上，直到退出交互才擦除显示内容。
- 不擦除：响应图标执行内容将一直保留在屏幕上，直到使用一个擦除图标将其擦除。

④ 分支：决定分支完成后次序程序的走向，设置会通过流程线的箭头指向直接反映出来，4 种分支类型在图 8-41 中已经介绍。

⑤ 状态：用于跟踪用户响应并判断和记录用户正确和错误响应的次数。

- 不判断：该项为默认设置，此设置下，不跟踪用户响应。
- 正确响应：选择此项，响应图标名称前会出现“＋”标志，程序跟踪用户的正确响应并对正确响应次数进行累加。
- 错误响应：选择此项，响应图标名称前会出现“－”标志，程序跟踪用户的错误响应并对错误响应次数进行累加。

⑥ 记分：用于记录用户的响应得分，可以输入数值或表达式。

三、实验内容

1. 认识动物

这个例子涉及按键、热对象和热区域 3 种交互类型。

(1) 新建一个空文件，设置好文件的窗口大小和背景色等属性。

(2) 按图 8-45 所示创建流程。然后拖动一个交互图标到流程线上，并在交互右方放置一个显示图标，交互类型设为“按键”交互，同时给该响应命名为“按键”。

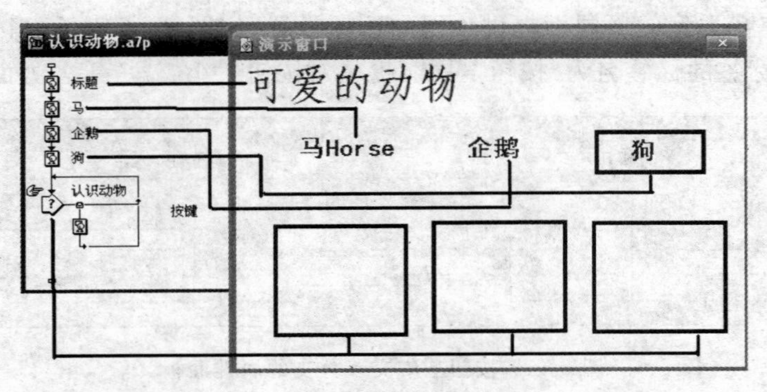

图 8-45 流程结构和演示窗口布局

(3) 双击第一个分支响应类型标志，进入到第一个分支“按键”的交互图标属性设置面板，如图 8-46 所示。

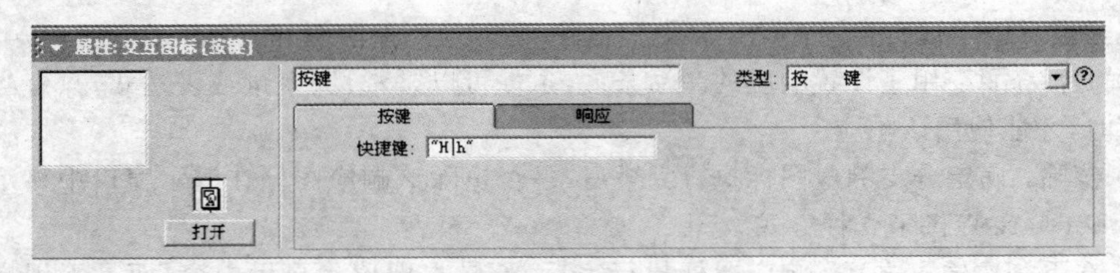

图 8-46 设置按键

按键(Keypress)响应也是接收用户的键盘输入，但和文本输入不同的是，它响应的是单个按键或组合键。Authorware 7.0 为键盘上每个按键都设置了键名，选择“帮助”菜单下的“Authorware 帮助”命令，在帮助窗口的“索引”面板下，输入 key names，可以查看到每个按键的具体名字。

“A|a”、“B|b”和“C|c”即键盘上大写“A”、“B”、“C”和小写的“a”、“b”、“c”对应的键名。“|”表示“或”关系。其他功能键 Authorware 也都指定了唯一的键名，如“←”键和“→”键的键名是 LeftArrow 和 RightArrow。

直接用键名作为响应图标的名称，运行时当按下键盘上某个按键，就可以进入对应的响应分支执行指定内容。也可以在图 8-46 中的“快捷键”属性中设置，此例中设置为“H|h”。

(4) 双击响应结果图标即“按键”显示图标，添加马的图片。

(5) 在交互右方放置一个新显示图标，同时给该响应命名为“热对象”，双击第二个分支响应类型标志，进入到第二个分支“热对象”的交互图标属性设置面板，如图 8-47 所示。将交互类型设为“热对象”交互。

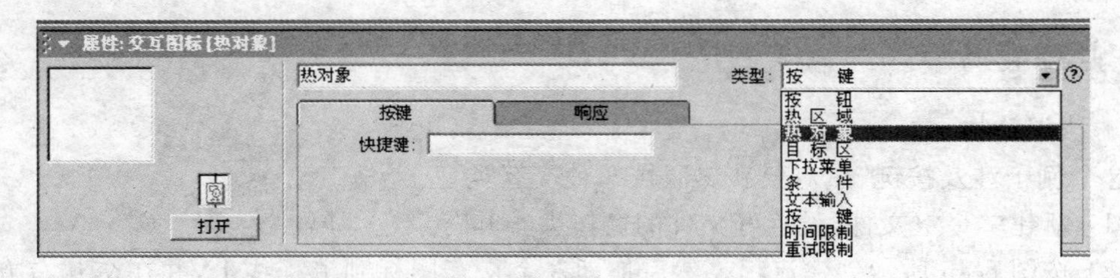

图 8-47 设置热对象交互类型

(6) 按住 Shift 键不动，先后双击"企鹅"显示图标和第二个响应类型标志，屏幕上会自动打开第二个交互"热对象"的属性设置面板，按提示信息，用鼠标单击演示窗口中的"企鹅"文字作为该交互的热对象。

由于热区域和热对象不像按钮交互那样明显，为了让用户知道有交互可以操作，在图 8-48 所示的属性面板中，单击"鼠标"右侧的扩展按钮 ，在"鼠标指针"对话框中将光标从箭头形设置为手形，这样运行时，通过光标形状的改变，用户可以知道当前是否落在热区域或热对象范围内。

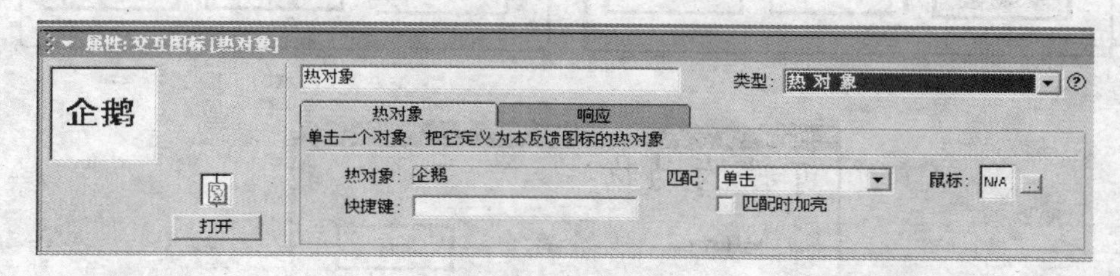

图 8-48　指定热对象

(7) 将"热对象"分支下的显示响应图标分别打开，添加企鹅图片。

(8) 在交互右方放置一个新显示图标，同时给该响应命名为"热区域"，双击第三个分支响应类型标志，进入到第三个分支"热区域"的交互图标属性设置面板，将交互类型设为"热区域"交互。将"热对象"分支下的显示响应图标分别打开，添加狗图片。

(9) 按住 Shift 键不动，先后双击"狗"显示图标和第二个响应类型标志，在演示窗口中会自动打开第三个交互"热区域"的属性设置面板，将名字为"热区域的虚线框"拖动到"狗"文字包围的方框，并改变大小，覆盖住方框，这样就把"狗"和包围的方框区域设置为该交互的热区域，如图 8-49 所示。

图 8-49　指定热区域

(10) 保存文件，运行程序，当鼠标在"企鹅"文字上单击时，就会显示企鹅图片；按 H 键，将显示马的图片；当鼠标在"狗"和包围的方框区域内单击时，就会显示狗图片，如图 8-50 所示。

2. 动物回家

这个例子涉及目标区域交互类型。

(1) 新建一个空文件，设置好文件的窗口大小和背景色等属性。

(2) 如图 8-51 所示，先在流程线上添加 3 个显示图标"马"、"企鹅"和"狗"，分别添加相应的图片，然后添加交互图标"目标交互"，并在该图标中添加其他的文字和图形。

(3) 在交互右方放置 4 个新显示图标，命名如图 8-51 的设计窗口所示。在各个分支的交互图标属性设置面板中，设置交互类型为"目标区域"响应类型。在"马回家"、"企鹅回家"，"狗回家"显示图标中分别添加文字"正确"，在"错误"显示图标中添加文字"错误"。

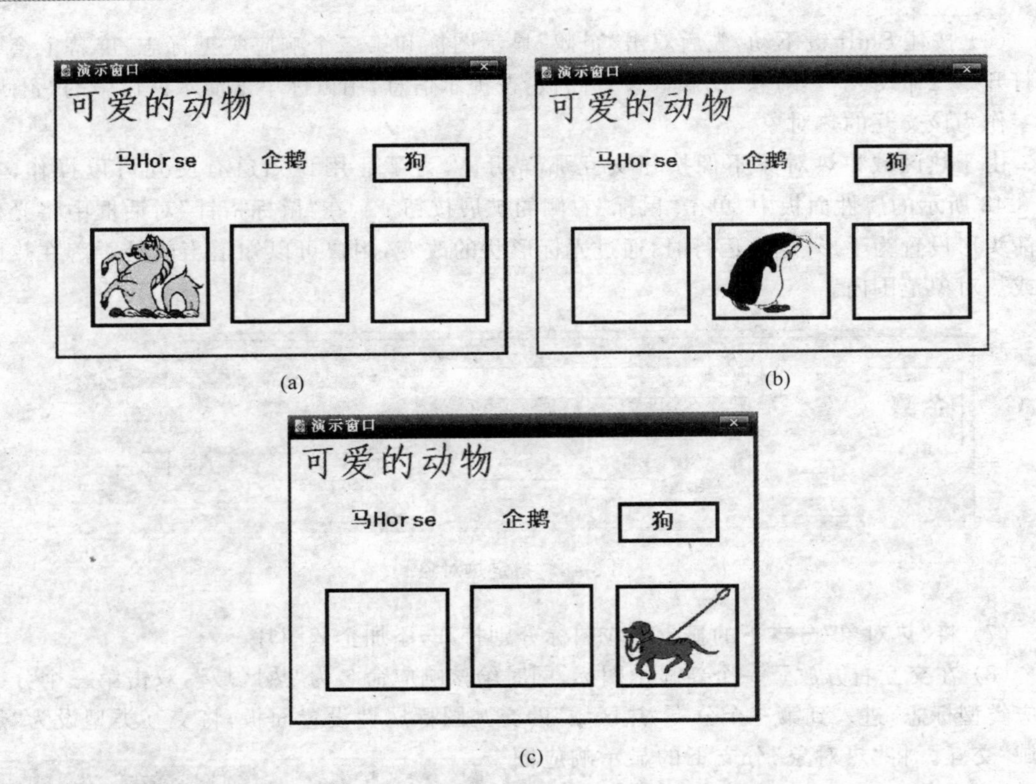

(a) (b)

(c)

图 8-50　运行程序

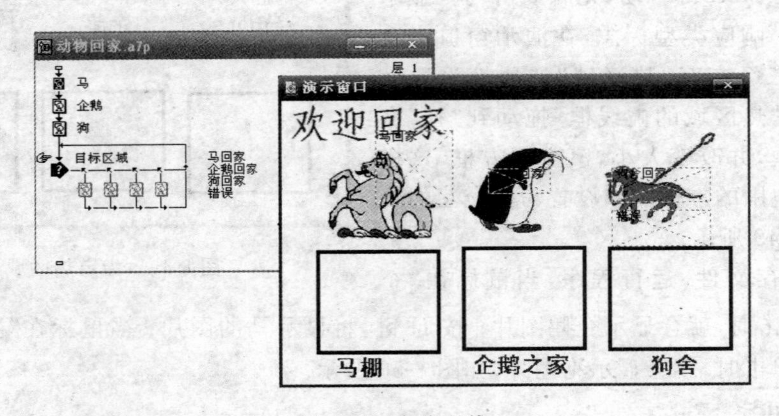

图 8-51　主流程线

(4) 为各个分支选择目标。

按住 Shift 键不动，先后双击“马”显示图标和第一个响应类型标志，在演示窗口中用鼠标单击演示窗口中的马图片作为该分支的目标。类似选取企鹅图片为第二个分支的目标，狗图片为第三个分支的目标。

按住 Shift 键不动，先后双击“错误”显示图标和第 4 个响应类型标志，在目标区的交互图标属性设置面板中选中“允许任何对象”复选框，结果如图 8-52 所示。

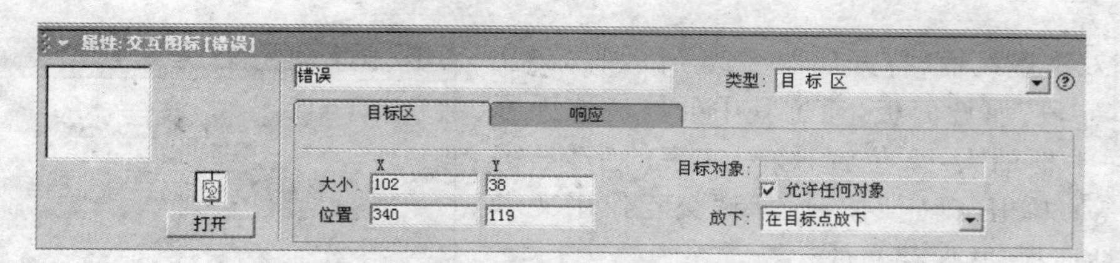

图 8-52 “错误”交互图标属性面板

(5) 设置目标区域虚线框的位置和大小。

按住 Shift 键不动,先后双击“目标区域”交互图标和第一个响应类型标志,在演示窗口中将“马回家”虚线框拖动到“马棚”对应蓝色框中,并调整大小和蓝色框一致,并将属性面板中“放下”选项设置为“在中心定位”。“企鹅回家”和“狗舍”回家也对应如此设置。按住 Shift 键不动,先后双击“目标区域”交互图标和第 4 个响应类型标志,在演示窗口中将“错误”虚线框的大小调整到覆盖整个演示窗口,并将属性面板中“放下”选项设置为“返回”。

(6) 执行程序,分别拖动对象到不同位置,观察运行结果。

3. 鉴宝估价

这个例子涉及文本、条件、重试限制和时间限制 4 种交互类型。

(1) 新建一个空文件,在流程线上添加一个“显示”图标,命名为“玉”,添加一个玉的图片,并绘制蓝色边框。

(2) 在流程线上添加一个“交互”图标,命名为“鉴定”;双击该交互图标,在演示窗口中添加如图 8-53 所示的文字信息。

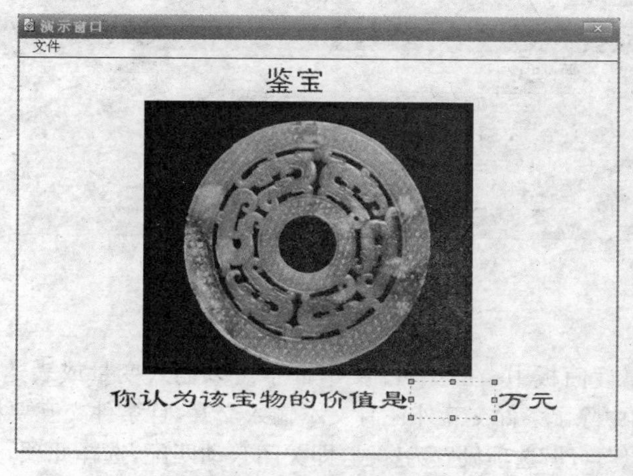

图 8-53 演示窗口

(3) 拖动一个群组图标放置到交互图标的右边,选择交互方式为“文本输入”,在设计窗口中单击流程线上的“文本输入”的交互类型标志。如图 8-54 所示,将群组图标的名称命名为 *,“ * ”通配符代表任意一个或多个字符,这样不管用户输入什么数据都会进入到该分支。

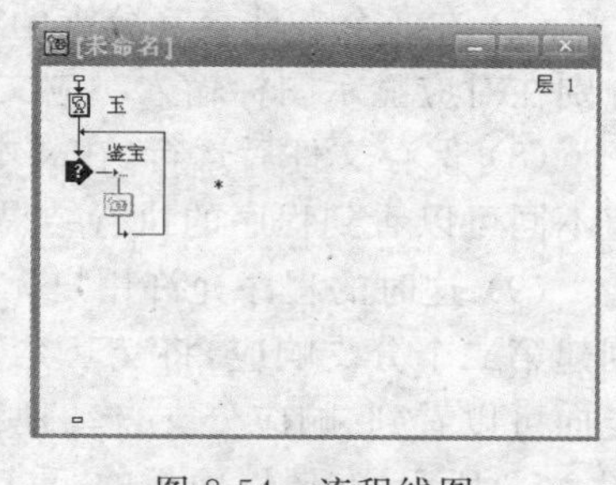

图 8-54 流程线图

(4) 双击交互图标,可以看到演示窗口中出现一个黑色三角和虚线框;单击选中虚线框后,可以调整其位置和大小。

(5) 双击虚线框，打开如图 8-55 所示的“交互作用文本字段”属性面板，通过其中的属性选项可以改变文本框的大小、位置，输入文字的字体、字号、颜色等；单击“确定”按钮关闭“交互作用文本字段”属性面板，并保存文件。

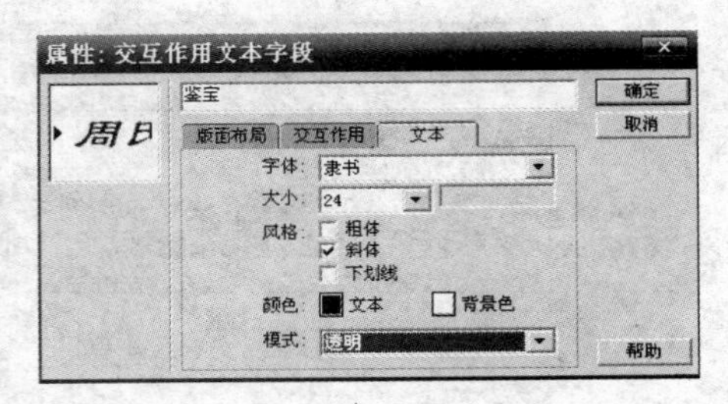

图 8-55 文本输入区域的设置

(6) 拖动 3 个群组显示图标到文本输入交互分支的右方，修改它们的交互类型为“条件”交互；如图 8-56 所示，直接用关系表达式分别给 3 个群组图标命名；属性面板的“响应”选项卡中“分支”选项处第一个设置为“退出交互”，后两个都设置为“重试”。

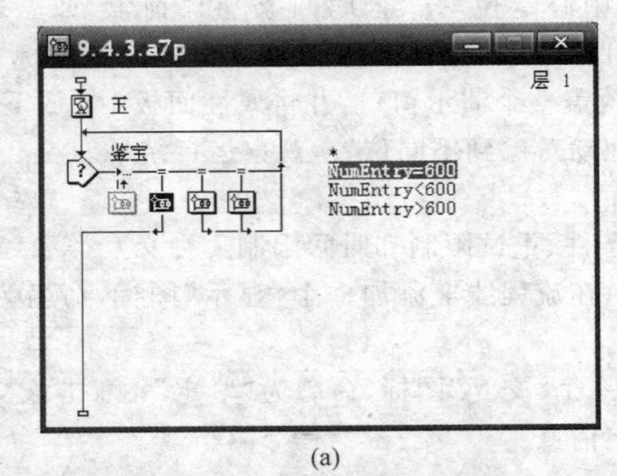

(a)

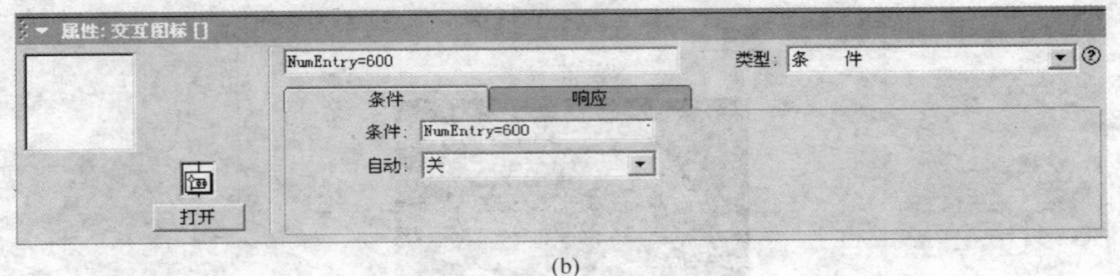

(b)

图 8-56 条件的设置

在条件交互的属性面板中，在“条件”文本框中可以输入变量或表达式。

在当前交互结构中除了条件交互外还有文本输入交互，且条件交互要根据用户的输入来判别执行哪个响应，所以“自动”选项设置为“关”，即关闭自动匹配，选择此项，只有当同一个交互结构中还有其他交互分支响应通过“继续”方式执行到当前条件分支时，才开始判断此条件的真假。

(7) 在 3 个条件交互分支的群组图标双击打开后进行编辑二级流程线，如图 8-57 所示；分别在对应显示图标输入对应文字信息，将等待图标的时间设置为 2s。

(8) 保存文件后运行，在文本框中一次输入玉的价格，按 Enter 键确定后，根据输入的值不同可以看到程序的执行结果有 3 种情况，如图 8-58 所示。

(9) 这时的程序允许用户无限制地尝试，如果只想给用户 3 次机会，拖动一个群组图标创建第二个分支响应，将交互类型修改为“重试限制”，然后命名为“3 次机会”；从流程线的走向可以看到，响应分支自动地设置为“退出交互”。单击“重试限制”的响应类型标记，如图 8-59 所示，在属性面板的“重试限制”选项卡中设置“最大限制”为 3。

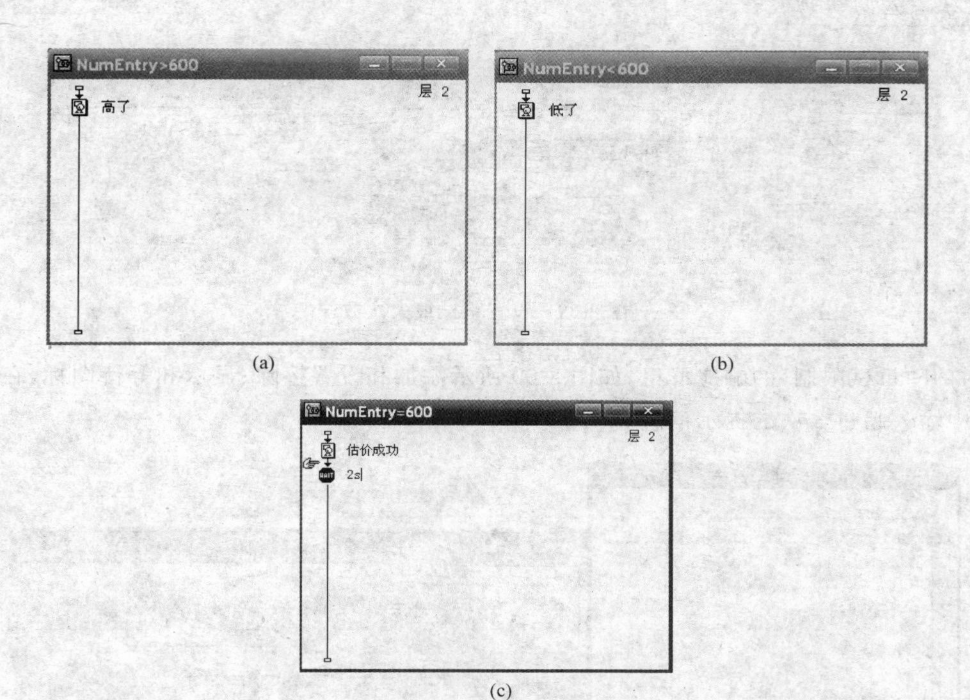

图 8-57　条件交互的响应结果图标的内容

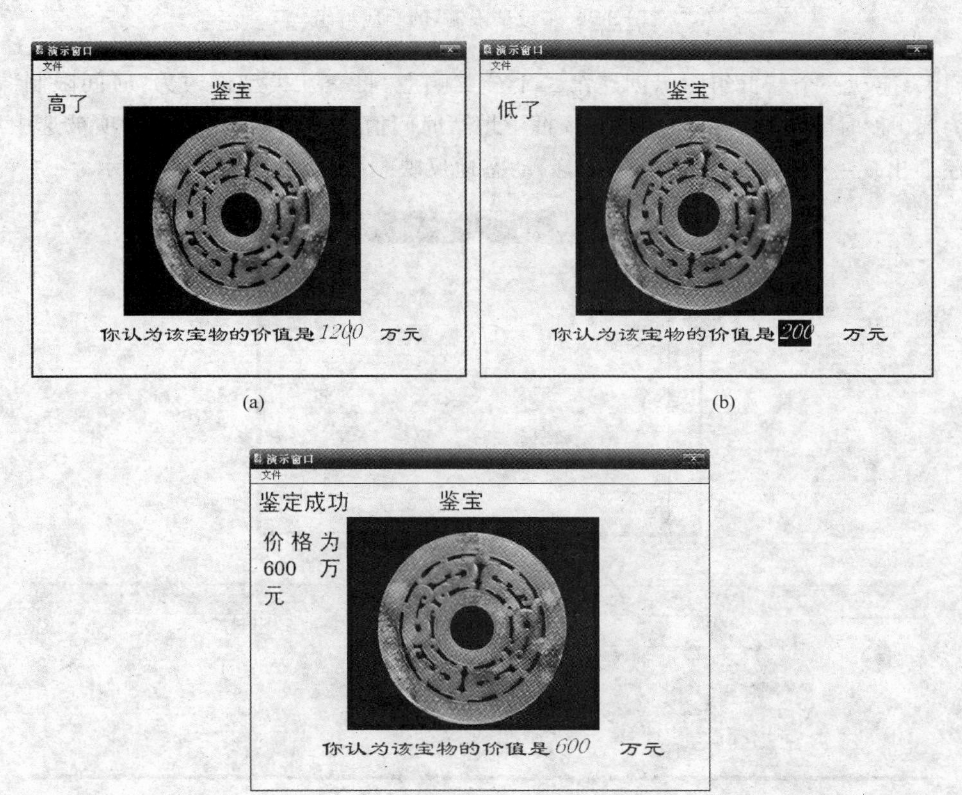

图 8-58　程序执行结果

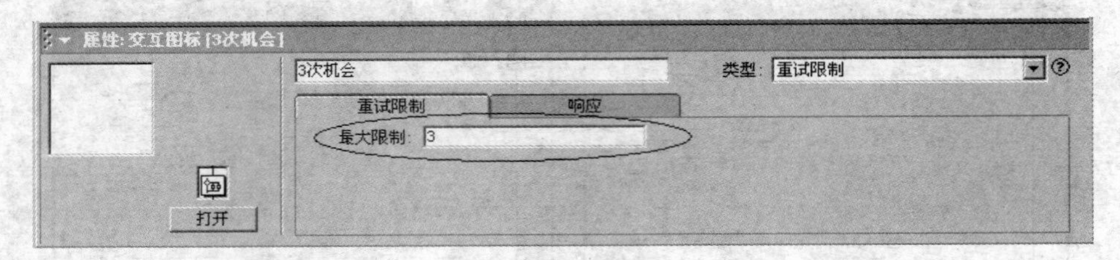

图 8-59 设置重试最大次数

打开“重试限制”的响应群组，如图 8-60 所示添加和设置擦除、显示和等待图标，在显示图标中输入超过 3 次的提示信息。

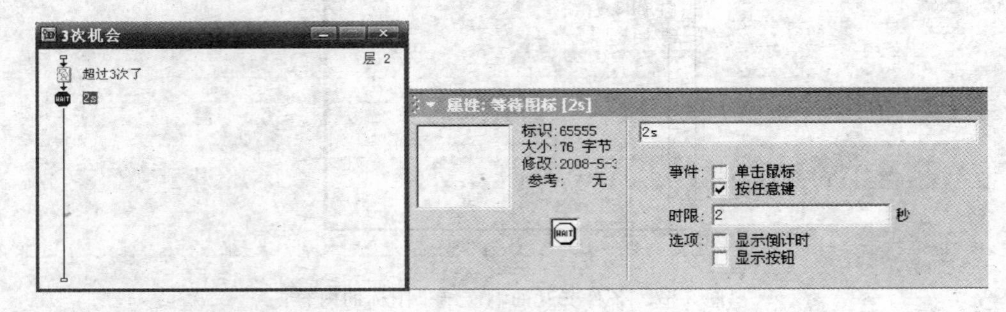

图 8-60 “重试限制”的响应群组

(10) 拖动一个新群组图标创建第二个分支响应，将交互类型修改为“时间限制”，然后命名为“10 秒时限”，然后在“时限”文本框中填写时间值，“显示剩余时间”选项被选中后，窗口中还会出现一个倒计时的小闹钟图标，动态地反映剩余时间，如图 8-61 所示。

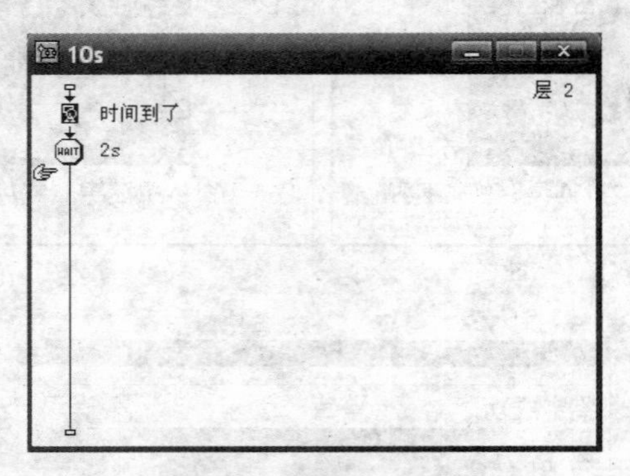

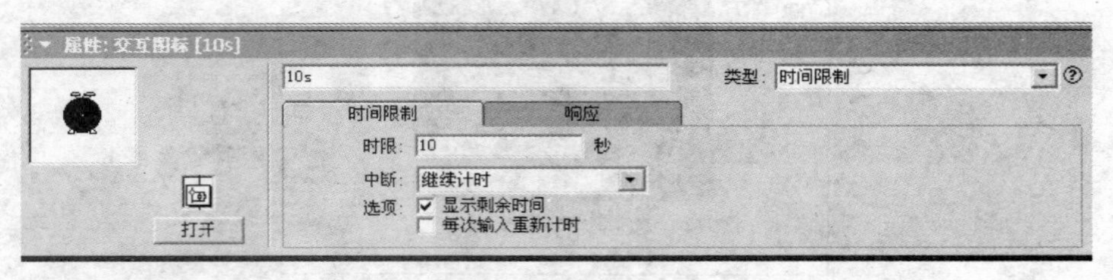

图 8-61 时间限制的设置

“中断”选项用于设置当时间限制交互被具有“永久”类型的交互响应中断时，如何设置计时。“每次输入重新计时”选项允许用户每次进行交互输入时都重新开始计时。本例选中此项，这样如果用户在规定的次数和时间内成功登录，计时将不再继续，避免正确登录后又出现“时间已过”的矛盾情形。修改群组中的显示图标，添加“时间到了”文字信息。

最后保存文件，运行程序，如果在 3 次机会内输入了正确的价格，则窗口显示正确价格，并退出交互，3 次输入都错误，则显示错误提示，并退出当前交互结构。如果在规定时间内还没成功估价，则显示“时间到了”的提示信息。

4. 玩具和车的展示

这个例子将创建多层次交互结构，涉及热区域和按钮两种交互类型。

(1) 新建一个空文件，设置好文件的窗口大小和背景色等属性。

(2) 从图标面板上拖动一个交互图标放到设计窗口的流程线上，如图 8-62 所示，命名为“热区”。双击交互图标，在演示窗口中添加两个图片，并且使用矩形工具绘制两个白色矩形框，如图 8-63 所示。

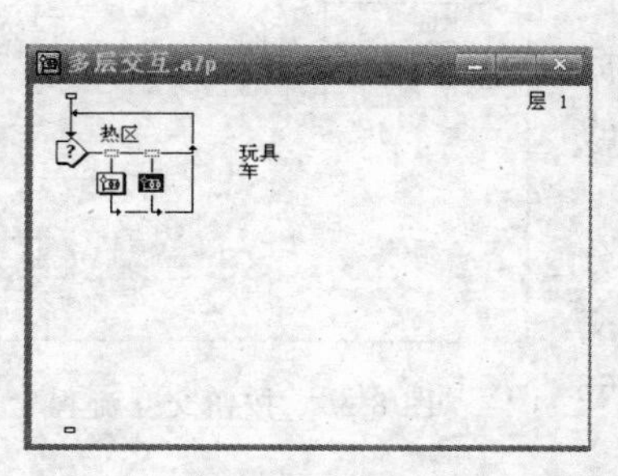

图 8-62　流程线图

图 8-63　演示窗口

(3) 拖动一个群组图标放到流程线上交互图标的右侧，从“交互类型”对话框中，选择“热区域 ”交互，单击“确定”，创建第一个交互分支，命名为“玩具”。

(4) 再拖动一个新群组图标放到交互结构第一个分支的右方，命名为“车”，交互类型将默认为和前一分支相同的类型。

(5) 要设置热区交互首先要指定热区，双击“图片”显示图标，打开演示窗口，然后双击交互结构中第一个分支的热区响应类型标志，这时在演示窗口中会出现一个有 8 个控制句柄的虚线框，且有文字提示。拖动句柄，调整使虚线框包围住这个玩具，如图 8-64 所示。

图 8-64　热区域设定

(6) 按同样的步骤，设置第二个分支的热区。

(7) 双击"热区"交互图标，如图 8-65 所示，属性面板的"交互作用"选项卡中"擦除"选项都设置为"在下一次输入之后"。

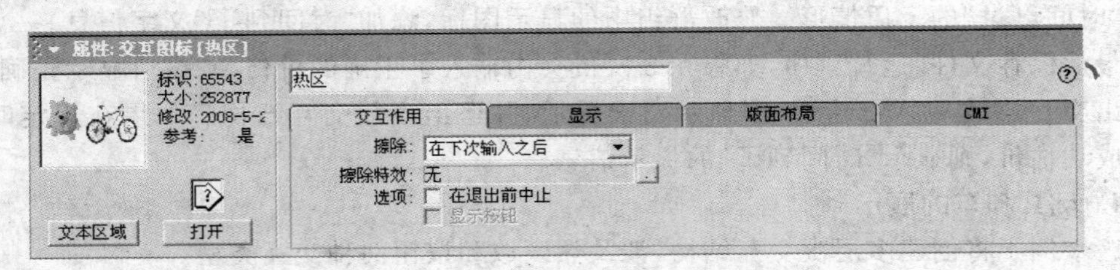

图 8-65　交互图标的擦除属性

(8) 双击第一个分支下的群组图标"玩具"，编辑该群组图标。

① 从图标面板上拖动"交互"图标放到群组图标"玩具"的流程线上，命名为"按钮"。

② 从图标面板上拖动一个显示图标放到流程线上交互图标的右方，从"交互类型"对话框中，选择"按钮"交互，单击"确定"，创建第一个交互分支，选择响应图标后，命名为"小熊"，该名字同时也是按钮上会显示的卷标。

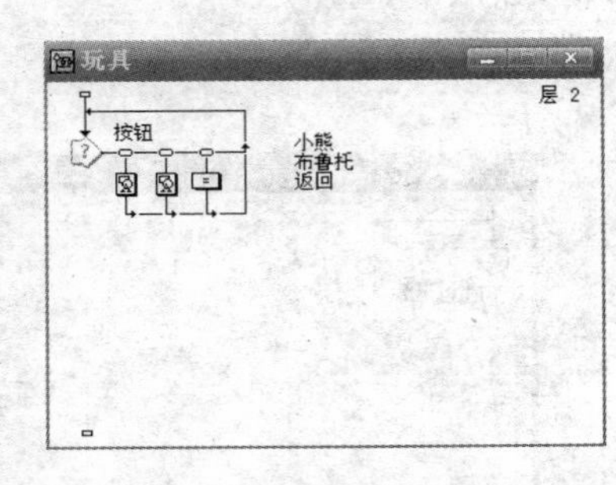

图 8-66　按钮交互流程

③ 再从图标面板上拖动一个显示图标放到第一个分支的右方，交互响应类型会默认为前一分支的"按钮"交互类型，命名该分支的响应图标为"布鲁托"，如图 8-66 所示。

④ 双击交互图标，在打开的演示窗口中可以看到该交互结构中的 3 个按钮排列在窗口中。和操作图形、文本对象一样，通过鼠标单击，可以选中按钮；拖动可以改变其在窗口中的位置；也可以拖动按钮上的控制句柄调整其大小。

⑤ 单击第一个分支"小熊"的响应类型标志，展开该分支的交互属性面板，如图 8-67 所示，"按钮"选项卡中提供了按钮的大小、位置、标签的设定，如果第④步已经做好了调整，这里可以不用更改。

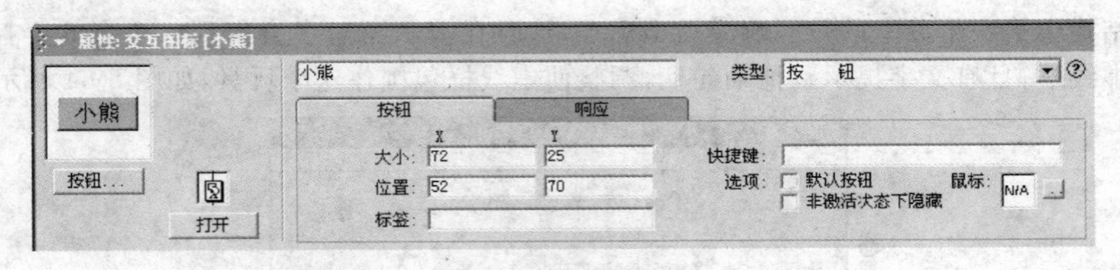

图 8-67　交互图标属性面板——"按钮"选项卡

如果对当前按钮的外观不是很满意，单击属性面板左下方的"按钮"按钮，打开"按钮"对话框，从显示的列表中可以选择其他默认的系统按钮，如图 8-68 所示。

在"按钮"对话框中单击"添加"按钮，还可以通过"按钮编辑"对话框中的"导入"按钮从外部文件中导入自定义的按钮到作品中。

⑥ 双击设计窗口中"小熊"响应分支下的显示图标，打开演示窗口并添加图片和相关信息，如图 8-69 所示。

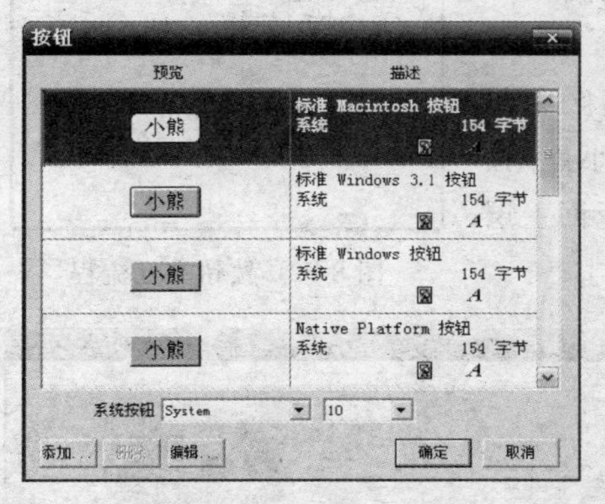

图 8-68 "按钮"对话框

图 8-69 设置第一个分支的响应图标

⑦ 按同样的方法设置"布鲁托"响应分支下的显示图标，如图 8-70 所示。两个交互都采用默认的分支设置，即"继续"方式，通过流程线的箭头指向可以看出：这种设置下，只要没有退出交互，分支响应执行完后，就会回到交互图标之前，等待下一个交互选择。

图 8-70 设置第二个分支的响应图标

⑧ 要返回上层交互，拖动一个计算图标作为第三个按钮交互，并命名为"返回"，然后双击"计算图标"，双击计算图标在打开的计算窗口中调用一个跳转函数（如图 8-71 所示）回到交互图标"热区"。

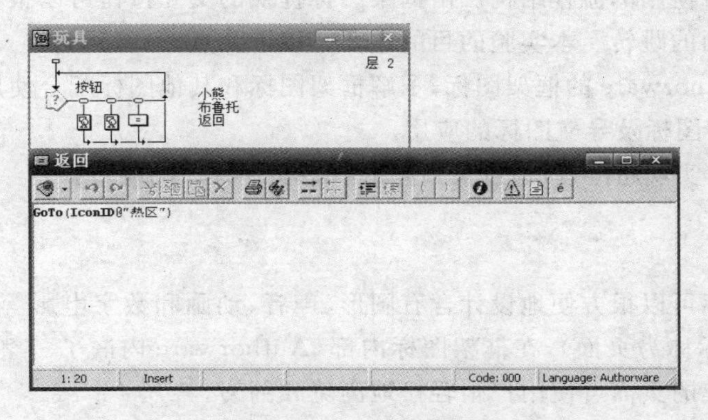

图 8-71 利用 Goto 函数返回上层交互

(9) 双击第二个分支下的群组图标"车",类似第一个分支的群组图标"玩具"去编辑和设置,其分支流程如图 8-72 所示。

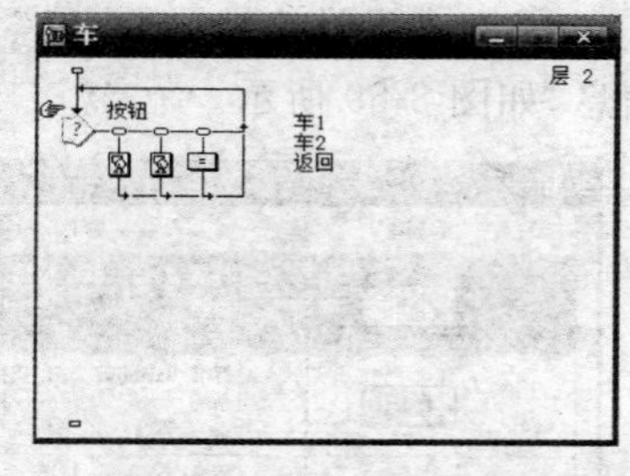

图 8-72 按钮交互流程

(10) 保存文件,运行程序。当用户在玩具热区中单击,可以看到执行结果如图 8-73 所示,然后单击"小熊"按钮,执行结果如图 8-74 所示;单击"返回"按钮,则返回上层交互,如图 8-74 所示。

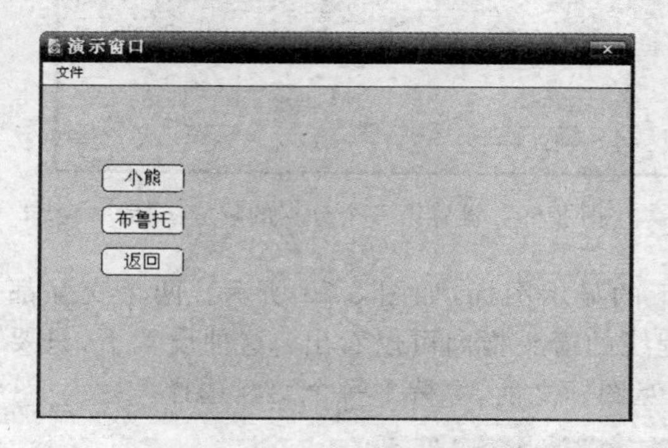

图 8-73 按钮交互界面

图 8-74 单击"小熊"按钮的执行结果

四、练习

(1) 使用多种交互方法制作选择题。

(2) 看图识字:单击狮子和马的图像,显示对应的说明文字。

(3) 制作用户登录画面,必须输入正确的用户名和口令,输错 3 次,则退出。

实验五 Authorware 7.0 中框架图标的应用

一、实验目的与要求

Authorware 的框架结构是由框架图标和导航图标共同实现流程控制。它是除交互结构外另外一个经常使用的流程结构。由框架图标提供的交互按钮可以很方便地实现框架内甚至框架间的页面的跳转。本实验的目的主要是以下几点。

(1) 认识 Authorware 的框架图标,了解框架图标和其他图标配合使用的一般方法。

(2) 掌握框架图标及导航图标的应用。

(3) 掌握文本实现超链接,通过页面间的跳转实现程序的跳转。

二、预备知识

使用框架图标可以很方便地设计含有图形、声音、动画和数字电影等组件的页面(外挂于框架图标的图标称为页面),在框架图标内部,Authorware 内嵌了一整套导航控件,利用这些导航控件制作的页面可使用户很轻松地浏览和翻阅。

在 Authorware 中,导航、框架图标密切相关,二者经常放在一起使用。导航结构为用户编程提供了选择路径的方法。使用导航图标可以实现用户在页面之间的任意跳转，当遇到导航图标时，Authorware就跳转到程序设计者在该导航图标中所设置的目标页上。打开一个新的程序文件，拖动一个框架图标到程序流程线上，双击该图标，显示框架图标默认结构。框架结构是由若干个基本图标组成的图标组，是一个复合图标。

框架图标的默认结构由入口面板和出口面板两个部分组成。分隔线以上的部分为入口面板，以下的部分为出口面板，通过拖动分隔线右边的黑色小长方形可以调整入口面板和出口面板的相对大小。当Authorware进入框架图标，在执行第一页的内容之前，首先执行入口面板中主流程线上的图标，然后执行其他各页的内容；当其退出时，执行出口面板中的图标。

在入口面板中可以设置一些图标来控制框架中的页。入口面板中含有默认的导航控件（按钮），与这些导航控件相对应的图标为框架的页。在入口面板中，用户可以加入显示图标、声音或动画，或加入并设置计算图标使之影响局部或整个框架。

当退出框架图标时，使用出口面板可使Authorware自动擦除显示的所有对象，终止任何永久交互，并回到程序原来进入框架图标的位置。在出口面板中可以进行某些设置，使Authorware退出框架图标时发生一些事件。Authorware的框架图标提供了一整套导航控件，这些导航控件共有8个按钮，这些按钮是系统默认的。

三、实验内容

1. 制作幻灯片

(1) 在流程线上加一个框架图标，将其命名为“幻灯片”。

(2) 在框架图标右侧下挂3个显示图标，分别导入3张图片。其流程图与效果图如图8-75所示。

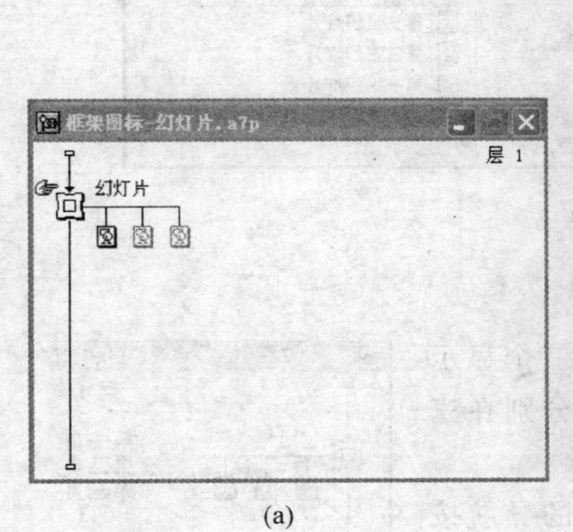

(a)

(b)

图 8-75　流程图与效果图

2. 用文本实现超链接

(1) 在流程线上加一个框架图标，将其命名为“幻灯片”。

(2) 在框架图标右侧下挂3个显示图标，分别导入3张图片。

(3) 在三个显示图标中分别输入“第一张幻灯片”、“第二张幻灯片”、“第三张幻灯片”，如图 8-76 所示。

图 8-76 流程演示

(4) 定义字体风格为“超链接”。

(5) 选定文本，选择菜单“文本”→“导航”，类型为“跳到页”，目的为“任意位置”，选择要跳到的页面图标，如图 8-77 所示。

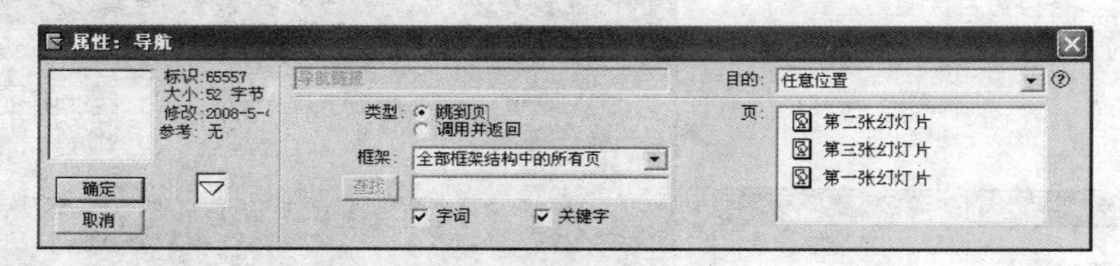

图 8-77 导航属性面板

3. 制作右键菜单

(1) 按图 8-78 所示在流程线上加一个框架图标和三个显示图标(在实际应用中可以将显示图标改为群组图标)，分别在三个显示图标中添加不同的内容。

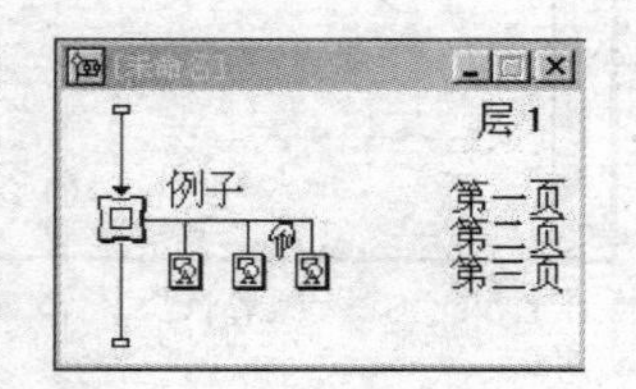

图 8-78 流程结构

(2) 打开例子框架图标(双击框架图标)删除默认的导航按钮，并加入一个交互图标和一个群组图标，交互响应类型设置为条件交互，条件设为 RightMouseDown，其他设置默认即可。

(3) 在框架的进入流程中，添加各种图标如图 8-79 所示。“初始化”群组图标里不加任何内容。在 caidan 交互图标中的 RightMouseDown 条件分支中的计算图标添加 Goto (IconID@“初始化”)。三个导向按钮的分支都设为“退出交互”。在第一、二、三页的“位置”

栏 X 中填入“DisplayLeft@("caidan")+7，在 Y 栏分别填入“DisplayTop@("caidan")+10、DsplayTop@("caidan")+42、DisplayTop@("caidan")+75”。其他默认不变。导向按钮下的分支导航图标分别设置为跳向第一页、第二页和第三页。“擦除”热区响应中的分支设为“退出交互”，分支下的群组图标内不加内容。

(4) 添加按钮面板，并对面板和右键弹出的菜单进行定位。双击 caidan 交互图标，添加一个矩形，大小如图 8-80 所示刚好把三个按钮装在里面，然后给矩形设置底色和线的宽度(美观一点)。接下来进行定位。按住 Ctrl 键再双击矩形，在弹出的交互作用图标属性栏中“擦除”中选择“下次输入之后”，然后在“版面布局”中的“位置”选择“在屏幕上”，在“可移动性”中选择“在屏幕上”。在“初始点”中 X 栏写入“Test(CursorX + DisplayWidth > Windowwidth, CursorX − DisplayWidth/2, CursorX + DisplayWidth/2)”，在 Y 栏写入“Test(CursorY+DisplayHeight>WindowHeight,CursorY−DisplayHeight/2,CursorY+DisplayHeight/2)”，其他默认，确认退出。

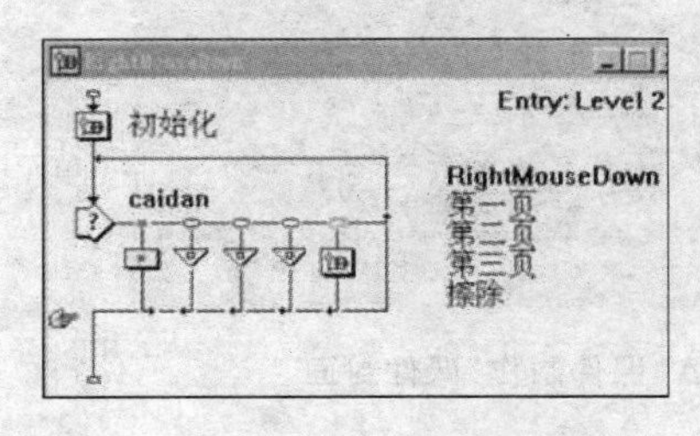

图 8-79　框架的进入流程结构

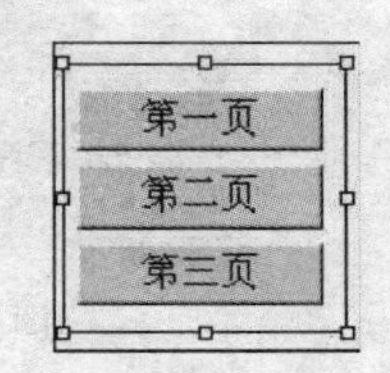

图 8-80　三个交互按钮

四、练习

利用框架图标与导航图标制作一个介绍自己家乡的电子相册，要求用移动图标制作动画，并且能够播放声音和视频。

实验六　Authorware 7.0 综合应用实例

一、实验目的与要求

制作多媒体作品首先要进行设计，设计包括总体结构的设计和详细设计，之后选择开发工具，规定制作素材的标准，最后进行制作。本实验的目的是要求学生掌握使用 Authorware 制作多媒体作品的整个过程。

二、预备知识

(1) Photoshop 能制作和处理图形图像。

(2) 框架结构也称为导航结构，可以让用户自主选择要进入的分支页面，它主要通过框架图标和导航图标共同完成。我们常使用框架构建作品的总体结构，在结构框架图标中设置各个分支页面，然后由导航图标帮助用户从流程的一个位置跳转到另一位置。

(3) 移动图标和擦除图标能产生许多动画效果，使作品生动活泼，具有吸引力。

(4) Authorware 中有 11 种交互类型，它们都在交互图标中通过设置图标属性面板的相关参数实现，交互图标能增强作品的交互性。

三、实验内容

用 Authorware 开发一个综合性的多媒体课件，如图 8-81 所示。

图 8-81 “多媒体 CAI 课件制作”课件封面

1. 课件结构

整个课件内容的组成部分包括以下两个大的结构。

(1) 总体课件结构

- 课程教学目标与要求；
- 教学进度计划安排；
- 课程知识结构；
- 学习方法；
- 参考资料；
- 教师简介。

(2) 单元课件结构

- 教学目标，以条目形式列出；
- 知识点，以条目形式列出；
- 教学重点、难点；
- 课堂教学过程中需要展示的各种媒体，及其必要的逻辑联系；
- 练习、思考题。

“多媒体 CAI 课件制作”课件的主要框架如图 8-82 所示。

2. 知识点的模块划分

将教学内容划分成若干个知识单元，并确定每个知识单元知识点的构成及所达到的教学目标。图 8-83 所示是“多媒体 CAI 课件制作”课件中某一章的教学内容按知识点的划分情况。

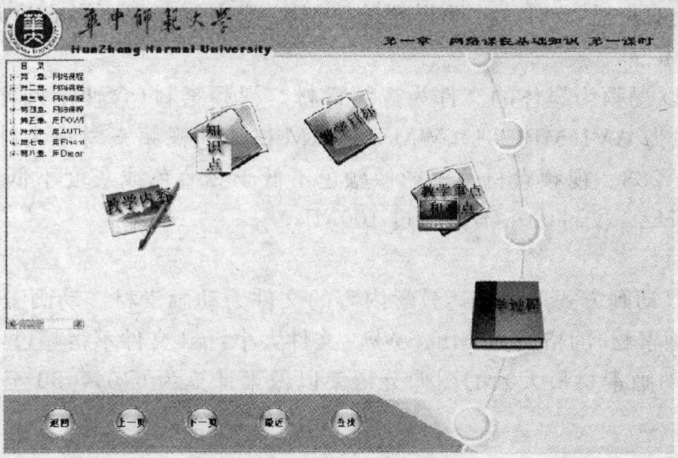

图 8-82 “多媒体 CAI 课件制作”课件框架

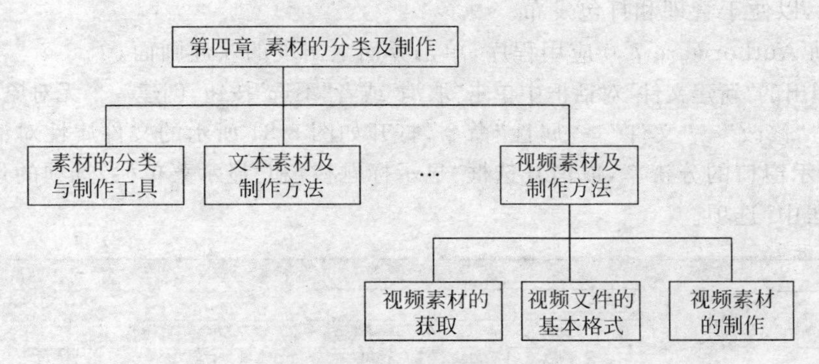

图 8-83 知识点划分示意图

3. 课件素材的制作标准

(1) 文本素材

教学单元中以文字为媒体的文件为文本素材。文本素材用于表达课堂教学需要板书的内容。文本的基本单位为段落。内容组织的逻辑结构通过标题体现。标题与子标题采用点分层次结构，第一级为 1.，其标题下的子标题为 1.1，依次类推，不超过 4 级。文本素材中的汉字采用 GB 码统一编码和存储，英文字母和符号使用 ASCII 编码和存储。文本素材通用的主要文件格式为 TXT 和 DOC 格式。

(2) 图形(图像)素材

教学单元中以图形(图像)为媒体的文件为图形(图像)素材。图形(图像)素材的格式为 JPG、GIF。在 800×600 的分辨率下，以像素为单位，图形(图像)的大小一般设为 200×200～800×800。彩色图像的颜色数不低于 8 位色数，灰度级不低于 128 级，图形可以为单色，扫描图像的扫描分辨率不低于 300dpi。文件大小不得大于 5MB，以清晰为原则，视觉效果较好。

(3) 音频素材

教学单元中以数字化音频为媒体的文件为音频素材。音频素材(含使用网络播放软件浏览的音频素材)的格式为 MP3。数字化音频的采样频率为 22kHz～44kHz，量化位数不低于

16位，声道建议用双声道，文件大小不得超过50MB。背景噪音以不影响聆听内容为准。

(4) 视频素材

教学单元中以视频为媒体的文件为视频素材。视频素材(含使用网络播放软件浏览的视频素材)的格式为AVI(MPEG4)、WMV和RM格式。视频素材最大帧的图像分辨率以像素计算为352×288。视频素材每帧图像颜色不低于256色或灰度不低于128级，采样基准频率为13.5MHZ。文件大小不得超过100MB。

(5) 动画素材

教学单元中以动画方式形象表达教学内容的文件为动画素材。动画素材(含使用网络播放软件浏览的动画素材)的格式为GIF、SWF。文件大小：gif文件不得超过4MB，SWF文件不得超过100MB。动画素材最大帧的图像分辨率以像素计算为640×480至800×600。

4. 制作步骤

(1) 新建文件夹

在制作CAI课件时首先要为课件创建一个新的文件夹，以后课件制作过程中相关文件都放入其中，以便于管理和打包发布。

① 启动Authorware 7.0应用程序，单击界面上出现的欢迎画面。

② 在弹出的“新建文件”对话框中单击“取消”或者“不选”按钮，创建一个无对象的空文件。

③ 单击“修改”→“文件”→“属性”命令，打开如图8-84所示的文件属性对话框，在对话框中设置演示窗口的分辨率，取消复选框“显示标题栏”和“显示菜单栏”选项的选中状态，并选中“屏幕居中”选项。

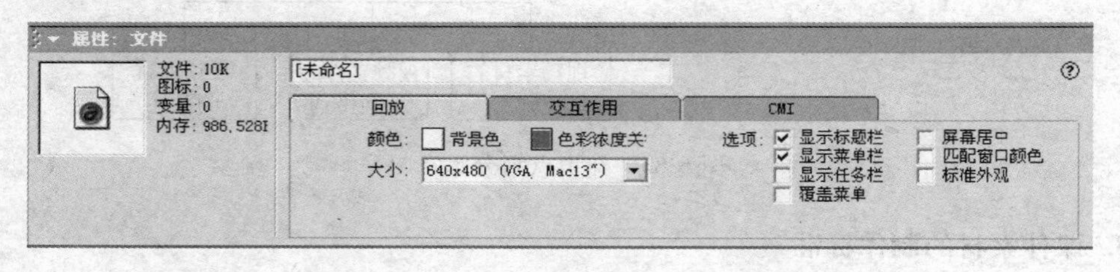

图8-84 文件属性对话框

(2) 搭建总体框架

搭建课件的总体框架时要根据总体流程的设计完成，总体流程框架如图8-85所示。在课件中，通过树形目录和单元目录两种途径都可进入课程内容。

搭建课件的总体框架的操作步骤：连续拖3个群组图标到主设计窗口的流程线上，依次命名为“树形目录”、“单元目录”、“课件内容”，如图8-86所示。

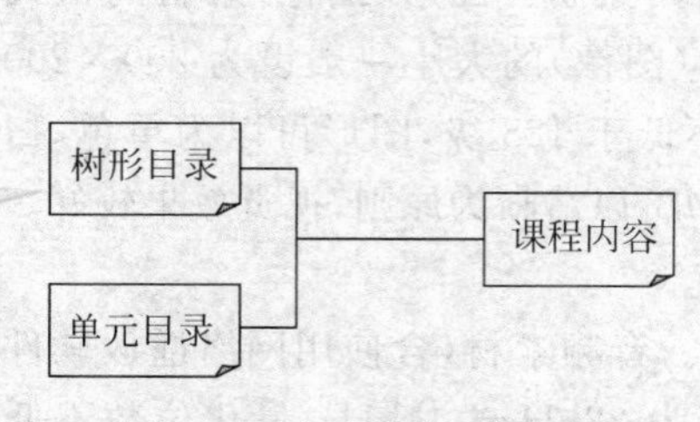

图8-85 总体流程框架

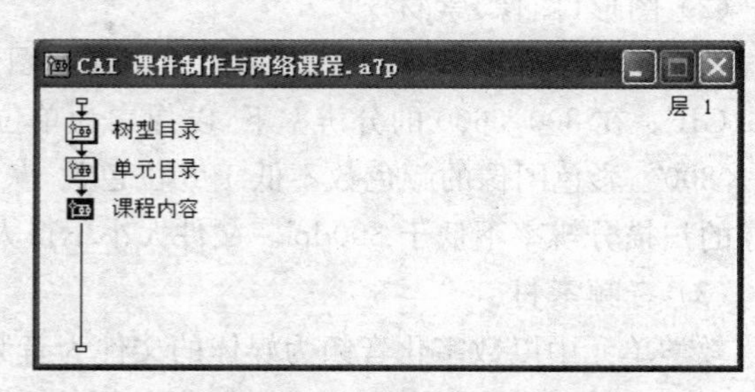

图8-86 课件的总体流程框架

(3) 制作树形目录

课件中将课程内容按章节组成树形目录结构，用户通过该树形目录可以直接进入所需的内容。制作树形目录结构需要用控件 CtreeView，使用“插入”→“控件”→ActiveX 子命令可插入控件 CtreeView。

(4) 制作单元目录页面

在课件中通过“单元目录”也可以进入相应的章节，单元目录如图 8-87 所示。具体实现步骤如下。

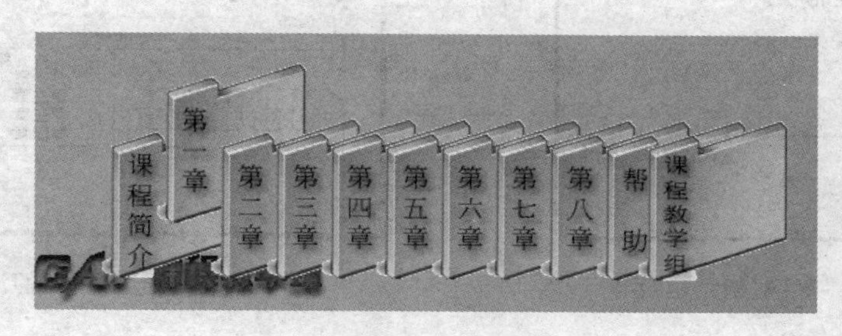

图 8-87 单元目录

① 在“单元目录”窗口中设置图标

(a) 双击“单元目录”群组图标，打开二级设计窗口。

(b) 在“单元目录”窗口中依次添加一个框架图标和 3 个群组图标，分别命名为“章”、“介绍”、“帮助 1”和“课程教学组 1”。拖 9 个群组图标到框架中“章”的右边，命名如图 8-88 所示。

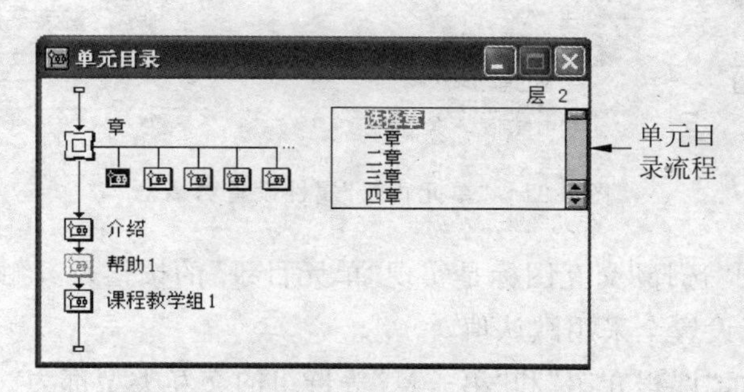

图 8-88 单元目录流程

② 制作“单元目录”

在图 8-88 中，通过“选择章”可以选择跳转到相应的章，其效果是单击图 8-87 的书形按钮进入相应的章。双击图 8-88 中“一章”制作“第一章”的课程内容，双击“二章”制作“第二章”的课程内容，以此类推。例如，在图 8-87 的界面中单击“第一章”书形按钮，通过图 8-88 的“选择章”选择跳转到“一章”，显示出第一章的内容。实际上“选择章”只起到跳转作用，第一章的内容在“一章”中。

下面说明实现“选择章”的步骤。

(a) 在图 8-88 中，双击“章”框架图标，打开框架默认机构，修改为如图 8-89 所示的样式。

(b) 在图 8-88 中，双击"选择章"群组图标，打开"选择章"的流程窗口，添加图标并命名，如图 8-90 所示，该群组里主要实现"单元目录"的背景、按钮和单击按钮触发的事件，跳转到对应的章节页面。

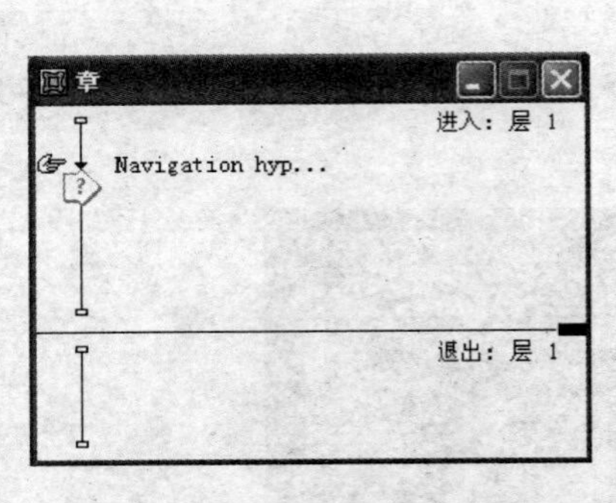

图 8-89 "章"框架结构设置

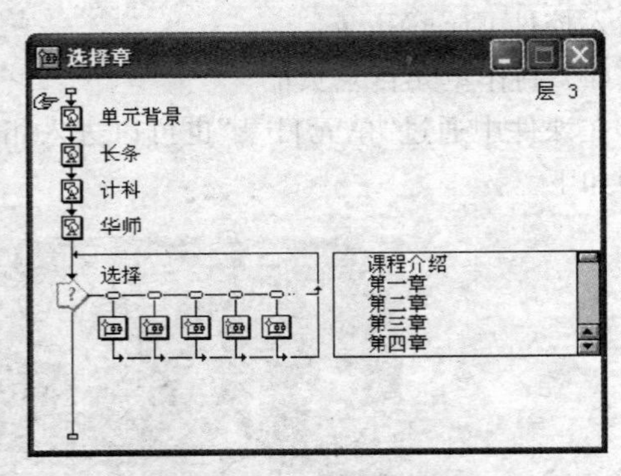

图 8-90 "选择章"的流程

(c) 在图 8-90 中，"单元背景"、"长条"、"计科"和"华师"4 个显示图标共同实现"单元目录"页面的背景设置，设置中除了导入的图片不一样外其他属性设置都一样。以"单元背景"为例，通过属性对话框中的"打开"按钮，导入背景，并将其放到合适的位置，其他属性采用默认值即可，如图 8-91 所示。

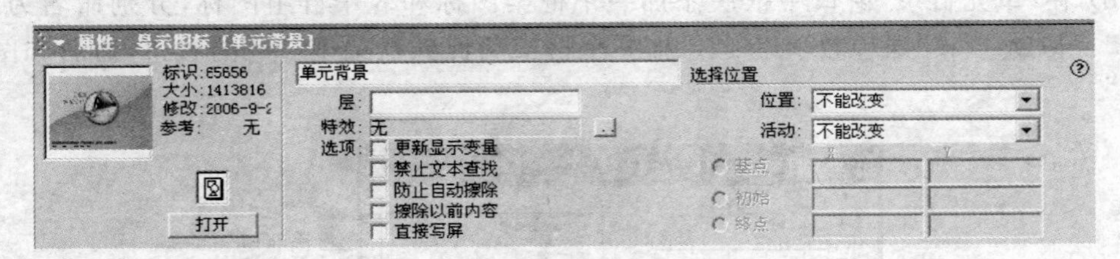

图 8-91 "单元背景"属性设置对话框

(d) 在图 8-90 中"选择"交互图标是实现"单元目录"的按钮及其触发事件时的跳转，它的交互分支属性面板设置全采用默认值。

(e) 在图 8-90 中，"课程介绍"和"第一章"等群组的交互类型都为"按钮"，它们的实现方法基本相同，这里只以"课程介绍"为例，在对话框中通过"打开"按钮导入"课程介绍"按钮的图像，在"按钮"选项卡中设置"课程介绍"按钮，其位置的 X 和 Y 坐标值分别为 513 和 431，如图 8-92 所示。

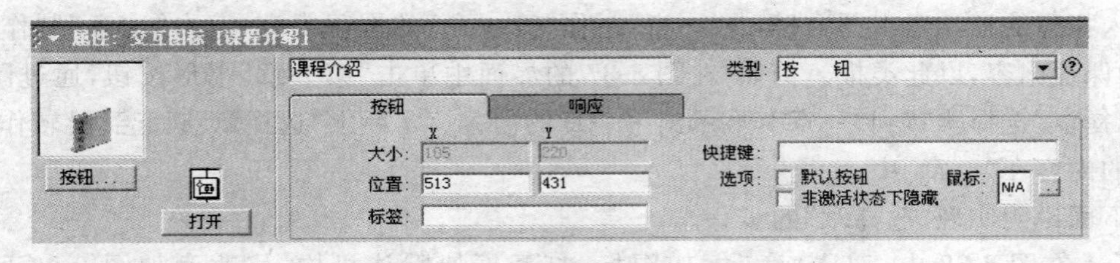

图 8-92 交互图标(课程介绍)的属性设置对话框

(f) 在图 8-90 中双击"课程介绍"群组图标，打开 4 级设计窗口，添加"计算"图标并命名为"转移"，如图 8-93 所示。

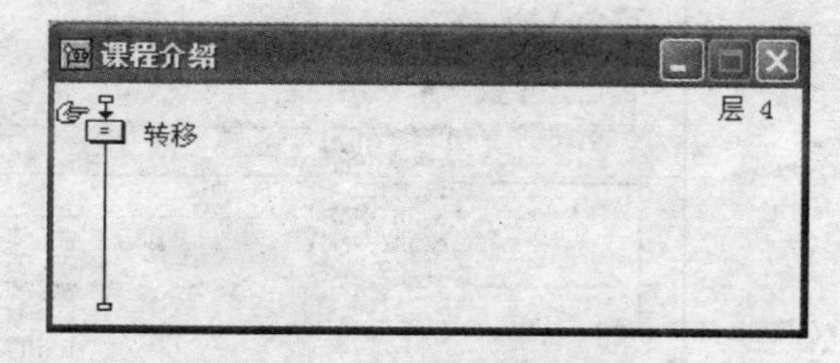

图 8-93 课程介绍的流程

(g) 双击"转移"计算图标，输入如下代码：

GoTo(IconID@"介绍")

该函数的作用是实现单击"课程介绍"按钮时跳转到 ID 为"介绍"的页面去。

(h) 在图 8-88 中，双击"介绍"群组图标，打开"介绍"设计窗口，添加图标并命名，如图 8-94 所示。

(i) 图 8-94 中的"单元背景"、"长条"、"计科"和"华师"4 个显示图标共同实现"介绍"页面的背景设置，设置方法和图 8-90 的设置方法相同，这里不再重复。

(j) 双击"简介"导航图标，在"简介"的每个页面都存在着"后退"、"上一页"、"下一页"、"最近"、"查找"，如图 8-95 所示。

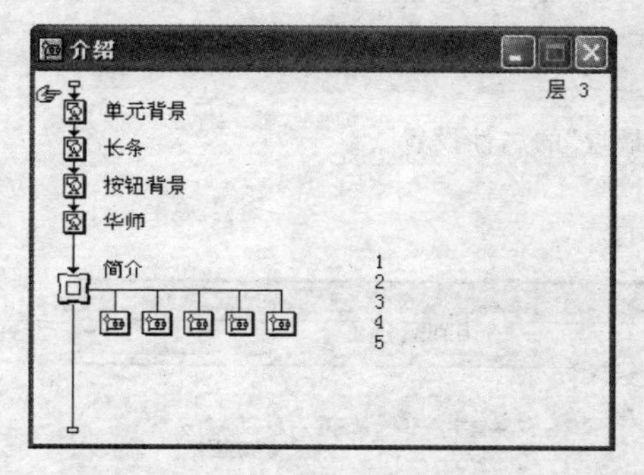

图 8-94 "介绍"设计流程

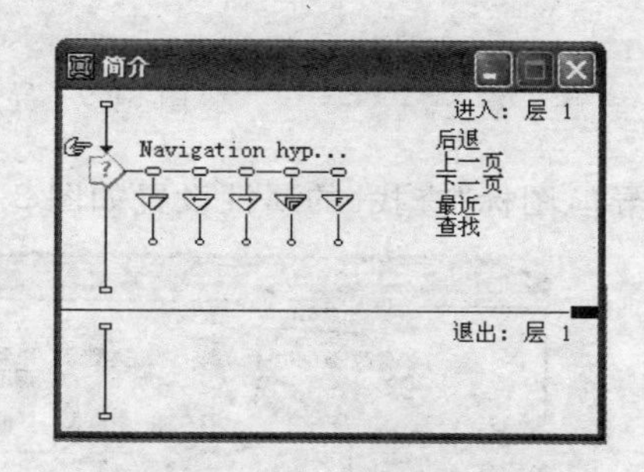

图 8-95 "简介"框架结构设置

在 Navigation hyperlinks 交互图标中，交互类型都为"按钮"，它们的属性中除了"按钮"选项卡中的"位置"属性不一样外，其他的属性设置方法相同。

导航图标"后退"的属性设置如图 8-96 所示。

图 8-96 导航图标"后退"的属性设置

导航图标"上一页"的属性设置如图 8-97 所示。

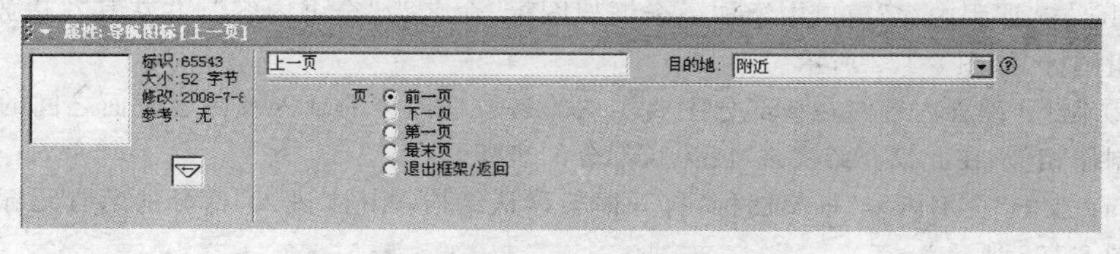

图 8-97 导航图标"上一页"的属性设置

导航图标“下一页”的属性设置如图 8-98 所示。

图 8-98　导航图标“下一页”的属性设置

导航图标“最近”的属性设置如图 8-99 所示。

图 8-99　导航图标“最近”的属性设置

导航图标“查找”的属性设置如图 8-100 所示。

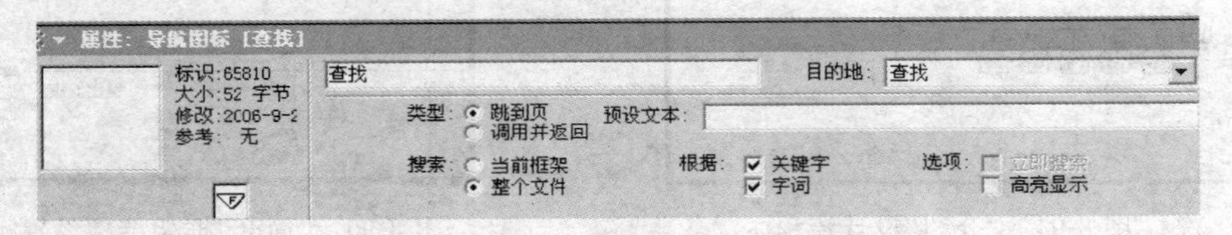

图 8-100　导航图标“查找”的属性设置

(k) 输入“简介”的内容。在 1、2、3、4、5 五个显示图标中输入“简介”内容，具体方法为(以第一页为例)：在图 8-94 中，双击“1”群组图标，在打开的窗口中放置一个显示图标，如图 8-101 所示。

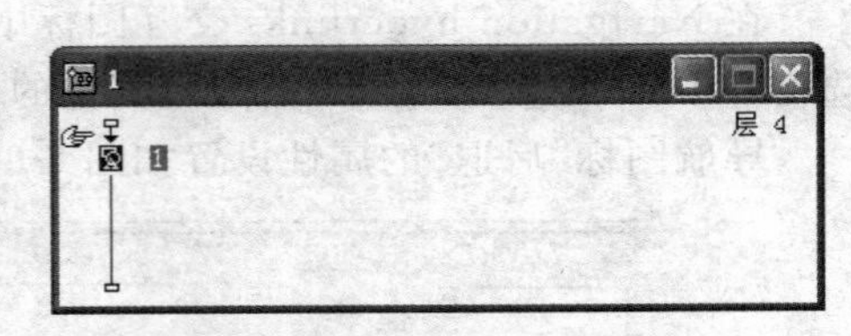

图 8-101　“1”群组流程设计

(l) 双击“1”显示图标，选择文本工具，在打开的窗口中即可输入“课程简介”的内容。

(m) 制作“单元目录”的“帮助 1”和“课程教学组 1”的方法和制作“介绍”的方法一样。

(5) 制作课程内容页面

① “课程内容”群组图标

(a) 在图 8-86 中，双击“课程内容”群组图标，打开“课程内容”设计窗口。

(b) 在“课程内容”窗口中添加一个框架图标，命名为“全书内容”，并在其右边放置 20 个群组图标，如图 8-102 所示。

② 制作“课程内容”，在该部分主要实现的是教学内容的录入及内容页面之间的跳转，由于制作相似，在此仅介绍实现“unit 1”部分的步骤。

(a) 双击“全书内容”框架图标，打开框架默认结构，删除“进入”部分的所有图标，修改后如图 8-103 所示。

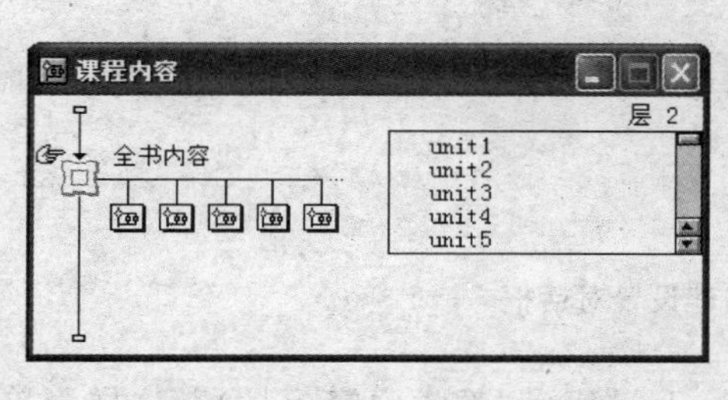

图 8-102 “课程内容”设计流程

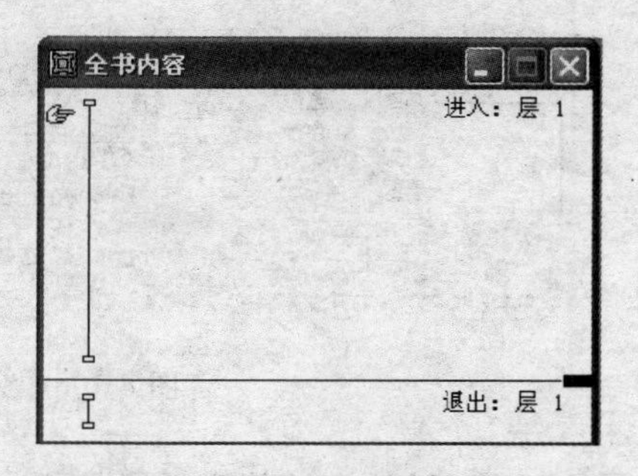

图 8-103 “全书内容”框架结构设置

（b）在图 8-102 中，双击“unit 1”群组图标并添加群组图标，打开如图 8-104 所示的窗口，其中“第一课时”和“第二课时”群组图标实现的功能及步骤相似，这里只讲解“第一课时”群组图标。

（c）双击“第一课时”群组图标，打开“第一课时”窗口并添加一个框架图标和两个群组图标，如图 8-105 所示。

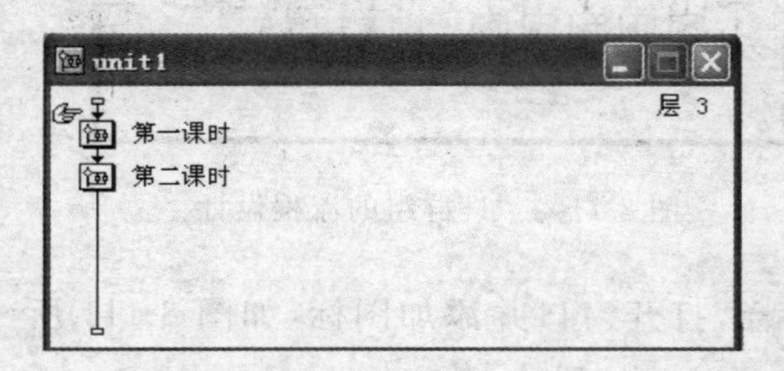

图 8-104 “unit1”设计流程

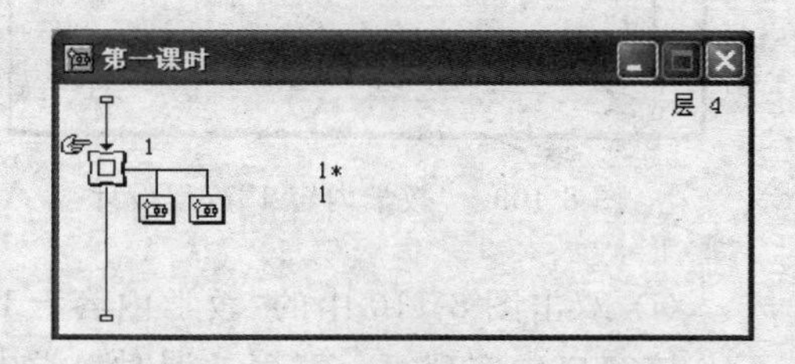

图 8-105 “第一课时”流程设计

（d）双击“1”框架图标，打开“1”框架窗口并添加一个显示图标，如图 8-106 所示。因为在“第一课时”的所有页面里都将显示该课时所讲的章节及标题，所以在框架图标里添加了“章标题”显示图标，如图 8-106 所示。

（e）双击图 8-105 中“1 *”群组图标，打开“1 *”窗口并添加若干个图标，如图 8-107 所示。

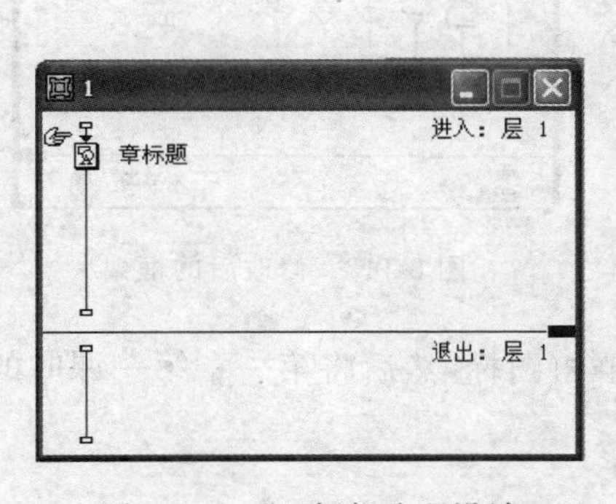

图 8-106 “1”框架流程设计

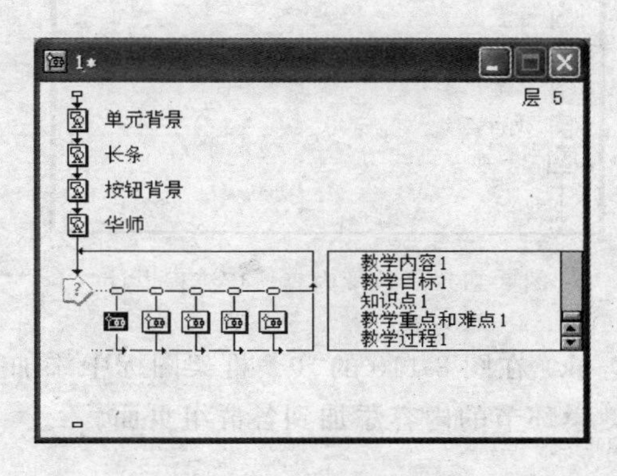

图 8-107 “1 *”流程设计

（f）设置图 8-107 中交互图标的属性，如图 8-108 所示。

（g）双击图 8-107 中的“教学内容 1”，打开窗口并添加计算图标，如图 8-109 所示。

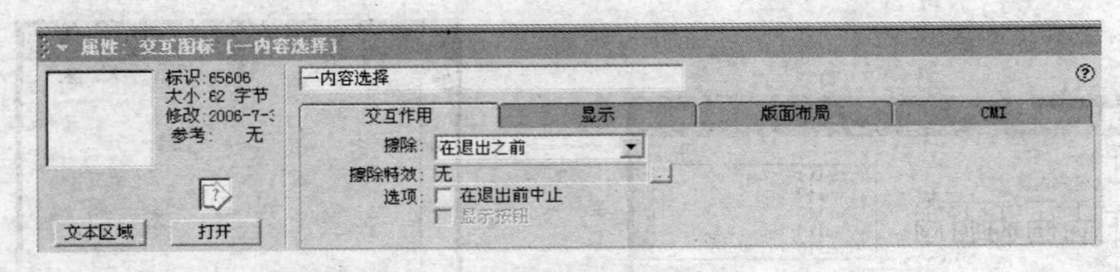

图 8-108 交互图标属性设置对话框

双击计算图标，在计算窗口中输入函数“GoTo(IconID@“教学内容－1”)”，这样当单击“教学内容”按钮时将跳转到 ID 为“教学内容－1”的页面去。

(h) 双击图 8-105 中的“1 ”群组图标，打开如图 8-110 所示的对话框。

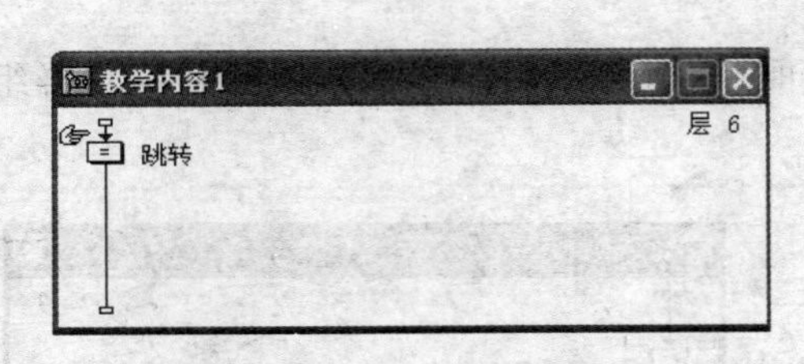

图 8-109 “教学内容 1”流程设计

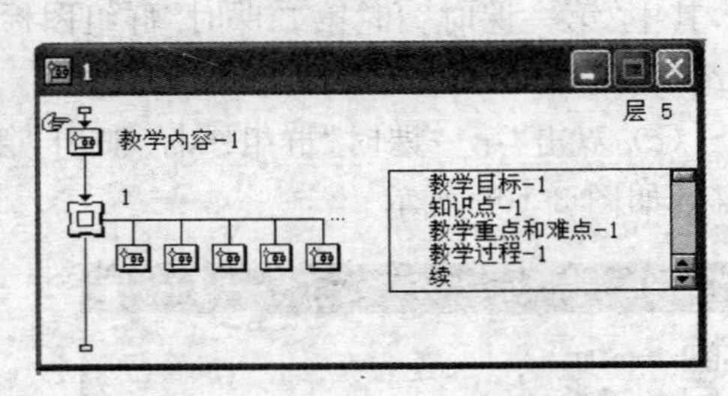

图 8-110 “1”群组的流程设计

(i) 双击图 8-110 中的“教学内容－1 ”群组图标，打开窗口并添加图标，如图 8-111 所示。该窗口中实现第一章第一课时教学内容的首页。

(j) 双击图 8-110 中的“1 ”框架图标，打开框架默认结构并修改为如图 8-112 所示的内容。其功能是擦除前面页面中的内容，由于后面每页中都有“返回”、“下一页”、“上一页”、“最近页”、“查找”按钮，所以在框架图标中一次性实现，这样可以在后面的页面中不再进行重复的工作。

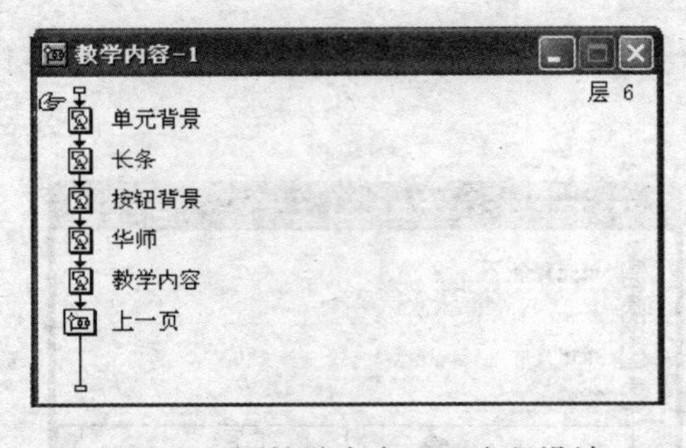

图 8-111 “教学内容—1”流程设计

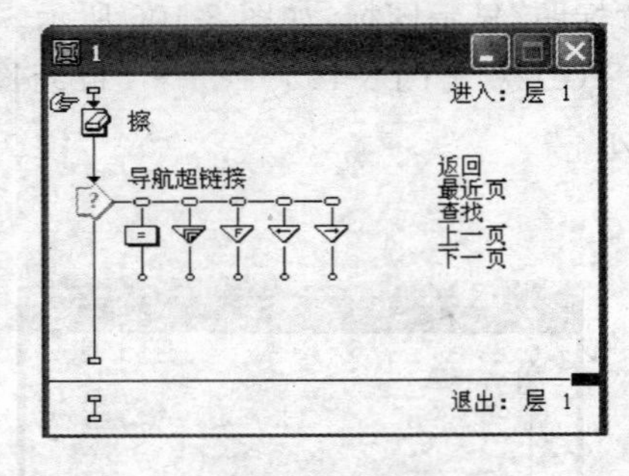

图 8-112 修改后的框架

(k) 在图 8-110 的“1 ”框架图标中添加一系列群组图标，然后将第一章第一课时的其他教学环节的内容添加到各群组页面。

四、练习

设计并制作多媒体作品，要求：

(1) 有鲜明的主题；

(2) 有完整的结构；

(3) 使用各种软件工具制作或处理各种类型的素材；

(4) 至少有擦除图标、移动图标和交互图标。

实验小结

本章实验从熟悉 Authorware 开发环境开始，首先介绍了流程制作的基本操作和各种运行和调试程序的方法。使初学者能尽快地熟悉和掌握 Authorware 基于图标和流程线创作作品的基本思想。然后通过学习各种素材的添加、对各种移动方式以及 11 种交互方式的使用，让学习者对 Authorware 的 14 种图标各自有了全面的认识。最后通过一个综合实例的编程教学，让学习者掌握如何结合 CAI 作品的开发步骤，使用 Authorware 去开发一个结构复杂的多媒体作品。

自我创作题

1. 从自己本学科的专业中选取一门课程的某个章节，按教学的需要设置各个教学环节应该呈现的内容，准备适当的文字、图形、图像、动画、视频的素材，然后应用 Authorware 将各种素材组合到课件中，并灵活将各种交互方式应用在作品的设计之中。

2. 收集相关的文字和图片、声音、视频等素材，制作一个你所在大学的学校历史、院系设置和校园风景介绍的多媒体演示作品，要求作品内容充实、衔接流畅、具有较好的艺术欣赏性，并能够提供方便友好的人机交互的界面。

第9章 Novoasoft 创作工具

Novoasoft 是目前我国自主开发的又一文档处理工具。其开发的主流产品有 ScienceWord、PagePlayer、ScienceWord WebEdtion、Symtone(即时通信),可以在教育、科研、数字出版、数字图书馆、互联网等领域广泛应用。本章设计了一组 PagePlayer 软件的相关实验。从熟悉环境开始,到各种菜单工具的使用,以及在 PagePlayer 中应用动画效果、使用模板、函数的绘制,从而制作出生动形象的演示文稿。

本章实验要点

- 熟练掌握创建演示文稿的方法。
- 掌握图形的绘制方法,图像的导入及简单处理。
- 掌握设置 PagePlayer 演示文稿外观的方法。
- 掌握在幻灯片中制作函数图形的方法。

实验一　使用 PagePlayer 创建演示文稿

一、实验目的与要求

(1) 使用 PagePlayer 建立演示文稿。

(2) 学会 3 种常用的文本输入方法。

(3) 学会在 PagePlayer 中进行字体字号的设置。

(4) 学会添加新幻灯片,放映幻灯片以及如何退出 PagePlayer。

二、预备知识

(1) PagePlayer 中,最常用的 4 种文件操作分别是新建文件、打开文件、保存文件和关闭文件。

(2) PagePlayer 中,向幻灯片中添加文字最简单的方式是,直接将文本输入到幻灯片的占位符中。用户还可以在占位符之外的位置输入文本,这时需要使用几何作图工具栏上的“文本框”按钮。

(3) PagePlayer 中,提供了对文本进行格式化的功能,包括设置字体、字号、颜色等。

三、实验内容

1. 启动 PagePlayer 建立演示文稿

(1) 在任务栏中选择“开始”→“所有程序”→Novoasoft PagePlayer 启动 PagePlayer,如图 9-1 所示。

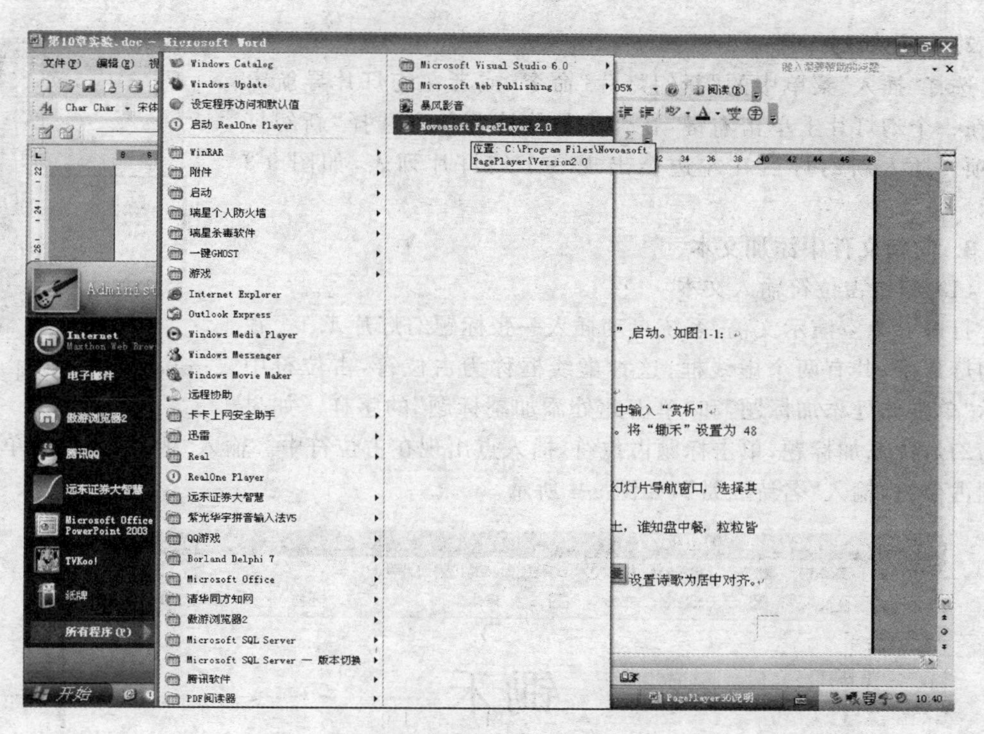

图 9-1　PagePlayer 的启动

(2) PagePlayer 默认会自动建立一个新的文件。启动后的界面如图 9-2 所示。

图 9-2　PagePlayer 启动成功界面

2. 添加新幻灯片

选择“插入”菜单中的“新幻灯片”命令，或者在幻灯片导航窗口，在一个幻灯片上单击右键，在弹出的快捷菜单中选择“新幻灯片”项。插入新幻灯后在左边会出现一个幻灯片列表，如图 9-3 所示。

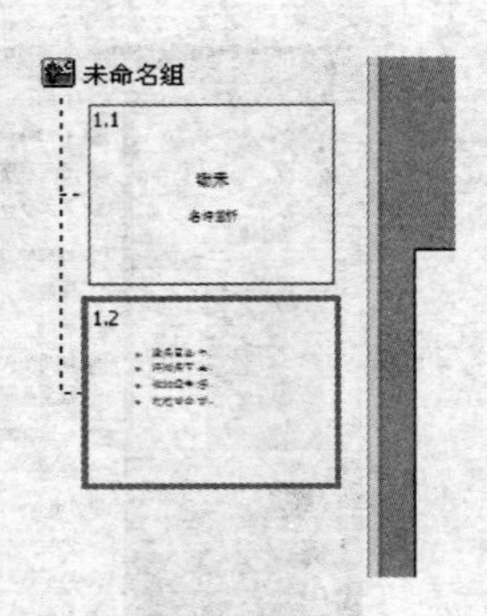

图 9-3　幻灯片列表

3. 向新文件中添加文本

(1) 利用占位符输入文本

打开一个空演示文稿，系统自动插入一张标题幻灯片 1.1。在该幻灯片中，共有两个虚线框，这种虚线框称为占位符，占位符中显示“单击此处添加标题”和“单击此处添加副标题”的字样。如果要为幻灯片添加标题，单击标题占位符，插入点出现在占位符中。输入“锄禾”。然后单击副标题占位符，输入“名诗欣赏”，如图 9-4 所示。

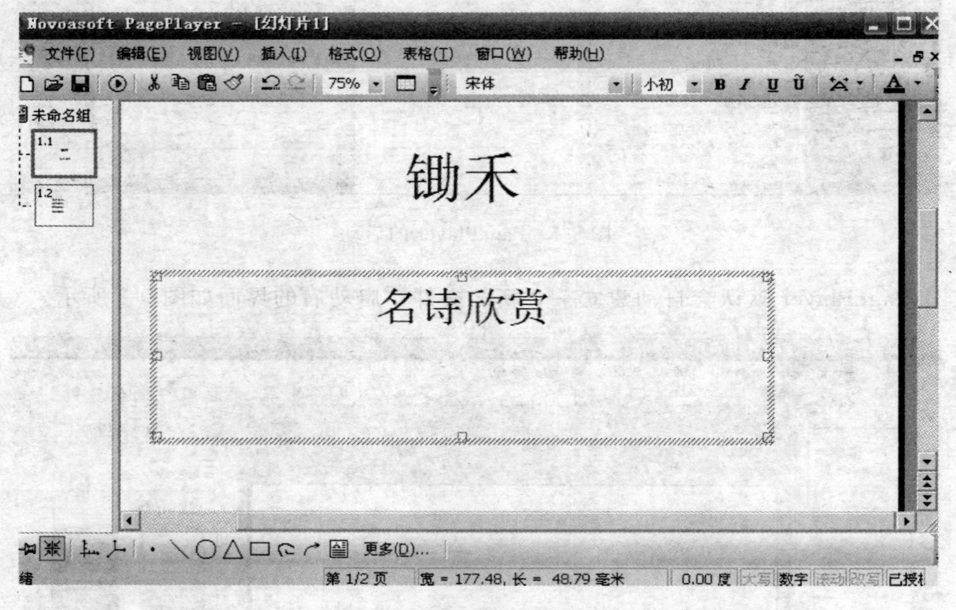

图 9-4　在占位符中输入内容

(2) 使用文本框输入文本

添加一张空的幻灯片 1.2，单击几何作图工具栏中的“文本框”按钮，鼠标变成“十”字形，在工作区中画一个矩形框，输入文本“锄禾日当午，汗滴禾下土，谁知盘中餐，粒粒皆辛苦。”。在输入文本的过程中，文本框的宽度不变(如果要增加文本框的宽度，可以利用调节句柄进行调整)。当输入到文本框的右边界时会自动换行。如图 9-5 所示就是在文本框中输入文本的示例。

4. 文本的格式化

(1) 设置字体、字号。

选中幻灯片 1.1，如果要改变文本的字体，可以按照下述步骤进行操作。

① 在普通视图中，单击标题文本框或者选定标题中的文本来选定要改变字体的文本。

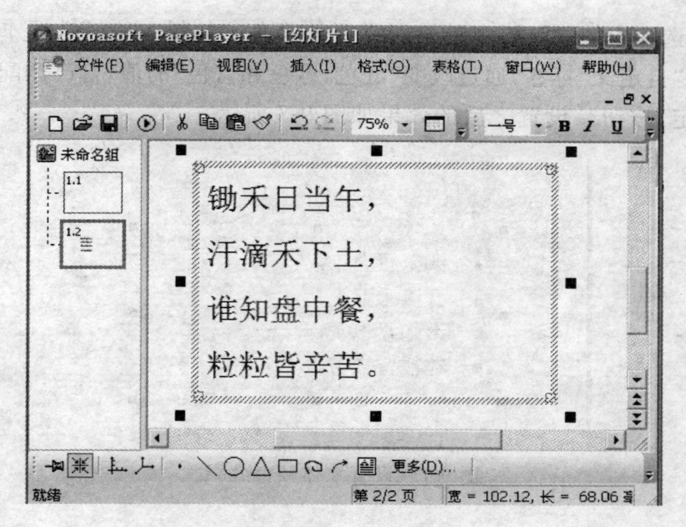

图 9-5　在文本框中输入文本

② 单击“格式”工具栏中“字体”列表框右侧的向下箭头，出现如图 9-6 所示的下拉列表。

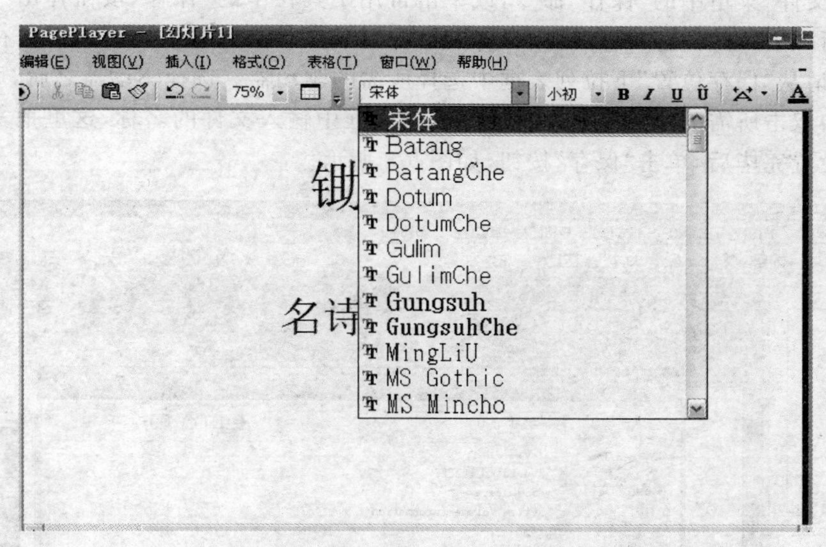

图 9-6　设置选定文本的字体

③ 从“字体”下拉列表中选择所需的字体。

④ 单击副标题或文本占位符框，选定正文，然后从“字体”下拉列表中选择“宋体”。

⑤ 单击“格式工具栏”中“字号”列表框右侧的三角箭头，选择“三号”对字号进行设置。

(2) 设置文本颜色，选择幻灯片 1.2。

① 选定要改变颜色的诗歌的内容。

② 单击“格式工具栏”中“字体颜色”按钮 A · 右侧的向下箭头，会出现“字体颜色”菜单，选择红色。

③ 在"标准"选项卡的颜色板中单击所需要的颜色。如果"标准"选项卡中仍没有您想要的颜色，可以单击"自定义"标签，通过改变"红色、绿色和蓝色"的值，自己调配所需要的颜色。

④ 单击"确定"按钮。设置之后的效果如图 9-7 所示。

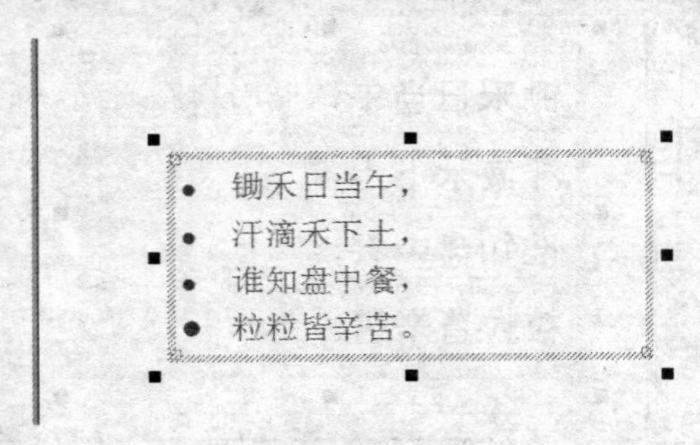

图 9-7　设置字体颜色效果

5. 放映幻灯片

选择"视图"→"幻灯片放映"，便可以观看制作的幻灯片。

6. 保存幻灯片

选择"文件"菜单中的"保存"命令，或单击常用工具栏中的"保存"按钮弹出"存盘"对话框。默认情况下，在"保存位置"框中显示"我的文档"文件夹。如果要将文件保存到不同的文件夹中，请从"保存位置"下拉列表框中选择所需的驱动器。选择驱动器之后，可以在下方的列表框中双击所需的文件夹。在"文件名"文本框中输入文件的名称，这里把文件命名为"锄禾"。设置完毕后，单击"保存"按钮，如图 9-8 所示。

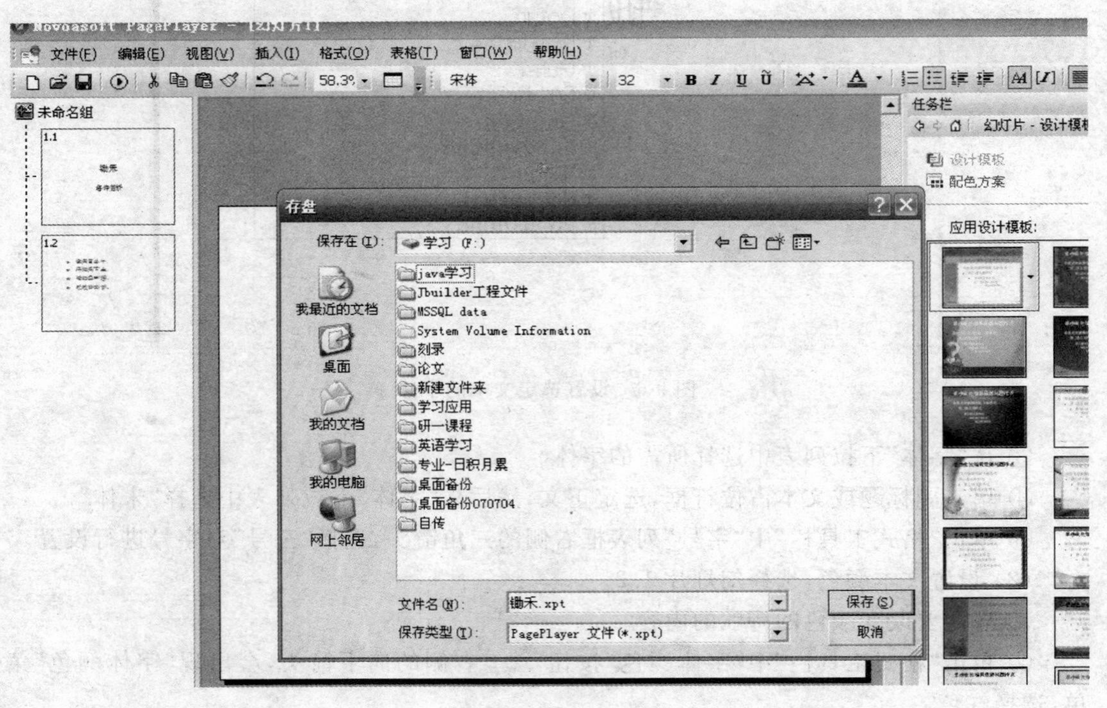

图 9-8　保存文件

7. 退出程序

选择“文件”→“退出”，或者直接单击右上角的关闭按钮，关闭程序，退出 PagePlayer，如图 9-9 所示。

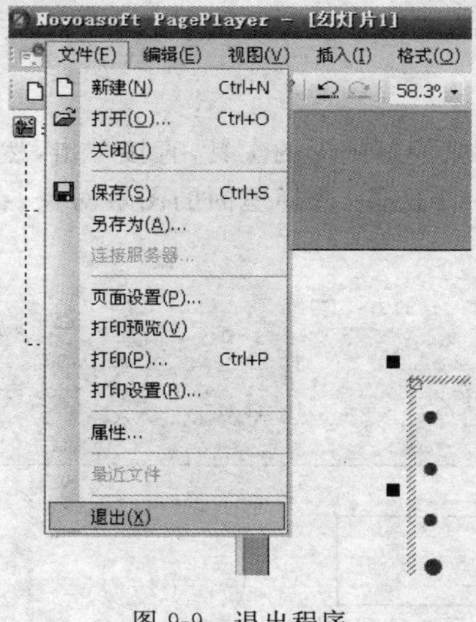

图 9-9　退出程序

四、练习

(1) 建立一个幻灯片文件，向里面插入 3 张幻灯片。

(2) 向幻灯片中插入一些文字，设置字体为楷体，颜色为绿色，大小为五号。

(3) 保存幻灯片，并命名为“练习 1. xpt”。

实验二　图形、图像的编辑

一、实验要求

(1) 能按要求制作简单图形。

(2) 熟练图片的插入与修改。

二、预备知识

(1) PagePlayer 中能插入目前 Windows 中各种通用格式的图片，如 bmp、jpg、gif、tif、pcx、png、emf。同时也可以直接从其他图片处理应用程序中复制图片粘贴进 PagePlayer。

(2) PagePlayer 为科技工作者和理科教师提供了专门的绘制关联图形(数学几何图形、逻辑图形、函数曲线)，自由图形(物理实验装置图、化学实验装置图)和高分子结构式等科技图形等的工具。在此系统中，图形包括几何图形、逻辑图形和函数曲线。这些图形被完全数字化，可按文字编辑立体几何图形，PagePlayer 可以利用所提供的平面几何图形(如画直线、椭圆等)工具来绘制各种各样的立体几何图形。

(3) PagePlayer 可通过坐标系智能管理函数曲线，以及通过如下方式建立曲线，如函数方程、极坐标、参数方程、曲线方程、曲面方程等，并与几何图形设计功能融合在一起，创建图形与曲线之间关联而互动的科学逻辑图形。

三、实验内容

1. 插入、编辑图形

（1）绘制简单图形

在软件左下角，有专门用来绘制图形的工具，直接单击，然后在幻灯片区域里拖出一个图形，如图 9-10 所示。新建一个文件，选择里面的图形对象，在幻灯片中插入一个矩形，一个圆形，一个三角形。

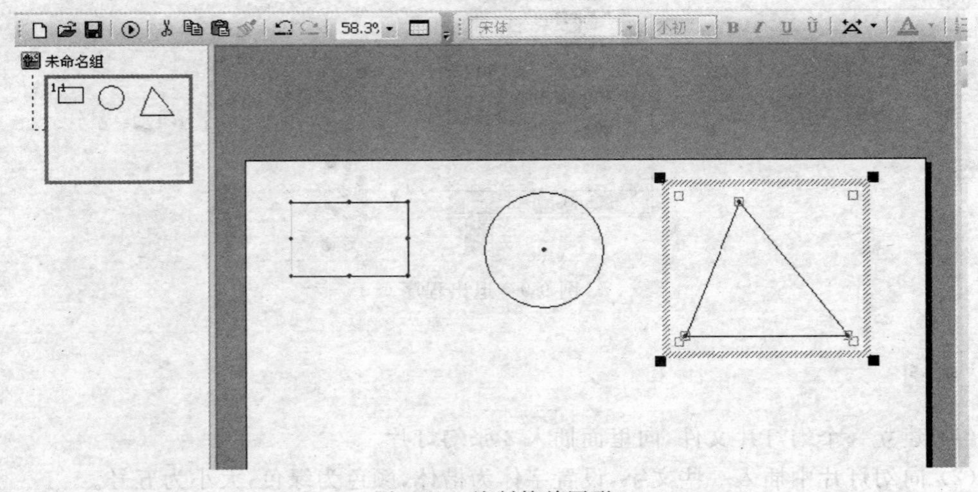

图 9-10 绘制简单图形

（2）绘制其他图形

在软件下面有一个“更多”的选项，单击，可以选择绘制其他的图形，如图 9-11 所示。

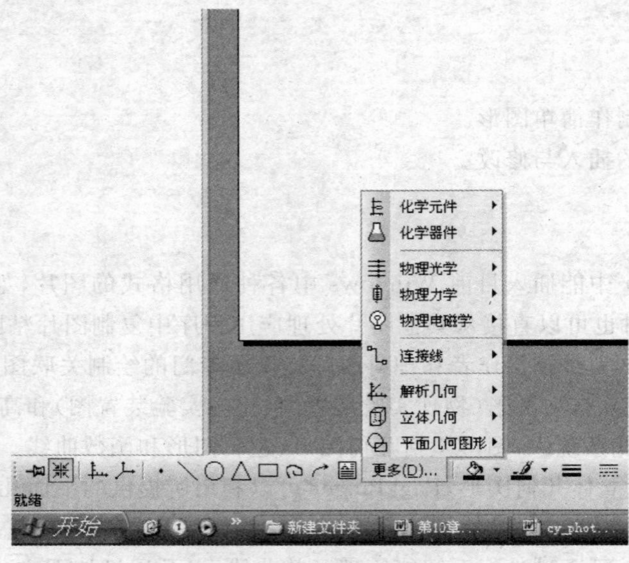

图 9-11 绘制其他图形

选择化学部件、物理光学、物理电磁学，分别选择里面的图形，在幻灯片里面绘制，如图 9-12 所示。

图 9-12　绘制其他部件

2. 插入、修改图片

(1) 插入图片

① 选择菜单"插入"→"图片"命令，出现如图 9-13 的"取图片"对话框。

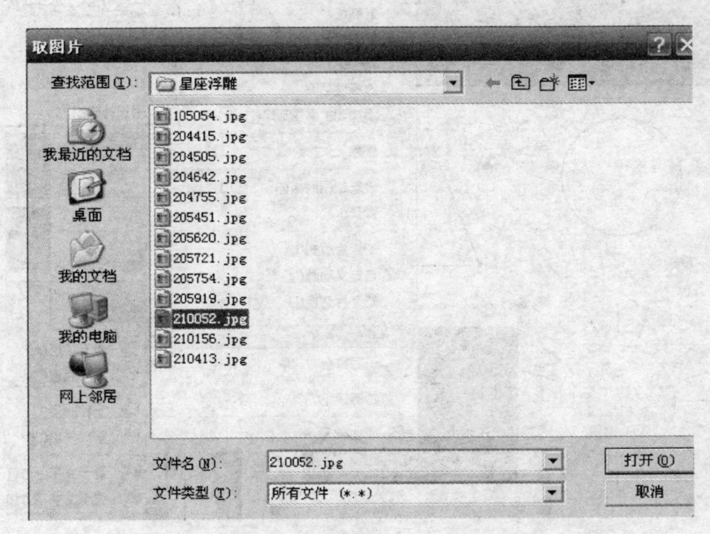

图 9-13　"取图片"对话框

② 找到含有图片文件的驱动器和文件夹。

③ 如果要预览图片，可以单击对话框中的"视图"按钮▦▾，从弹出的选项中选择"缩略图"。

④ 单击文件列表中的文件名。

⑤ 单击“打开”按钮，回到普通视图的幻灯片，移动鼠标到要插入图片的左上角，单击鼠标左键，则将该图片插入到幻灯片中，如图 9-14 所示。

图 9-14　在幻灯片中插入图片

⑥ 如果图片遮住了幻灯片上的其他内容，则需要将其置于其他内容的下方。右键单击该图片，从弹出的快捷菜单中选择“叠放次序”→“置于底层”命令，若遮住的是文字就选择“叠放次序”→“置于文字下方”命令，如图 9-15 所示。

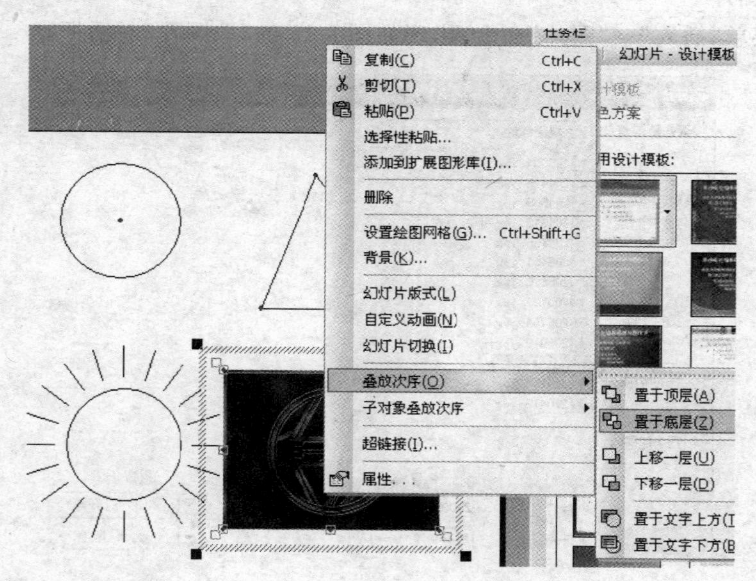

图 9-15　设置图片的叠放次序

⑦ 此时，幻灯片上的其他内容就会显示出来。

(2) 修改图片

单击要编辑的图片，在几何作图工具栏右侧出现图片操作工具栏。

① 单击要缩放的图片，使其四周出现 8 个句柄，如图 9-16 所示。

② 将鼠标指针指向图片四边的任意一个句柄上按住鼠标左键，沿缩放方向拖动鼠标。

③ 当大小合适后，释放鼠标左键即可。

如果要旋转图片，先选中要旋转的图片，单击在几何作图工具栏右侧出现的图片操作工具栏上的旋转图标，此时，图片的中央就会出现带箭头的旋转句柄，如图 9-17 所示。

图 9-16　四周出现 8 个句柄

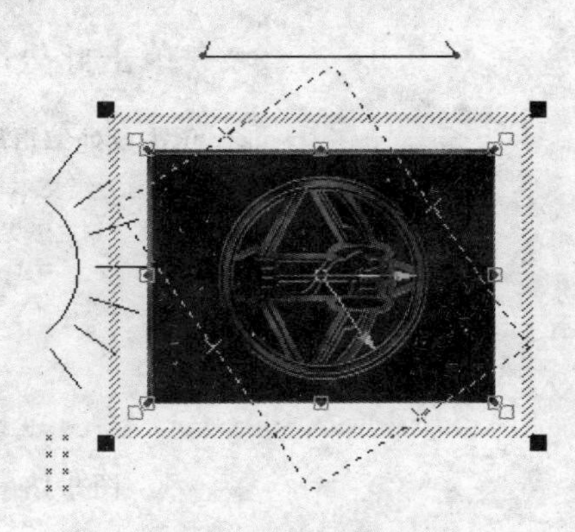

图 9-17　带箭头的旋转句柄

将鼠标指针放在旋转句柄上的箭头处，出现旋转光标，按住鼠标左键拖动，按任意角度旋转图片，在旋转过程中图片有一虚线框显示当前旋转的角度。

四、练习

(1) 自己建立一个幻灯片并向里面插入一张图片。

(2) 多插入几张图片，进行层叠设置。并把其中的一张图片做旋转。

(3) 画一个化学实验图。要求用到 4 个化学仪器。

实验三　设置 PagePlayer 演示文稿外观

一、实验要求

(1) 掌握幻灯片背景设计的方法。

(2) 了解幻灯片配色方案。

(3) 熟悉幻灯片母版的用法。

二、预备知识

(1) PagePlayer 中，可以为单张幻灯片设置背景，也可以为演示文稿中的所有幻灯片设置相同的背景，背景设计可以是颜色、纹理、图案或图片。

(2) PagePlayer 中的母版分为 3 类：幻灯片母版、备注母版和讲义母版。

(3) PagePlayer 中，配色方案由多种颜色组成，用于控制演示文稿的主要颜色，如文本、背景、填充、强调文字所用的颜色等。方案中的每种颜色都会自动应用于幻灯片上的不同组件。

三、实验内容

1. 设置幻灯片母版

(1) 选择“视图”菜单中的“母版”→“幻灯片母版”,如图 9-18 所示。

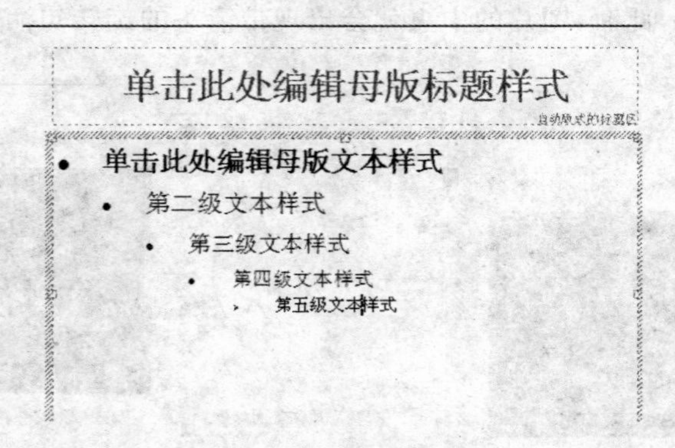

图 9-18 幻灯片母版样式

幻灯片母版上有:自动版式的标题区、自动版式的对象区,根据需要进行修改。

(2) 设置模板标题样式字体为宋体,大小为小初,颜色为红色,其他的自己可以随意设置。

2. 修改配色方案

(1) 选定要应用配色方案的幻灯片。

(2) 选择“任务栏”菜单中的“幻灯片-配色方案”命令,如图 9-19(a)所示。

(3) 将鼠标指针指向需要应用的配色方案,在配色方案的图标右侧将出现一个向下箭头。

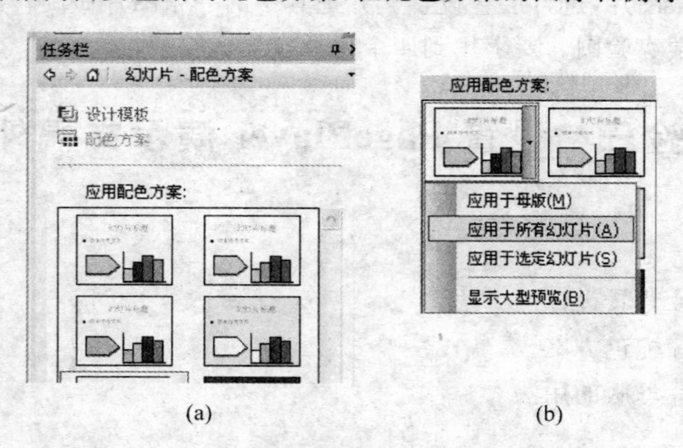

(a) (b)

图 9-19 幻灯片配色方案

(4) 单击该向下箭头,打开一个下拉列表,如图 9-19(b)所示。若选择“应用于选定幻灯片”选项,则只有选定的幻灯片应用所选的配色方案;若选择“应用于所有幻灯片”选项,则演示文稿中的所有幻灯片都将应用选定的配色方案。这里选择第 4 个绿色的并应用于所有幻灯片,如图 9-20 所示。

3. 应用幻灯片设计模板

(1) 打开要应用设计模板的演示文稿。

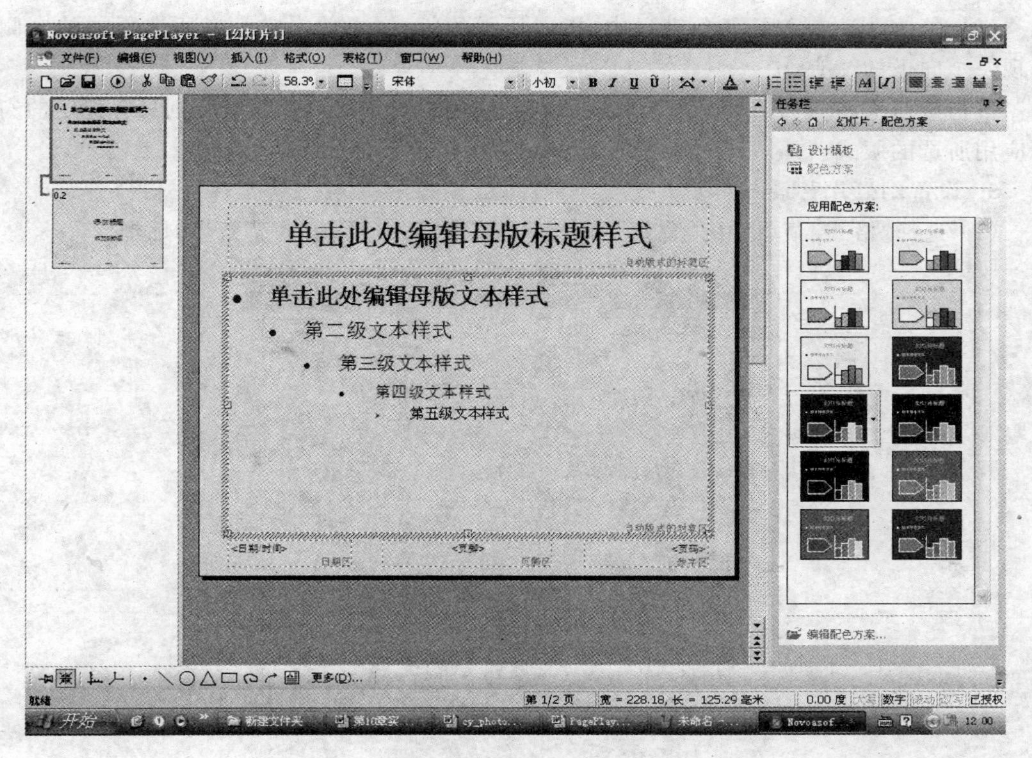

图 9-20　配色方案应用于所有幻灯片

（2）选择“任务栏”菜单中的“幻灯片-设计模板”，如图 9-21 所示。

（3）通过右侧的滚动条，在下拉列表中选择需要应用的设计模板，在模板的右侧会出现一个向下的箭头。

（4）单击该箭头，将打开一个下拉列表，选择“幻灯片设计模板”选项，则只有选定的幻灯片应用所选的设计模板。若选择“应用于所有幻灯片”选项，则课件中的所有幻灯片都将套用所选的设计模板。图 9-22 中，列出的幻灯片所应用的模板都相同。

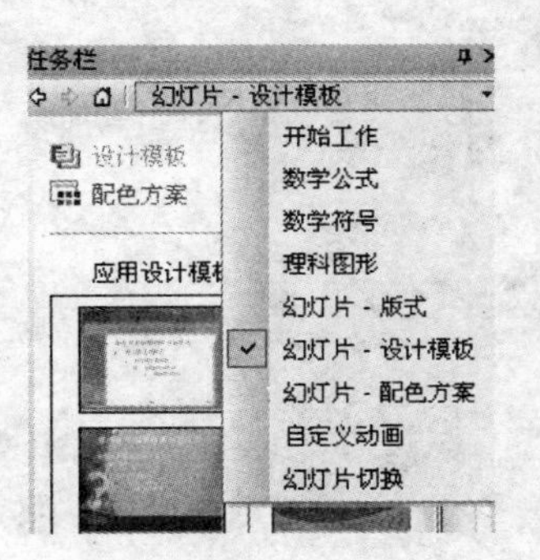

图 9-21　设计模板

图 9-22　应用模板的幻灯片

4. 更改幻灯片版式

（1）在“任务栏”窗口中，选择“幻灯片-版式”选项。

（2）在普通视图的“幻灯片”选项卡中，选择要应用版式的幻灯片。

(3) 在“幻灯片-版式”任务窗口中，指向所需的版式，再单击它。在所选版式的右侧会出现一个向下的箭头。

单击该箭头，将打开一个下拉列表。选择“应用于选定幻灯片”选项，则只有选定的幻灯片应用所选的版式。

5. 设置幻灯片背景

(1) 选择“格式”菜单中的“背景”命令，出现如图 9-23 所示的“背景”对话框。

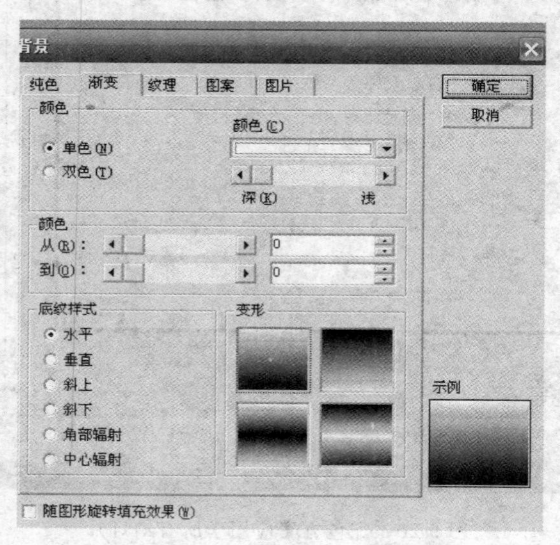

图 9-23 “背景”对话框

(2) 在“纯色”选项卡中可以选择需要的背景颜色。选择一个绿色，如图 9-24 所示。

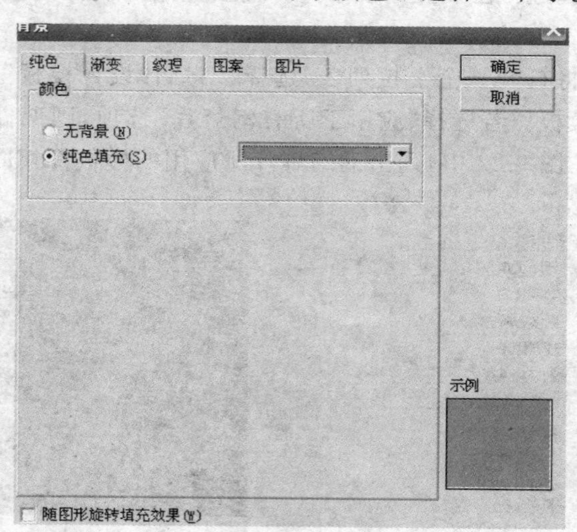

图 9-24 “纯色”选项卡

(3) 如果所需的颜色不在配色方案中，单击“其他颜色”命令，打开“颜色”对话框，从“标准”选项卡中选择所需的颜色，或者进入“自定义”选项卡，调配自己所需的颜色，如图 9-25 所示，然后单击“确定”按钮。

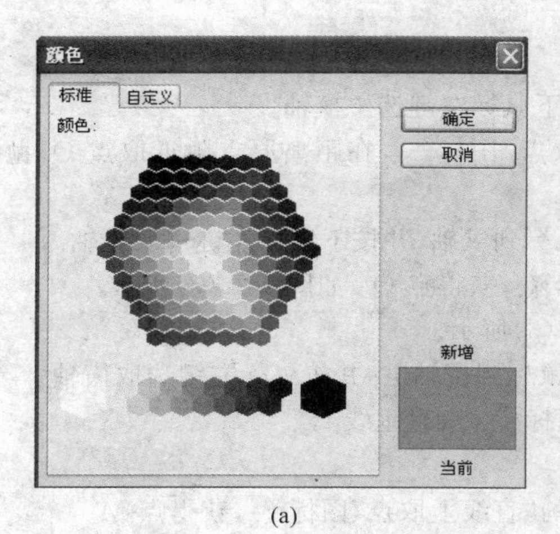

(a)

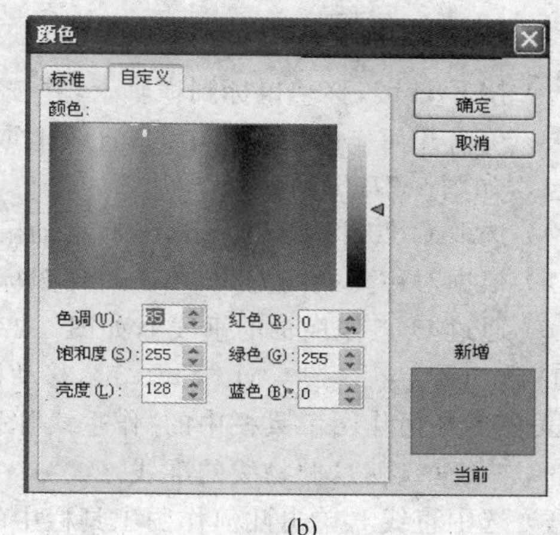

(b)

图 9-25　色板

(4) 要将更改应用到当前幻灯片，单击“确定”按钮。

(5) 完成之后的效果如图 9-26 所示。

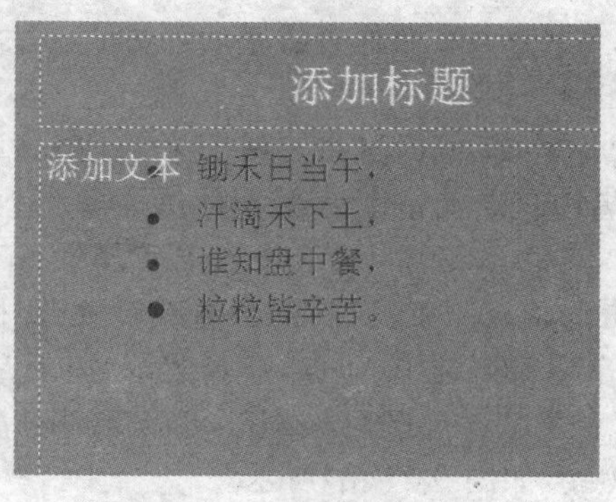

图 9-26　效果图

四、练习

(1) 自己做一个自我简介的幻灯片，要求幻灯片用母版，设置背景颜色为蓝色。

(2) 尝试设置动画效果(提示：在“视图”→“自定义动画”里面)。

实验四　用 PagePlayer 绘制数学曲线图

一、实验要求

学会在 PagePlayer 中根据数学公式绘制相应的曲线，特别是使用一些函数曲线。

二、预备知识

(1) 根据函数曲线方程可以方便快捷地绘制各种函数曲线，在 PagePlayer 中可以根据图形动画的方式展现函数曲线的生成过程及函数曲线的形状变化。

(2) 函数曲线上的点随着坐标值的变化而变化时可以绘制出坐标点的轨迹，并生成相应的函数曲线；而坐标点可以通过“变点”功能来创建，可以说“变点”是创建坐标点的基础，通过变点动画能够展示各种函数曲线的生成过程及形状变化。

三、实验内容

1. 根据曲线定义展示函数曲线的生成

(1) 单击几何作图工具栏中的直角坐标系图标，在工作区创建直角坐标系，并调整横轴、纵轴的位置，如图 9-27(a)所示。

(2) 按 Ctrl 键，移动鼠标到横轴上，并按下鼠标左键选中横轴。

(3) 单击几何作图工具栏中的“直线上取点”图标，在距离原点附近取点 O(抛物线的焦点)，如图 9-27(b)所示。

(4) 选取 O 点，按 Ctrl+Shift 键，移动鼠标到纵轴，并按下鼠标左键选取纵轴。

(5) 根据对称变换的方式，单击对称图标，获得点 O′，如图 9-27(a)所示。

(6) 通过 O′点作横轴的垂线 l，如图 9-27(a)所示。

① 选中 O′点后，按 Ctrl+Shift 键，移动鼠标到横轴上，并按鼠标左键选取横轴。

② 单击几何作图工具栏中的“作垂线”图标，获得垂线 l。

③ 这条垂线就是抛物线的准线。

(7) 选中直线 l，单击几何作图工具栏中的“直线上取点”图标，获得点 M。

(8) 连接点 M 和点 O，获得线段 OM，如图 9-27(a)所示。

(9) 选取线段 OM，单击几何作图工具栏中的“取直线的中点”图标，获得中点 K。

(10) 按照作直线垂线的方式：过 K 点作 OM 的中垂线 L；过点 M 作直线 l 的垂线 m，如图 9-27(a)所示。

(11) 同时选中直线 L 和直线 m，单击几何作图工具栏中的“求直线交点”图标，获得点 P(P 点就是抛物线上的点)。

(12) 选中 P 点，设置 P 点属性：颜色为红色、填充颜色为红色、线宽为 0.75。然后，单击运动控制工具栏中的“追踪对象”图标，如图 9-27(a)所示。

(13) 选中 M 点，选择菜单“插入”→“对象动画按钮”，获得“动画对象 M”的按钮。

(14) 单击动画按钮，可以看到随着 M 点在准线 l 上运动，P 点也随之运动，并绘制出抛物线，如图 9-27(b)所示。

(15) 如果选中点 M，再选取点 P，按照轨迹图形的生成方式，能够获得 P 点的轨迹图形，可以看到 P 点轨迹图形是一个抛物线，如图 9-27 所示。

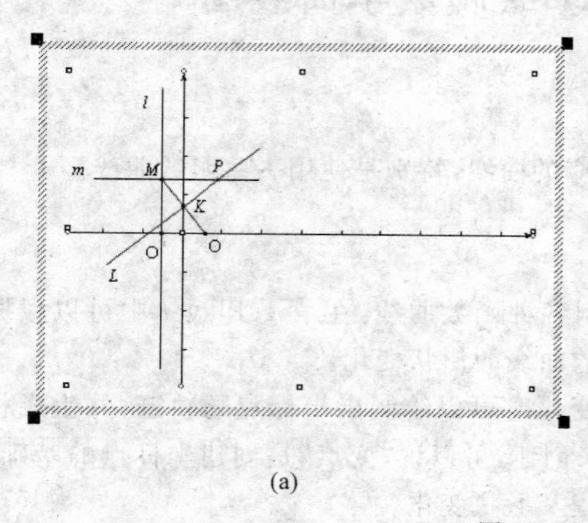

(a)

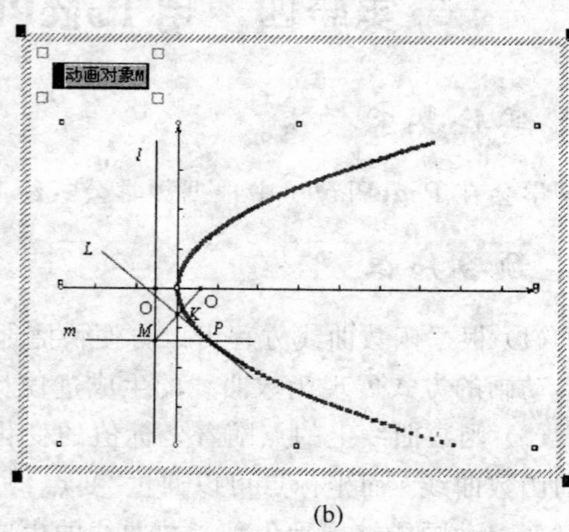

(b)

图 9-27 抛物线的绘制

2. 绘制简单的函数曲线

(1) 新建一张幻灯片。

(2) 把内容版式设置为空白。

(3) 选择右下角的直角坐标系图标，在空白幻灯片上画一个直角坐标系，如图 9-28 所示。

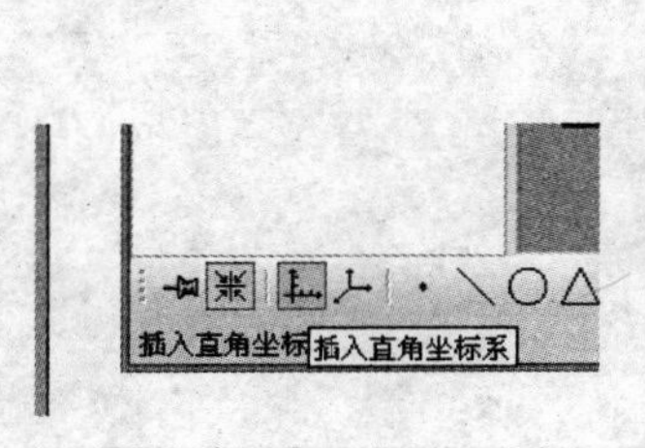

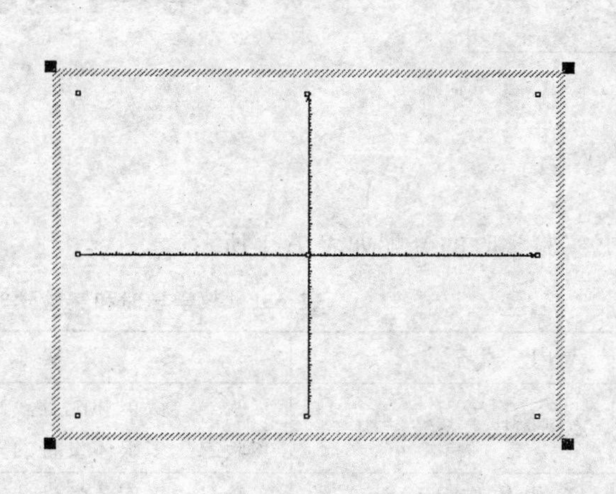

图 9-28 创建直角坐标系

(4) 单击运动控制工具栏中的“定义函数变量”图标 ，出现对话框，选择正弦选项卡，设置 A=2，F=2，P=3，D=2，得到结果图如图 9-29 所示。

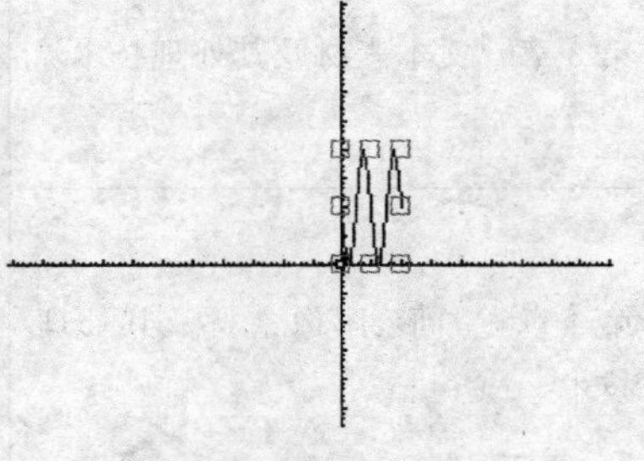

图 9-29 函数图

四、练习

(1) 做一个余弦函数的曲线图。

(2) 自己做一个抛物线的曲线图。

实验小结

PagePlayer 的主要功能是制作演示文稿，它除了具有常用演示文稿的文本、图形编辑、动画效果功能外，还具有根据函数自动绘制函数图形的功能，除此之外，该软件的图形库中还带有大量的物理、化学中的图形。本章的实验从演示文稿的创建开始，到各种菜单工具的使用，以及在 PagePlayer 中使用模板、绘制函数图等，给出了详细的操作步骤，读者可根据操作步骤制作完整的演示文稿。

自我创作题

在 PagePlayer 中制作自拟题目的演示文稿，要求主题突出，图文并茂，颜色搭配协调，并有函数曲线图。

附录A 教学与实验学时分配

本书实验学时的分配如表 A-1 所示。

表 A-1 教学学时和实验学时的分配

内　　容	实验内容	学时	课外学时
第 1 章　多媒体技术系统结构	实验一　认识和配置多媒体硬件系统 实验二　多媒体设备的安装与配置	1	1
第 2 章　多媒体作品设计美学基础	实验一　平面美学设计实践 实验二　多媒体美学设计实践	1	2
第 3 章　文本素材及其处理技术	实验一　语音输入法 实验二　将 PDF 文件转成 Word 文件 实验三　将 Word 文件转成 PDF 文件 实验四　Word 文件中的艺术字体设置	1	2
第 4 章　图形、图像素材及其处理技术	实验一　Photoshop CS3 的基本操作 实验二　选区的创建与编辑 实验三　图像的修饰与处理 实验四　Photoshop CS3 图像处理的高级操作 实验五　Photoshop CS3 综合设计	3	3
第 5 章　动画素材及其处理技术	实验一　使用 Cool 3D 创建文字标题动画 实验二　Flash 之引导线动画 实验三　Flash 之遮罩与滤镜的使用 实验四　Flash 之 ActionScript 应用 实验五　使用 3ds max 创建三维片头动画	3	2
第 6 章　数字音频及其处理技术	实验一　Adobe Audition 基本操作 实验二　Adobe Audition 高级操作 实验三　声音效果的添加 实验四　Adobe Audition 综合设计	2	2
第 7 章　视频素材及其处理技术	实验一　视频信息的采集和播放 实验二　Premiere 6.5 基本操作 实验三　Premiere 6.5 高级操作 实验四　Premiere 6.5 综合实验	4	2

续表

内　　容	实验内容	学时	课外学时
第 8 章　多媒体应用系统创作工具	实验一　Authorware 7.0 基本操作 实验二　Authorware 7.0 中素材的添加 实验三　Authorware 7.0 中动画效果的制作 实验四　Authorware 7.0 中交互功能的实现 实验五　Authorware 7.0 中框架图标的应用 实验六　Authorware 7.0 综合应用实例	4	4
第 9 章　Novoasoft 创作工具	实验一　使用 PagePlayer 创建演示文稿 实验二　图形、图像的编辑 实验三　设置 PagePlayer 演示文稿外观 实验四　用 PagePlayer 绘制数学曲线图	1	2
总学时		20	20

注：本表按照关于文科公共基础课教学大纲制定，总学时为 40，其中实验学时 20，课外实验学时 20。在实际教学中，可根据教学、实验条件做适当调整。

附录B 实验环境

1. 硬件配置

根据大多数实验软件的实际要求，计算机的硬件配置见表B-1。

表B-1 硬件配置

设 备	配置标准	备 注
中央处理器	Pentium CPU 500MHz以上	最好采用Pentium 4 CPU
内存储器	128MB或更大	最好采用256MB或更大
硬盘空间	10GB	最好采用10GB或更大
显示器	1024×768或更高分辨率	最好采用1280×1024
激光驱动器	CD-ROM 52x或DVD-ROM 16x	最好采用DVD-ROM
激光刻录机	CD-RW	选配
声音适配卡	立体声	可配备2.1声道或5.1声道外置声音适配器
声音重放设备	耳机或小型音箱	耳机带有麦克风，可做录音练习用
数据通信接口	USB 1.0	推荐采用USB 2.0和1394接口
触摸屏 *	电阻、超声波	实验与教学中需要认识的设备，可根据实际情况配备
打印机 *	彩色喷墨打印机、激光打印机	实验中需要认识的设备，可根据实际情况配备
台式彩色扫描仪 *	6000dpi光学扫描分辨率或更高	实验中需要认识和了解的设备，可根据实际情况配备
数码相机 *	300万像素或更高	实验中需要认识和了解的设备，可根据实际情况配备
投影机 *	1200ANSI流明	实验与课堂教学使用设备，可根据实际情况配备

注：带有 * 的设备是扩展设备，可根据具体情况进行调整。

2. 系统环境

系统环境是指软件系统环境，主要的环境构成如下。

(1) Windows 2000、Windows Me、Windows XP。

(2) Office 2000、Office 2003。

(3) 要求系统环境稳定，保证与实验相关的全部软件正常、高效地运行。

参 考 文 献

[1] 周志闵. 中文版 Photoshop CS 创意实例[M]. 北京：清华大学出版社，2005

[2] 东方人华. Photoshop CS 中文版范例入门与提高[M]. 北京：清华大学出版社，2005

[3] 刑增平. Flash MX 2004 基础入门培训教程[M]. 北京：中国铁道出版社，2004

[4] 锋线创作室. Flash 入门与实战[M]. 北京：电子工业出版社，2005

[5] 袁建洲. Flash MX，Fireworks MX，Dreamweaver MX 三合一实用教程[M]. 北京：电子工业出版社，2003

[6] 北京金洪恩电脑有限公司. 巧夺天工 Flash 入门与进阶实例[M]. 北京：北京理工大学出版社，2002

[7] 朴英宇. 3ds max 入门到精通[M]. 北京：中国青年出版社，2006

[8] 肖卫华. 3ds max 精彩实例教程[M]. 北京：兵器工业出版社，2004

[9] 黄心渊. 3ds max 6 标准教程[M]. 北京：人民邮电出版社，2004

[10] 付景珊. 3ds max 6 从入门到精通[M]. 北京：中国电力出版社，2004

[11] 张德发. Authorware 7.0 基础教程[M]. 北京：清华大学出版社，2004

[12] 李光明. Authorware 6.0 应用实例教程[M]. 北京：冶金工业出版社，2004

相关课程教材推荐

ISBN	书名	定价(元)
9787302177852	计算机操作系统	29.00
9787302178934	计算机操作系统实验指导	29.00
9787302177081	计算机硬件技术基础(第二版)	27.00
9787302176398	计算机硬件技术基础(第二版)实验与实践指导	19.00
9787302177784	计算机网络安全技术	29.00
9787302109013	计算机网络管理技术	28.00
9787302174622	嵌入式系统设计与应用	24.00
9787302176404	单片机实践应用与技术	29.00
9787302172574	XML 实用技术教程	25.00
9787302147640	汇编语言程序设计教程(第 2 版)	28.00
9787302131755	Java 2 实用教程(第三版)	39.00
9787302142317	数据库技术与应用实践教程——SQL Server	25.00
9787302143673	数据库技术与应用——SQL Server	35.00
9787302179498	计算机英语实用教程(第二版)	23.00
9787302180128	多媒体技术与应用教程	29.50

以上教材样书可以免费赠送给授课教师,如果需要,请发电子邮件与我们联系。

教学资源支持

敬爱的教师:

感谢您一直以来对清华版计算机教材的支持和爱护。为了配合本课程的教学需要,本教材配有配套的电子教案(素材),有需求的教师可以与我们联系,我们将向使用本教材进行教学的教师免费赠送电子教案(素材),希望有助于教学活动的开展。

相关信息请拨打电话 010-62776969 或发送电子邮件至 weijj@tup. tsinghua. edu. cn 咨询,也可以到清华大学出版社主页(http://www. tup. com. cn 或 http://www. tup. tsinghua. edu. cn)上查询和下载。

如果您在使用本教材的过程中遇到了什么问题,或者有相关教材出版计划,也请您发邮件或来信告诉我们,以便我们更好为您服务。

地址:北京市海淀区双清路学研大厦 A 座 708　　计算机与信息分社魏江江　收
邮编:100084　　电子邮件:weijj@tup. tsinghua. edu. cn
电话:010-62770175-4604　　邮购电话:010-62786544

《多媒体技术与应用教程》目录

ISBN 978-7-302-18012-8　　杨　青　郑世珏　编著